普通高等教育人工智能与大数据系列教材

数据挖掘原理与应用

葛东旭　编著

本书配有以下教学资源：
★电子课件
★与书中例题、作业题配套的数据素材
★习题答案详解
★课程视频讲解，微信扫码：

U0258019

机械工业出版社

本书以数据挖掘项目的典型开发过程为线索，对数据挖掘的生命周期中的各个环节，以及其中所涉及的概念、方法、技术和过程模型进行了全面细致的介绍。对于数据挖掘核心部分的典型基础算法，通过细致的阐述、详尽的示例和充分的讨论，深入地展示了数据挖掘算法的内涵，以便读者认知、学习和掌握。

本书系统地介绍了数据挖掘原理、算法和应用的相关知识，内容覆盖数据挖掘的整个过程：数据采集、数据预处理、数据分类分析、数据聚类分析、数据关联分析和数据挖掘系统的应用等。在内容安排上通过数据挖掘的典型应用方法，将理论知识和工程技术应用有机地结合，浅显易懂且实践性强。

本书可以作为高等院校计算机科学与技术、信息管理、数据分析等专业的教科书，也可作为企业管理、信息分析人员的技术参考书籍。

本书配有电子课件，及与书中例题、作业题配套的数据素材，习题答案详解，欢迎选用本书作教材的老师发邮件到 jinacmp@163.com 索取，或登录 www.cmpedu.com 注册下载。

图书在版编目(CIP)数据

数据挖掘原理与应用 / 葛东旭编著. —北京：机械工业出版社，2020.3(2025.1 重印)

普通高等教育人工智能与大数据系列教材

ISBN 978-7-111-64639-6

Ⅰ.①数… Ⅱ.①葛… Ⅲ.①数据采集-高等学校-教材 Ⅳ.①TP274

中国版本图书馆 CIP 数据核字(2020)第 021543 号

机械工业出版社(北京市百万庄大街 22 号　邮政编码 100037)
策划编辑：吉　玲　　责任编辑：吉　玲　陈崇昱　任正一
责任校对：张　征　　封面设计：张　静
责任印制：郜　敏
中煤(北京)印务有限公司印刷
2025 年 1 月第 1 版第 7 次印刷
184mm×260mm・20 印张・534 千字
标准书号：ISBN 978-7-111-64639-6
定价：49.80 元

电话服务　　　　　　　　　网络服务
客服电话：010-88361066　　机　工　官　网：www.cmpbook.com
　　　　　010-88379833　　机　工　官　博：weibo.com/cmp1952
　　　　　010-68326294　　金　书　网：www.golden-book.com
封底无防伪标均为盗版　　机工教育服务网：www.cmpedu.com

前　言

随着现代信息技术的飞速发展和现代管理理论的深化，社会对信息资源的开发和应用进入了一个新的时代。信息构造了知识，数据连接了万物，这给社会的经济、科技、管理、生产、文化和生活等各个方面都带来了深刻变革和发展。数据的采集和应用，推动着工业生产向着更为规范和精准的方向迈进，推动着城市管理变得更为智慧高效，推动着社会服务趋于更加精细和以人为本……数据的资源化转变，更进一步地促进了数据的生产和消费产业的发展，数据在人们的生活中正在发挥着不可或缺的作用，人类社会经过了农业社会、工业社会以及信息社会的持续发展，已经进入了一个新的历史阶段——数据社会。

显而易见，数据的价值体现在对数据的收集存储、积累组织、处理分析和挖掘应用上。由于数据的不断产生和积累，加之社会对数据应用的迫切要求，结合互联网技术和信息传播技术的快速进步，使数据的特性发生了巨大的变化，正向着数量（volume）大、种类（variety）多、速度（velocity）要求高和价值（value）密度低的方向发展，人们自觉或不自觉地进入了了，或者说是被带入了大数据时代。

大数据时代的到来催生了一门新的学科——数据挖掘，其产生的根本目的是通过对数据处理、分析和应用的技术和方法的研究，充分挖掘和利用数据中所蕴含的价值，使其更好地为人类社会的发展和进步服务。学科的产生和发展，会最为显著地反映到科技和教育领域。社会对数据科学技术的企盼和对数据科学技术人才的渴求，在高等教育的专业设置和建设上得以直接体现。近几年来，各高等院校先后创建和开设了数据科学与大数据技术专业、智能科学与技术专业、人工智能专业、机器人工程专业和大数据管理与应用专业等与数据科学领域相互关联和相互融合的专业，在数据科学的科学研究和人才培养上迈出了一大步。

面对日益庞大的数据资源，以及社会发展对数据资源的依赖和推动，人们迫切需要强有力的手段、方法和工具来"挖掘"其中的有用信息，使数据资源的价值得以充分体现。数据挖掘就是针对这一需求而发展起来的一门汇集统计学、机器学习、数据库、人工智能等学科内容的新兴交叉学科。数据挖掘虽然是 20 世纪末刚刚兴起的数据智能分析技术，但在形成和发展过程中却表现出了强大的生命力，其所发挥的重要作用和产生的效益逐渐为人们所知，彰显出广阔的应用前景。

数据挖掘所涉及的内容非常广泛，已成为迅速发展并在信息社会中广泛应用的一门综合性的新兴学科。广大从事数据分析、数据应用和决策支持等领域的科研工作者和工程技术人员迫切需要了解和掌握这门技术。数据挖掘是多项数据学科和技术的融合交点，各高等院校中与数据科学相关的工科、理科，甚至是金融和医学等专业，纷纷开设以数据挖掘技术为核心的课程。同时，随着业界对数据挖掘技术重要性认识的深入，数据挖掘已逐渐成为众多学科和专业教育的一门重要课程。

数据挖掘技术的最为根本的作用，是通过一系列的管理和技术活动被认识到的。在工业、科学、商业等领域中，依靠发现海量数据中所蕴含的潜在有价值的知识，最终解决所存在的生产、经营和服务等方面的问题。因此，在本书中特别强调了对数据挖掘过程中各个环节的认识和掌握，通过较大的篇幅和较为详尽的阐述，力求使读者认识到数据挖掘不仅仅是算法的应用和模型的建立与修正，而且应该通过对问题的分析、数据的认识、数据的处理、算法的应用，以及（最重要的）

问题的解决等一系列环节的掌握和应用，达到解决问题、提升管理、提升服务的目的。

在本书中，深入探讨了数据挖掘的基本原理和过程，运用信息科学、计算科学和统计学的知识来构建数据挖掘的技术，阐述了实现数据挖掘的各主要功能、挖掘算法和应用，并通过对实际数据的分析使读者更加深入地理解常用的数据挖掘模型。为了能够充分学习和掌握本书中的算法和技术，读者应具备基本的概率论与数理统计、程序设计、数据结构和数据库技术等相关知识。本书适合作为高等院校数据科学与大数据技术、信息与计算科学、信息管理与信息系统等专业学生的数据挖掘课程教材，或供非计算机专业但对相关内容感兴趣的读者学习。

本书共分为 10 章。第 1 章主要介绍了数据挖掘的发展和概念；第 2 章主要对完成数据挖掘的各个环节及其所需完成的任务做了大致介绍，使读者建立起对数据挖掘系统性的概念；第 3 章主要介绍了数据挖掘过程中的数据采集、数据抽样和数据清理等环节的方法和要求；第 4 章介绍了在运用算法进行数据挖掘和建立模型之前，需对数据进行初步探索的内容；第 5 章至第 8 章分别介绍了数据挖掘的核心算法关联分析、分类预测、聚类分析和回归分析；第 9 章概要介绍了几款较为通用的数据挖掘软件；第 10 章介绍了易用易得的开源数据挖掘软件 WEKA。

在本书的编写过程中，力争内容完整、科学、易于理解，因而查阅了大量的热心学者和爱好者在互联网上以各种形式贡献的资料，也参阅了大量的相关书籍，在此，对这些作者表示衷心感谢。

本书内容涉及许多学科和知识，由于笔者水平和精力有限，难免有疏漏和错误之处。读者在使用本书的过程中，如有宝贵的意见和建议，欢迎发送邮件至邮箱 1184844262@qq.com。

葛东旭

目　录

第 1 章

绪论

1.1 信息爆炸与大数据

随着信息技术特别是网络技术的不断发展，国际互联网的全球化热潮使人类社会进入了一个新的信息时代。这也是一个数据信息大发展的时代，移动互联、社交网络、电子商务等极大拓展了互联网的边界和应用范围，各种数据正在迅速膨胀变大。

研究表明，近年来数据量已经呈现出指数增长的态势。在 2006 年，个人用户数据量才刚刚迈进 TB[⊖] 时代，全球一共新产生了约 180EB 的数据，而到 2011 年，全球数据规模则达到了 1.8ZB，可以填满 575 亿个 32GB 的 iPad（用这些 iPad 可以修建两座中国长城）。到 2020 年，全球数据将达到 40ZB，如果把它们全部存入蓝光光盘，这些光盘和 424 艘尼米兹号航母的重量相当。在中国，2010 年新存储的数据为 250PB，2012 年中国的数据存储量达到 364EB，约为日本的 60%，北美的 7%。事实上，我们如今产生如此多的数据，以至于根本不可能全部存储下来。例如，在医疗卫生界，会处理掉所产生的 90% 的数据（比如手术过程中产生的所有实时视频图像）。

半个世纪以来，随着计算机技术全面融入社会生活，信息爆炸已经积累到了一个开始引发变革的程度。它不仅使世界充斥着比以往更多的信息，而且其增长速度也在加快。大量新数据源的出现则导致了非结构化、半结构化数据爆发式的增长。这些由我们创造的信息背后产生的数据早已经远远超越了目前人力所能处理的范畴。如何管理和使用这些数据，逐渐成为一个新的领域，于是大数据的概念应运而生。如今这个概念几乎应用到了所有人类发展的领域中。

1. 大数据

大数据（Big Data）一词，最早出现于 20 世纪 90 年代，当时的数据仓库之父 Bill Inmon，经常提及 Big Data。

2011 年 5 月，在以"云计算相遇大数据"为主题的 EMC World 2011 会议上，EMC 提出了 Big Data 概念。所以，很多人认为，2011 年是大数据元年。

大数据这个概念，不仅仅体现在我们从字面上理解的数据量巨大上，而是有四个方面的主要特点：

第一，数据的体量巨大。美国互联网数据中心指出，互联网上的数据每年将增长 50%，每两年便将翻一番，而目前世界上 90% 以上的数据是最近几年才产生的。此外，数据又并非单纯指人们在互联网上发布的信息，全世界的工业设备、汽车、电表上有着无数的数码传感器，随时测量和传递着有关位置、运动、振动、温度、湿度乃至空气中化学物质的变化，也产生了海量的数据信息。

⊖ 1ZB=1024EB，1EB=1024PB，1PB=1024TB，1TB=1024GB，1GB=1024MB，1MB=1024KB，1KB=1024B。

第二，数据类型繁多。在目前数据的产生呈爆发性自由生长的阶段，数据的来源和类型多种多样，部分数据是结构化的，如电子商务平台的业务数据；而更多数据是非结构化的，例如来自网络的网络日志、视频、图片、地理位置信息、网页文字等构成的数据。非结构化数据对数据的存储、挖掘和分析都会造成障碍，这也是大数据应用过程中主要要解决的问题。

2013 年，百度发布了一个有趣的统计结果：中国十大"吃货"身世排行榜。这个结果并非是百度通过调查问卷得出的结果，而是百度知道问答平台根据网友提问的数以亿计的数据统计得出来的。在百度知道问答平台上，与吃有关的问题就有 7700 万条，占到了 2.3 亿已解决问题中的 1/3。很显然，来自百度知道上的提问数据非常庞杂，每个问题的提问方式、语法和词汇五花八门，是一个典型的非结构化的数据，对于这样数据的处理，就需要利用文本分析的方法进行解析，获取文本的特征问题，再进行统计分析。

第三，商业价值高，而价值密度却较低。与管理状态下规则的、结构化的数据(如图书馆管理数据库中的借阅数据库表)相比，大数据网罗了待挖掘的海量数据，其价值密度的高低与数据总量的大小成反比。例如监控视频数据，在时长 1 小时的连续不间断的监控中，有用数据可能仅有一两秒钟。如何通过强大的机器算法更迅速地完成数据的价值提取，成为目前大数据背景下亟待解决的难题。

第四，数据产生速度快[⊖]。随着产生数据的基础设施的完善和发展，每分每秒都会不停地产生新的大量的数据，例如城市交通状况的数据，而这些即时数据需要立即进行处理，并与历史数据相结合，汇集为城市交通服务信息，对交通拥堵状况进行预测，并实时规划出最好的出行路线。再如，搜索引擎要求几分钟前的新闻能够被用户查询到，个性化推荐算法尽可能要求实时完成推荐。数据的快速产生，向数据的快速处理提出了高要求，这也是大数据区别于传统数据挖掘的显著特征。

上述特点，总结为 Volume (或 Vast)、Variety、Value 和 Velocity 四个以 V 开头的英文单词，称为大数据的 4V 特点(见图 1-1)。另外，也有学者将数据真实性(Veracity)、波动性(Volatility)以及复杂性(Complexity)总结为大数据的特点。

大数据目前还没有统一的标准定义，大多数人认可的定义有三个。

百度搜索的定义为："大数据"是一个体量特别大，数据类别特别大的数据集，并且这样的数据集无法用传统数据库工具对其内容进行抓取、管理和处理。

图 1-1　大数据的 4V 特点

互联网周刊的定义为："大数据"的概念远不止大量的数据和处理大量数据的技术，或者所谓的"4V"之类的简单概念，而是涵盖了人们在大规模数据的基础上可以做的事情，而这些事情在小规模数据的基础上是无法实现的。换句话说，大数据让我们以一种前所未有的方式，通过对海量数据进行分析，获得有巨大价值的产品和服务，或深刻的洞见，最终形成变革之力。

研究机构认为："大数据"是需要新处理模式才能具有更强的决策力、洞察发现力和流程优化能力的海量、高增长率和多样化的信息资产。从数据的类别上看，"大数据"指的是无法使用传统流程或工具处理或分析的信息。它定义了那些超出正常处理范围和大小、迫使用户采用非传统处理方法的数据集。

⊖ 有些资料将 Velocity 解释为"处理速度快"；吴军所著的《智能时代：大数据与智能革命重新定义未来》中称之为"及时性"，认为"及时性"并非所有大数据所必需的特征，一些数据没有及时性，一样可以被称为大数据。

国家信息中心专家委员会主任宁家骏表示:大数据是指无法在一定时间内使用传统数据库软件工具对其内容进行抓取、管理和处理的数据集。大数据不仅仅是大,还有它的复杂性和沙里淘金的重要性。

2. 各行业需要数据挖掘

大量信息在给人们带来方便的同时也带来了一大堆问题:

1) 信息过量,难以消化。

2) 信息真假难以辨识。

3) 信息安全难以保证。

4) 信息形式不一致,难以统一处理。

在科学领域,正以极快的速度收集和存储数据(GB/h)。随着科学技术的发展,通过各种手段获得的数据,例如卫星上的远端传感器采集的数据、望远镜扫描太空获得的数据、基因图谱数据、科学仿真产生的多达 TB 级别的数据,对太空探索、医疗进步和科学研究都是至关重要的。传统的技术难以处理这些数量巨大、来源广泛、格式多变的原始数据,要依靠数据挖掘来帮助科学家对数据进行分割和划分,发现数据中所蕴藏的科学规律,形成假说,并完成验证。

在商业应用领域,大量数据被收集、存储在数据库或数据仓库中,其中包括电子商务和其他基于网络的信息系统所产生的数据、零售数据、银行保险行业产生的交易数据等。同样也产生了大量的数据,以前手工计算和处理工作量巨大,无法对数据进行充分处理和应用,但随着计算机的价格越来越便宜、应用越来越广泛、功能越来越强大,以及业内业务的竞争压力越来越大,各个服务企业都在设法提供更加完善的、精细化的、有针对性的服务,以引领行业,这样就需要从所收集积累的数据中发现客户的消费习惯,以便更好地服务和营销。

3. 专家系统并不能解决问题

20 世纪 60 年代初,出现了运用逻辑学和模拟心理活动的一些通用问题求解程序,可以证明定理和进行逻辑推理,后逐渐演化成专家系统。

专家系统是一个智能计算机程序系统,其内部含有大量特定领域专家水平的知识与经验,能够利用人类专家的知识和解决问题的方法来处理该领域问题。它应用人工智能技术和计算机技术,根据领域专家所提供的知识和经验,进行推理和判断,模拟人类专家的决策过程,解决那些需要人类专家处理的复杂问题,简而言之,专家系统是一种模拟人类专家解决领域问题的计算机程序系统。

根据定义,专家系统应具备以下几个功能:

1) 存储求解问题所需的知识。

2) 存储具体问题求解的初始数据和推理过程中涉及的各种信息,如中间结果、目标、字母表以及假设等。

3) 根据当前输入的数据,利用已有的知识,按照一定的推理策略,去解决当前问题,并能控制和协调整个系统。

4) 能够对推理过程、结论或系统自身行为给出必要的解释,如解题步骤、处理策略、选择处理方法的理由、系统求解某种问题的能力、系统如何组织和管理自身知识等。这样既便于用户的理解和接受,同时也便于系统的维护。

5) 提供知识获取,机器学习,以及知识库的修改、扩充和完善等维护手段。只有这样才能更有效地提高系统的问题求解能力及准确性。

6) 提供一种用户接口，既便于用户使用，又便于分析和理解用户的各种要求和请求。

强调指出，存放知识和运用知识进行问题求解是专家系统的两个最基本的功能。

由于专家系统工具过分依赖用户或专家人工地将知识输入知识库中，而且分析结果往往带有偏差和错误，再加上耗时、费用高，故在处理大数据时并不可行。同时专家系统也不能从数据中发现"隐藏"的信息。

4. 知识发现(KDD)的出现

知识发现(Knowledge Discovery in Database，KDD)是从数据集中识别出有效的、新颖的、潜在有用的，以及最终可理解的模式的非平凡过程。知识发现将数据变为知识，从数据矿山中找到蕴藏的知识金块，将为知识创新和知识经济的发展做出贡献。知识发现的主要技术包括以下几类：

1) 数据分类：分类是知识发现的重要分支之一，是一种有效的数据分析方法。分类的目标是通过分析训练数据集，构造一个分类模型(即分类器)，该模型能够把数据库中的数据记录映射到一个给定的类别，从而可以用于数据预测。

2) 数据聚类：当要分析的数据缺乏必要的描述信息，或者根本就无法组织成任何分类模式时，利用聚类函数把一组个体按照相似性归成若干类，完成数据的类别聚集。聚类和分类类似，都是将数据进行分组。但与分类不同的是，聚类中的组不是预先定义的，而是根据实际数据的特征按照数据之间的相似性来定义的。

3) 回归与预测：通过统计回归分析技术，学习建立(线性或非线性)回归模型，根据历史数据预测未来的数据状态，是一个将数据项映射为数字预测变量的过程，也是一种特殊的分类方法。

4) 关联和相关性分析：指通过对数据库中的数据进行分析，寻找重复出现概率足够高的关联模式，由某一数据对象信息来推断另一数据对象信息，从而发现大规模数据集中项集之间有趣的关联或相关关系的过程。

5) 顺序发现：指在对基于时间序列的数据集中数据项的关联和相关关系分析的基础上，发现和提取数据项之间在时间和顺序上的特定模式。

6) 时间序列分析：基于随机过程理论和数理统计学方法，分析基于时间和顺序的数据序列所遵从的统计规律，是一种动态数据处理的统计方法。该方法通过对相似模式的搜寻和判别，来发现和预测特定模式的因果关系和变化趋势。

由于知识发现是一门受到来自各种不同领域的研究者关注的交叉性学科，因此导致了很多不同的术语名称。除了 KDD 外，主要还有如下若干种称法：数据挖掘(data mining)，知识抽取(information extraction)、信息发现(information discovery)、智能数据分析(intelligent data analysis)、探索式数据分析(exploratory data analysis)、信息收获(information harvesting)和数据考古(data archaeology)，等等。其中，最常用的术语是知识发现和数据挖掘。相对来讲，数据挖掘主要流行于统计界(最早出现于统计文献中)、数据分析、数据库和管理信息系统界；而知识发现则主要流行于人工智能和机器学习界。

对于完成知识发现的过程，有很多种描述，它们在组织和表达方式上有所不同，但在内容上并没有本质的区别。知识发现的过程包括以下步骤：

1) 问题的理解和定义：数据挖掘人员与领域专家合作，对问题进行深入的分析，以确定可能的解决途径和对学习结果的评测方法。

2) 相关数据收集和提取：根据问题的定义收集有关的数据。在数据提取过程中，可以利用数据库的查询功能以加快数据的提取速度。

　　3）数据探索和清理：了解数据库中字段的含义及其与其他字段的关系。对提取出的数据进行合法性检查并清理错误的数据。

　　4）数据工程：对数据进行再加工，主要包括选择相关的属性子集并剔除冗余属性，根据知识发现任务对数据进行采样以减少学习量，以及对数据的表述方式进行转换以适合学习算法等。为了使数据与任务达到最佳的匹配，这个步骤可能反复多次。

　　5）算法选择：根据数据和所要解决的问题选择合适的数据挖掘算法，并决定如何在这些数据上运行该算法。

　　6）运行数据挖掘算法：根据选定的数据挖掘算法对经过处理后的数据进行模式提取。

　　7）结果的评价：对学习结果的评价依赖于需要解决的问题。由领域专家对所发现的模式的新颖性和有效性进行评价。

　　数据挖掘是知识发现过程的一个基本步骤，它包括特定的从数据库中发现模式的挖掘算法。知识发现过程使用数据挖掘算法，根据特定的度量方法和阈值从数据库中提取或识别出知识，这个过程包括对数据库的预处理、样本划分和数据变换。

1.2　什么是数据挖掘

　　数据挖掘（Data Mining）就是从大量的、不完全的、有噪声的、模糊的、随机的实际应用数据中，提取隐含在其中的、人们事先不知道的、但又是潜在有用的信息和知识的过程。简单地说，数据挖掘就是从大量数据中提取或"挖掘"知识。

　　并非所有的信息发现任务都被视为数据挖掘。例如，使用数据库管理系统查找个别的记录，或通过因特网的搜索引擎查找特定的 Web 页面，则是信息检索（information retrieval）领域的任务。虽然这些任务也可能涉及使用复杂的算法和数据结构，但是它们主要依赖传统的计算机科学技术和数据的明显特征来创建索引结构，从而有效地组织和检索信息。尽管如此，数据挖掘技术也已用来增强信息检索系统的能力。

　　随着数据库技术的迅速发展以及数据库管理系统的广泛应用，人们积累的数据越来越多。目前的数据库系统可以高效地实现数据的录入、查询、统计等功能，但无法发现数据中存在的关系和规则，无法根据现有的数据预测未来的发展趋势。快速增长的海量数据被收集、存放在大型数据库中，由于缺乏强有力的工具，理解它们已经远远超出人的能力。因此，有人称之为"数据坟墓"。

　　随着大数据库的建立和海量数据的不断涌现，人们必然会提出对强有力的数据分析工具的迫切需求。缺乏挖掘数据背后隐藏的知识的手段，导致了"数据爆炸但知识贫乏"的现象，也就是现实情况的"数据十分丰富，而信息却相当贫乏"。需要从海量数据库和大量繁杂信息中提取有价值的知识，进一步提高信息的利用率。

　　近年来，数据挖掘引起了信息产业界的极大关注，其主要原因是存在大量数据可以广泛应用，并且迫切需要将这些数据转换成有用的信息和知识。获取到的信息和知识可以被广泛应用于各种领域，如商务管理、生产控制、市场分析、工程设计和科学探索等。

　　面对海量数据库和大量烦琐信息，如何才能从中提取有价值的知识，进一步提高信息的利用率，由此引发了一个新的研究方向：基于数据库的知识发现（knowledge discovery in database）及相应的数据挖掘（data mining）理论和技术的研究。数据挖掘的发展如表 1-1 所示。

表 1-1   数据挖掘的发展

	特　　征	数据挖掘算法	集　　成	分布计算模型	数 据 模 型
第一代	数据挖掘作为一个独立的应用	支持一个或者多个算法	独立的系统	单个机器	向量数据
第二代	和数据库以及数据仓库集成	多个算法：能够挖掘一次不能放进内存的数据	数据管理系统，包括数据库和数据仓库	同质/局部区域的计算机群集	有些系统支持对象、文本以及连续的媒体数据
第三代	和预测模型系统集成	多个算法	数据管理和预测模型系统	intranet/extranet 网络计算	支持半结构化数据和 Web 数据
第四代	和移动数据/各种计算数据联合	多个算法	数据管理、预测模型、移动系统	移动和各种计算设备	普遍存在的计算模型

数据挖掘具有以下特点：

1) 数据挖掘是多学科的产物（见图 1-2）。数据挖掘是多学科交叉领域，利用了来自如下领域的思想：统计学中的抽样、估计和假设检验，人工智能、模式识别和机器学习中的搜索算法、建模技术和学习理论，数据库系统提供的有效的存储、索引和查询处理支持，处理海量数据的分布式技术，最优化，进化计算，信息论，信号处理，可视化和信息检索，等等。

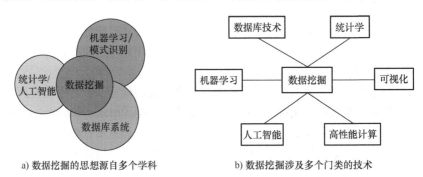

a) 数据挖掘的思想源自多个学科   b) 数据挖掘涉及多个门类的技术

图 1-2   数据挖掘是多学科的产物

2) 数据挖掘是多种技术的综合应用（见图 1-3）。在完成数据挖掘的过程中，需要对信息和数据进行检索，并利用数据仓库等技术进行组织和存储；运用多种算法对数据进行分类、聚类、相关等模式和特性的发现和识别，并对这个过程中的异常进行检测；得到的结果则进行多种方面的应用。

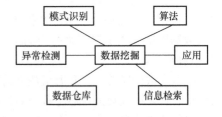

图 1-3   数据挖掘是多种技术的综合应用

1.3   数据挖掘的任务

数据挖掘分为预测性模型和描述性模型，也称为有监督的模型和无监督的模型。预测性模型或有监督的模型是利用历史数据来预测未知的和未来的特性，它具有明确的、指定的研究对象，考察的是对象之间的影响关系和程度；描述性模型或无监督的模型则是从已有的数据中发现未知的关联和规律，不人为指定研究对象，通过模型算法寻找事物间的本质联系。

数据挖掘的主要方法有分类（classification）、聚类（clustering）、相关规则（association rule）、回

归(regression)和其他方法。这些方法将在后面的各章中进行介绍。数据挖掘的任务如图 1-4 所示。

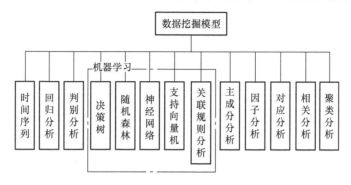

图 1-4 数据挖掘的任务

1.4 数据挖掘的应用

数据挖掘已经被广泛地应用于多种行业和领域,其功用也极为广泛,有市场分析和管理、风险分析和管理、欺骗检测与管理、法人分析及其风险管理,这些应用都基于数据库分析和决策支持。

在市场分析和管理的应用方面,数据挖掘可以对一段时间以来的信用卡交易、会员卡使用情况、打折优惠券的发放和使用情况、顾客投诉电话等数据进行分析和挖掘。对数据进行分析,根据其消费数据找出具有共同兴趣、消费水平相当、收入水平接近、消费习惯相似的顾客群体,让数据挖掘出的结果告诉我们什么样的顾客会购买什么样的产品,从而对顾客的需求进行识别,有目标且有针对性地进行精准销售。还可以对销售的明细数据进行分析,也就是所谓的购物篮分析,如著名的婴儿尿布和啤酒的购物篮关联分析的结果,促使沃尔玛超市将它们布货到相近的区域以促进销售。另外,还可用于顾客关系管理、市场分割(market segmentation)、确定顾客随时间变化的购买模式(例如,从客户个人账号到联合账号的转变,可以推测其婚姻关系的变化,那么今后的购买方向可能会向家具、母婴等方面转变,从而进行有针对性的营销)、交叉销售分析(cross-market analysis)(发现产品销售之间的关联/相关关系,基于关联信息进行预测,设计营销计划)、识别顾客需求(例如,对不同的顾客识别最好的产品,并通过预测来发现什么因素会影响新顾客)和提供汇总信息(例如,生成各种多维汇总报告,并进行如中心趋势和方差等数据的统计分析)。

在风险分析与管理的应用方面,可以对风险进行预测和预警、改进保险业务的品种和细则、进行生产过程及其产品的质量控制,以及企业和行业的竞争能力分析,等等。

在欺骗检测与管理的应用方面,可以通过分析历史数据,找出欺骗行为的特征,建立欺骗行为模型和欺骗预警机制,有效地降低欺诈风险,减少损失。在金融欺诈方面,可以利用数据挖掘的手段,检测可疑和异常的金融交易,从而及时发现如洗钱等金融违法活动的线索,例如,美国的金融犯罪执法网(Treasury's Financial Crimes Enforcement Network)和中国的金融机构都利用数据挖掘的技术建立了这样的机制。数据挖掘还可以用于检测电话诈骗,通过对电话呼叫模式、通话距离、通话时间、每天或每周通话次数的数据分析,分析其是否偏离了期望的模式。英国电信公司对频繁内部通话的呼叫者的离散群进行识别,特别是移动电话,避免了超过数百万美元的诈骗阴谋。

在其他方面,数据挖掘还可以应用于文本挖掘(新闻组、电子邮件、文档资料)、流数据挖掘(stream data mining)、Web 挖掘、DNA 数据分析等方面。

1. 数据挖掘技术在电信行业客户关系管理的应用案例

(1) 客户消费模式分析

客户消费模式分析(如固话话费行为分析)是对客户历年来长途、市话、信息台的大量详单、数据以及客户档案资料等相关数据进行关联分析,结合客户的分类,可以从消费能力、消费习惯、消费周期等诸方面对客户的话费行为进行分析和预测,从而为电信运营商的相关经营决策提供依据。

(2) 客户市场推广分析

例如,在实施市场的优惠政策之前,可以利用数据挖掘技术来对优惠策略进行预测仿真,仿真得到的模拟计费和模拟出账结果,可以揭示优惠策略中存在的潜在问题,从而进行相应的调整优化,以使优惠促销活动的收益最大化。

(3) 客户欠费分析和动态防欺诈

根据客户的历史业务数据中所记录的欺诈事件,通过数据挖掘,寻找各种骗费、欠费行为的内在规律,建立欺诈和欠费行为的规则库。当客户的话费行为与该库中的规则吻合时,系统可以提示相关运营部门采取措施,从而降低运营商的损失风险。

(4) 客户流失分析

根据已有的客户流失数据,建立客户属性、服务属性、客户消费情况等数据与客户流失概率相关联的数学模型,找出数据之间的关系,建立数学模型,并据此监控客户流失的可能性,必要时采取挽留措施(例如,如果客户流失的可能性过高,则通过促销等手段来提高客户忠诚度,防止客户流失的发生)。这彻底改变了以往电信运营商在成功获得客户以后无法监控客户流失、无法有效实现客户关怀的状况。

2. 数据挖掘在金融企业的应用案例

Credilogros 是阿根廷第五大信贷公司,资产估计价值为 9570 万美元。对于 Credilogros 而言,一项重要的工作就是识别与潜在预付款客户相关的潜在风险,以便将承担的风险最小化。

该公司的第一个目标是创建一个能够将公司核心系统和两家信用报告公司系统交互的决策引擎来处理信贷申请。同时,Credilogros 还在开发针对它所服务的低收入客户群体的自定义风险评分工具。除这些之外,其他需求还包括解决方案能在其 35 个分支办公地点和 200 多个相关销售点中的任何一个进行实时操作,包括家电零售连锁店和手机销售公司。

Credilogros 选择 SPSS 系列的数据挖掘软件 PASW Modeler,并将其整合到 Credilogros 的核心信息系统中,从而将处理信用数据并提供最终信用评分的时间缩短到了 8 秒以内,使该组织能够迅速地批准或拒绝信贷请求。该决策引擎还使 Credilogros 大大简化了客户所必须提供的贷款证明文件,在某些情况下,只需提供一份身份证明即可完成资格认证并批准信贷。此外,该系统还可以提供监控功能。

Credilogros 目前平均每月通过 PASW Modeler 处理 35000 份申请。仅在上线 3 个月后就帮助 Credilogros 将贷款失误减少了 20%。

3. 数据挖掘在物流企业的应用案例

DHL 是国际快递和物流行业的全球市场领先者,它提供快递、水陆空三路运输、合同物流解决方案,以及国际邮件服务。DHL 的国际网络能够将超过 220 个的国家及地区联系起来,员工总数超过 28.5 万人。

美国 FDA[○]要求，药品在运送过程中，装运的温度必须达到一定标准。DHL 的医药行业的客户也提出了相应的要求，要求运送服务更加可靠和经济。这就要求 DHL 在递送的各个阶段都要实时跟踪集装箱的温度。

虽然由记录器方法生成的信息准确无误，但是无法实时传递数据，客户和 DHL 都无法做到在温度发生偏差时采取防范和纠正措施。因此，DHL 的母公司德国邮政世界网(DPWN)通过技术与创新管理(TIM)集团明确拟订了一个计划，准备使用 RFID 技术在不同时间点全程跟踪装运的温度。DHL 委托 IBM 公司的咨询服务部门开发了服务系统的流程框架，并确定了其关键功能参数。通过对获取数据的监控、分析和挖掘，DHL 获得了两方面的收益：对于最终客户来说，能够使医药客户对运送过程中出现的装运问题提前做出响应，并以较低的成本全面切实地增强了运送可靠性，提高了客户满意度和忠实度；对于竞争对手来说，为保持竞争优势奠定了坚实的基础，成为重要的新的收入增长来源。

1.5 数据挖掘系统结构

数据挖掘不仅仅是对数据进行计算性的分析和统计，同时涉及数据的检索、组织、整理、存储、分析和应用等过程。数据挖掘的典型的系统结构如图 1-5 所示，包括数据库、数据仓库或其他信息库、数据库或数据仓库服务器、数据挖掘引擎、模式评估模块、图形用户界面、知识库几个部分。

1) 数据库、数据仓库或其他信息库：这是一个或一组数据库、数据仓库、电子表格或其他类型的信息库。可以在数据上进行数据清理和集成。

2) 数据库或数据仓库服务器：根据用户的数据挖掘请求，数据库或数据仓库服务器负责提取相关数据。

3) 数据挖掘引擎：这是数据挖掘系统的基本部分，由一组功能模块组成，用于特征化、关联、分类、聚类分析以及演变和偏差分析。

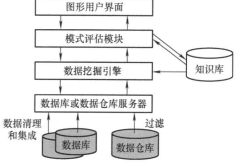

图 1-5 数据挖掘的系统结构

4) 模式评估模块：使用兴趣度度量，并与数据挖掘模块交互，以便将搜索聚焦在有趣的模式上。

5) 图形用户界面：在用户和数据挖掘系统之间通信，允许用户与系统交互，指定数据挖掘的具体任务。

6) 知识库：这是领域知识，用于指导搜索或评估结果模式的兴趣度。

1.6 数据挖掘面临的挑战

1. 数据海量

海量数据集越来越普遍，动辄数千兆字节(TB)，因此为了处理海量数据，算法必须是可伸缩的(scalable)。可伸缩可能还需要采用新的数据结构，以有效的方式访问个别记录。例如，当要处理的数据不能放进内存时，可能需要非内存算法。另外，使用抽样技术或开发并行和分布算法也可以提高可伸缩程度。

○ (美国)食品药品监督管理局(Food and Drug Administration，FDA)。

2. 处理高维数据

具有数以百计或数以千计属性的数据集称为高维数据。例如，在生物信息学领域，涉及数千特征的基因表达数据，即为高维数据。再如，不同地区温度测量数据中，维度(特征数)的增长正比于测量的次数，也属于高维数据。为低维数据开发的数据分析技术难以很好地处理高维数据，而且某些数据分析算法，其计算复杂性会随着维度(特征数)的增加而迅速增加。

3. 异种数据和复杂数据

传统的数据分析方法只能处理包含相同类型属性的数据集，社会和信息技术的发展所带来的新出现的非传统数据类型对能够处理异种属性的新技术提出了要求。例如，半结构化文本和超链接的 Web 页面集，具有序列和三维结构的 DNA 数据，地球表面不同位置上的时间序列测量值(温度、气压等)的气象数据，这些数据的来源和结构非常复杂。这就要求数据挖掘算法能够发现和整理数据间的联系，例如时间和空间的自相关性、图的连通性、半结构化文本和 XML 文档中元素之间的父子联系等。

4. 数据的所有权与分布

数据地理上分布在属于多个机构的资源中，需要开发分布式数据挖掘技术。分布式数据挖掘算法面临的主要挑战包括如何降低执行分布式计算所需的通信量，以及如何有效地统一从多个资源得到的数据挖掘结果。同时，还涉及如何处理数据的所有权问题、权限问题和安全性问题。

5. 非传统的分析

传统的数据处理和分析的方法，是采用统计学方法，也就是采用假设-检验的模式，提出一种假设，设计实验来收集数据，然后针对假设对数据进行统计分析，来判定支持假设的条件和概率。而当前的数据分析任务，常常需要产生和评估数以千计的假设，因此希望能够自动地产生和评估假设，并自动推荐相应的优化结果。另外，数据挖掘所分析的数据集通常不是精心设计的实验结果，它们是代表数据的时机性样本(opportunistic sample)而不是随机样本(random sample)，数据集常常涉及非传统的数据类型和数据分布。这些都对一系列新的数据挖掘技术的开发和应用提出了迫切要求。

数据挖掘发展到现在，仍然处于发展的阶段，日益受到人们的关注，成为当前社会领域的一大热点，其研究重点也逐渐从方法研究转移到系统应用。以往，对数据挖掘的算法、过程等理论性研究，超前于实际的应用和普及。在目前信息技术、网络技术以及物联网、大数据等技术和概念迅猛发展的情况下，数据挖掘技术从理论到实践应用都应进行相应的升级和调整。学术界开始注重多种发现策略和技术的集成，以及多学科之间的相互渗透，数据挖掘技术的研究热点及未来的发展趋势也随之而变，主要有以下几点：

1) 知识发现/数据挖掘语言的形式化描述；
2) 寻求数据挖掘过程中的可视化方法；
3) 研究在网络环境下的数据挖掘技术；
4) 加强对非结构化数据的挖掘；
5) 知识的维护更新。

1.7　数据挖掘样例数据和相关资料

1. The Data And Story Library (DASL)

网址是 https://dasl.datadescription.com/。

该数据是由 Data Description 公司提供的，该公司的主要产品是 Data Desk，一款能够完成数据分析和探索的软件。DASL 所提供的数据涉猎广泛，是学习和教授统计学或数据处理、数据分析等相关内容的有力的实践素材。

　　例如，在主页界面右侧的"Search Data by Text"搜索框中输入"Cereals"并回车，可以得到如图 1-6 所示的结果。

　　其中，在"Methods"提示行，可以查看该数据集所适用的数据处理算法，并有选择地下载。通过图 1-6 中的链接，可以下载 77 种早餐麦片的营养数据，以及 28 种早餐麦片含糖量的数据。

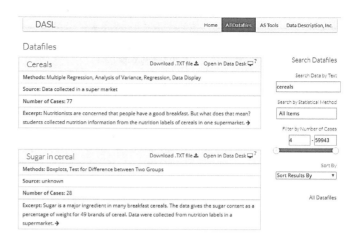

图 1-6　DASL 关于"Cereals"的数据

2. UCI Machine Learning Repository

网址是 http://archive.ics.uci.edu/ml/，为美国加州大学欧文分校机器学习与智能系统中心所管理和维护的网站。例如，从该网站可以获得"Appliances energy prediction Data Set"数据。该数据源更新及时，且会不断地补充新数据。

3. UCI Knowledge Discovery in Databases Archive (UCI KDD Archive)

网址是 http://kdd.ics.uci.edu/，为美国加州大学欧文分校信息与计算机学院所管理和维护的网站。提供多个领域的数据资源。单击网站主页上的"by data type"链接，可以看到该数据源提供了不同类别的数据资源，如表 1-2 所示。

表 1-2　UCI 知识发现数据源分类

离散序列数据	UNIX User Data
	Entree Chicago Recommendation Data
图像数据	CMU Face Images
	Volcanoes on Venus
多元数据	Census-Income Database
	COIL Data
	Corel Image Features
	Forest CoverType
	The Insurance Company Benchmark (COIL 2000)
	Internet Usage Data
	IPUMS Census Data
	KDD CUP 1998 Data
	KDD CUP 1999 Data
	1990 US Census Data
关系数据	E. Coli Genes
	M. Tuberculosis Genes
	Movies

（续）

时空数据	El Nino Data
文本	20 Newsgroups Data
	Reuters-21578 Text Categorization Collection
	Reuters Transcribed Subset
	NSF Research Awards Abstracts 1990-2003
时间序列	Australian Sign Language Data
	High-quality Australian Sign Language Data
	EEG Data
	Japanese Vowels
	Pioneer-1 Mobile Robot Data
	Pseudo Periodic Synthetic Time Series
	Robot Execution Failures
	Synthetic Control Chart Time Series
网页数据	Microsoft Anonymous Web Data
	MSNBC Anonymous Web Data
	Syskill Webert Web Data

4. Weka Datasets

网址是 https://www.cs.waikato.ac.nz/～ml/weka/datasets.html。

这是新西兰怀卡托大学 (University of Waikato) 计算机科学学院的机器学习研究项目所开发的 Weka 数据挖掘软件所附带的数据集。其中包括由前面提到的 UCI repository 引入的经过一定格式变换的数据集、进行回归研究的数据集、利用 Friedman 函数生成的数据集以及领域研究的数据集。

5. Earth System Data

网址是 https://www.esrl.noaa.gov/psd/data/。

这是美国商业部下属的科技部门国家海洋与大气管理局 (National Oceanic and Atmospheric Administration，NOAA) 的 Physical Sciences Division (PSD) 的研究数据。该管理局主要关注地球大气和海洋变化，提供对灾害天气的预警，提供海图和空图，对海洋和沿海资源的利用和保护进行管理，研究如何改善对环境的了解和防护。数据囊括气候、漂砾天气数据，北极天文台、卫星、观测船数据等。

6. KDnuggets

网址是 http://www.kdnuggets.com/datasets/。

KDnuggets 提供了数据挖掘、数据科学、机器学习、大数据分析和人工智能所涉及的各项内容汇集。其中的 Datasets 提供了一些分类的数据集的链接。

7. University of Washington

网址是 http://www.cs.washington.edu/research/jair/home.html。

这个是华盛顿大学计算机科学与工程学院的官网。在其中的 "Research & Innovation" 部分，介绍该学院在数据科学及数据挖掘方面研究的进展。

8. StackOverflow 网站

网址是 https://stackoverflow.com/。数据处理和数据挖掘的学习交流网站。

9. Journal of Machine Learning Research (JMLR)

网址是 http://www.jmlr.org/。

JMLR 是一个关于机器学习研究的期刊网站，可以免费下载期刊文章。

思考与练习

1. 下列每项活动是否是数据挖掘任务？简单陈述你的理由。

（1）根据性别划分公司的顾客。

（2）根据可赢利性划分公司的顾客。

（3）预测投一对骰子的结果。

（4）使用历史记录预测某公司未来的股票价格。

2. 何谓数据挖掘？它有哪些方面的功能？

3. 通过网络查找有哪些企业运用数据挖掘进行企业发展和业务支持的案例，并就数据挖掘所发挥的作用进行分析和比较。

参 考 文 献

[1] 迈尔·舍恩伯格. 大数据时代：生活、工作与思维的大变革[M]. 周涛，等译. 杭州：浙江人民出版社，2013.

[2] 伊恩·艾瑞斯. 大数据思维与决策[M]. 北京：人民邮电出版社，2014.

[3] 涂子沛. 大数据：正在到来的数据革命[M]. 桂林：广西师范大学出版社，2012.

[4] 涂子沛. 数据之巅：大数据革命，历史、现实与未来[M]. 北京：中信出版社，2014.

[5] 易向军. 大嘴巴漫谈数据挖掘[M]. 北京：电子工业出版社，2014.

[6] 西安美林电子有限责任公司. 大话数据挖掘[M]. 北京：清华大学出版社，2013.

[7] 海金. 神经网络与机器学习[M]. 3版. 北京：机械工业出版社，2011.

[8] KURZWEIL. 奇点临近[M]. 李庆诚，等译. 北京：机械工业出版社，2011.

[9] 蔡自兴，徐光祐. 人工智能及其应用[M]. 5版. 北京：清华大学出版社，2010.

[10] 马超群. 金融数据挖掘[M]. 北京：科学出版社，2007.

[11] 吴军. 大数据和机器智能对未来社会的影响[J]. 电信科学，2015，31(2)：7-16.

[12] 余凯. 从大数据到万物智能[J]. 科协论坛，2015(6)：14-15.

[13] 刘蒙丹. 人工智能将怎样改变我们的生活[J]. 青海科技，2015(2)：80-81.

第 2 章

数据挖掘的过程

2.1 数据分析能力

随着信息化和数据化时代的到来，社会活动越来越依赖数据的收集和整理，人们希望能够从数据中获得更多的有帮助的信息。在有意识地加强数据的产生和收集(如在各个行业和领域进行信息化建设和应用)的同时，也开始着手对数据进行不同深度和不同层次的探索，数据分析的能力也在不断加强。按照一定的应用水平，数据分析能力可分为 8 个等级，即常规报表、即席查询、多维分析、警报、统计分析、预报、预测型建模和优化。这 8 个等级可以分为两个阶段，即描述阶段和挖掘阶段，如表 2-1 所示。

表 2-1 数据分析的阶段和等级

分析思路的 4W 模式	数据分析工作		
	8 个 等 级	四 类 报 告	两 个 阶 段
发生了什么事？ （What's going on？）	等级 1：常规报表 等级 2：即席查询 等级 3：多维分析 等级 4：警报	描述性报告	描述阶段
这事为什么发生？ （Why did this happen？）	等级 5：统计分析	探索性报告	挖掘阶段
未来如何发展？ （What lies ahead？）	等级 6：预报 等级 7：预测型模型	预测性报告	
应如何决策？ （Which course of action should be taken？）	等级 8：优化	咨询性报告	

可以通过表 2-2 中的问题和示例，来进一步理解数据分析能力的 8 个等级。

表 2-2 数据分析各阶段和等级能力解析

常规报表或 固定报表	问题：发生了什么？什么时候发生的？ 示例：月度或季度财务报表。 报表一般是定期生成，用来回答在某个特定的领域发生了什么。从某种程度上来说它们是有用的，但无法用于制定长期决策
即席查询	问题：有多少数量？发生了多少次？在哪里？ 示例：一周内各天各种门诊的病人数量报告。 即席查询可以不断提出问题并获得答案

（续）

多维分析	问题：问题到底出在哪里？应该如何寻找答案？ 示例：对各种手机类型的用户进行排序，探查他们的呼叫行为。 通过多维分析的钻取①功能，获得初步的发现，发现问题所在
警报	问题：我什么时候该有所反应？现在该做什么？ 示例：当销售额落后于目标时，销售总监将收到警报。 警报可以提示什么时候出了问题，并在问题再次出现时及时报警告知
统计分析	问题：为什么会出现这种情况？我错失了什么机会？ 示例：银行可以弄清楚为什么重新申请房贷的客户在增多。 可以进行如频次分析和回归分析等一些较为复杂的分析，对历史数据进行统计并总结规律
预报	问题：如果持续这种发展趋势，未来会怎么样？还需要多少？什么时候需要？ 示例：零售商可以预计未来一段时间内特定商品在各个门店的需求量。 预报可以说是最热门的分析应用之一，应用于各行各业。例如，供应商如果能够准确预报需求，就可以合理安排库存，避免缺货或积压
预测型建模	问题：接下来会发生什么？它对业务的影响程度如何？ 示例：酒店和娱乐行业可以预测哪些 VIP 客户会对特定度假产品感兴趣。 例如，对数量庞大的客户群体开展市场营销活动时，如何知道哪些或什么样的客户最可能响应？如何划分出这些客户？哪些客户会流失？预测型建模能够给出解答
优化	问题：如何把事情做得更好？对于一个复杂问题来说，哪种决策是最优的？ 示例：在给定了业务上的优先级、资源调配的约束条件以及可用技术的情况下，帮助企业给出 IT 平台优化的最佳方案，以满足每个用户的需求。 优化带来创新，它同时考虑到资源与需求，帮助用户找到实现目标的最佳方式

① 钻取，即通过改变维的层次，变换分析的粒度，对数据进行从整体到局部、从汇总到细节、从横向到纵向地进行展示和分析。通常包括向上钻取和向下钻取。向上钻取是在某一维上将低层次的细节数据概括到高层次的汇总数据，或者减少维数（即根据用户定义自动生成汇总行）。向下钻取是从汇总数据深入到细节数据进行观察或增加新维。

可以看出，随着上述所提出的对数据应用要求的提高，数据分析的手段和方法也在提升，所体现出的智能化的水平也在层层提高，由描述阶段迈入到挖掘阶段。数据分析的等级如图 2-1 所示。

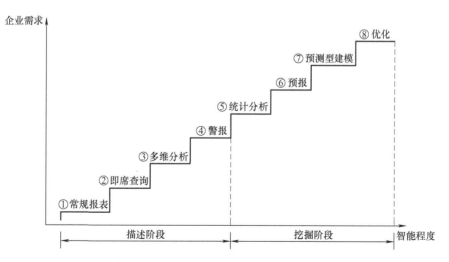

图 2-1　数据分析的等级

2.2　数据挖掘的过程

　　数据挖掘是数据分析的高级阶段，也是企业等组织提升其竞争力所必须经历的一个阶段。数据挖掘所起的作用，从企业的商业角度来看，就是在提出了商业方面的问题后，能够在借助于商业行业经验的基础上，依靠企业和相关资源所获得和积累的数据，通过数据挖掘的工具和算法，获得能够解决或优化商业问题的知识和决策支持。数据挖掘的商业思路如图2-2所示。

图 2-2　数据挖掘的商业思路

　　数据挖掘是一个从大量数据中抽取有价值的信息和知识的过程。每一种数据挖掘技术方法都有其自身的特点和实现步骤(例如，不同的数据挖掘技术在其输入输出数据的形式和结构、参数设置、训练测试方法、模型评价体系和方式等方面都有着各自的特点和要求，算法的使用方法和适用范围也有所差异)，数据挖掘与具体的应用问题也密切相关(数据挖掘所要达到的目标、数据收集的完整程度和有效程度、问题领域专家的支持程度、算法的应用等)，因此，成功地应用数据挖掘技术，达到预定目标的这个过程本身就是一件很复杂的事情。数据挖掘的技术思路，如图2-3所示。

　　为了完成对一个商业问题的数据挖掘，一般要经过启动—计划—执行—控制—收尾的过程，这是一个典型的"项目"，可以运用项目管理的方法和理论来进行计划、实施和管理。

图 2-3　数据挖掘的技术思路

实际应用中的数据挖掘包含了对商业问题的理解、行业经验的运用、数据的收集检验与预处理、算法的使用以及挖掘结果的运用等一系列活动，也是一系列的项目活动，所以称其为**数据挖掘项目**。

　　数据挖掘项目一般要经历问题的理解、数据的理解、数据的收集、数据的准备、建立数据挖掘模型、模型的评价等一系列环节。各个数据挖掘项目因其涉及的行业、领域、数据规模、数据复杂度的不同，所需要完成的过程不尽相同，其重点环节也有所不同。数据挖掘过程的系统化方法、工程化方法学以及支持系统，对解决应用问题起着至关重要的作用。为了抽象出系统化方法，诸多机构都提出了数据挖掘过程的参考模型或标准，即**数据挖掘过程模型**。

　　数据挖掘过程模型脱离了具体的数据挖掘的算法、模型和系统，从方法论的角度明确了实施数据挖掘项目的流程和步骤。常见的有三阶段过程模型、数据挖掘特别兴趣小组提出的 CRISP-DM 模型、SAS 提出的 SEMMA 模型和 SPSS 提出的 5A 模型等。三阶段模型、CRISP-DM 模型、SEMMA 模型和 5A 模型各自所包含的基本元素如图2-4所示。

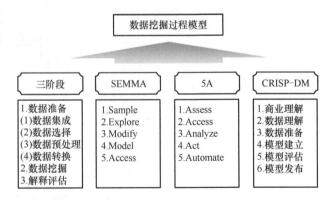

图 2-4　数据挖掘过程的典型模型

在这些模型中，三阶段模型强调数据挖掘步骤和过程的有序性和完整性；SEMMA 强调的则是与 SAS 数据挖掘产品的结合应用；5A 模型强调的是支持数据挖掘过程的工具应具有的功能和能力；CRISP-DM 则是从方法论的角度强调实施数据挖掘项目的方法和步骤，它独立于具体的数据挖掘算法和数据挖掘系统。比较而言，由于三阶段模型和 CRISP-DM 分别从支持功能和方法论的角度描述了数据挖掘的过程，因此在数据挖掘实践中较为通用。

2.3　三阶段过程模型

如图 2-5 所示，三阶段模型从大的阶段来看，将数据挖掘过程分为数据准备、数据挖掘和解释评估三个阶段。其中，数据准备阶段由数据集成、数据选择、数据预处理、数据转换几个任务来完成；数据挖掘阶段则主要是选用合适有效的数据挖掘算法对数据进行处理，从而形成模型；最后，对数据模型进行解释和评估。

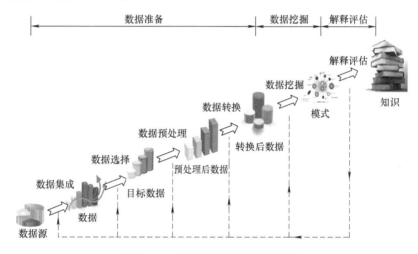

图 2-5　三阶段数据挖掘过程模型

2.3.1　数据准备

从图 2-5 所示的数据挖掘过程中可以看出，在整个数据挖掘项目中，数据准备阶段占了很大一部分。实际上，数据准备阶段非常重要，它决定了数据挖掘项目是否成功。

在数据准备阶段，首先需要建立该数据挖掘项目应用相关领域的基础知识和业务相关的必备知识，了解项目的预期目标、所期待的结果以及要解决的商业或企业运营的问题。因为数据挖掘是一个从数据中发现有意义现象的过程，有时事先对结果并没有一个具体的和确定的期望，了解用户的需求，对今后进行数据的处理起到了一个方向性的引领作用。

在这个阶段所要进行的对数据的操作，同样要求项目人员要了解商业背景知识，掌握数据集的商业意义，并掌握每个数据项所代表的含义。在对数据进行汇集的过程中，会对未统一规定的数据进行规范。例如，在来自不同零售企业的数据中，因为使用数据库和管理信息系统的阶段性或版本的差异，数据库中"性别"属性有的是用"男""女"来表示的，而有的数据中是用"1"代表男性、"0"代表女性。那么在数据集成时，就需要对其进行统一，而这必然是在对数据所代表的含义充分了解的情况下才能正确完成的。

数据准备的过程通过数据集成、数据选择、数据预处理和数据转换等步骤，最终获得能够代表原有数据集特性的、适合进行后续处理的、具有规范统一数据形式的有效数据，从而为后续的挖掘处理打下良好的基础。

1. 数据集成

数据集成是把不同来源、格式、特点性质的数据在逻辑上或物理上有机地集中，从而为企业提供全面的数据共享。在企业数据集成领域，已经有了很多成熟的框架可以利用。目前通常采用联邦式[⊖]、基于中间件模型[⊜]和数据仓库[⊜]等方法来构造集成的系统，这些技术在不同的着重点和应用上为企业数据的共享提供支持。

数据集成通过应用和数据平台间的数据交换对数据进行整合，主要是为了解决数据的分布性和异构性的问题，它是整个数据挖掘项目的基础。

2. 数据选择

数据选择是根据数据挖掘工程的需要，从所积累的海量原始数据中，选择用于数据挖掘处理的目标数据的过程。进行数据选择时，需要根据数据本身的性质，结合数据挖掘的最终目标要求，综合考虑用户的需求，参考商业概念并运用行业、领域的相关知识，通过对数据库或其他数据源的操作，来完成相关数据或样本的选取。

3. 数据预处理

对选出的数据进行再处理，检查数据的完整性和一致性，消除噪声，滤除与数据挖掘无关的冗余数据，根据时间序列和已知的变化情况，利用统计等方法填充丢失的数据。

4. 数据转换

根据知识发现的任务对经过预处理的数据进行再处理，主要是通过投影或利用数据库的其他操作减少数据量。

关于数据准备的更为详细的内容，将在第 3 章中介绍。

2.3.2 数据挖掘

在数据挖掘阶段，首先要确定数据挖掘的目标，并据此选择和运用数据挖掘算法形成结果模式，同时对该模式进行解释。具体包括以下几项任务：

1）确定挖掘目标：根据用户的要求，确定数据挖掘要发现的知识含义和类型。根据对数据挖掘的不同要求，在具体的知识发现过程中会采用不同的知识发现算法及其配置和参数。

2）选择算法：根据确定的任务选择合适的数据挖掘算法，包括选取合适的模型，设计合理的配置和设置最佳的参数等。主要算法包括分类、聚类、相关分析等。

3）数据挖掘：运用上一过程所选择的算法，从数据库中提取用户感兴趣的知识，并以一定的方式进行表示（如产生式规则等），形成相应的模式。这是整个数据挖掘过程中非常重要的步骤。

⊖ 数据联邦（data federation）（也称数据联合）提供一种基于应用视角的数据集成视图。该视图屏蔽了构成其数据的多数据源的物理位置。

⊜ 是指在异构数据源系统（数据层）和应用程序（应用层）之间，应用中间件技术，建立起一个统一的全局数据模型，可以对异构的数据库、遗留系统、Web 资源等进行访问的技术。

⊜ 数据仓库是决策支持系统（DSS）和联机分析应用数据源的结构化数据环境。数据仓库构建数据信息存储的架构和机理，对组织业务的联机事务处理（OLTP）常年积累的资料，进行分析整理，以利于使用如联机分析处理（OLAP）或数据挖掘（Data Mining）等分析方法对数据进行处理，进而支持建立如决策支持系统（DSS）、主管资讯系统（EIS）等系统，帮助决策者能够及时获得有价值的分析结果，帮助组织构建商业智能（BI）。

4）模式解释：对在数据挖掘步骤中发现的模式（知识）进行解释和评估。对于评估所可能发现的模式中的冗余或无关内容，应予剔除。如果模式不能满足用户的要求，就需要返回到前面的某些处理步骤中反复提取。

2.3.3　解释评估

对所建立的模型及结果进行评价，确认模型和结果的可信度和功能性，将所发现的知识以用户能了解的方式呈现给用户，并返回到最初提出的商业或管理的问题上来。

挖掘结果所提供的对商业或管理问题的决策支持信息的适用性，可以通过多种手段进行检验，可以通过挖掘工具在数据处理过程中所产生的结果数据和检验数据来进行检验，也可以直接使用原始的样本数据来进行检验，或使用另外一批能够反映客观实际规律性的数据来进行检验。如果达不到预期的要求，则需要考虑几个方面的因素：对问题的理解是否有所偏差，用于建立模型的数据样本是否缺乏代表性，建立模型的技术手段是否有效，模型是否完善等等。对于发现的问题，可以返回到相应的处理环节中去进行调整并解决。只有通过各项检验，确定挖掘模型体现了符合实际的规律性，才能确定其所获得决策支持信息的价值，进而完成整个数据挖掘的处理过程。

上述步骤中，数据挖掘算法占据非常重要的地位，它主要是利用某些特定的知识发现的数学方法，在一定的运算效率范围内，从数据中发现出有关知识，因而决定了整个数据挖掘过程的效果与效率。

2.4　SEMMA 方法

SEMMA 方法/模型是由 SAS Institute 提出来的。SAS Institute 是美国规模最大的跨国分析软件开发企业，知名企业中有很大一部分使用的都是该公司的管理与分析软件产品。SAS Institute 开发并推出了一系列的分析软件，称为 SAS，可以完成数据的获取、管理、分析并形成报告，以便于辅助决策。

在 SAS 所推出的主要模块中，与数据挖掘相关的模块有：SAS Warehouse Administrator 数据仓库模块、Enterprise Miner 企业数据挖掘模块、MDDB Server OLAP 多维数据库产品，以及可视化、应用开发和决策支持表现工具等相关的模块。

2.4.1　SEMMA 过程

SEMMA 方法/模型如图 2-6 所示，包括如下几个任务：

1）数据抽样（Sample）：通过数据抽样，检验数据质量，根据业务需求精选本数据子集。

2）数据探索（Explore）：通过探索数据规律、趋势、相关性以及可区分的类别，发现其数据特征，并进行分析和预处理。

3）数据调整（Modify）：明确和量化要解决的问题，调整数据以适应问题的需要。

4）模型研发（Model）：根据数据特征和实现目标来选择和调整相关的技术手段和方法，进行模型的研发以及知识的发现。

5）综合评价（Assess）：模型和知识的综合解释和评价。通过综合评价，找出效果最优模型，并结合业务对模型进行有针对性的解释和应用。

图 2-6　SEMMA 数据挖掘过程模型

2.4.2　数据抽样

进行数据挖掘时，通常要从大量数据中取出一个与所要探索问题相关的样本数据子集，而非使用全部数据集。通过对数据样本的精选，能减少数据处理量，节省系统资源，也能通过数据的筛选，使数据所反映的规律性更加凸显出来。

在数据抽样的过程中，应随时关注和控制数据的质量，即便是从数据仓库中进行数据抽样，也不可忽略对其质量水平进行检查。如果是从在线运行的系统中进行数据抽样，则更要注意数据的完整性和有效性。

数据挖掘所要达到的目标，决定了数据抽样的数据选取方式和数据选取的内容。例如，需对所进行过程的观察与控制进行分析时，可采取随机抽样的方法，根据抽样样本进行估计；而当要通过数据挖掘分析全面性规律时，则必须获得有一定代表性的数据，这时就需要按照设计的要求来考察所抽样数据的代表性水平，从而保证数据分析的结果能够反映本质规律。

2.4.3　数据特征的探索、分析和预处理

数据探索是对样本数据进行探查、检验和发现的过程。在这个过程中，尝试检验样本数据是否能达到预想的要求，是否存在出乎意料[一]的数据状态，发现数据本身所呈现的规律和趋势，探查各因素之间是否存在相关关系，判断能否进行显性类别划分，等等。

在数据探索的过程中，可以采用数理统计的方法来探究数据，也可以借助人的认知能力，采用数据可视化的方法，更加有效地发现许多数值所不能表达的规律和特征。

数据探索没有定式可言，需要反复试探和仔细观察，充分应用自身领域的专业知识和经验的有益帮助。但也不能被其束缚，阻碍新的关系的发现。

2.4.4　问题明确化、数据调整和技术选择

在数据探索的基础上，进一步明确所要解决的(商业)问题，将问题的要求分解为具体的量化指标，并与相关数据建立联系。将原来诸如质量不好、生产率低等模糊的问题，结合所掌握的数据的基本状态和趋势，确定为平均无故障时间、技术生产率和生产率进步指标等数值问题，以利于进一步的数据挖掘操作。

随着对问题的进一步明确，可以按照新的要求来审视数据集，判断其是否满足问题的需求。针对问题的需求，可能要对数据进行增删，或按照对整个数据挖掘过程新的认识，组合、生成新的变量，体现对状态的有效描述。Gartner[二]在评论当前一些数据挖掘产品时特别强调指出：在数据挖掘的各个阶段中，数据挖掘的产品都要使所使用的数据和所要建立的模型处于十分易于调整、修改和变动的状态，这样才能保证数据挖掘有效地进行。

随着问题更加明确，数据结构和内容的进一步调整，下一步数据挖掘应采用的技术手段就更加清晰、明确了。

[一] 在数据挖掘过程中，往往是这些"出乎意料"的数据或数据状态，才能够得出"有趣"的或有价值的结果。

[二] Gartner 公司，成立于 1979 年，总部设在美国康涅狄格州斯坦福，是全球最具权威的 IT 研究与顾问咨询公司。其研究范围覆盖各 IT 产业，就 IT 的研究、发展、评估、应用、市场等领域，为客户提供客观、公正的论证报告及市场调研报告，协助客户进行市场分析、技术选择、项目论证、投资决策。

2.4.5 模型的研发、知识的发现

建立模型是数据挖掘工作的核心环节。进入到 SEMMA 方法的这一步时，对拟采用的技术已有了较明确的方向，数据结构和内容也有了充分的适应性。建立模型的技术方法包括：数理统计方法，如回归分析方法等；完成分类、聚类和关联等主流数据挖掘的分析和处理方法，如支持向量机、人工神经网络、决策树等。

2.4.6 模型和知识的综合解释和评价

对于同一个数据集，可采用多种数据挖掘的方法和模型来进行分析，得到一系列的分析结果、模式或模型。Assess 则是从这些模型中发现最优模型，并对模型进行针对业务的解释和应用。

理想情况是从模型中得出一个直接的和明确的结论，但大多数情况下得到的是对目标问题的侧面性描述，这就需要对其规律性的内容进行综合，提供合理的决策支持信息。合理的决策支持信息有时体现在对所付出的代价和达到预期目标的可靠性上的平衡抉择，如果在数据挖掘过程的早期能够预见到这一点的话，就可以把该平衡指标也进行量化，以利综合抉择。

2.5 CRISP-DM 过程模型

CRISP-DM 是 CRoss Industry Standard Process for Data Mining 的缩写，即跨行业数据挖掘过程标准。CRISP-DM 提供了一种标准化和结构化的方法，来对数据挖掘项目进行规划，给出了理想化了的完成数据挖掘的事件序列。在实际应用中，各项任务会根据项目的特性调整执行的先后顺序，必要时也可能会回溯到前一个任务并重复迭代。

就方法论而言，CRISP-DM 并不是什么新观念，其本质就是在分析应用中提出问题、分析问题和解决问题的过程。其所设计的模型和环节，更加适合工程管理和大规模定制的商业及行业领域，这也使 CRISP-DM 被众多领域引用为其行业标准，且较多的数据挖掘工具所采用的都是基于 CRISP-DM 的数据挖掘流程。

CRISP-MD 模型分为 6 个阶段。

1）商业理解：理解商业目标和业务需求，并转化为数据挖掘的问题定义；

2）数据理解：筛选所需数据，校验数据质量，了解数据含义及特性；

3）数据准备：构造最终数据集，净化和转换数据；

4）模型建立：选择和应用各种模型技术，校正和优化各种模型参数；

5）模型评估：评估并解释模型效果，评价其可能的商业效果；

6）模型发布：模型实施并发布，提供给分析人员参考，并给出相应建议。

CRISP-DM 过程的各个阶段如图 2-7 所示。

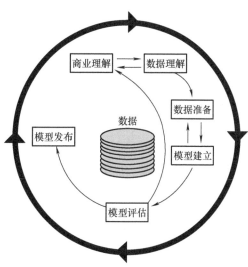

图 2-7 CRISP-DM 的数据挖掘过程模型

2.5.1 商业理解

CRISP-DM 方法的第一个步骤，是从商业或者说业务的角度来对项目需求进行理解，将其转化为数据挖掘的定义、任务和主题，明确该数据挖掘项目的目标、要求及所要完成的内容，拟定达成目标的初步方案。具体工作包括：分析项目商业背景、确定商业目标、确定商业目标成功的标准、评估形势、获得企业资源清单、了解企业的要求和设想、评估成本和收益、评估风险和不可预见因素、初步理解行业术语，以及确定数据挖掘的目标和制定数据挖掘计划。

在项目过程中，面临着企业中的各种冲突或局限，需要进行协调和平衡，找出能够对项目结果产生影响的关键因素。

1) 确定商业目标。从商业的角度对项目的主要目标进行描述。通常是一些对目标的表述，例如：现有渠道是否会影响客户的去留？或自动取款机资费下降是否能够显著减少优质客户流失的数量？这样的商业问题在转化为数据挖掘项目的主要目标时，就变成通过类推和预测来判断某些营销措施对挽留住意欲转向竞争对手的客户的作用。

2) 确定商业成功标准。确定用于从商业角度判定项目是否成功的标准。理想情况下，这应该是确定的和可量化的(例如，将客户的流失量降低到一个特定水平)，有时则会是更为主观性的(例如，对关系提供有益的见解)，这就需要明确由谁来对这个主观问题进行评价。

3) 评估当前的形势。在确定数据挖掘的目标和制订项目计划时，应充分考虑现有的资源、限制、假设和各种其他因素，掌握的项目周期要求、项目结果的可理解性要求和项目结果质量要求，以及涉及的安全和法律问题(确保能够被允许使用各项数据)等情况，了解资源的可用性、用于建模的数据集的大小等技术上的限制。

对于一个企业来说，形势因素包括人力资源(商业专家、数据专家、技术支持、数据挖掘专家)、数据资源(提取的数据、实时数据、数据仓库数据、操作数据)、运算资源(硬件平台)、软件资源(数据挖掘工具、相关软件)等。

从管理的角度出发，还需要实施项目风险管理，制订可能导致项目延迟或失败的风险条目表并制订应急预案。另外还包括编制包含用于对项目商业理解的商业术语和商业问题的数据挖掘术语的术语表；进行成本和收益分析，评估项目成功所能带来的收益等。

4) 确定数据挖掘的目标。基于用商业术语描述的商业目标和对形势的评估和判断，确定由技术术语描述的数据挖掘项目的目标。例如，商业目标描述中会出现"提升现有客户的交叉销售业绩"这样的表述，其数据挖掘目标则可能是"根据网站最热卖商品、客户所处城市、客户过去的购买行为和购买记录，推测客户将来可能的购买行为"。相应地，需要确定数据挖掘成果形成的准则，用技术术语定义项目成功的成果标准。例如，达到某一预测精度水平或购买意愿在某种程度上的提升。

5) 制订项目计划。制订能够完成数据挖掘并达成商业目标的项目计划。在项目计划中需明确项目进行的步骤、数据挖掘工具和数据挖掘技术的选取等内容。应定义项目生命周期的不同阶段，并明确各阶段的期限、所需的资源、输入、输出和联系人。如有可能，按照数据挖掘的过程明确其概要迭代步骤，例如建模和评估阶段的往复过程。其次，要在计划中分析项目进度和风险之间的关联关系，给出分析结果以及风险发生时的应对措施。另外，要确定在目前情况下，用于模型评估阶段的评估策略。这个项目计划是一个动态文档，在其中所定义的每一个环节结束时，还要对项目的进展和成果进行检查，并根据实际情况及时更新和调整项目计划。

2.5.2　数据理解

数据理解的主要目的是为了能够熟悉数据、了解数据，并对数据质量进行检验，进而发现数据的内部特性，找出对主题产生影响的主要因素，并确定这些影响因素的数据载体、体现形式和存储位置。

数据理解阶段需要根据数据理解的需求，获取项目资源中所提示的数据，载入数据后完成初始的数据采集，必要时还需要考虑如何对数据进行合理地集成。完成后需提交初始数据采集报告，列出所获取的数据（包括来源、获取方法、出现的问题），记录数据理解过程中所遇到的问题及解决办法，以便将来能够复现项目过程，或为其他相似的项目提供借鉴。

数据理解还包括对数据进行检测，掌握数据体量，探测其中感兴趣的数据子集，形成对数据中潜在的信息和知识提出拟用数据加以验证的假设；进而对数据进行描绘，明确数据的格式、数量以及数据域的特征（例如，每张数据表中的记录数以及数据域的数目），并评估数据是否符合项目需求；检验数据的质量，查验数据的完整性、正确性和缺失值的状况等，生成相应的数据质量报告，并在其中罗列数据质量查证结果，根据对数据知识和商业知识的掌握提出解决问题数据的方案。

数据理解过程还包括通过数据特征统计、数据查询、数据可视化和数据报表等手段来呈现数据挖掘问题的数据探索过程，旨在掌握关键属性的分布情况、变量间关联关系、简单聚合结果、特征子集性质等内容。这些分析或能直接达成数据挖掘的结果，或能对数据描述和数据质量报告进行细化，为随后的数据转换或其他数据分析的数据准备打下基础。可生成相应的数据探索报告，描述数据探索的结果，包括初始的发现和假设及其对项目的后续工作所产生的影响，必要时可用图表来对数据特性进行展示，以便对感兴趣的数据集展开进一步的探究。

2.5.3　数据准备

数据准备是指通过对未经过处理的、原始的粗糙数据进行处理，构建出在格式和内容上符合后续数据挖掘过程、技术或工具要求的最终数据集的一系列活动。在 CRISP-DM 过程模型中，数据准备阶段的输出，既是后续建模分析的处理对象，也是模型工具的输入。

数据准备阶段的主要工作包括数据选择、数据清理、数据构建和数据整合等环节，相应地完成数据制表、记录处理、变量选择、数据转换、数据格式化和数据清理等处理。各工作环节并非一成不变，某些工作环节有可能要多次反复，迭代执行。

1) 数据选择。数据选择是根据数据的内容与数据挖掘目标的相关性、数据质量、技术限制等，确定出将要进行分析和挖掘的数据的过程。可对数据表中的数据属性（列），或对数据记录（行）进行选择。必要时需要说明数据选择的标准和原因。

2) 数据清理。数据清理的目的是提升数据的质量，以满足数据挖掘算法和技术的要求。可通过剔除异常值、填补缺失值、选取有代表性数据或其他更为复杂的技术来进行数据清理。必要时需要形成数据清理报告，阐述进行数据清理的方法以及对分析结果产生的影响等。

3) 数据构建。数据构建是指通过构造衍生属性⊖、生成数据记录⊜、完成数据转换等方法，进行建设性的数据准备的操作。

⊖ 衍生属性是指从一个或多个数据记录的现有属性可以构建出新的属性，例如可以根据"长度"和"宽度"属性，通过计算得出一个新的"面积"属性。

⊜ 生成数据记录是指在数据集中生成的新的完整的数据记录。例如，对于那些在过去一年中未曾消费的顾客，不会在数据中产生记录，但在建模过程中又需要这样的数据来表示存在着这样一个零消费的客户群体，这时就需要人为地生成特定的客户记录。

4) 数据整合。数据整合是采取数据合并或数据聚集的方法，对多个数据库、表或记录中的数据进行组合，构建为统一数据集的过程。数据合并是把描述同一对象的多个数据表进行结合。数据聚集则是将多个数据表中的多项记录内容进行汇总。

2.5.4　模型建立

模型建立是借助数据挖掘的软件和工具，选择适当的数据处理方法，探查和发现数据中所蕴含的规律，从而建立起表征这个规律的数据模型的过程。在这个过程中，针对同一类型的数据挖掘问题(例如相同的业务问题和数据)，要选择多种方法建立模型并进行对比，对模型的参数进行优化，达到理想状态。可选择提升度和置信度较高，算法尽量简单且易于总结出业务政策和建议的数据挖掘技术方法。在建模过程中，可能会发现一些潜在的数据问题(例如某些方法对数据的形式有很具体的要求)，这需要再回到前一阶段(例如数据准备阶段)进行处理。

建立模型阶段的具体包括选择建模技术、制订测试方案、建立模型和评价模型几项工作。

1) 选择建模技术。在商业理解阶段可能已选定建模软件或工具的基础上，选择特定的建模技术(例如基于 C5.0 决策树构建、后向传播神经网络等)，并对所选用的建模技术及相应的假设条件(例如，属性值满足均匀分布、无缺漏数据、类别变量必须为标称值，等等)进行记录，形成文档。

2) 制订测试方案。针对所选取的建模技术，制订模型处理效果的测评方案，用于对模型质量和有效性的测试，其中包括设计测试过程和机制，选定测试数据⊖，规定测试评判标准等。形成测试计划书，定义模型的训练、测试、评估计划方案(包括训练数据集和测试数据集的划分方法、验证数据集的策略)。

3) 建立模型。运用建模软件和工具生成模型，并形成模型描述和解释(着重记录模型含义的难点)及各项参数设定值和设定依据记录文档。

4) 评价模型。根据行业知识、数据挖掘成功的标准以及期望的测试结果，对模型进行解释，从技术角度对模型应用和发现技术是否成功进行判断，也可随后由行业和领域专家，从应用环境的角度来讨论数据挖掘的结果⊜。

2.5.5　模型评估

模型建立后的评估，需要检查构造模型的各个步骤，确保模型可以完成数据挖掘项目所预定的业务目标，确定是否还存在未被充分考虑和注意的重要业务问题。当模型评估阶段结束时，应对数据挖掘结果的发布和使用达成一致决定，以便开展后续的结果发布工作。

模型评估应从业务角度和统计角度来进行，具体完成以下任务：

1) 评估结果。在完成模型的准确性和适用性等因素的评估的基础上，对模型与商业目标的吻合程度进行评估，检查是否存在因某些商业原因导致的模型缺陷。除了评估与商业目标直接相关的模型结果外，还应对模型建立过程中所产生的与商业目标不甚相关的副结果进行评估，而这些或能为商业应用揭示重要的挑战、信息或提示。条件允许时，可将模型投放到实际的应用中去，完成应用性测试。生成数据挖掘结果评估报告(按照商业标准概括和评价数据挖掘结果，评价项目是否达到最初的商业目标)和结果模型审批书(按照标准评估模型后，批准模型的商业应用)。

⊖ 通常处理上会把数据集分为训练数据和测试数据，训练数据集用于建立模型，测试数据集用于评估其质量。

⊜ 这个任务仅仅是针对模型本身的，而之后的模型评估环节还要考虑所有在项目进行过程中所产生的所有其他结果。

2) 审计挖掘的过程。在结果模型满足商业要求的前提下，对数据挖掘的过程进行一次较为彻底的审计，检查是否疏漏了某些较为重要的因素或任务，包括对模型创建方法的正确性、模型创建所用变量的可用性、所用变量的可持续性等进行审计。生成审计说明，对过程审计进行总结，标明缺失的项目步骤。

3) 决定后续步骤。根据评估结果及现有资源，决定项目的后续走向：是结束项目还是进行后续的结果发布，是启动新一轮的迭代处理还是启动一个新的数据挖掘项目。出具决定书，说明决定内容、决定依据、后续任务等。

2.5.6　模型发布

模型发布也称为结果发布或模型部署。数据挖掘的根本目标是将信息和知识以便于用户应用的某种方式组织和呈现出来。创建模型本身并不是数据挖掘项目的最终目的，而仅仅是为了从数据中找到隐藏其中的信息和知识。使客户能够在生产、运营的过程中，利用模型提出改善运营和提高效率的措施，才是数据挖掘项目的根本目标。

在实际的数据挖掘工作中，根据不同的企业业务需求，模型发布的具体工作可能较为简单，如将发现的结果和过程组织成为可读文本形式，提交一份数据挖掘报告；也可能较为复杂，如将模型集成到企业的核心运营系统中去，完成可重复的数据挖掘过程。

大多情况下，是由客户通过制订部署计划、制订监测与维护计划、完成结项报告和完成项目总结几个环节来执行部署，从而能够正确地使用已构建的模型：

1) 制订部署计划。部署是项目成功的关键要素之一，在项目前期就要开始考虑部署的问题，例如，在商业理解阶段就可以同时考虑部署的方法和手段。完成部署计划文档，根据模型创建过程记录和模型评估结果，并由此来制订部署计划和实现步骤等，并进行说明。

2) 制订监测与维护计划。对于将数据挖掘结果运用在日常业务或环境建设的项目，需对其进行监测与维护。制订系统的监测和维护策略，设计详细的监测过程，形成监测与维护计划，避免因环境发生变化而导致数据挖掘结果的使用失效。

3) 完成结项报告。根据部署计划，结项报告可以仅仅是项目的一个简略的总结或概要，也可以是一个数据挖掘结果的最终的、综合性的展示。

4) 完成项目总结。总结项目经验，对项目进行评估，评判项目过程中的成果和未完成或有缺憾的内容。汇总项目过程中产生的文档并进行整理归档。对项目中的获取的重要经验——例如，易犯的错误、误导性的方法、在相似情况下选择最佳数据挖掘技术时值得关注的问题，等等——进行总结。

2.6　5A 模型

5A 是 5 个以字母 A 开头的单词，这 5 个单词是：Assess（评价需求）、Access（存取数据）、Analyze（完备分析）、Act（模型演示）、Automate（结果自动展现）。

这里的 5A，如图 2-8 所示，与其说是数据挖掘的方法模型，不如说是数据挖掘方法学的 5 个要素，或者说是代表了数据挖掘的 5 项要求和 5 项功能。

1) Assess：对任务需求及可以得到的数据进行正确评价，充分理解数据并决策。

2) Access：能够方便快速地对数据进行存取，并对数据进行灵活地基本处理。

3) Analyze：采用和提供完善的分析技术及工具，利用统计方法等手段，检验结果的正确性。

4) Act：专业的具有推荐性和说服力的演示能力，具备快速回答用户提问的控制性和灵活性，便于用户更好、更快地进行决策。

5）Automate：通过提供易于使用、方便快捷的自动展示软件，全面及时地显示结果。

图 2-8   5A 数据挖掘过程模型

2.7   模型融合

各种数据挖掘模型，是各个研究机构或组织根据自身对数据挖掘的认识和理解，以及在研究或经营过程中所形成的需求、解决办法和业务定位，进行总结和综合而得到的。在表 2-3 中，给出了前面介绍的几种数据挖掘过程模型，这里对各个模型中功能较为接近的过程环节进行了归并。可以看出，不同模型从整个过程上来说基本相同，有些模型的部分环节划分得更为细致，而有些环节则仅仅是名称上的不同。

在表 2-3 所列的过程模型中，有的模型强调从实际应用的业务需求和业务目标出发，寻求的是对商业等领域应用的解决方案（如 CRISP-DM 模型和 5A 模型）。有些模型的焦点则是在数据科学的范畴内，从数据处理的角度出发，起于数据的采集，止于对由数据得出的模型进行评估和解释。

表 2-3   数据挖掘模型的对照

CRISP-DM	商业理解	数据理解		数据准备		模型建立	模型评估	模型发布
三阶段		数据集成	数据选择	数据预处理	数据转换	数据挖掘	解释评估	
SEMMA			数据抽样	数据探索预处理	数据调整	模型研发知识发现	模型解释评价	
5A	Assess评价需求	Access存取数据		Analyze完备分析		Act模型演示	Automate结果自动展现	

在运用数据挖掘的方法解决实际行业和业务领域的问题时，可以参考上述模型的规范，并根据不同的行业特点、不同的业务特性和不同的数据特征，对实际实施的数据挖掘过程进行裁剪和定制，以符合实际情况的需要。

本章小结

本章介绍了几种较为知名和常见的数据挖掘过程模型。模型中均划分了不同的、互相衔接的处理环节，为数据挖掘过程提供了更为丰富的内涵，也使数据挖掘的任务和目标更加细化、更加明确、更加清晰。

数据挖掘的实际过程可以根据实际应用的具体情况进行调整和裁剪。这基于对数据挖掘需求的充分了解，可以通过 5W1H 方法来进行分析：What（用户需要什么，想达到什么效果），Why（用户为什么要，为什么分析），Where（从哪里得到），When（什么时候进行），Who（对谁做，分析目标是谁),How(怎么做:如何采集,如何整理,如何分析,如何展现,如何输出)。只有对需求和目标的更为充分的了解和理解,才能够达到有效的数据挖掘目标。

思考与练习

1. 如果一个数据挖掘的项目采用的是 SEMMA 过程方法,在完成了数据抽样、数据探索、数据调整、模型研发和综合解释的各个环节后,所得到的结果并没有达到预期的目标,那么应该采取什么行动或措施来完成此项工作?

2. 在本章所提到的几个数据挖掘的过程模型或方法中,你认为哪个模型或方法更为合理和实用?

3. 在数据挖掘的整个过程中,你认为其中哪个环节最为重要?

4. 数据挖掘的过程主要由哪几个阶段构成?

参 考 文 献

[1] SAS Publishing. Data mining using SAS Enterprise Miner[M]. 2nd ed. North Carolina:SAS Institute Inc,2003.

[2] SHEARER C. IBM SPSS Modeler Cookbook [M]. Birmingham:Packt Publishing,2013.

[3] 胡可云,田凤占,黄厚宽. 数据挖掘理论与应用[M]. 北京:清华大学出版社,2008.

[4] TAN P N,STEINBACH M. 数据挖掘导论[M]. 范明,范宏建,译. 北京:人民邮电出版社,2006.

[5] 周苏,王文. 大数据导论[M]. 北京:清华大学出版社,2016.

[6] HAN J W,KAMBER M,PEI J. 数据挖掘:概念与技术[M]. 3 版. 范明,孟小峰,译. 北京:机械工业出版社,2012.

[7] WITTEN I H,FRANK E,HALL M A. Data Mining Practical Machine Learning Tools and Techniques[M]. 4th ed. 北京:机械工业出版社,2017.

[8] INMON W H. 数据仓库[M]. 4 版. 王志海,等译. 北京:机械工业出版社,2006.

[9] 陈京民. 数据仓库与数据挖掘技术[M]. 北京:电子工业出版社,2002.

[10] DUNHAM M H. 数据挖掘教程[M]. 北京:清华大学出版社,2003.

[11] 朱建平. 数据挖掘的统计方法及实践[M]. 北京:中国统计出版社,2005.

第 **3** 章

数据准备

数据准备是为数据挖掘创建目标数据集的过程。

现实世界中的数据，可能存在着几个方面的问题。

一是数据的不一致性。数据来自于不同的数据源，可能是关系数据库、多维数据库、文件(或文档数据库)甚至直接来自网站。数据可能存在着数据结构、数据标签的不一致，也会存在数据值的不一致(如各数据源所用数值所代表的意义不同，数据中含有噪声数据，等等)。

二是数据的不完整性。由于各种原因，数据可能存在着一些重要属性的值没有收集或填写完整，有所缺漏的现象，或者是现有数据中缺少数据分析处理所感兴趣的属性。有些数据可能只记录了聚合数据，而缺少原始的详细数据。这些都可能导致数据挖掘无法进行。

三是数据的海量性。数据可能是经过了经年累月的积累，且是在繁忙的业务活动状态下积累的海量的数据，以现有的技术条件和时间条件，或者从经济成本上考虑，都无法对全部数据进行处理(也没有这个必要)，这样就需要选取有代表性的少量数据进行有效处理。

四是数据的隐蔽性。以数据的原始形式，有时很难观察到或通过数据挖掘得出感兴趣的模型或现象，必要时需要经过适当的转换，例如对数据的维度或几何空间等进行变换或映射等处理。

造成数据这些问题的原因非常复杂。可能是数据采集和存储系统造成的，或者来自于不同信息化阶段所使用的系统造成的;可能是数据结构设计人员或者数据录入采集过程中的失误造成的;或者可能是数据传输过程造成的。

要使数据挖掘能够得出良好的预期结果，需要准备出高质量的数据作为输入，这要求输入数据是完整的、一致的、易于处理的、适宜运用数据挖掘算法的，还要求数据是具有代表性的或包含能够反映问题实质的特征数据。因此，在进行数据挖掘之前，要进行一系列的数据预处理，来改善数据的质量并提升数据的表现力，以利于提高数据挖掘的精度和性能。数据的预处理可以包括很多环节，例如数据抽样、数据清理、数据集成、数据转换、数据规约，等等。数据的质量、表现形式和代表性对数据挖掘算法的选择、参数的选取和最终结果都起着决定性的作用，因而这一过程在整个数据挖掘项目中起着至关重要的作用。

3.1 数据收集

数据收集是指对数据挖掘项目所涉及的或所需的数据进行甄别和认定，并进行汇聚的过程。这里所说的汇聚，可以是将数据进行收集和复制，存放在集中性设备所搭建的数据仓库中，也可以是对分布数据进行关联和连接，建立统一化的分布式数据集。数据的收集方式有很多种，数据的来源决定了进行数据收集应采用的方法和途径。一般来说，数据来源主要有三种。一是由政府部门所建立的电子政务等平台所收集和积累的数据，其中也包括政府部门为了完成某项政务活动而委托专业机构所完成的持续的或一次性的调查活动所收集的数据。如人口统计数据、地理数据、户籍普查数据，等等。在完成由政府部门委托的数据挖掘项目时，借助行政和法规的力量，相关数据的收集相对会容易一些。二是由企事业单位在自身的生产运营活动中产生和积累的数据，数据的质量会因其信息化的意识和程度不同而呈现较大的差异。这类数据包括电子商务业务数据、电信公司客户业务数据、银行业务数据、消费信贷历史数据、商业特征数据，等等。在完成以企事业单位数据为对象的数据挖掘项目时，往往需要其他有关联的数据的支撑和关联。如在为有线电视公司分析客户消费行为的时候，就需要从人口统计部门获取家庭和人口及其分布的数据来一同完成。三是专业从事数据调查的公司，长期或接受委托时进行数据的收集活动，形成的数据。

采取何种方式和途径来进行数据收集，由数据挖掘的目标来决定，也取决于数据的来源和经济方面的考虑。受委托的数据挖掘项目的数据的主要由委托方提供。但是，当需要的数据无法找到时，或者某些商业公司已经收集了所需的数据，这些数据可以从收集数据的公司那里购买得到。有时，从利益的角度出发，没有必要一定要购买其数据，这时，调查就可能成为收集所需数据的必要手段。

3.2 数据抽样

通常，原始数据的体量非常庞大，有的数据集记录了数年非常繁忙的业务明细，有的数据可能记录了全球各个地区各项业务的交易明细。进行数据挖掘处理时，为了满足处理过程的及时性和可操作性的要求，仅需使用其中有代表性的、能说明问题的数据进行计算处理，来得到预期的结果。

抽样（sampling），是选择数据对象子集进行分析的常用方法。在统计学中，也采用抽样的方法来选择调查对象和样本，或选取用于进行数据分析的样本。但两者的抽样的目的并不相同。统计学中进行抽样是因为获取感兴趣的整个数据样本集的资金成本和时间成本太高，而数据挖掘进行抽样是因为处理全部数据的资金成本和时间成本太高。进行数据抽样，可以大大地压缩数据量，在数据挖掘时就可以使用那些效果较好而运算开销较大的算法了。

如果抽样产生的样本是有代表性的，则使用抽样样本与使用整个数据集的效果几乎是一样的，我们称之为有效抽样。而样本具有代表性的前提是，它近似地具有与原数据集相同的（感兴趣的⊖）性质。例如，如果数据对象的均值是我们感兴趣的性质，而抽样样本具有近似于原数据集的均值，则该抽样样本就是有代表性的。由于抽样是一个统计过程，特定样本的代表性是变化的，因此抽样方案就是尽可能选择那些具有代表性的且概率足够高的样本。

3.2.1 抽样方法

常用的抽样方法有简单随机抽样、系统抽样、分层抽样、整群抽样等。

1. 简单随机抽样

简单随机抽样（simple random sampling）就是完全随机地从原始数据中抽取一定数量的样本。分为简单无放回抽样和简单有放回抽样两种。其优点是随机度高，在特质较为均一的总体中，具有很高的总体代表度，是最简单的抽样技术；其缺点是不使用可能有用的抽样辅助信息来抽取样本，可能导致统计效率低，有可能抽到一个"差"的样本，使抽出的样本分布不好，不能很好地代表总体。图 3-1 中，给出了简单随机抽样的示意图。

⊖ "感兴趣的"这一点强调：首先，在进行数据抽样时，先抽取能够支持数据挖掘目标的数据项，进而对数据量进行抽样；其次，当数据挖掘目标没有达成或改变时，需要重新进行数据抽样。

2. 系统抽样

系统抽样(systematic sampling)将总体中的各单元先按一定顺序排列并编号，然后按照一定的规则抽样。其中最常采用的是等距离抽样，即根据总体单位数和样本单位计算出抽样距离(即抽样间隔)，然后按相同的距离或间隔抽选样本单位[⊖]。例如：从 1000 个电话号码中抽取 10 个访问号码，间距为 100，确定起点(起点<间距)后每隔 100 个号码抽出一个访问号码。图 3-2 给出了系统抽样的原理示意图。

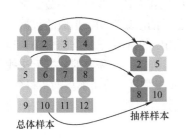

图 3-1　简单随机抽样

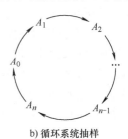

a) 系统抽样的方法　　　b) 循环系统抽样

图 3-2　系统抽样

系统抽样的优点：

1) 兼具操作的简便性和统计推断功能，是目前最为广泛运用的一种抽样方法；

2) 与简单随机抽样相比，在一定条件下，样本的分布较好。

系统抽样的缺点：

1) 抽样间隔可能遇到总体中某种未知的周期性，导致样本的代表性较差，如图 3-3 所示；

2) 未使用可能有用的抽样框[⊖]辅助信息来抽取样本，从而有可能导致统计效率低。

a) 对周期信号的等间隔系统抽样，抽样数据点不具有周期性

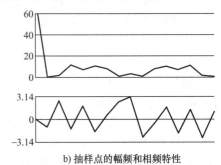

b) 抽样点的幅频和相频特性

图 3-3　系统抽样可能会导致原数据的特性丧失

3. 分层抽样

分层抽样(stratified random sampling)是把调查总体分为同质的、互不交叉的层(或类型)，然后在各层(或类型)中独立抽取样本。例如：调查零售店的销售数据时，按照其销售规模大小或库存额的大小分层，然后在每层中按简单随机方法抽取大型零售店若干、中型零售店若干、小型零售店若干；抽取城市数据时，按城市总人口或工业生产总值分出超大型城市、中型城市、小型城市等，再抽出具体的各类型城市若干。图 3-4 给出了分层抽样的原理示意图。

⊖ 如果起点是随机确定的，则总体中单元排列是随机的，等距抽样的效果近似于简单抽样。

⊖ 抽样框又称"抽样框架""抽样结构"，是指对可以选择作为样本的总体单位列出名册或排序编号，以确定总体的抽样范围和结构。设计出了抽样框后，便可采用抽签的方式或按照随机数表来抽选必要的单位数。若没有抽样框，则不能计算样本单位的概率，从而也就无法进行概率选样。

分层抽样的优点：

1）适用于层间有较大的异质性，而每层内的个体具有同质性的总体，能提高总体估计的精确度，在样本量相同的情况下，其精度高于简单抽样和系统抽样；

2）能保证"层"的代表性，避免抽到"差"的样本；

3）不同层可以依据情况采用不同的抽样框和抽样方法。

分层抽样的缺点：

1）要求有高质量的、能用于分层的辅助信息；

2）由于需要辅助信息，所以抽样框的创建需要更多的费用，也更为复杂，抽样误差的估计也要比简单抽样和系统抽样更复杂。

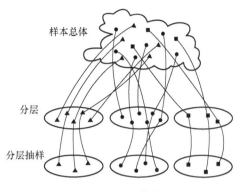

图 3-4　分层抽样

分层抽样可以细分为等比例抽样和不等比例抽样。等比例抽样根据各个分层的样本数量，按一个固定的比例进行抽取，以保证后续的处理结果不受代表性样本数量的影响；不等比例抽样则没有各层抽样数量的限制，便于设计不同的抽样方法，采用不同的抽样框来抽取最具代表性的数据。

4．整群抽样

整群抽样（cluster sampling）是先将调查总体分为群，然后从中抽取群，对被抽中的群的全部单元进行调查。例如：入户调查，按地块或居委会抽样，以地块或居委会等有地域边界的群体为第一抽样单位，在选出的地块或居委会实施逐户抽样。再例如，市场调查中，进行最后一级抽样时，从居委会中抽取若干户，然后调查抽中户家中所有 18 岁以上的成年人。图 3-5 给出的是整群抽样的原理示意图。

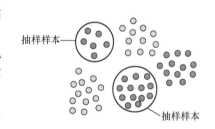

图 3-5　整群抽样

整群抽样的优点是适用于群间差异小、群内各个体差异大、可以依据外观或地域等差异来划分的群体。缺点是群内单位有趋同性，其精度比简单抽样要低。

3.2.2　数据挖掘的抽样策略

这里所说的对数据的抽样，与统计学中所说的抽样是不同的两个概念。后者是由于对所有样本进行统计以获取全部数据的时间和资金成本非常巨大，因此采取抽样的方法获取足够支持统计学原理的数据；前者则是因为处理全部数据将耗费大量的时间和资金（尤其是现在的大数据时代），甚至一些计算机的配置和数据挖掘的算法无法支持海量数据的处理。

进行抽样时，应使抽取出的数据具有代表性，能够体现原有数据集的特征。如图 3-6 所示，图 3-6a 是由 8000 个数据点构成的图案，从中抽取 2000 个数据点后得到如图 3-6b 所示的结果，从中仍能够看出原有的图案结构；但如果只抽取 500 个数据点，如图 3-6c 所示，就较难看出原有的图案结构了。抽样点数过少，会使原有的数据特征丢失。

当无法确定抽样样本的数量的时候，可以先从一个小的抽样开始，再慢慢加大抽样率或抽样尺寸，同时对抽样的样本进行评估，确定其是否能满足后续处理的要求。这种抽样方法被称为渐

a) 8000 点构成的图案

b) 抽样 2000 点仍能辨别

c) 抽样 500 点后丢失特征

图 3-6　抽样的密度应能保留整体数据的特征

进抽样(也称自适应抽样)的抽样策略。评估的方法可以是应用数据挖掘的算法对所抽取的样本进行处理，并对处理结果进行评估，如果处理结果能够达到预期的标准，则可以确定已经抽取了足够的样本。例如，在通过机器学习来建立分类模型时，就可以采用渐进抽样的方法来选取训练数据。通常预测模型的准确率会随着样本数量的增加而提高。随着样本数量增加到某一点后，预测模型的准确率就不再会明显增加而趋于稳定，则可确定已经抽取了足够的样本，不必再增加样本容量了。

3.3　数据集成

数据集成是把不同来源、格式、性质和特征的数据在逻辑上或物理上有机地集中起来，为应用提供统一的数据访问服务和支持的过程。

数据集成是一个在信息化建设和数据服务领域普遍存在的问题。例如，企业在整合、购并和协作发展过程中，企业管理信息系统的系统集成、应用集成和业务集成等活动的基础就是按照一定的要求完成数据的集成。其中涉及数据的统一和标准化、规范化、完整性和一致性的处理。再如，世界经济全球化和业务国际化的趋势，也提出了将企业所涉及的各经济和业务区域的数据综合处理，提供企业的业务决策支持，更好地把握关键性的业务挑战的要求。多种业务体系的数据同步和融合(如航空公司与航空机场之间的数据同步、证券交易所与证券公司之间的股票信息同步、金融业的汇率信息同步，等等)，更是对数据集成提出了实时性、可靠性和准确性的要求，其中所涉及的网络的连通性、传输效率、数据接口、数据格式等具体问题，也成为数据集成中需要考虑和解决的问题。现在炙手可热的云存储、云计算技术，也要面对数据集成的问题。

数据挖掘也同样存在数据集成的需求。数据挖掘对数据的一致性、完整性有较高的要求，当面对企业开展数据挖掘项目的时候，首先也会遇到数据集成的问题。图 3-7 中列出了数据集成所涉及的任务和面向的对象。

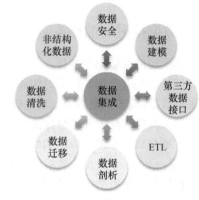

图 3-7　数据集成所涉及的任务和面向的对象

数据集成所面临的问题主要体现在以下几个方面：

1) 异构性。异构问题包括系统异构、数据模式异构和数据异构几个方面的问题。系统异构指数据源可能是由不同的系统(如不同的网络系统、不同的操作系统)所构建的数据系统提供的；数据模式异构是指数据的组织模式不同，可能以常见的关系型数据模式来组织，也可能以层次结构、网状结构或文本的模式来组织；数据异构则是指不同的数据存在着数据定义和描述语法、语义和数据的表达形式等差异。这些差异，可能是由数据源系统分别独立开发所导致，也可能是由于系统的升级改造所遗留，还可能是所集成的数据源的广泛性而导致的必然。这需要对所集成的数据进行一系列的、反复的整合、融合、归并等才能完成。

2）分布性。进行数据集成所使用的数据源大多是异地分布的，集成过程的完成或集成系统的运行依赖于网络数据传输，这就要考虑和解决网络数据传输的准确性、便利性、实时性、稳定性和安全性等功能和性能上的问题。云存储和云服务的产品化和商业化应用在一定程度上化解了这方面的问题。

3）自治性。数据集成所涉及的各个数据源的管理系统有很强的内聚性和自治性，而数据集成系统与数据源系统之间的耦合性关系往往是一个较为松散的状态。数据源的管理系统会自行根据需要，对其数据的结构、内容和关联关系进行调整，而不会主动通知数据集成系统，这也给数据集成系统的鲁棒性提出了挑战。

4）完整性。以数据挖掘为目的的数据集成，是要将更为全面、更为广泛、更能够体现问题本质和深度的数据进行汇聚，以期能够从中发现更感兴趣、更具价值的内容。例如，会将采购、生产、销售、存储、财务数据集成，来挖掘支持企业定位和发展方向决策的发现。但通常各分系统极少会考虑与其他系统数据进行整合时所需的定义或提供相应接口，使得在进行数据集成时，即便将数据都放在了一起，也因缺乏能够将数据进行融合的必要关联，而造成数据完整性的缺陷以及数据约束的不完整。

随着数据应用的不断发展，目前已经形成了很多较为成熟的数据集成的方法和应用框架，用于数据集成领域来构建数据集成系统。较为常见的数据集成产品有：

1）IBM Infosphere DataStage；

2）Informatica PowerCenter；

3）SAP：Business Objects Data Integrator（BODI），Business Objects Data Services；

4）Oracle：Warehouse Builder（OWB），Data Integrator（ODI）；

5）SAS Data Integration Studio；

6）Microsoft SQL Server Integration Services（SSIS）。

免费或开源的工具有：

1）Pentaho Data Integration（Kettle）；

2）Talend Integrator Suite。

数据集成的方法总体上有两类，一类是将数据通过复制和聚集的方法，物理上汇聚在一起，如数据仓库方法，这种方法需要完成大量的数据复制和整理的工作，且由于不能随时随地地进行，数据的时效性会有一定的欠缺，无法对诸如实时性的业务决策提供数据支持；另一类则是利用数据虚拟化[⊖]的概念，从逻辑上虚拟地将数据集成在一起，如数据联邦的方法，通过数据视图所看到的数据，是按照一定的规则从各数据源实时获得并呈现出来的，但这需要高性能的网络数据通信的支持。还有就是将这两类数据集成的方法结合应用，在数据集成服务器上生成和保存必要的数据以对所集成的数据源进行定义、组织和构建，完成必要的数据整合，为数据应用提供接口和服务，如中间件技术。

⊖ 数据虚拟化（data virtualization）是用来描述所有数据管理方法的涵盖性术语，这些方法允许应用程序检索并管理数据，且不需要与数据相关的技术细节，例如其格式化的方式或物理位置的所在。

3.3.1 数据联邦

1. 数据联邦的概念

数据联邦(data federation)，也称数据联合，是一种基于数据查询操作，从不同的数据源完成数据汇集，并构成一个虚拟化的数据库的数据集成方法。用数据联邦技术建立的这个虚拟数据库本身并不保存数据，仅保存实际数据及其位置的信息或元数据，真正的数据仍存放在源数据仓库中。实际上数据联邦提供了一种基于应用视角的、虚拟化的数据集成视图和抽象的数据接口。这种视图屏蔽了构成整体数据的多数据源的物理位置、数据结构和保存方式。数据联邦技术不会物理上移动数据，而是在数据的物理实现上提供一个抽象层。

数据联邦允许同时针对多数据源(关系数据库、企业应用程序、数据仓库、文档、XML 等)执行分布式的查询，因此它能够实时地完成各种基于数据的商业智能、报表或分析应用等操作和处理。数据联邦原理如图 3-8 所示。

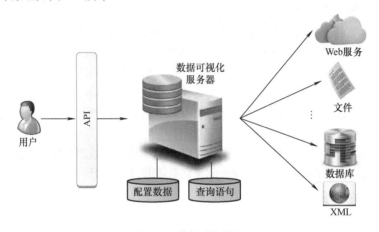

图 3-8　数据联邦原理

用数据联邦的方法可以将多个数据源联合为一个联邦数据库系统(FDBS)，它是一种半自治数据库系统结构，联邦成员(各数据源)相互之间提供访问接口来分享数据(见图 3-9)。联邦数据库系统的成员数据库可以是集中数据库系统或分布式数据库系统，也可以是其他联邦数据库系统。这种"联邦"关系可以是一种紧密耦合的关系，提供统一的访问模式，一般情况下其结构是静态的，较难于增加新的数据源；也可以是一种松散的耦合关系，不提供统一的接口，而是通过统一的语言访问数据源，但必须解决所有数据源语义上的问题。

2. 数据联邦的特点

数据联邦的优点在于以下几点：

1) 应用方便。数据联邦通过统一的联邦视图提供数据，为数据应用提供了一种比较简便的集成化的解决方法，在不需要转移数

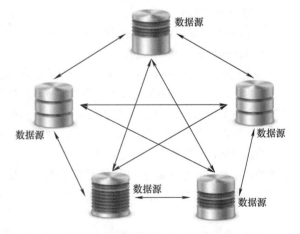

图 3-9　联邦数据库系统的结构图

据的情况下，可以组织和存取来自多数据源的数据，提供统一的数据系统。数据应用人员不需要过多地了解不同的复杂数据源系统及其数据结构，从而简化了实施和开发过程。

2）数据实时性好。数据联邦运行时只通过查询存取所需的数据，节省了本地的存储开销和网络开销，数据应用即时操作，实现实时数据存取，因此适用于要求数据实时访问的应用；因为数据联邦能够提供统一的联邦视图来获取数据，所以其数据可以是结构化的，也可以是非结构化的。数据集成技术中利用批量任务或者 ETL 的方式创建数据集市和数据仓库的方式实时性不佳，因此在很多应用场景中被数据联邦技术所取代。

3）开发快捷灵活。对于即时性要求较高的应用，数据联邦允许应用直接访问数据，而不需要进行耗时较长的数据架构的调整。企业随着业务发展，需要不断改进数据模型，数据联邦不实际保有数据，可以很快地适应这样的变化，而且它还支持增量开发，加快了开发步伐。因此在数据经常变换的环境下，数据联邦是灵活性和扩展性高的解决方案。

4）安全性好。对于数据安全性要求较高的企业，在不允许对数据进行复制和备份的场景下，数据联邦是很好的解决方案。

数据联邦的缺点在于：

1）性能较低。数据查询的反应较慢，当数据的结果集非常大时，性能会进一步降低，不适合频繁查询，以免出现争用和资源冲突等问题。集成场景中如果包含复杂的数据转换，会使系统响应时间变差而带来负面的影响。由于访问数据是通过联邦视图（federation view）来实现的，虽然可以加载实时数据规则并进行数据检验，但仍无法彻底解决数据质量和性能的问题。

2）系统可用性低。对可用性要求较高的应用，由于数据联邦依赖于多个数据源，而这些数据源的高可用性是数据联邦技术无法保证的。一旦源数据离线，联邦继承场景中的数据也就不再有效。

3）服务器负担大。真实数据源服务器的负载会有所增加。联邦服务器会把联邦视图分解为多个子操作，传送给数据源服务器，这些子操作越复杂，源服务器的负载越大。另外，数据联邦的数据来源于对原始数据源的实时查询，因此数据只包括来自源数据的内容，而不像其他数据集成所形成的数据系统，可以加入中间生成的结果。

总的来说，数据联邦技术在应用上有如下几点限制：要使用简单、有限的数据源，数据结果集不能过大，只读性的数据访问，数据质量要求简单。它被很多具有这些数据和应用特点的企业所采用，这主要是因为与其他数据集成技术相比，其明显优势在于获取数据的方便性和实时性。但另一方面，它所存在的缺点也制约了它的通用性，如在关键的核心业务系统其应用较少。

3. 数据联邦的产品

实施数据联邦时，需要考虑以下问题：数据安全、数据延时、数据的有效性、数据的一致性和质量、数据的可用性、数据模型改变的影响、性能、数据访问量、事务等。目前，已经有多家软件公司，结合企业业务和数据应用的要求，以及上面所提到的对数据联邦构建的要求，开发出了多款企业级的数据集成工具。具有数据联邦功能的、常用的企业级数据集成工具有：

1）SAP Business Objects Data Federator；

2）Sybase Data Federation；

3）IBM InfoSphere Federation Server；

4）SAS Federation Server。

3.3.2　数据仓库

从广义上讲，数据仓库描述了一种语义一致的数据组织与处理的体系结构，它将多个分散的、异质的原始数据融合在一起，完成不同数据的存取、查询和文档分析、报告生成、决策支持等过程。从狭义上讲，数据仓库是支持经营管理中的决策制定过程的、面向主题的、集成的、内容相对稳定持久的、与时间相关的数据集合。

从如图 3-10 所示数据仓库的结构图可以看出，数据仓库将多种异构的数据源，通过 ETL 技术汇聚在一个数据管理系统中，构成数据仓库。数据仓库以数据库管理系统为框架，其中管理和存放了来自多个异构数据源的原始数据，也会根据数据应用的需求，对数据进行轻运算和轻汇集（虽然会造成数据冗余等违背数据库设计范式的现象，但也为提高数据访问的性能和便利提供了可能）。数据仓库面向报表、即席查询、数据分析和数据挖掘等商业智能化方面的数据应用，衍生出与之相对应的业务模型及支撑数据。

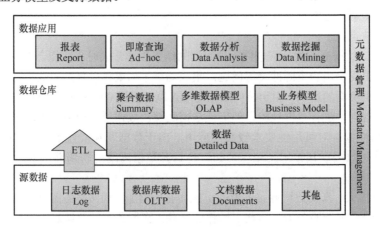

图 3-10　数据仓库的结构图

数据仓库是一种面向主题并为企业提供数据挖掘和决策支持的系统，从另一个层面上表达数据之间的共享，它主要是为了针对企业某个应用领域提出的一种数据集成方法。为了保证数据和业务理解及应用的统一性，作为数据仓库的体系架构中一个重要的管理成分——元数据[⊖]管理——也是数据仓库技术必不可少的一个组成部分。

实现数据仓库的现实问题有很多，包括如何实现数据仓库的元数据的高效管理，如何保持数据仓库的精确和简练而又能够保证数据的质量，等等。

1. 数据集市

数据集市(data mart)，也叫数据市场。数据集市就是满足特定的部门或者用户的需求，按照多维的方式进行存储，包括定义维度、需要计算的指标、维度的层次等，生成面向决策分析需求的数据立方体。

数据集市，可以称作“小数据仓库”，是为分析相关专门业务问题或功能目标而设置的专项的数据集合。它建立在具有统一数据存储模型的数据仓库下，各级业务人员按照各部门特定的需求把数据进行复制、处理、加工，并最终统一展现为有部门特点的数据集合，数据集市的应用是

⊖ 元数据是描述流程、信息和对象的数据，这些描述涉及像技术属性(例如，结构和行为)这样的特征、业务定义(包括字典和分类法)以及操作特征(如活动指标和使用历史)。也有一种说法是，元数据是描述数据的数据。

对数据仓库应用的补充(见图 3-11)。

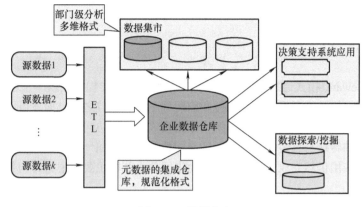

图 3-11 数据集市

2. ETL

ETL 即数据抽取(Extraction)、转换(Transformation)、装载(Loading)的过程,是构建数据仓库的一个典型过程。ETL 是一种批处理方法。如图 3-12 所示的是 ETL 的一个基本应用:进行数据集成时,对来自数据库、电子表格或其他数据源的数据,经过抽取、转换和装载的过程,构建成一个数据仓库,为用户提供统一的数据服务。

(1) 数据抽取(Extraction)。

这个过程包括使 ETL 系统连接到数据源系统上,选择和收集数据仓库或数据栈中进行数据挖掘所需要的数据。通常要对

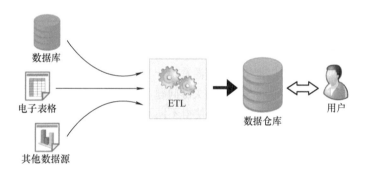

图 3-12 ETL 的应用

来自多个数据源的、数据格式不同的、异构数据系统中的数据进行汇集,因此必须在数据抽取过程中对数据进行一定的转换,使数据格式符合下一步转换处理的要求。数据抽取过程的复杂性有难有易,取决于数据源的个数、类型和质量。

(2) 转换(Transformation)。

数据转换是对数据记录的有效性和规范性进行检查,针对不同情况完成转换(conversion)、重复数据清理、标准化、过滤、排序、剔除和转化(translating)等处理的过程,将抽取来的数据变换为标准格式。数据转换的计算量与数据密切相关,好的数据源需要的操作较少,而有的数据则需要运用不止一种转换技术才能使数据符合目标数据库或数据仓库的商业和技术上的要求。

(3) 装载(Loading)。

装载是将经抽取并转换后的数据输入目标数据库或数据仓库中的过程。有些装载过程使用 SQL 插入语句,逐条地将数据记录插入到目标数据仓库的数据表中,有些则是利用块(bulk)装载程序大批量地插入数据。SQL 插入较慢,但可以对每一条数据在插入时进行数据完整性检查;块装载适合处理大批量数据,但不能逐条地对数据记录进行完整性检查。

较为常用的商业 ETL 工具有以下几种:

1）SAS Data Integration Studio（集成了 ETL 功能）；

2）CloverETL（免费或开源）；

3）Jasper ETL（免费或开源）。

3.3.3 中间件

中间件（middleware）模式通过统一的全局数据模型来访问异构的数据库、遗留系统、Web 资源等。中间件位于异构数据源系统（数据层）和应用程序（应用层）之间，向下可以协调各数据源系统，向上可以为访问集成数据的应用提供统一数据模式和数据访问的通用接口，实现不同来源、格式、性质的数据的转换与包装，从而把各种异构数据源集成在一起，提供一个统一的高层访问服务。各数据源的应用仍然完成各自的任务，而中间件系统则主要集中为异构数据源提供一个高层次检索服务。

在这种模式下，数据的集成和发布都发生在中间件层，在中间件层上进行数据的加工整合，同时通过中间件层的标准接口将整合后的数据以标准接口发布。例如，在中间件层上设置一个虚拟的数据服务层，它通过 JDBC、ODBC、FILE 适配器和应用适配器等与数据层的各种数据源实现连接，将数据源中的各种数据实体映射成中间件的虚拟数据层的表，其中，只有数据集成系统的元数据，而不存储实际的数据。中间件的基本结构如图 3-13 所示。

中间件模式是比较流行的数据集成方法，它通过在中间层提供一个统一的数据逻辑视图来隐藏底层的数据细节，使得用户可以把集成数据源看为一个统一的整体。这种模型下的关键问题是如何构造这个逻辑视图并使得不同数据源之间能映射到这个中间层。

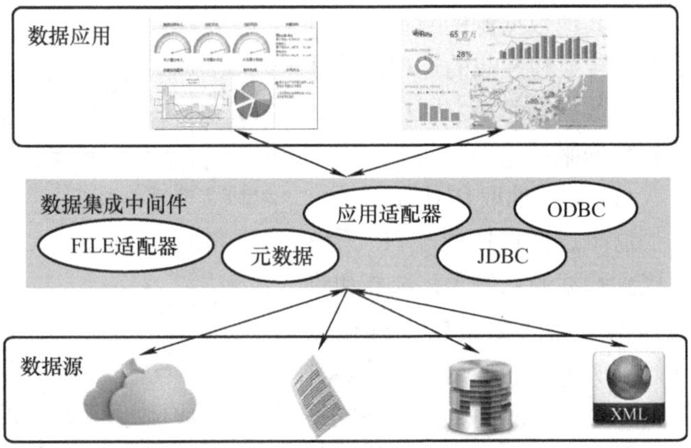

利用中间件技术实现数据集成的关键在于如何解决好数据的异构性、完整性和语义冲突的问题。

中间件集成模式在分布式应用和异构数据集成领域具有一定的优势：

图 3-13　中间件的基本结构

1）能够满足大量应用的需要；

2）能够运行于多种硬件和操作系统的平台；

3）能够支持分布式计算，提供跨网络、跨硬件和跨操作系统平台的透明性的应用或服务的交互；

4）能够支持标准协议和接口。

由于中间件所定义的标准接口对于可移植性和标准协议非常有利于互操作性，使之成为许多标准化工作的主要部分。在数据集成系统中，利用中间件可以为数据应用提供一个相对稳定的环境，不管底层的数据源或数据结构及语义进行了怎样的调整，只要将中间件升级更新，并保持中间件对外接口的定义不变，就不会对数据应用产生影响，从而保护了企业在应用软件开发和维护上的利益。

3.3.4 数据集成应用模式

对于数据仓库、数据联邦或中间件的数据集成架构，如何进行选择和应用，需要根据所要处理的数据的环境来选择。

对于异构数据源的集成，从用户的角度来说，其所需要的数据应看起来好像是驻留在一个单一的数据源中。解决办法有两种：一种是通过数据联邦技术进行分布式数据访问，这将面临解决异构数据源数据结构和语义上统一等问题；另一种方法是通过数据仓库或中间件等技术，进行数据移动，以更利于应用程序的访问，并提高数据的一致性，即进行数据合并或数据安排。从这个角度来看，数据仓库集成方法的核心就是数据安排与数据联邦技术的有机结合。

在如图 3-14 所示的系统架构中，结合了数据仓库和数据联邦的技术，为应用程序提供统一化的数据服务，从数据仓库的特性来看，其提供的是"内容相对稳定、持久的"历史数据，而结合数据仓库及数据源的数据联邦系统，则在必要的时候可以同时获得如即时事务数据的实时数据。数据仓库与数据联邦的结合，发挥了两者的特长，弥补了两者的缺点。

与数据联邦的集成方法相比，当需要对源数据进行复杂的转换或清理时，选择将数据加载到数据仓库中来完成集成，效率会更高。在应用中，如果对数据的查询非常复杂，但其重复性高且是可预测的，则选用数据仓库集成技术也同样会更加合理、有效。

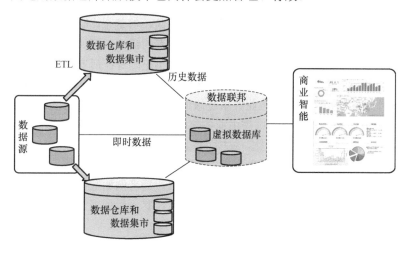

图 3-14　数据联邦与 ETL 共同构成数据集成的过程

3.4　数据清理

数据清理，也称为数据清洗（data cleaning），是指发现并纠正数据文件中可识别的错误的过程。

3.4.1　数据问题

数据通常采集自多种形式的、异构的，甚至是非结构化的数据源，因此难以避免存在错误数据或数据之间存在冲突，这些错误的或有冲突的数据称为"脏数据"。引起脏数据的主要原因有：数据源的平台不同、数据来自不同的历史阶段、滥用缩写词或惯用语、数据输入错误、重复记录、存在丢失值、拼写变化、不同的计量单位和过时的编码等。按照一定的规则把"脏数据""清洗干净"，这就是数据清洗。数据清理的原理如图 3-15 所示。

数据清洗的任务是甄别不符合要求的数据，根据领域和业务相关的专业知识，对这些数据进行相应的处理。不符合要求的数据主要分为残缺数据、错误数据、重复数据和异义数据几类。

1）残缺数据。主要指部分应有的、关键的数据信息缺失。例如，商业运营数据中，分公司名

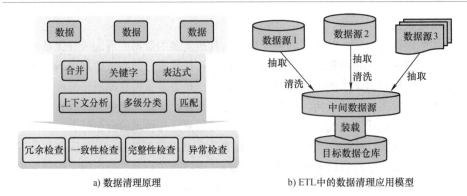

图 3-15   数据清理的原理

称或客户区域信息残缺，或者业务系统中主表与明细表不能匹配等，都会对业务统计分析造成困难或带来偏差。处理时应对数据进行筛选，记录残缺内容，提交给数据挖掘项目的客户，在指定时间内补全，并写入数据集。

2) 错误数据。错误数据产生的原因一方面是业务系统不够健全，缺乏对输入的判断和检验机制而直接写入数据库；另一方面是采集或输入错误。前者的错误，例如数值输入成了全角数字字符、字符串数据后面有多余的空格或回车符、日期格式不正确等；后者的错误，例如将分数录入为负值或超出 100 的数值等。处理时，对于全角字符、数据中有不可见字符的问题，可通过 SQL 语句的数据库操作进行甄别，由客户在业务系统修正之后抽取；日期数据格式错误或越界问题会导致 ETL 运行失败(失效)，这类错误则需由业务部门在业务系统数据库中修正后再次抽取。

3) 重复数据。重复数据产生的原因，一方面是数据系统重复采集了同一数据；另一方面的原因是数据组织机制不够完善，缺乏对重复产生的数据的区分。前者例如某一业务数据因复制、分享、备份等操作而多处存放，数据采集时也被多次抽取；后者例如数据库的主键设置不完善，无法区分重复产生的数据(例如，无序号或时间戳等字段)。其一般处理方法可以是删除重复项，或进行合并处理并添加"次数"字段来进行频次记录。

4) 异义数据。数据定义的语义差异，使数值所表达的意义有所偏差，并会造成数据处理结果的含义和解释的不同。例如，将总分不同的测试成绩不经处理就进行合并，或者将表述学生对课程焦虑程度的由李克特量表(Likert Scale)衡量的"老师要纠正我错误时很害怕"问题和"去上课的路上感到很轻松"问题⊖简单合并处理等。

3.4.2   清洗方法

数据清洗是在用户确认的前提下，运用每个过滤规则认真进行验证、过滤和修正，而不仅仅是要将有用的数据滤除。不同状况和不同性质的数据问题，所采取的清洗方法也有所不同。

1. 检查一致性

一致性检查(consistency check)是根据每个变量的合理取值范围和相互关系检查数据是否合乎要求，发现超出正常范围、逻辑上不合理或者相互矛盾的数据。例如，用 1～5 级量表测量的变量中出现了 0 值，体重出现了负数，都应视为超出正常值域范围。SPSS、SAS 和 Excel 等软件和工具都能够根据定义的取值范围，自动识别每个超出范围的变量值。

⊖ 两个问题评价为"非常同意"所指向的焦虑程度不一致。

具有逻辑上不一致性的数据，也可能以多种形式出现。例如，有些调查对象在问卷调查中说自己开车上班，但却又报告没有汽车；或者调查对象报告自己是某品牌的重度购买者和使用者，但同时又在熟悉程度量表上给了很低的分值。发现不一致时，要记录问卷序号、记录序号、变量名称、错误类别等，便于进一步核对和纠正。

从同一数据源或多数据源集成的数据可能有语义冲突，可通过分析数据间的关联关系检测数据不一致性；通过定义完整性约束使得数据保持一致。

2. 消除重复项

合并和清除是消除重复项的基本方法。数据库中属性值相同的记录被认为是重复记录，通过判断记录间的属性值是否相等来检测记录是否为重复项，可将相同的记录进行合并或消除，必要时可以添加计数变量对相同数据项出现的频次进行记录，用于后续的加权处理。

3. 填补缺失值

数据存在的缺失值，可以通过从本数据源或其他数据源推导出一个估算值，并补齐的方法来处理。实际应用中，可根据数据的不同特性和要求，选择适当的估值推算方法。

1）平滑估算（estimation）：平滑估算是较为简单的估算方法，即用该变量的全部或部分（例如邻近的）样本的均值、中位数或众数填补缺失值。这种办法较为简单，但未充分考虑数据样本中提供的相关信息，误差可能较大。

2）逻辑推演：另一种办法就是根据调查对象对其他问题的答案，通过变量之间的相关分析或逻辑推论进行估计。例如，某一产品的拥有情况可能与家庭收入有关，可以根据调查对象的家庭收入推算拥有这一产品的可能性。

3）回归预测（regression prediction）：以有缺失值的变量为因变量，与之有一定关联的连续变量为自变量，建立回归方程，计算缺失值的回归预测值，再加上一个期望值为 0 的回归残差，以更接近实际情况，据此对缺失值进行填补。当数据缺失比较少、缺失机制比较明确时可以选用这种方法。

4）概率估计：按照变量值的概率密度产生随机数，来估计缺失值并进行填补。

4. 消除缺失项

在某些情况下，不宜再进行缺失值填补（例如，某一变量的缺失值较多或某一样本的缺失值较多），则可以删除缺失值所在的变量或样本，以消除缺失项。

1）整例删除（casewise deletion）：剔除含有缺失值的样本。如果样本中可能存在较多的缺失值，这种做法的结果可能导致有效样本量大大减少，无法使用已经收集到的数据。因此，整例删除的方法只适合关键变量缺失，或者含有无效值或缺失值的样本比重很小的情况。

2）变量删除（variable deletion）：如果某一变量的无效值和缺失值很多，而且该变量对于所研究的问题不是特别重要，则可以考虑将该变量删除。这种做法减少了供分析用的变量数目，但没有改变样本量。

3）成对删除（pairwise deletion）：指对于两两配对的变量，如果某样本中其中一个变量数据缺失，则在对该配对变量进行数据统计时应删除含有缺失值的数据，而在进行其他变量数据统计时则不做处理。处理时可采用保守的处理方法，将缺失值用特殊值（例如-1、null 等）进行标注，并不真正删除，数据统计时区分处理即可，这样可以最大限度地保留数据样本中的可用信息。

5. 处理错误值

数据错误值按其性质可以是无效值、异常值、噪声值，等等。

无效值可能是由于系统采集了非有效输入(例如,输入成绩时误输入了 100 以上的值,输入性别时误输入了非男、非女值),这可以按照缺失值来进行处理;无效值也可能是数据类型不匹配导致无法进行统计计算(例如,用字符串类型变量记录考试成绩),这需要通过数据库操作来解决。

异常值的判定有多种方法,例如偏差分析、聚类分析等,也可用规则库(常识性规则、业务规则等)来检查判定,或使用不同属性间的约束、外部的数据来检测和清理数据。

【例 3-1】 利用拉依达准则[○],判定下列数据集(数据见素材文件"素材_异常值剔除.csv")中的异常值。

57.68	42.28	68.45	61.74	47.13	65.70	42.30	58.40	48.45	45.94	45.27	26.72	41.08	48.34	44.27	61.72
53.57	30.62	53.36	57.61	33.53	65.59	44.67	59.84	28.87	48.68	55.68	58.63	47.93	69.52	47.17	36.04
48.99	64.95	42.70	63.74	38.09	44.96	80.03	51.90	51.09	47.29	77.77	36.63	58.34	45.19	58.30	45.38
66.12	54.08	60.52	57.94	37.04	66.91	71.11	51.32	69.47	25.14	45.20	46.78	53.64	47.56	70.21	58.27
45.59	50.12	52.07	42.50	38.78	49.46	33.46	59.97	37.11	38.90	41.46	32.07	44.29	53.83	52.64	36.56
55.31	47.66	42.14	47.59	44.55	49.34	63.19	51.11	42.07	61.76	55.06	58.83	51.48	31.60	50.23	54.03
33.29	40.84	56.99	46.81	54.06	35.87	51.09	39.95	35.61	48.51	65.59	69.56	49.23	65.23	27.98	43.87
52.05	56.59	61.17	61.16	52.10	54.29	50.21	49.46	58.45	39.40	41.01	39.73	61.67	66.30	50.75	40.11
48.45	51.88	56.45	65.77	38.23	49.99	53.43	50.12	84.00	58.48	33.63	54.69	37.20	57.64	48.41	31.13
35.75	49.17	42.16	50.68	30.98	52.32	38.66	50.81	45.88	73.28	36.85	39.27	50.62	67.61	58.83	54.02
55.72	57.47	71.16	52.85	37.24	58.61	56.18	38.95	57.49	46.52	62.09	57.03	55.89	49.75	**85.02**	54.70

拉依达准则的应用有两个前提:样本足够多和样本呈正态分布或近似正态分布。经检验,样本数据服从正态分布(如图 3-16 所示,K-S 检验和 S-W 检验的显著性水平 Sig.值均大于 0.05);样本数为 176;满足准则的基本前提。

正态性检验

	Kolmogorov-Smirnov[a]			Shapiro-Wilk		
	统计量	df	Sig.	统计量	df	Sig.
VAR00001	0.046	176	0.200	0.991	176	0.364

a. Lilliefors 显著水平修正
*. 这是真实显著水平的下限。

描述统计

	数字	平均值	标准偏差	最小值	最大值(X)
VAR00001	154	50.9220	11.64518	25.14	85.00

图 3-16 样本数据的 K-S 和 S-W 正态分布检验

注:本图为软件运行结果截图。

计算得 $\bar{x} = 50.922$, $\sigma = 11.645$,因此,与 $\bar{x}$ 相差超过 $11.645 \times 3 = 34.935$,即数值低于 15.98 或大于 85.86 的样本适用拉依达准则的剔除标准。 ◇

采用不同的数据清理方法会对数据处理结果产生影响,同时数据清洗是一个反复的过程,不可能一蹴而就,只有通过不断地发现问题和解决问题,才能够逐步提升数据的质量。数据清理一般针对具体应用,难以归纳统一的方法和步骤,因此需要根据数据的情况给出相应的数据清理方法。

○ 拉依达准则(3σ 准则):对于均值为 $\bar{x}$、标准偏差为 σ 的、呈正态分布的独立样本 x_1, x_2, $\cdots$, x_n。如果某样本值 x_d 的剩余误差 $v_d = x_d - \bar{x}$ 满足 $|v_d| > 3\sigma$,则认为 x_d 是含有粗大误差值的异常值,应予以剔除。即假设一组检测数据中只含有随机误差,对其进行计算处理得到标准偏差,按一定概率确定一个区间,认为凡超过这个区间的误差,就不属于随机误差而是粗大误差,含有该误差的数据应予以剔除。

3.5 数据归约

实际挖掘应用所涉及的数据，其数据量往往非常庞大。例如，上海证券交易所自 1990 年设所进行电子交易以来各种股票的日开盘价、最高价、最低价、收盘价的时间序列数据集，数据量就非常大；又如，用于直肠癌转移诊断的 CT 扫描图像训练数据，其数据量也非常庞大。对海量数据进行较为复杂的数据分析和挖掘工作，需要满足以下条件：一是数据挖掘算法能够支持海量的高维的数据处理；二是计算机硬件设备，例如内存配置，能够满足算法处理大量数据的要求；三是处理时间不受限制。

如果不能满足上述条件，则需要对数据的规模进行缩减，以满足处理要求，这称为数据规约。较为常用的数据规约方法有维规约、数据压缩、数值规约、离散化和概念分层以及数据变换，等等。

3.5.1 维规约

数据集体量庞大首先体现在其属性的数量上，有的数据集包含数以百计的属性，而其中有很大一部分与特定的数据挖掘任务并不相关，相对来说是冗余属性。例如，在对零售企业获取的顾客信息数据集进行分析时，顾客的电话号码与购买意向、接受营销影响等方面的分析就没有关联。因此，可以通过只选择与数据挖掘目标相关的那些属性的数据，来完成数据挖掘工作。

维规约就是通过删除不相关的属性(或维)以减少数据集的复杂度和数据量。实际上，高维度数据中的信息往往主要包含在一个或几个低维度结构中，因此维规约技术是处理高维度数据的一种重要手段。

高维数据经过维规约技术处理后，可以带来以下几项好处：

1) 通过维规约删除不相关的特征(即降低维度)后，可使数据挖掘算法取得更好的效果。

2) 解决了维灾难问题。维灾难是指随着数据维度增加，数据分析变得非常困难。维度的增加，使数据空间中的有效数据变得稀疏，导致在分类分析中没有足够的数据对象来创建模型，可能导致错误的分类结果；使聚类分析中的邻近度的定义变得复杂而难以定义和解释。从数据挖掘实践中可以得出，高维度数据的挖掘分析，会使分类的准确率降低，聚类的质量下降，而其他数据分析算法也会遭遇不同的问题。

3) 使模型更容易理解。只涉及较少的变量或属性时，能够对数据模型进行更有效的评估、更清晰的解释，并使其易于理解。

4) 更易于实现数据的可视化。即使无法将数据维度降为二维或三维的可视维度，但仍可以通过组合二元或三元可观察属性达到可视化，而这种组合的数目也大大减少了。

维规约技术，从形式上主要可以分为两类：一是特征子集选择，可以基于条件信息熵来进行选择；二是维变换，主要有主成分分析(PCA)、独立成分分析(ICA)等方法。

1. 特征子集选择

降低维度的一种有效方法就是从整个数据集中选取一个子集来进行处理，而该子集具有原始数据集的特征，称为特征子集。选择特征子集看起来可能会丢失一部分信息，但也不尽然。例如，当原始数据集中存在冗余数据(如商品的销售价格和所支付的税额⊖就包含有相同的信息)或者包

⊖ 在有些国家购买商品时，需要支付一定比例的消费税(有的国家也称其为增值税)，通常为商品价格的 7%～10%，各个国家和地区的比值不尽相同。

含一定的非相关特征时(如学生信息表中的学号 ID,就是与学生成绩信息的统计和计算不相关的特征)就不会造成信息的丢失。而且,冗余和不相关的特征可能会降低分类处理的准确率,影响所发现的聚类的质量。因此,选取特征子集进行处理,也是进行数据规约,从而提高数据挖掘成效的一项手段。

尽管有时根据常识或者行业领域的知识就能够消除冗余的或不相关的属性,但还是要使用系统的方法,来保证能够选择出最佳的特征子集。

选择最佳特征子集的一个朴素的做法就是,将所有可能的特征子集作为输入,用既定的数据挖掘算法进行处理,并比较评估处理结果,选取结果最好的子集作为特征子集。但是对于有 n 个属性的数据集,其子集的穷举组合多达 2^n-1 个,n 值较大的情况下使用朴素做法已不现实。

系统化地进行特征选择的一般过程为:从特征全集中产生出一个特征子集,然后通过评价函数对该特征子集进行评价,并将评价的结果与停止准则进行比较,若评价结果优于停止准则即停止,否则就继续产生下一组特征子集,继续进行特征选择。选出来的特征子集一般还要验证其有效性。这个过程如图 3-17 所示。

特征选择大体上可以看作是一个搜索过程,搜索空间中的每一个状态都可以看成是一个可能特征子集。搜索时可以遵循完全搜索⊖、启发式搜索⊖和随机搜索⊖的原则,使用广度优先搜索、分支定界搜索、最优优先搜索、遗传算法和决策树等常用算法,探索各个特征子集,完成最优特征子集的确定。

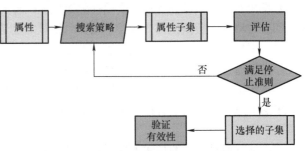

图 3-17　特征子集选择过程流程图

2. 局部特征分析

降维处理时,可将数据的局部抽取出来,而该局部数据具有显著的特征性,可以用来代表和表征原始数据的特征。例如,在人脸识别(个体识别、表情识别等)处理时,就会采用局部特征分析的方法,将人脸图像旋转和标准化(归一化)处理后,选取具有代表性的眼睛、鼻子和嘴部的图像进行识别或甄别。

在进行局部特征分析和数据抽取时,关键点在于如何确定数据中有代表性的特征数据或属性,并且以最少的特征数据或属性来表征元数据的特征。

3. 特征创建

特征创建是指根据原始数据中的部分属性,进行运算和综合,创建出新的能够代表、表征和代替这些属性的新的特征。特征创建可以通过将数据映射到不同的空间,并在新的空间中发现和揭示更多有趣和重要的特征来实现的。

【例 3-2】 具有两个不同频率的正弦波形,叠加一定的噪声信号后,无法看出其中所蕴含的感兴趣的信息(见图 3-18a)。

⊖ 完全搜索分为穷举搜索与非穷举搜索,常见的有广度优先(BFS)、分支定界(BAB)、最优优先等搜索算法。
⊖ 启发式搜索也有多种选择方式,包括序列前向选择(SFS)、序列后向选择(SBS)、双向搜索(BDS)、增 L 去 R 选择算法(LRS)、序列浮动选择(Sequential Floating Selection)、决策树(DTM)等。
⊖ 随机算法则有:随机产生序列选择算法(RGSS)、模拟退火算法(SA)、遗传算法(GA)。

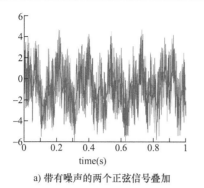
a) 带有噪声的两个正弦信号叠加

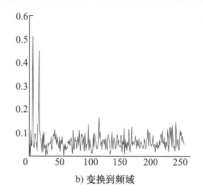
b) 变换到频域

图 3-18　通过傅里叶变换创建频域特征

通过傅里叶变换将信号变换到频域后（见图 3-18b），则可以明显看出信号中所包含的两个频率成分，便于后续处理。　　　　　　　　　　　　　　　　　　　　　　　　　　　　◇

4. 主成分分析法

主成分分析（Principal Components Analysis，PCA）也称主分量分析，是一种设法将原来变量重新组合成一组新的、相互无关的综合变量，同时根据实际需要从中可以取出几个较少的综合变量尽可能多地反映原来变量信息的统计方法。这种方法旨在把多项指标转化为少数几个综合指标，以达到降维的目的。

主成分分析法在数学上是一种处理降维的方法，其基本原理是借助于一个正交变换，将一组与分量相关的原随机向量（$x_1, x_2, \cdots, x_p$）重新组合转化成分量不相关的新随机向量（$z_1, z_2, \cdots, z_m$）来综合代表原分量，即：

$$\begin{cases} z_1 = a_{11}x_1 + a_{12}x_2 + \cdots + a_{1p}x_p \\ z_2 = a_{21}x_1 + a_{22}x_2 + \cdots + a_{2p}x_p \\ \qquad\qquad\vdots \\ z_m = a_{m1}x_1 + a_{m2}x_2 + \cdots + a_{mp}x_p \end{cases}$$

为使综合指标在最大程度上反映原变量所代表的信息，且使综合指标的分量间保持相互无关，则应让第一个主分量表征方差最大的原随机向量组合，构成第一主成分。如果第一主成分不足以代表原 p 个变量的信息，再考虑选取方差第二大的原随机向量组合作为第二主分量（第二主成分），依此类推，直至选取出了 m 个主分量，能够代表足够的原信息量（例如累计贡献率≥80%）。这在代数上表现为将原随机向量的协方差阵变换成对角形阵；在几何上表现为将数据从原坐标系变换到一个正交的新坐标系中，使任何数据投影的最大方差在第一个坐标（称为第一主成分）上，次大方差在第二个坐标（第二主成分）上，依此类推。保持数据集的对方差贡献最大的特征。保留数据的低阶主成分，忽略了高阶主成分，而低阶成分往往能体现数据的最重要特性，对多维变量系统进行降维处理，使之能以一个较高的精度转换成低维变量系统。

【例 3-3】 数据文件（见素材文件"素材_地区经济发展竞争力评价.csv"）中给出了 12 个地区的经济状况指标，其中包括国内生产、居民消费、固定资产、职工工资、货物周转、消费价格、商品零售、工业产值共 8 个变量。可以试着从中提取出主要成分，以降低数据的维度，便于后续处理。

打开 SPSS Statistics 软件，载入数据，单击分析→降维→因子分析，将全部分析变量选入，设置合适参数，运算得到如图 3-19 所示的主成分分析结果，图 3-19a 为变量相关度检验结果，从 KMO 数值上看，变量间信息重叠度并不是非常高；Bartlett 结果的显著性 P 值为 0.000，指示适合进行主成分分析。从图 3-19b、c 可以看出，提取了特征值大于 1 的前三个主成分，能够共同解释总方差的 89.58%，方差贡献率较高。

KMO和巴特利特检验

KMO取样适切性量数。		.618
Bartlett的球形度检验	上次读取的卡方	231.675
	自由度	28
	显著性	.000

a) 变量相关度检验

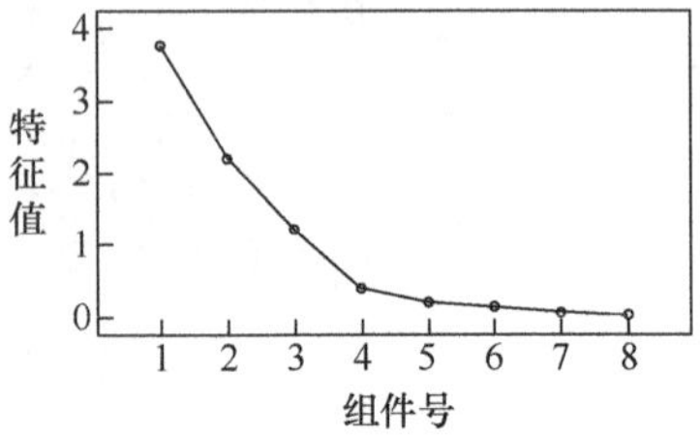

b) 碎石图

总方差解释

组件	初始特征值			提取载荷平方和		
	总计	方差百分比	累积%	总计	方差百分比	累积%
1	3.755	46.939	46.939	3.755	46.939	46.939
2	2.197	27.459	74.398	2.197	27.459	74.398
3	1.215	15.186	89.584	1.215	15.186	89.584
4	.402	5.031	94.615			
5	.213	2.660	97.275			
6	.138	1.724	98.999			
7	.065	.818	99.817			
8	.015	.183	100.000			

提取方法：主成分分析。

c) 总方差解释

成分矩阵[a]

	组件		
	1	2	3
国内生产	.885	.383	.121
居民消费水平	.607	−.598	.271
固定资产投资	.912	.161	.212
职工平均工资	.465	−.723	.368
货物周转量	.486	.738	−.275
居民消费价格指数	−.508	.252	.797
商品零售价格指数	−.619	.594	.438
工业总产值	.823	.427	.211

提取方法：主成分分析。
a.已提取3个成分。

d) 成分矩阵

图 3-19　主成分分析结果

注：本图为软件运行结果截图。

在后续处理中，可以使用能够降低维度，且基本代表原数据变量的三个主成分 z_1、z_2、z_3 数据来进行。二者之间的关系为

$$\begin{cases} z_1 = 0.885x_1 + 0.607x_2 + 0.912x_3 + 0.465x_4 + 0.486x_5 - 0.508x_6 - 0.619x_7 + 0.823x_8 \\ z_2 = 0.383x_1 - 0.598x_2 + 0.161x_3 - 0.723x_4 + 0.738x_5 + 0.252x_6 + 0.594x_7 + 0.427x_8 \\ z_3 = 0.121x_1 + 0.271x_2 + 0.212x_3 + 0.368x_4 - 0.275x_5 + 0.797x_6 + 0.438x_7 + 0.211x_8 \end{cases}$$
◇

采用主成分分析法进行维规约的优点主要体现在以下几点：一是消除评估指标之间的相关影响。主成分分析法在对原始数据指标变量进行组合变换后，形成了彼此相互独立的主成分，原指标变量间相关程度越高，主成分分析效果越好；二是减少指标选择的工作量。对于其他评估方法，由于难以消除评估指标间的相关影响，所以选择指标时要花费不少精力，而主成分分析法由于可以消除这种相关影响，所以在指标选择上相对容易；三是主成分分析中各主成分按方差大小依次排列。在分析问题时，可只取靠前的几个方差较大的主成分来代表原变量，舍弃其余成分，减少

计算工作量。在进行综合评估时，选择主成分的原则是累计贡献率≥85%，因而不会由于漏掉关键指标而影响评估结果。

主成分分析法最主要的缺点在于，变换后得到的主成分的释义会带有一定的模糊性，难以给出符合实际背景和意义的解释，不如原始变量的含义那么清楚、确切，这是变量降维过程中不得不付出的代价。因此，抽取的主成分个数 m 通常应明显小于原始变量个数 p，否则维数降低的利，可能抵不过主成分因子丧失原始含义的弊。而这又与应保证所抽取的前几个主成分的累计贡献率达到一个较高的水平(即变量降维后的信息量必须保持在一个较高的水平上)相矛盾，则需进行仔细比较，综合权衡。另外，当主成分的因子负荷的符号有正有负时，综合评价函数的意义就会更为不明确。

3.5.2 离散化和概念分层

原始数据记录了详实而细致的数据，但数据量过于庞大，不利于挖掘分析。在挖掘分析的过程中，往往并不需要数据的所有细节。例如，某数据记录了家庭年收入一项数据，数据值会是从几百到几万的连续数据，而在分析处理时可能只需要确定是高、中、低收入家庭的区分即可，这时对该数据进行离散化：收入<v_1，定为低；收入>v_2，定为高；其余定为中。这样就可以使数据量大大降低，便于后续的处理。这就是数据的离散化。

连续属性的离散化，有多种方法，在图 3-20 中，图示了等宽、等频和 K 均值的离散化算法。

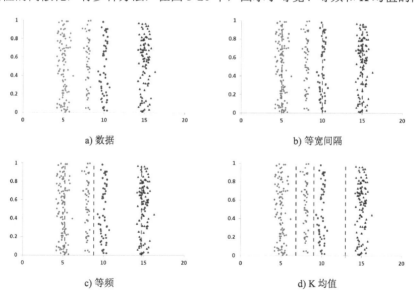

图 3-20 不同特性的数据应选用适当的离散化算法

通过离散化或概念分层处理，可以有效地减少属性或属性值的个数，便于高效地完成挖掘任务，也能使结果知识的表达更简洁、更易于理解、更易使用。离散化产生了概念分层结构，使得可以在不同抽象层进行挖掘。同时，有些算法所需要的离散属性或者是二元属性(如书中第 5 章介绍的关联分析算法)，也可以通过离散化来生成。

离散化分为监督的和非监督的离散化。其差别在于在离散化的算法中是否使用到分类信息。监督离散化假定数据属于不同的类,利用类来最大化各离散化区间中数据的类的纯度(上面的例子中，区间中的数据都属于同一个类为最纯，区间中的数据以相同比例属于各类为最不纯，其他情况介于最纯和最不纯之间），因而类别是确定分割点的原则。有多种度量纯度的方法，如基于熵的度量方法（熵是判断信息混杂度的指标，离散化的过程中用来度量离散化区间中数据的类的混杂程度），该算法的思路是，首先将原始数据分为使其具有最小的熵的两类（区间），然后迭代上述过程，每一次迭代都以最小熵来划分，直到取出 n 类。

3.6　数据变换

数据变换是指将数据变换成适合于数据挖掘的形式。数据变换的目的是为了从另一个角度或另一个域发现数据更为显著的特征。例如，将语音数据变换为频率谱，则更便于分析语音的特征。再如，当要比较两篇文章的相似性，以便进行相关推荐的时候，不可能就文章的全文进行比较分析和计算，通常的做法是将文本内容映射到"摘要"（topic）的维度，进而对"摘要"的文本进行相似度计算来完成。

3.6.1　独立成分分析法

独立成分分析（Independent Components Analysis，ICA）是一种寻求线性投影的高阶方法，它不需要相互之间尽可能正交，而是尽可能在统计上相互独立。统计上相互独立是一种比不相关更强的条件，后者仅仅涉及二阶的统计，而前者则关系到所有的高阶统计。例如，随机向量 $X = (x_1, x_2, \cdots, x_p)$ 是不相关的，则它表示对任意 $i \neq j, 1 \leqslant i, j \leqslant p$，有：

$$D(x_i, x_j) = E\{(x_i - u_i)(x_j - u_j)\} = E(x_i x_j) - E(x_i)E(x_j) = 0 \tag{3-1}$$

然而，相互独立则要求高阶概率密度函数可分解并写成：

$$f(x_1, x_2, \cdots, x_p) = f_1(x_1) f_2(x_2) \cdots f_p(x_p) \tag{3-2}$$

独立肯定意味着不相关，但是反之不然。只有当 $f(x_1, x_2, \cdots, x_p)$ 服从高阶正态分布时，两者才能等价。对于高斯分布，主成分就是独立成分。

独立成分分析就是在已知且仅知观测数据 $X = (x_1, x_2, \cdots, x_n)^T$ 的情况下，寻找满足一般线性模型（不考虑噪声）$X = AS$ 中的 $n \times m$ 阶混合矩阵 A；或寻找 $m \times n$ 阶解混矩阵（又称为分离矩阵）W，使 $Y = WX$ 逼近 S，从而得到源信号 S 的方法。其中，源信号 $S = (s_1, s_2, \cdots, s_m)^T$ 为各分量相互独立且分别服从非高斯分布的源信号，$Y = (y_1, y_2, \cdots, y_m)^T$ 且 Y 的各分量尽可能相互独立。

对于上述模型的评估一般包含两个步骤：指定目标函数（又称对比函数）和优化目标函数算法。一般来说，目标函数是由不同的估计准则得出，并通过恰当的优化方法来实现独立成分分析，即求出混合矩阵 A 和独立成分 S。这些优化方法大多是基于梯度的方法。常用的评估准则有非高斯性最大化、极大似然估计、基于互信息最小等方法。

（1）非高斯性最大化。

非高斯性最大化是独立成分分析中的一个重要的估计准则。一般来说，衡量非高斯性的测度有峰度（kurtosis）和负熵[⊖]（negentropy）两种。根据中心极限定理[⊖]：在一定条件下，相互独立的随机变量的和趋向于正态分布，所以一般来说两个相互独立的随机变量的和比任何一个参与求和的随机变量更加靠近正态分布。

⊖ 负熵即熵的减少，是熵函数的负向变化量。负熵是对物质系统有序化、组织化、复杂化状态的一种量度。

⊖ 中心极限定理：设随机变量 $x_1, x_2, \cdots, x_n$ 相互独立，服从同一分布且有有限的数学期望 μ 和方差 σ^2，则随机变量 $\bar{x} = \dfrac{\sum x_i}{n}$，在 n 无限增大时，服从参数为 μ 和 $\dfrac{\sigma^2}{n}$ 的正态分布，即 $n \to \infty$ 时，$\bar{x} \to N\left(\mu, \dfrac{\sigma^2}{n}\right)$。

事实上，为了求出一个独立成分，考虑 $x_i(i=1,\cdots,n)$ 的线性组合：

$$y = \boldsymbol{b}^{\mathrm{T}}\boldsymbol{x} = \sum_i b_i x_i \tag{3-3}$$

式中，$\boldsymbol{b}$ 是要估计的向量。如果记 $\boldsymbol{q}^{\mathrm{T}}=\boldsymbol{b}^{\mathrm{T}}\boldsymbol{A}$，则上式可以表示为

$$y = \boldsymbol{b}^{\mathrm{T}}\boldsymbol{x} = \boldsymbol{b}^{\mathrm{T}}\boldsymbol{A}\boldsymbol{s} = \sum_i q_i s_i \tag{3-4}$$

因此，从这个表达式可以看出，如果 $\boldsymbol{b}^{\mathrm{T}}$ 恰好是混合矩阵的某一行，则这个线性组合就恰好表示了一个独立成分。

由中心极限定理，两个独立随机变量的和比其中的任何一个随机变量更加接近于高斯分布，即上述表达式蕴含的随机变量，比任何一个独立成分更加靠近高斯分布，只有当这个随机变量恰好等于其中一个独立成分时，y 离高斯分布最远。因此，可以求 b 的最优值，使得 $\boldsymbol{b}^{\mathrm{T}}\boldsymbol{x}$ 非高斯性最大化，则 y 就是一个独立成分。峰度 $\mathrm{kurt}(y)$ 是一种衡量随机变量 y 的非高斯性的传统方法，在统计学上表示为

$$\mathrm{kurt}(y) = E\{y^4\} - 3(E\{y^2\})^2 \tag{3-5}$$

另外一种度量非高斯性的方法是负熵，其定义为

$$J(y) = H(y_{\mathrm{gauss}}) - H(y) \tag{3-6}$$

式中，y_{gauss} 表示服从高斯分布的随机变量，且它与 y 具有相同的方差。

(2) 极大似然估计方法。

极大似然估计方法也是一种实现独立成分分析的很有效的方法，同时它也是统计学习的一种最基本的方法，应用广泛也较为实用。其基本思想就是求得模型中使得样本的概率分布达到最大的参数。对于模型 $\boldsymbol{X} = \boldsymbol{A}\boldsymbol{S}$ 中 $\boldsymbol{X}$ 的概率分布，可以表示为

$$P_X(\boldsymbol{X}) = |\det(\boldsymbol{W})| p_s(\boldsymbol{S}) = |\det(\boldsymbol{W})| \prod_i p_i(s_i) \tag{3-7}$$

式中，$\boldsymbol{W}=\boldsymbol{A}^{-1}$ 表示分离矩阵；p_i 表示各个独立成分的概率密度函数。则上式可以表示为 $\boldsymbol{W} = (w_1, w_2, \cdots, w_n)^{\mathrm{T}}$ 和 $\boldsymbol{x}$ 的函数：

$$P_X(\boldsymbol{X}) = |\det(\boldsymbol{W})| p_s(\boldsymbol{S}) = |\det(\boldsymbol{W})| \prod_i p_i(\boldsymbol{w}_i^{\mathrm{T}}\boldsymbol{x}) \tag{3-8}$$

现在假设 T 个观察样本点表示为 $X(1), \cdots, X(T)$，且样本点是相互独立的，则得到样本的似然函数：

$$P_X(\boldsymbol{X}) = \prod_{t=1}^{T} p(X(t)) = \prod_{t=1}^{T} \left\{ |\det(\boldsymbol{W})| \prod_i p_i(\boldsymbol{w}_i^{\mathrm{T}}\boldsymbol{x}) \right\} \tag{3-9}$$

最大化样本的似然函数等价于最大化它的对数似然函数：

$$L(\boldsymbol{W}) = \log\{P(\boldsymbol{X})\} = T \cdot \log|\det(\boldsymbol{W})| + \sum_{t=1}^{T}\sum_{i=1}^{n} \log\{p_i(\boldsymbol{w}_i^{\mathrm{T}}X(t))\} \tag{3-10}$$

(3) 基于互信息最小的方法。

基于互信息的独立成分分析是很重要的一个内容，这种方法不仅仅局限于独立成分分析中，也在其他的领域中有着广泛的应用。随机向量 $\boldsymbol{Y} = (y_1, y_2, \cdots, y_n)^{\mathrm{T}}$ 的各个元素之间的互信息表示为

$$I(y_1, y_2, \cdots, y_n) = \sum_{i=1}^{n} H(y_i) - H(Y) \qquad (3\text{-}11)$$

互信息有一个重要的性质：$I(y_1, \cdots, y_n) \geqslant 0$，当且仅当随机向量 y 的各个分量之间相互独立时取零。

3.6.2 线性判别分析

线性判别分析(Linear Discriminant Analysis，LDA)也称为 Fisher 线性判别，是模式识别的经典算法，它是在 1996 年由 Belhumeur 引入到模式识别和人工智能领域的。其鉴别分析的基本思想是将高维的模式样本投影到最佳鉴别向量空间，以达到抽取分类信息和压缩特征空间维数的效果，投影后保证模式样本在新的子空间有最大的类间距离和最小的类内距离，也就是使投影后模式样本的类间散布矩阵最大，同时类内散布矩阵最小，即模式在该空间中有最佳的可分离性。因此，它是一种有效的特征抽取方法。

如图 3-21 所示，对于一组来自于两个分类的样本数据，向不同的向量空间进行投影时，可以得到不同的结果。图 3-21a 中的投影结果显示两个类别的投影数据仍有一定的重叠，不能有效地代表不同类别的特征；而图 3-21b 中的投影结果则显示两个类别的投影数据有效分离，能够用来较好地代表这两类数据的类别区分。

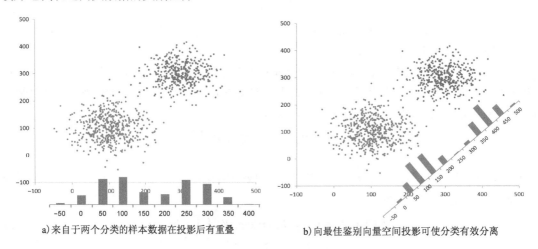

a) 来自于两个分类的样本数据在投影后有重叠 　　　　　 b) 向最佳鉴别向量空间投影可使分类有效分离

图 3-21　线性判别分析

本章小结

数据准备是数据挖掘项目过程中非常重要的环节，其中的数据抽样、数据集成、数据清理、数据规约和数据变换等步骤使待处理的数据更加全面、更加简明、更加准确和更加具有代表性，在一定程度上保证了数据挖掘项目能够得到更有价值和更有意义的结果。

数据准备所完成的各项工作，没有定规可言，需要根据数据布局的整体架构，考虑数据挖掘的目的和数据的实际情况，来确定所采取的步骤和具体技术及方法。另外，来自不同行业和领域的数据与其管理或业务应用有着紧密的联系，需要学习和积累对数据应用的相关管理和业务的理解，获得较为充分的相关知识和经验，才能有效地完成数据准备的工作。

思考与练习

1．数据预处理是数据准备的主要工作。请思考和阐述数据预处理在数据挖掘中所处的地位和所发挥的作用。

2．在对数据进行预处理时，需要对数据充分了解并且能够理解。请分析为什么需要对数据进行理解，如何进行？

3．根据素材文件"素材_省市经济指标.csv"中给出的各省市的总人口、教育程度、就业人数、服务业人数、中等房价指标进行主成分分析，确定具有决定作用的若干项指标，并据此对各省市状况进行排序，并进行简要分析。

4．假设属性 income 的最小值和最大值分别是 12000 元和 98000 元。利用最大最小规范化的方法将属性的值映射到 0 至 1 的范围内。income 为 73600 元的属性将被转化为多少？

5．分箱方法是一种简单常用的预处理方法，通过考察相邻数据来确定最终值。所谓"分箱"，实际上就是按照属性值划分的子区间，如果一个属性值处于某个子区间范围内，就称把该属性值放进这个子区间所代表的"箱子"内。把待处理的数据(某列属性值)按照一定的规则放进一些箱子中，考察每个箱子中的数据，采用某种方法分别对各个箱子中的数据进行处理。在采用分箱技术时，需要确定的两个主要问题就是：如何分箱以及如何对每个箱子中的数据进行平滑处理。假定用于分析的数据包含属性 age。数据元组中 age 的值如下(按递增序)：13，15，16，16，19，20，20，21，22，22，25，25，25，30，33，33，35，35，36，40，45，46，52，70。使用按箱平均值平滑方法对上述数据进行平滑，设箱的深度为 3，则第二个箱子值为多少？

6．假设 12 个销售价格记录组已经排序如下：5，10，11，13，15，35，50，55，72，92，204，215。使用等频(等深)划分方法将它们划分成四个箱时，15 在第几个箱子内？

7．假设 12 个销售价格记录组已经排序如下：5，10，11，13，15，35，50，55，72，92，204，215。使用等宽划分(宽度为 50)方法将它们划分成四个箱，15 在第几个箱子内？

参 考 文 献

[1]　宋晓宇，王永会．数据集成与应用集成[M]．北京：中国水利水电出版社，2008．

[2]　王艳华．基于中间件技术的分布式数据集成研究与实现[D]．武汉理工大学，2006．

[3]　SQUIRE M．干净的数据：数据清洗入门与实践[M]．任政委，译．北京：人民邮电出版社，2016．

[4]　张维明，汤大权，葛斌．信息系统工程[M]．北京：电子工业出版社，2009．

[5]　HAND D，MANNILA H．数据挖掘原理[M]．张银奎，等译．北京：机械工业出版社，2003．

[6]　LAROSE D T，LAROSE C D．数据挖掘与预测分析[M]．2 版．王念滨，译．北京：清华大学出版社，2017．

[7]　JOHNSON R A．实用多元统计分析[M]．6 版．陆璇，译．北京：清华大学出版社，2008．

[8]　胡可云，田凤占，黄厚宽．数据挖掘理论与应用[M]．北京：清华大学出版社，2008．

[9]　李春葆，李石君，李筱驰．数据仓库与数据挖掘实践[M]．北京：电子工业出版社，2014．

[10]　TAN P N，STEINBACH M．数据挖掘导论[M]．范明，范宏建，译．北京：人民邮电出版社，2006．

[11]　HYVARINEN A．独立成分分析[M]．北京：电子工业出版社，2014．

[12]　许明旺，施润身．维规约技术综述[J]．计算机应用，2006，26(10)：2401-2404．

第 **4** 章

数据探索

4.1 数据探索的作用

　　经过采集、集成等过程获得的数据，在进行数据挖掘前，还需对数据的性质、形态等内容进行审查，以确定使用何种数据挖掘算法和策略来对其进行处理。数据可能是以前从未处理过的全新领域和行业的数据，而分析人员也没有这些领域相关的业务背景，直接盲目套用以往所掌握的数据挖掘模型的做法显然不可取，也不会达到满意的效果。那么应该从哪里入手开始数据挖掘工作呢？首先，必须建立数据所涉及领域的必要的业务知识，掌握业务的流程和数据产生的环节和要素，建立对数据内涵的理解，了解数据与业务之间的关联关系，熟悉数据的格式及规范要求；其次，要对数据的内容和性质进行初步的探索，一方面是对数据的质量（如完整性和一致性等）进行评估，另一方面是利用人的认知能力来对数据的性质、模式和分布等进行识别（人对数据模式的认知能力是数据分析工具所不能比拟的），以帮助选择最佳的工具和技术对数据进行预处理和数据分析。

　　这类针对数据的分析方法称为探索性数据分析（Exploratory Data Analysis，EDA），统计学家John Tukey 对此进行了深入研究，为探索性数据分析学科的形成做出了突出的贡献。各研究机构也在这个领域进行了广泛研究，并进行了理论上的提升。在 NIST Engineering Statistics Handbook（http://www.itl.nist.gov/div898/handbook/index.htm）中，对探索性数据分析进行了简要介绍，文中指出，数据探索的目的，是为了强化对所分析的数据集的直觉，揭示潜在的数据结构，提取重要的变量，处理离散点和异常值，检验潜在的假设，建立初步的模型和确定最优因子的设置等。

　　在例 4-1 中，可以看出，对于同样的数据，以不同的方式对其进行探索时，所获得的认知有较大差别，体现出数据探索的有效性和重要性。

　　【例 4-1】　对以下 4 组数据（见素材文件"素材_4 组 xy 数据对比.csv"）分别进行分析，找出各数据 x、y 的相互关联关系。

表 4-1　分别对 4 组数据找出 x 与 y 之间的相互关系

x_1	y_1	x_2	y_2	x_3	y_3	x_4	y_4
10	8.04	10	9.14	10	7.46	8	6.58
8	6.95	8	8.14	8	6.77	8	5.76
13	7.58	13	8.74	13	12.74	8	7.71
9	8.81	9	8.77	9	7.11	8	8.84
11	8.33	11	9.26	11	7.81	8	8.47
14	9.96	14	8.1	14	8.84	8	7.04
6	7.24	6	6.13	6	6.08	8	5.25
4	4.26	4	3.1	4	5.39	19	12.5

（续）

x_1	y_1	x_2	y_2	x_3	y_3	x_4	y_4
12	10.84	12	9.13	12	8.15	8	5.56
7	4.82	7	7.26	7	6.42	8	7.91
5	5.68	5	4.74	5	5.73	8	6.89

首先，可以利用各类功能强大的分析软件，例如 SPSS 软件，对数据量、均值、分布特性等描述统计量进行计算，结果如图 4-1 所示。

描述统计量

	N	均值		标准差	方差	偏度		峰度	
	统计量	统计量	标准误	统计量	统计量	统计量	标准误	统计量	标准误
x1	11	9.0000	1.00000	3.31662	11.000	.000	.661	-1.200	1.279
y1	11	7.5009	.61254	2.03157	4.127	-.065	.661	-.535	1.279
有效的 N（列表状态）	11								

描述统计量

	N	均值		标准差	方差	偏度		峰度	
	统计量	统计量	标准误	统计量	统计量	统计量	标准误	统计量	标准误
x2	11	9.0000	1.00000	3.31662	11.000	.000	.661	-1.200	1.279
y2	11	7.5009	.61257	2.03166	4.128	-1.316	.661	.846	1.279
有效的 N（列表状态）	11								

描述统计量

	N	均值		标准差	方差	偏度		峰度	
	统计量	统计量	标准误	统计量	统计量	统计量	标准误	统计量	标准误
x3	11	9.0000	1.00000	3.31662	11.000	.000	.661	-1.200	1.279
y3	11	7.5000	.61220	2.03042	4.123	1.855	.661	4.384	1.279
有效的 N（列表状态）	11								

描述统计量

	N	均值		标准差	方差	偏度		峰度	
	统计量	统计量	标准误	统计量	统计量	统计量	标准误	统计量	标准误
x4	11	9.0000	1.00000	3.31662	11.000	3.317	.661	11.000	1.279
y4	11	7.5009	.61224	2.03058	4.123	1.507	.661	3.151	1.279
有效的 N（列表状态）	11								

图 4-1 用 SPSS 描述统计分析得到的结果

注：本图为软件运行结果截图。

从描述统计量中，无法明显看出 4 组数据之间有何本质上的明显差别或呈现出不同的规律，因各组结果在大多数指标上都比较一致，仅仅是偏度$^{\ominus}$和峰度$^{\ominus}$上有较为明显的差异。

换一种做法，如果对 4 组数据分别绘制出其散点图，如图 4-2a～d 所示，则可容易地看出$\{x_1, y_1\}$数据集具有较为明显的线性关系(拟合线性方程为 $y_1 = \frac{1}{2}x_1 + 3$，虽然一些数据点距此有一定的偏离)；$\{x_2, y_2\}$数据集具有较为明显的二次关系[拟合的二次曲线方程为 $y_2 = \frac{1}{8}(x_2 - 11)^2 + 9.25$]；$\{x_3, y_3\}$数据集明显存在离散点或异常；$\{x_4, y_4\}$数据集出现了设计上的问题，有一个数据点"飞"了。

$\ominus$ 偏度可以用来描述数据总体取值分布形态的对称性。偏度为 0 表示其数据分布形态与正态分布的偏斜程度相同；偏度大于 0 表示其数据分布形态与正态分布相比为正偏或右偏，即有一条长尾巴拖在右边，数据右端有较多的极端值；偏度小于 0 表示其数据分布形态与正态分布相比为负偏或左偏，即有一条长尾拖在左边，数据左端有较多的极端值。偏度的绝对值数值越大表示其分布形态的偏斜程度越大。

$\ominus$ 峰度是描述总体中所有取值分布形态陡缓程度的统计量。峰度为 0 表示该总体数据分布与正态分布的陡缓程度相同；峰度大于 0 表示该总体数据分布与正态分布相比较为陡峭，为尖顶峰；峰度小于 0 表示该总体数据分布与正态分布相比较为平坦，为平顶峰。峰度的绝对值数值越大表示其分布形态的陡缓程度与正态分布的差异程度越大。

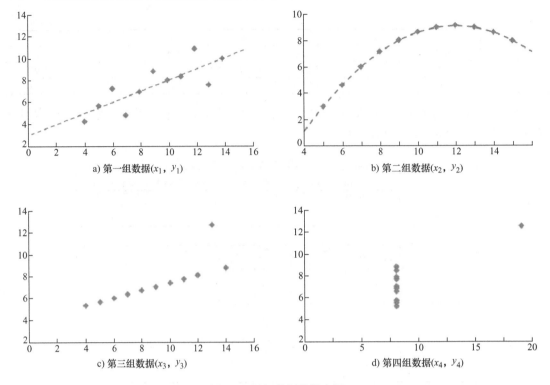

图4-2　四组数据的散点图

　　可以看出，通过不同的表示和分析方法，借助人的直观感知，可以对数据的特性进行有效认知。　　　　　　　　　　　　　　　　　　　　　　　　　　　　　　　　　　　　　◇

　　数据探索的主要方法可以分为可视化方法和统计分析方法。

4.2　数据可视化

　　数据可视化是一种对数据进行了解和探索的重要手段，可以通过视觉的方式直观地看到数据的质量、分布和规律等。使用可视化技术，可以对大型多维数据以多种方式进行呈现和表示，并利用人类的认知能力来获得基本的认知和判别，以便为后续有针对性地选择数据挖掘和知识发现的方法及技术提供线索和参考。由于该方法的简单、有效，因而数据可视化技术已经随着数据表现和数据知识发现实践的深化，得到了一定的发展，成为一个独立的门类。

　　数据挖掘可视化是数据挖掘技术的新的发展趋势之一。可视化提高了人们对事物的观察能力及整体概念的形成，结果便于人的记忆和理解，其对于信息的处理和表达方式有其他方法无法取代的优势。可视化技术以人们惯于接受的图形、图像的形式，运用信息传播的理论，借助信息处理技术，形象地再现客观现实，是客观规律、知识和信息的有机融合。可视化技术不仅可以表现静态知识，也常用于实时地、动态地、直观地反映当前所发生的情况，进而描述和表达客观对象的发展演化规律，并对发展趋势进行预测，获得更为真切的信息和知识。

　　可视化将数据转化为可视的图或表格的形式，以便能够通过直观的方法来发现数据及其属性之间的联系、变化以及关联关系和规律。数据可视化是最有效和最吸引人的数据探索的手段之一，它充分利用了人类所具备的以视觉角度分析海量信息的能力，尤其在模式认知和变化趋势的评估，以及异常值检测和异常模式识别等方面，它的优势更为明显。

例如，由如图 4-3 所示的温度分布图可以直观清楚地看到温度高低变化的程度和趋势。

常用的可视化技术有直方图、盒状图、茎叶图、饼图、累积分布图、散点图、等高线图、曲面图、低维切片图、矩阵图、平行坐标系图等。

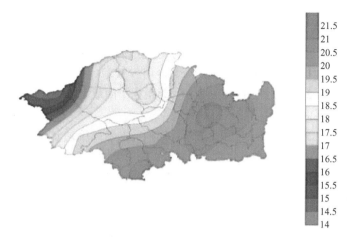

图 4-3 温度分布图

4.2.1 直方图

1. 直方图

直方图(bar plot)通常用于展示单变量的数值分布的情况。它是一种统计报告图，由一系列宽度相同但高度不等的纵向条纹或线段来表示数据分布的情况。一般用横轴表示数据的间隔或类型，纵轴表示数据分布情况。

如图 4-4 所示，给出了日本沿海的几座主要城市一年当中不同月份降水量的直方图。从图中可以直观地看出，所列的城市在夏季(6、7、8 月)降水量均较高。

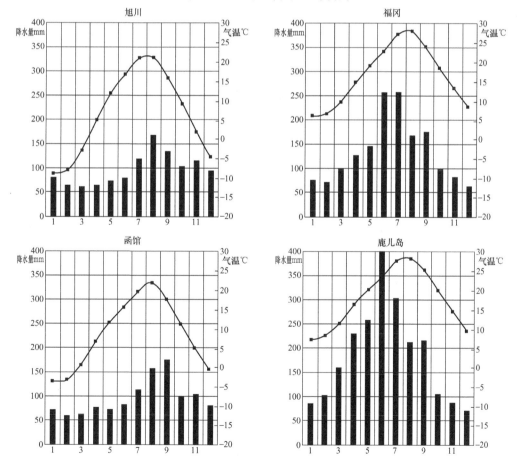

图 4-4 日本海沿岸部分主要城市降水直方图

直方图的作用主要体现在：显示各种数据出现的相对概率，提示数据的中心位置和散布形状，快速阐明数据的潜在分布。

用传统的作图方法来绘制直方图时，需要分别计算以下几个参数：

1) 数据个数：数据的个数，用 N 表示。

2) 全距：一般用 R 表示，为数据中的最大值 v_{max} 与最小值 v_{min} 之差，即数据的最小到最大跨度区间。

3) 组数：一般用 k 表示，对研究的数据所划分的组数，也是直方图的组数。组数的计算可以利用史特吉斯(Sturges)公式：$k = 1 + 3.32 \lg N$ 来计算，或者参照经验的分组参考表(见表4-2)：

4) 组距：一般用 h 表示，为所分组的跨度区间，在直方图中则为条块的宽度。满足关系 $h = R / k$。所有组距应相等。

5) 组界：组界分为上组界和下组界，分别为一个组的起始点和终止点。第 i 组的组界为 $\{v_{min} + (i-1) \cdot h, v_{min} + i \cdot h\}$。

6) 中心点：本组最大值和最小值的平均，即最小值到最大值的中心。

表4-2 分组参考表

数 据 数 量	组 数
小于 50	5～7
50～100	6～10
100～250	7～12
250 以上	10～20

根据以上参数，计数出各数据点落在不同组界中的个数 $f(i)$（其中 $i = 1, 2, \cdots, k$），就可以在图纸上绘制坐标轴和直方图条，从而完成直方图的绘制。

当然现在多数采用计算机软件来绘制直方图。

【例4-2】 根据表4-3中给出的一组数据(见素材文件"素材_绘制直方图数据.csv")，绘制数值分布直方图。

可以采用传统的作图方法来绘制直方图。首先，计算所需的各个参数，根据组数 k 进行分组，计算出各组的上界和下界，并计数出各组的数据数量，如表4-4所示，便可绘制直方图。绘制得到的直方图如图4-5所示。

表4-3 直方图数据

48	40	52	60	60
64	33	48	59	41
44	36	35	42	44
33	45	47	51	47
47	47	61	49	49
46	66	57	69	45
63	37	54	57	65
49	46	55	47	56
38	43	37	45	50
50	48	68	36	44

表4-4 直方图参数

(数据个数 N：50，全距 R：36，组数 k：7，组距 h：5.42)

	组号 i	1	2	3	4	5	6	7
组界	上界	33	38	44	49	55	60	66
	下界	38	44	49	55	60	66	71
中心点		36	41	47	52	57	63	68
数据数量		8	4	19	5	7	4	3

使用 MS Excel⊖绘制直方图时，需要添加"分析工具库"加载项，具体方法见第4.4节。绘制完成的数据和图形如图4-6所示。 ◇

完成直方图的绘制并不复杂。对图形结果进行分析和解释，才是其最终目的。就像在第2章中所介绍的数据挖掘项目过程一样，最终都要进入解释评估(三阶段过程模型)或"综合评价"(SEMMA 过程)阶段。

⊖ 本文中，均以 MS Excel 2010 为例展示操作方法和步骤，其他版本的 Excel 也大致类似。

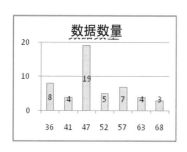

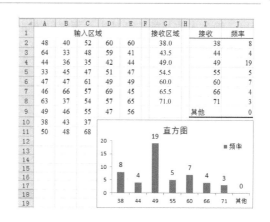

图 4-5　数值分布直方图的计算与绘制　　　　图 4-6　用 Excel 绘制直方图

【例 4-3】　利用绘制直方图对 77 种早餐即食麦片的营养成分(http://lib.stat.cmu.edu/DASL/Datafiles/Cereals.html)进行分析。数据中，对品牌、厂商、食用类型、热量、蛋白质、脂肪(Fat)、钠元素(Sodium)、膳食纤维(Fiber)、碳水化合物、糖分、钾元素、维生素和矿物质、重量、含量等进行了观测和采集。这里，选择了三组数据，利用 Excel 绘制直方图。

从图 4-7 中可以直观地看出不同的营养成分在 77 种早餐麦片品牌中的分布情况。从图 4-7a

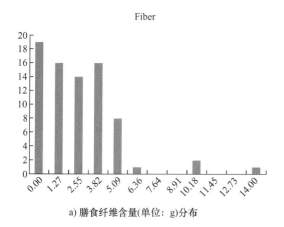

a) 膳食纤维含量(单位：g)分布

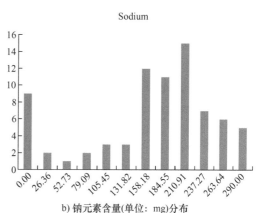

b) 钠元素含量(单位：mg)分布

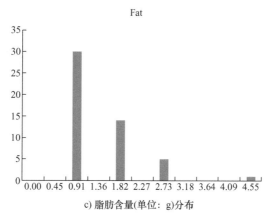

c) 脂肪含量(单位：g)分布

图 4-7　展示 77 种早餐即食麦片营养成分的直方图

中可以看出，绝大多数品牌的产品中，膳食纤维处于较低的水平；有较多的品牌的钠元素含量较高（见图 4-7b）；而脂肪含量各品牌间则较为统一（见图 4-7c）。 ◇

2. 二维直方图

二维直方图就是在一张图表上，利用直方图联合显示一项数据的两个属性。这里，"二维"是指可以在一个图形中显示相互关联的二个属性的内容。也有资料将这种图形称为三维直方图，这是从图中表示数据的柱状图是三维立体图而命名的。

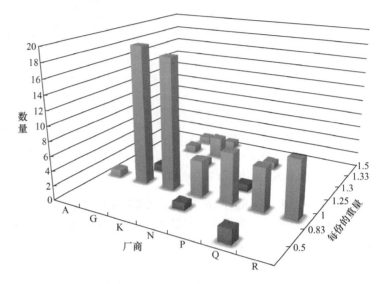

图 4-8　展示生产早餐即食麦片的各厂商每一份麦片重量的二维直方图

【例 4-4】 根据例 4-3 中的数据，绘制生产早餐即食麦片的各厂商的不同品牌的产品中，每一份的重量的统计数据。利用 Excel，插入数据透视图，将图标类型改为三维柱形图，选取厂商作为数据透视图的轴字段（即数据透视表的行标签），每份重量作为数据透视图的图例字段（即数据透视表的列标签），就可以得到如图 4-8 所示的二维直方图。

从图 4-8 中可以直观地看出，各厂家产品最常见的每份重量为 1 盎司（1oz=28.35g），A、N、Q、R 等厂商的产品包装种类较为单一，而 G、K、P 厂商的包装种类则相对丰富。 ◇

4.2.2　盒状图

盒状图（Box Plot）是在 1977 年由美国的统计学家 John Tukey 发明的，也称为箱线图。它由 5 个数值点组成：最小值（min）、下四分位数（Q_1）、中位数（median）、上四分位数（Q_3）和最大值（max）。有的盒状图还会包括平均值（mean）。下四分位数、中位数、上四分位数组成一个带有隔间的盒子。上四分位数到最大值之间建立一条延伸线，这个延伸线成为胡须（whisker）。如图 4-9a 所示。

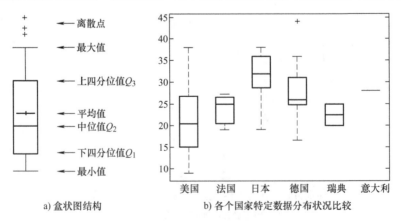

　a) 盒状图结构　　　　　　　b) 各个国家特定数据分布状况比较

图 4-9　盒状图

盒状图经常用于不同群组或类别数据分布的对比。如图 4-9b 所示，表示了几个不同国家采集的某数据的分布情况。

其中，美国的数据较为分散。瑞典的数据的最大值和最小值分别与上四分位值和下四分位值相等，说明其数据只有两个不同的数值（即最大值和最小值），且中位数平分盒状图，表明这两个值的数据个数相等。意大利的数据非常一致，均为同一值。

现实数据中总是存在各式各样的脱离正常范围取值的数据项，称为离群点。少量的离群数据就会导致整体特征偏移，需对其进行识别和处理。盒状图可用于表示离群点，当胡须的两极被设为最小观测值与最大观测值时，离群点就会显示在胡须的两端，即可进行甄别。确定最大观测值和最小观测值时，可按照经验，将最大观测值设为与上四分位值间相距 1.5 个 IQR，将最小观测值设为与下四分位值间相距 1.5 个 IQR，这里，IQR = Q_3-Q_1，即上四分位数与下四分位数之间的差，也就是盒子的长度。则最小观测值为 min = Q_1-1.5*IQR，如果存在离群点小于最小观测值的情况，则胡须下限为最小观测值，离群点单独以点绘出。如果没有比最小观测值小的数，则胡须下限为最小值；最大观测值为 max = Q_3 + 1.5*IQR，如果存在离群点大于最大观测值的情况，则胡须上限为最大观测值，离群点单独以点绘出。如果没有比最大观测值大的数，则胡须上限为最大值[⊖]。

在图 4-9b 中，德国的数据中就有超出最大观测点的离群数据点。

【例 4-5】 给定葡萄酒微量物质的一组样本数据（见素材文件"素材_UCIWineDataSet.csv"），选取其中的 Total phenols 指标数据，计算盒状图的各参数值，并绘制图形。

根据数据，可以统计和计算出数据的个数、最大值和最小值，如图 4-10a 的上半部分所示。根据数据个数，确定中位数值（因数据个数为偶数，取第 89 和第 90 个数的平均值）、下四分位值 Q_1、上四分位值 Q_3，并计算 IQR=Q_3-Q_1，并利用公式 max = Q_3 + 1.5*IQR 和 min = Q_1-1.5*IQR 分别计算最大观测值和最小观测值。

数据个数	178
最大值	162
最小值	70
中位数	98.0
Q_1值	88
Q_3值	107
IQR	19
Max	135.5
Min	59.5

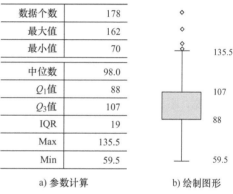

a) 参数计算　　　　b) 绘制图形

图 4-10　计算盒状图的各参数值并绘制图形

根据参数绘制出的盒状图如图 4-10b 所示。其中有 4 个数据（136、139、151 和 162）大于最大观测值，被表示为离群点。　　　　　　　　　　　　　　　　　　◇

关于四分位数和 IQR 的更多内容，参见第 4.3.1 节关于百分位数和第 4.3.2 节关于差异量数等内容的介绍。

4.2.3　茎叶图

茎叶图（stem-and-leaf plot）又称为枝叶图，是将数据按位数进行比较，将数的大小基本不变或变化不大的位作为一个主干（茎），将变化大的位的数作为分枝（叶），列在主干的后面，这样就可以清楚地看到每个主干后面的几个数，每个数具体是多少。

【例 4-6】 对于数据

462　516　492　513　498　444　522　484　583　519　505　527　493

⊖ 如果数据服从正态分布，则可以按照第 3.4.2 节中所介绍的拉依达准则确定最大、最小值。

505　467　497　482　511　413　518　468　485　512　537　472　553
484　501　497　477　478　553　488　492　488　523　485　520　497
490　544　504　484　510　488　483　468　467　470　495　474　549…

借助分析工具，可以绘制出如图 4-11 所示的茎叶图。

```
38 | 3
39 | 3
40 | 7
41 | 39
42 | 269
43 | 0001145566677
44 | 00111344444555566667777888888899
45 | 0123334444555556667778899999
46 | 00000111112222333333344444455555555666666777777778888888888999999999
47 | 00000000111111111111222222333333333444444444455555555555666666666+15
48 | 0000000001111112222222222333333333344444444444455555555555555555556+41
49 | 00000000000000001111111111112222222222333333333333333334444444444444+66
50 | 00000000000000001111111111111222222222222333333333333334444444444555+45
51 | 00000000000111111111111112222222222222333333333344444444444455+44
52 | 000001111111111112222222222223333333444444444444555555566666667777+7
53 | 00000000011111222233333334445555555666678888899999999999
54 | 0000111122223333334444445666666677777888899999
55 | 00000112222333333444555677789
56 | 022344678889
57 | 0233488
58 | 37
59 | 22
```

图 4-11　茎叶图

从如图 4-11 所示的茎叶图可以看出，数据值的范围是 383～592，介于 480～520 的数据占数据总量的绝大多数；小于 450 和大于 540 的数据较少。另外，由于数据在 480～490 之间，490～500 之间，500～510 之间，510～520 之间非常密集，如果将每个数据都排列在图中，则图形会变得非常宽，不利于展示细节，因此在 48x、49x、50x 和 51x 的数据行的尾端，用"+41"和"+66"等表示余下的数据的个数，以使图形显示较为简洁。　　　　　　　　　　　　　　　◇

茎叶图类似直方图，但它一般是横向展开的，既展示了数据的分布形态，又包含了更具体的数据信息。

【例 4-7】　用 Excel 绘制茎叶图。标准的 MS Excel 软件并没有绘制茎叶图的功能，需要安装相应的功能包。安装方法见第 4.4.2 节中的介绍。

绘制茎叶图时，首先应准备数据。这里，使用"数据分析工具"（详见第 4.2.1 节直方图中的相关内容）产生了 100 个均值为 150、方差为 10 的一组数据，进行排列时，数据必须排成一列，可以带有标签行。然后绘制茎叶图。单击"加载项"选项卡下的"PHStat"→"Descriptive Statistics"→"stem-and-leaf display…"，弹出如图 4-12a 所示的对话框，按照提示选取数据，单击 OK 按钮，就可以得到如图 4-12b 所示的茎叶图。

a) 生成茎叶图的对话框

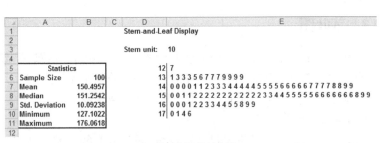

b) 茎叶图的绘制结果

图 4-12　茎叶图

从如图 4-12b 所示的绘制结果可以看出，数据与左侧的统计数据相符，呈正态分布，均值在 150 左右。　　　　　　　　　　　　　　　　　　　　　　　　　　　　　　　◇

另外，也可以将两组对比数据所绘制的茎叶图放在一起，构成双边茎叶图(two-sided stem-and-leaf display)对数据组进行对比。

【例 4-8】 从甲、乙两品种的棉花中各抽测了 25 根棉花纤维的长度(单位：mm)，结果如下。甲品种：271 273 280 285 285 287 292 294 295 301 303 303 307 308 310 314 319 323 325 325 328 331 334 337 352；乙品种：284 292 295 304 306 307 312 313 315 315 316 318 318 320 322 322 324 327 329 331 333 336 337 343 356。试根据以上数据设计如图 4-13 所示的茎叶对比图。

甲		乙
1 3	27	
0 5 5 7	28	4
2 4 5	29	2 5
1 3 3 7 8	30	4 6 7
0 4 9	31	2 3 5 5 6 8 8
3 5 5 8	32	0 2 2 4 7 9
1 4 7	33	1 3 6 7
	34	3
2	35	6

图 4-13　茎叶对比图

通过对比图可以得出以下分析结果：①乙品种棉花纤维的长度普遍大于甲品种棉花纤维的长度；②乙品种棉花纤维的长度较甲种棉花纤维的长度更集中；③甲品种棉花纤维的长度的中位数为 307mm，乙品种棉花纤维的长度的中位数为 318mm；④乙品种棉花纤维的长度基本上是对称的，而且大多数集中在中间(均值附近)，甲品种棉花纤维的长度除了一个特殊值(352)外，也大致对称。　　　　　　　　　　　　　　　　　　　　　　◇

4.2.4　饼图

饼图(pie chart)类似于直方图，但通常用于表示分类属性较少的数据。饼图使用圆的相对面积显示不同值的相对频率。

【例 4-9】 对例 4-3 中的数据，利用饼图分析各厂商所生产的早餐麦片产品的数量分布情况。

在 Excel 中插入数据透视表，选取厂商作为数据透视表的行标签，早餐麦片产品的名称作为数据透视表的数值，计算出各厂商所生产产品的数量数据，即可生成如图 4-14 所示的饼图。

从图 4-14 中可以看出，厂商 G 和厂商 K 的产品种类较多，占数据记录的约 30%，而厂商 A 的产品种类则相对较少。　　　　　　　　　　　　　　　　　　　　　　　　　　　◇

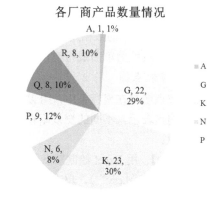

图 4-14　各厂商所生产产品数量情况的饼图

4.2.5　累积分布图

累积分布图(cumulative distribution diagram)是在一组依大小顺序排列的测量值中，当按一定的组距分组时出现测量值小于某个数值的频数的分布图。对于统计分布的每个值或每个观测值，累积分布图显示的是小于该概率值的点的数量或占比。计量方法可以是针对累积频数，或者是累积百分比。

累积分布图的数学表示是累积分布函数(Cumulative Distribution Function，CDF)，其定义如下。

【累计分布函数】 对于离散函数，定义为随机变量小于或等于某个数值的概率 $P(X \leqslant x)$，即：$F(x) = P(X \leqslant x)$；对于连续函数，所有小于等于 a 的值，其出现概率之和 $F(a) = P(x \leqslant a)$。

从累积分布图中可以较为直观地读出小于或等于某一数值的样本数的数量和概率。如从如

图 4-15 所示的累积分布图中可以看到，小于或等于数值 3.82 的样本占总样本数的 84%。

【例 4-10】 用 Excel 绘制累积分布图。按照第 4.2.1 节中绘制直方图的步骤，在直方图参数设置对话框中，勾选"累积百分率（M）"，则在直方图输出结果中，会附带有累积分布图，如图 4-15 所示。

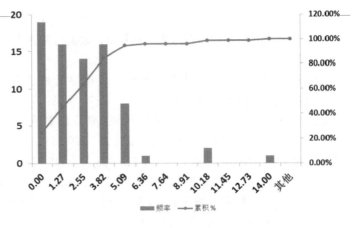

图 4-15 累积分布图（用 Excel 绘制）

从累积分布图可以看出，累积百分比上升较快的区间，即代表数据分布较为密集的区间。

4.2.6 散点图

散点图（scatter plot）是描述变量关系的一种直观方法，通常用来表示一个事件的两个（或多个）特性之间的相互关联关系。从散点图的分布特征中，可以直观看出两个变量之间相关关系的强弱和类型。

使用散点图可图形化地显示两个（或多个）属性之间的关系。如在分类算法中，当给出类标号时，可以将不同类别的数据用不同的颜色在图中进行显示，以考察每个属性区分类别的显著程度，进而可以用直线或简单曲线将属性平面划分成两个（或多个）相对纯度较高的部分。

1. 二维散点图

二维散点图是在坐标系中，用 X 轴表示自变量 x，用 Y 轴表示因变量 y，而变量组 (x, y) 则用坐标系中的点表示，不同的变量组在坐标系中形成不同的散点，用坐标系及其坐标系中的散点形成的二维图。

【例 4-11】 用 Excel 绘制散点图。利用 Excel 的数据分析工具库的功能，产生三组数据（见素材文件"素材_散点图.csv"）。单击"插入"→"散点图"命令，可以生成如图 4-16 所示的散点图。

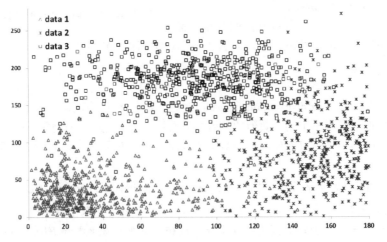

图 4-16 展示三组数据的二维散点图

图 4-16 中包含了三组数据的散点，容易看出，这三组数据相对均较为集中，即具有较高的内聚性和相对较弱的耦合性，提供了较强的种类分隔，非常有利于挖掘的聚类和分类处理。 ◇

【例 4-12】 在进行回归分析时（参考第 8 章回归分析中的内容），可首先绘制自变量-因变量数据散点图，发现变量间的关系特征，从而选择和建立最为合适的、有效的回归模型。在图 4-17a 中，绘制了能源消耗与工业总产值数据（见素材文件"素材_能源消耗与工业总产值数据.csv"）散点图，可以直观看出数据趋势呈线性，可进行线性回归建模，拟合结果同样可以用图 4-17b 所示的散点图来展示，便于直观判断。

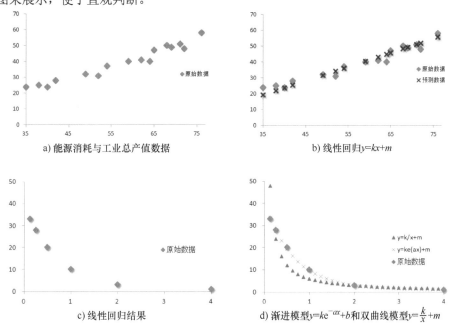

a) 能源消耗与工业总产值数据　　　　　　　　b) 线性回归 $y=kx+m$

c) 线性回归结果　　　　　　　　d) 渐进模型 $y=ke^{-ax}+b$ 和双曲线模型 $y=\frac{k}{x}+m$

图 4-17　散点图应用-选择合适的回归分析模型

在图 4-17c 中，绘制了非线性数据（见素材文件"素材_回归数据.csv"）散点图，直观上可以判断应使用渐进回归、二次曲线或双曲线模型来建立回归模型，同时可将模型放回到散点图与原始数据进行对比，如图 4-17d 所示，可以看出渐进回归能够更好地拟合原数据。 ◇

2. 三维散点图

在应用中较为常见的二维散点图的基础上，也可以更进一步地用三维散点图来联合表示数据的三个属性的状况。如图 4-18 所示，显示了不同品牌和款型的汽车，其油耗（Gas Mileage）、百公里加速时间及功率（Power）的数据，并用颜色不同的气泡表示了数据的分布情况。

图 4-18 中，每个气泡表示一款车型。气泡的位置在三个坐标轴上的投影分别表示了其油耗、百公里加速时间和功率的数据。各点在三个平面上的投影则能够表示两个变量

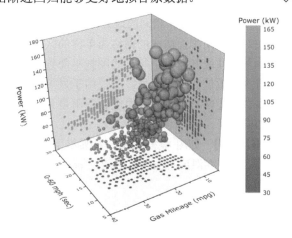

图 4-18　三维散点图

之间的关联，例如，从气泡点在 Power-Gas Mileage 平面上的投影可以看出，汽车的功率与油耗呈大致的正向相关关系，这点也和我们的生活常识相吻合。图中使用了气泡的大小和颜色深浅来代表其功率的多少，并在图右侧给出了数值标尺，从而能够得出相对精确的数值。实际上，在这样的图中，还可以表示出更为丰富的内容。例如，用气泡颜色表示第 4 种属性，用气泡大小表示第 5 种属性。

3. 其他散点图

散点图的表现方式多种多样，可以充分使用散点的各种特征(如大小、形状和颜色深浅)来表示更为丰富的数据特性。在运用散点图完成数据的可视化时，应选择或设计能展现数据本质的散点结构和呈现方式。

【例 4-13】 在图 4-19 中，显示了某产品市场份额–销售团队规模–广告投入之间的关系。

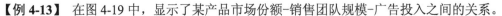
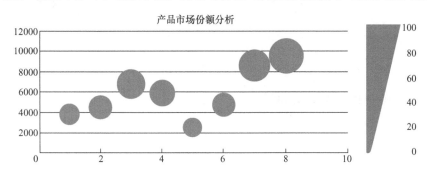

图 4-19 展示某产品的"市场份额–销售团队规模–广告投入"关系的散点图

其中，广告投入的数量是用散点的大小来表示的，右侧的标尺给出了散点大小所表示的数值的大小。从图中可以看出，广告投入与市场份额基本呈正向的比例关系，而与销售团队的规模并没有太大的关联。◇

4.2.7 等高线图

等高线图(contour plot)中的等高线是地图上高程相等的各相邻点所连成的闭合曲线，分为首曲线、计曲线、间曲线。从高程基准面起算，按基本等高距测绘的等高线，称为基本等高线。等高线表示时可不闭合，但应表示至基本等高线间隔较小、地貌倾斜相同的地方为止。

在对以空间平面构成的网格为单位的区域进行测量以获取数据时，等高线图把平面划分成具有相近数值的不同区域。不仅用于显示地面的海拔，还常被用于显示温度、降雨量和大气压力等数据。

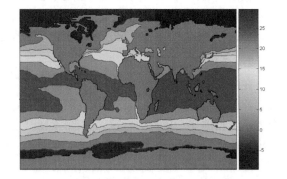

图 4-20 平均海洋表面温度(SST)的等高线图

【例 4-14】 如图 4-20 所示，是某年 12 月份平均海洋表面温度(Sea Surface Temperature，SST)的等高线图。◇

4.2.8 曲面图

曲面图(surface plot)是使用两个属性表示 x 和 y 坐标，第三个属性用来指示高出前两个属性定义的平面的高度所做出的图形形式。绘图数据要求至少在某个范围内，对于前两个属性值的所有组合，第三个属性的值有定义。

【例 4-15】 绘制 Peaks 函数所定义的曲面图。Peaks 函数的定义公式如下：

$$f(x,y) = 3(1-x)^2 e^{-x^2-(y+1)^2} - 10\left(\frac{1}{5}x - x^3 - y^5\right)e^{-x^2-y^2} - \frac{1}{3}e^{-(x+1)^2-y^2} \qquad (4\text{-}1)$$

这里采用 MS Excel 绘制曲面图，定义 x 和 y 的取值在区间[-3，3]内，并将其分别作为曲面图的横向和纵向坐标，计算出曲面图的坐标数据如图 4-21a 所示。

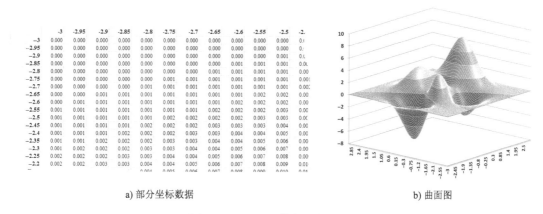

a) 部分坐标数据   b) 曲面图

图 4-21　Peaks 函数的三维曲面图

绘制曲面图时，选中所有数据，单击"插入"→"其他图表"→"曲面图"→"三维曲面图"，可以得到如图 4-21b 所示的曲面图。从图形中可以较为直观地看出在由 (x, y) 构成的坐标空间上，函数 $f(x)$ 的变化程度和趋势。　　　　　　　　　　　　　　　　　　　　　　◇

4.2.9　低维切片图

对于图 4-21 中的曲面图（见例 4-15），适当调整图形的旋转角度和视角，可以以图 4-22 的方式显示数据。

如果使用一组低维曲面图记录不同地点和时间上的某种物理量，则低维曲面图就可以用于表示时间空间数据，图形就可以展示 4 个维度的数据。

【例 4-16】 1982 年 12 个月海平面气压的低维切片图，如图 4-23 所示。

利用计算机多媒体技术，可以将类似图 4-23 的一组图片集成制作成动态图像，这样就能够更加生动地展示被测量数据的演化过程。

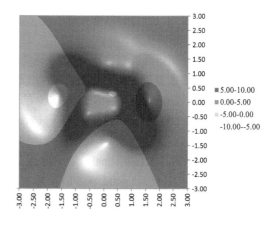

图 4-22　Peaks 函数的低维曲面图

　　　　　　　　　　　　　　　　　　　　　　　　　　◇

4.2.10　矩阵图

矩阵图（Matrix Diagram）是一种高维数据可视化的方法，即从多维问题的事件中，找出成对的

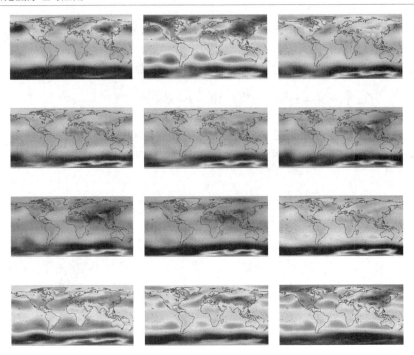

图 4-23   12 个月海平面气压的低维切片图

因素群，分别作为行和列，排列成矩阵图形，并根据图形所展现出的模式和现象来分析相应的问题。由行和列决定的矩阵点可以代表某成对因素之间的相关性或相关程度的大小或其他指标的强弱，而且可以用矩阵点的颜色和亮度等可视因素来表征。它是一种通过多因素综合思考，探索问题的有效方法。

在应用时，可以用于显示数据矩阵，便于从中发现隐含的模式；也可以在数据的类标号已知时，排列数据矩阵的次序，使得一个类的对象聚在一起，便于研判分类的内聚性和耦合性的程度。

绘制矩阵图时，可对属性进行标准化，使其均值为 0，标准差为 1，从而防止具有最大量值的属性在视觉上影响图形。

【例 4-17】 用矩阵图来表示 Iris（鸢尾花）数据集。这里所用的数据是加州大学(UCI)的机器学习库中的示例数据。Iris 数据集包含 150 项 Iris 的信息，三个 Iris 品种 Setosa、Versicolour 和 Virginica 各取了 50 项数据。每项数据记录了每个花瓣的 4 种属性：sepal length（萼片长度）、sepal width（萼片宽度）、petal length（花瓣长度）、petal width（花瓣宽度）。图 4-24 中给出了根据 150 组数据绘制的矩阵图，图中以 Iris 品种 Setosa、Versicolour 和 Virginica 为行，尺寸属性 sepal length、sepal width、petal length、petal width 为列的图形。

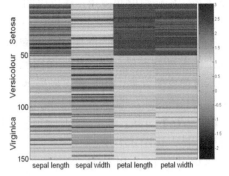

图 4-24   Iris 数据的标准偏差矩阵图

从图中可以得出对数据的基本认知：Setosa 的花瓣宽度和长度远低于平均值；Versicolour 的花瓣宽度和长度在平均值附近；Virginica 的花瓣宽度和长度则高于平均值。   ◇

【例4-18】 根据 Iris 数据集,可计算各品种 Iris 的相关性数据矩阵,如图 4-25 所示。图形分别以 Iris 的三个品种 Setosa、Versicolour、Virginica 为行和列绘制的图形。

从图中可以看出:每组内的花相互之间最为相似,Versicolour 和 Virginica 较相似(颜色较深),且都与 Setosa 差异较大(颜色较浅)。　◇

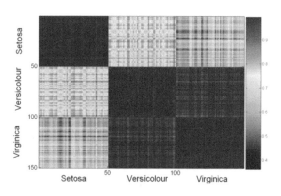

图 4-25　Iris 数据的相关矩阵图

4.2.11　平行坐标系图

平行坐标系图(parallel coordinates)也是一种将高维数据可视化的表示方法。图形由平行排列的、代表每个属性的一簇坐标轴构成。对象每个属性的值被映射到与该属性相关联的坐标轴上的点,并将这些点连接起来形成代表该对象的线。

平行坐标系图适用于对象的类别或分组较少,每个分组内的数据点具有类似的属性值,而数据对象的数量又不太多的数据。其缺点在于模式的检测可能依赖于坐标轴的序。

【例4-19】 Iris 数据集的平行坐标系表示。如图 4-26 所示,可以看出,两种表示只是坐标次序不同,图 4-26b 更容易观察,Iris 的三个品种可以根据花瓣宽度和花瓣长度很好地进行区分。

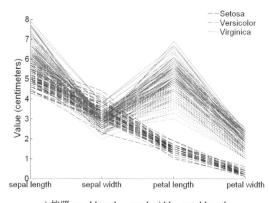

a) 按照 sepal length、sepal width、petal length、
petal width 设置横坐标

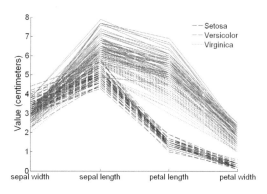

b) 按照 sepal width、sepal length、petal length、
petal width 设置横坐标

图 4-26　Iris 数据的平行坐标数据图

◇

4.2.12　其他技术

1. 雷达图

雷达图(radar chart),又称为戴布拉图、蜘蛛网图(spider chart),是一种常用于财务分析的报表。后也被广泛用于各领域进行指标对比和评估方面的数据分析。它在所获得的各项数据指标中,选取几种较为重要的,画在一个如蜘蛛网形的图表上,以表现各指标的对照情况,使用户能够一目了然地了解各指标的变动情形及其好坏趋势,如图 4-27 所示。

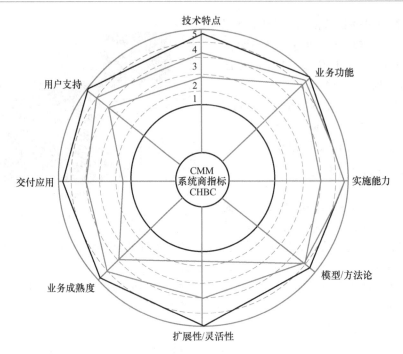

图 4-27　能力成熟度模型 (CMM) 评估的雷达图

【例 4-20】　绘制图 4-28a 中数据[见素材文件"素材_雷达图(手机外壳加工工艺比较).csv"]的雷达图。这里，采用 MS Excel 的绘图功能绘制雷达图。单击"插入"→"图表"→"其他图表"→"雷达图"，选取图 4-28a 所示的数据，可生成如图 4-28b 所示的雷达图。

手机外壳加工工艺比较

	锻压+CNC	CNC	压铸	冲压
加工成本	6	4	8	9.5
CNC 用量	7	3	9	10
加工周期	6	5	9	9.5
成品率	7	9	5	9
可设计性	8	6	10	5
外观质感	8	10	6	9

a) 雷达图数据　　　　　　　　　　b) 雷达图

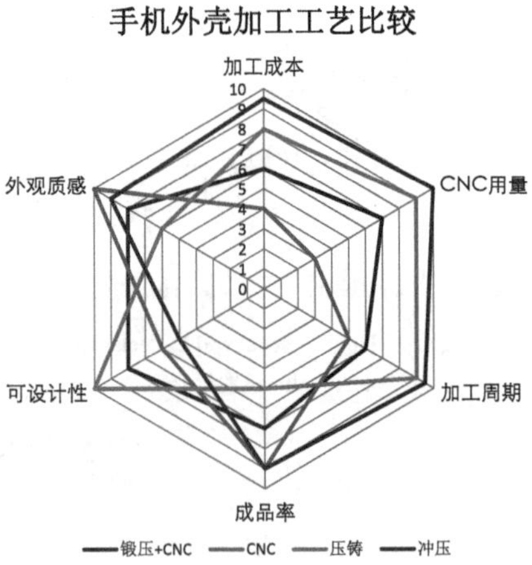

图 4-28　雷达图

◇

2. 星形图

星形图 (star plots) 的坐标轴从一个中心点向四周辐射，属性值都映射到区间[0，1]，连接属性值就会形成一个多边形。

【例 4-21】 Iris 数据集中第 150 号花的星形图，如图 4-29 所示。

如图 4-30 所示为 15 种 Iris 的星形图，前 5 种花属于 Setosa 品种，中间 5 种属于 Versicolour 品种，最后 5 种属于 Virginica 品种。

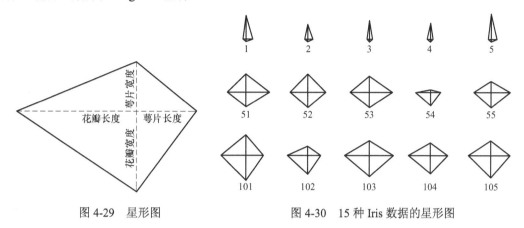

图 4-29　星形图　　　　　　　　　图 4-30　15 种 Iris 数据的星形图

◇

可以从星形图中看出，不同的 Iris 品种在花瓣和萼片尺寸上的差异（尤其是 Setosa 品种的差异较大）。

4.2.13　可视化的原则

在进行可视化时，应遵循由 D.A.Burn 提出、Michael Friendly 改编的 ACCENT 原则，ACCENT 由英文单词 Apprehension、Clarity、Consistency、Efficiency、Necessity 和 Truthfulness 的首字母构成。其具体细则为：

1）理解（Apprehension）。能够正确地揭示变量之间的关联。例如：图形是否能够最大程度地对变量间关联的理解提供帮助？

2）清晰性（Clarity）。能够在视觉上区分图形中的所有元素。例如：是否能够在图形中突出地展现最为重要的元素或关联？

3）一致性（Consistency）。能够保持与既有图形释义的相似性。例如：图形中所使用的元素、符号和色彩是否与以往的图形相一致？

4）有效性（Efficiency）。能够用最简单的方法描绘复杂关系。例如：图形元素的使用方式是否经济有效，图形是否容易解释？

5）必要性（Necessity）。用图形和图形元素来表述的必要性。例如：图形是否是一种较其他方式（如表格、文本）更为有效的表达数据的方法，是否需要用所有的图形元素来表达数据的关联关系？

6）真实性（Truthfulness）。具有用任意图形元素的尺寸，隐性地或显性地表征数据的真实量值的能力。例如：是否已对图形元素进行准确的定位和定标？

4.2.14　应用可视化方法

在图 4-31 中，给出了可视化的多种图形的汇总，并按照所要展示的目的进行了划分和引导。例如，如果需要对数据进行比较（Comparison），且与时间相关，则可以选择雷达图、线图等来展示；如果考查数据的分布（Distribution）情况，则可以使用直方图、线图、散点图和曲面图来展示，等等。

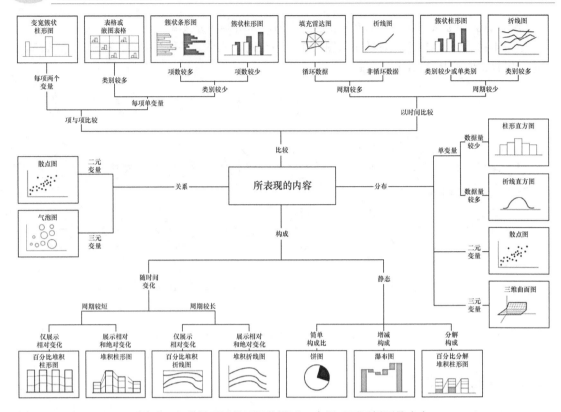

图 4-31　利用不同的可视化图形，来展示不同侧面的内容

4.3　数据统计分析

除了可视化的方法，也可以通过计算来统计出数据的汇总性数值，如数据的平均值、方差或协方差矩阵等统计量，以便对数据进行探索和了解。

4.3.1　集中量数

一组数据中，大量数据集中在某一点或其上下的情况说明了该组数据的集中趋势，描述集中趋势的统计指标称为集中量数。集中量数是用来描述数据的集中性情形的代表值，也是一个描述数据群体中心位置的数值。集中量数包括频率、算术平均数、中位数、众数、加权平均数、几何平均数、调和平均数等。

1. 频率

频率（frequency）适用于数据的离散属性统计。给定一个在 $\{v_1, v_2, \cdots, v_i, \cdots, v_k\}$ 上取值的分类属性 x 的 m 个对象的集合，值 v_i 的频率定义为

$$\text{frequency}(v_i) = \frac{\text{具有属性值 } v_i \text{ 的对象数}}{m} \tag{4-2}$$

【例 4-22】一组学生的比赛成绩统计如表 4-5 所示（见素材文件"素材_学生成绩数据.csv"），试统计这组学生成绩的各分值频率。

这里，数据个数为 50，其中出现的分值为 $\{50, 55, 60, 70, 75, 80, 85\}$。计算可得出如表 4-6 所示的各个分值出现的次数及频率。

表 4-5　比赛成绩数据

80	50	85	80	85	75	50	85	55	80
70	60	85	85	75	60	85	80	55	80
70	50	80	70	85	55	55	80	75	85
60	85	70	75	85	70	50	85	50	50
50	70	85	80	85	50	70	70	60	60

表 4-6　频率数据

分　　值	50	55	60	70	75	80	85
出现次数	8	4	5	8	4	8	13
出现频率	0.16	0.08	0.10	0.16	0.08	0.16	0.26
出现频率的占比(%)	16	8	10	16	8	16	26

$\Diamond$

2. 均值(mean)

均值是对数据所代表的范围的中心位置的度量。设观测值为 x_1，x_2，$\cdots$，x_m，其算术平均值为

$$\overline{x} = \frac{1}{m}\sum_{i=1}^{m}x_i \tag{4-3}$$

有时需要进行加权算术平均运算，公式为

$$\overline{x} = \sum_{i=1}^{m}w_ix_i \bigg/ \sum_{i=1}^{m}w_i \tag{4-4}$$

这里，每个值 x_i 与一个权重 w_i 相关联，$i = 1$，$\cdots$，m。

均值的大小会受到少量极端值的影响。如公司的平均工资可能被少数高薪酬的经理显著抬高；班级的考试平均成绩可能因为少数几个非常低的成绩而降低许多。这时，可以计算数据的截断均值(trimmed mean)，即去掉高、低极端值后得到的均值。例如，可以将工资的观测值排序，并去掉上下 2%的值，然后求均值(也应避免在两端截断的比例太大，这样可能会导致损失有价值的信息)。

3. 中位数(median)

中位数也称为中数，是按顺序排列在一起的一组数据中居于中间位置的数。确定中位数时，要先对一组数据进行排序，如果数据的个数为奇数，则中位数为正中间的那个数；如果数据的个数为偶数，则中位数为最中间的两个数的平均数。

中位数可以用来描述数据的集中趋势，它是一个位置代表值。如果知道一组数据的中位数，则可以知道大于或小于这个中位数的数据约各占一半。中位数具有计算简单、容易理解和不受极端值影响的优点，但是也有反应不够灵敏、受抽样影响较大的弊端。

【例 4-23】　一组学生的比赛成绩统计如表 4-7 所示，求这组学生成绩的中位数。

表 4-7　比赛成绩统计数据

分　　数	50	60	70	80	90	100
人　　数	2	5	10	13	14	6

计算得出,数据所统计的样本个数为50(是偶数),则中位数为第25个数和第26个数的平均值。按从小到大排序后,可以算出,小于等于70分的人数有17人,小于等于80分的人数有30人,因此,第25个数和第26个数均为80,则中位数为(80+80)/2=80。 ◇

4. 众数(mode)

众数适用于数据的离散属性统计。众数是指一组数据中出现次数最多的那个数据,一组数据可以有多个众数,也可以没有众数。从分布角度看,众数是具有明显集中趋势的数值。众数常用于表示社会经济现象中最普遍出现的标志值。

【例 4-24】 某制鞋厂要了解消费者最需要哪种号码的男皮鞋,调查了某百货商场某季度男皮鞋的销售情况,得到资料如表4-8所示(见素材文件"素材_皮鞋销售数据.csv")。

从表4-8中可以看出,25.5cm的鞋号销售量最多。

如果计算算术平均数,则平均号码为25.65cm,这个号码显然是没有实际意义的,而直接将25.5cm作为顾客对男皮鞋所需尺寸的集中趋势既便捷又符合实际。 ◇

表4-8 皮鞋销量统计数据

号码/cm	销售量(双)
24.0	12
24.5	84
25.0	118
25.5	**541**
26.0	320
26.5	104
27.0	52

众数有如下几个特点:

1) 众数是以它在所有标志值中所处的位置来确定的全体单位标志值的代表值,它不受分布数列的极大或极小值的影响,从而增强了众数对分布数列的代表性。

2) 当分组数列没有任何一组的次数占多数,即分布数列中没有明显的集中趋势,而是近似于均匀分布时,则该次数分配数列无众数。若将无众数的分布数列重新分组或各组频数依序合并,又会使分配数列再现出明显的集中趋势。

3) 缺乏敏感性。这是由于众数的计算只涉及样本的个数信息或只利用了众数组的数据信息,而不像数值平均数那样利用了全部数据信息。

5. 百分位数(percentile)

百分位数是一种相对的地位量数[⊖],它是次数分布中的一个点。例如,把一组观察值的次数分布排序后,分为100个单位,百分位数就是次数分布中相对于某个特定百分点的原始数值,它表明在次数分布中特定个案百分比低于该数值。百分位数适用于对有序或连续属性的计算和表征。

百分位数用于描述一组数据某一百分位置的水平,多个百分位数结合应用,可全面描述一组观察值的分布特征。应用百分位数时,样本含量要足够大,否则不宜取太靠近两端的百分位数。

百分位数用 P 加下标 m(特定百分点)表示。例如,若 P_{30} 等于60,则表明在该次数分布中有30%的个案低于60分。百分位数也可表述为:设 x 是有序或连续属性,m 是0与100之间的数,第 m 个百分位数 P_m 是一个 x 值,使得 x 的 $m\%$ 的观测值小于 P_m。

一组具有 N 个观察值的数据被分成若干观测组进行统计时,其百分位数的计算公式如下:

$$P_m = L + \frac{\frac{m}{100}N - F_b}{f}i \tag{4-5}$$

$$P_m = U - \frac{\left(1 - \frac{m}{100}\right)N - F_a}{f}i \tag{4-6}$$

⊖ 地位量数:描述数据次数分布中各数据所处地位的统计量称为地位量数。

式中，P_m 为第 m 百分位数；L 为 P_m 所在组的组实下限；U 为 P_m 所在组的组实上限；f 为 P_m 所在组的次数；F_b 为小于 L 的累积次数；F_a 为大于 U 的累积次数；i 为对应观测组中数据的个数。

【例 4-25】　根据某省某年公务员考试的分数，可以对不同分数段的考生人数进行计数，并统计出累积次数和累积次数百分比，如表 4-9 所示(见素材文件"素材_公务员考试分数分布数据.csv"。这是由对素材文件"素材_公务员考试分数数据.csv"中的原始数据统计得出的)。

表 4-9　公务员考试成绩累计数据

分 数 分 组	人　　数	向上累积次数	向下累积次数	向上累积相对次数
95～99	7	1640	7	100%
90～94	16	1633	23	99.57%
85～89	53	1617	76	98.60%
80～84	78	1564	154	95.37%
75～79	90	1486	244	90.61%
70～74	119	1396	363	85.12%
65～69	159	1277	522	77.87%
60～64	156	1118	678	68.17%
55～59	140	962	818	58.66%
50～54	145	822	963	50.12%
45～49	140	677	1103	41.28%
40～44	135	537	1238	32.74%
35～39	130	402	1368	24.51%
30～34	126	272	1494	16.59%
25～29	78	146	1572	8.90%
20～24	25	68	1597	4.15%
15～19	20	43	1617	2.62%
10～14	16	23	1633	1.40%
5～9	7	7	1640	0.43%

预定取考分居前 15%的考生进行面试选拔，请划定面试分数线。

由于预定取考分居前 15%的考生进行面试，即有 85%的考生分数低于划定的分数线，由此可知，分数线在 70～74 这一组中。由式(4-5)，得

$$P_{85} = 69.5 + \frac{1640 \times (1-15\%) - 1277}{119} \times 5 = 74.4$$

可确定分数线为 74.4。　　　　　　　　　　　　　　　　　　　　　　　　　　　　　　◇

特殊的，取第 25、50 和 75 个百分位数，记为 Q_1、Q_2 和 Q_3，分别称为第一、第二和第三个

 组实下限：也称为精确下限。次数分布表中，分组区间一般为整数，如{…，10～20，21～30，…}，那么在 20 和 21 之间就有大小为 1 的缝隙，使覆盖不完备，因此要将这个"缝隙"分摊到两个分组区间中去，所以，对于 21～30 这一组来说，它的组实际下限为 21−1/2=20.50。组实上限依此类推。

四分位数(quartiles)。而第二个四分位数 Q_2 即中位数(median),可用 M 来表示。另外,还可以用四分位数极差 IQR $=Q_3-Q_1$ 来反映中间 50%数据的离散程度(其数值越小,说明中间的数据越集中;数值越大,说明中间的数据越分散)。与极差(最大值与最小值之差)相比,四分位差不受极值的影响,因而可以在一定程度上消除离散异常值对该指标的影响。此外,由于中位数处于数据的中间位置,因此四分位差的大小在一定程度上也说明了中位数对一组数据的代表程度。数据的四分位数、最大值和最小值相结合,可以较好地表征数据的分布情况,这种表征方法称为五数概括(five-number summary)。

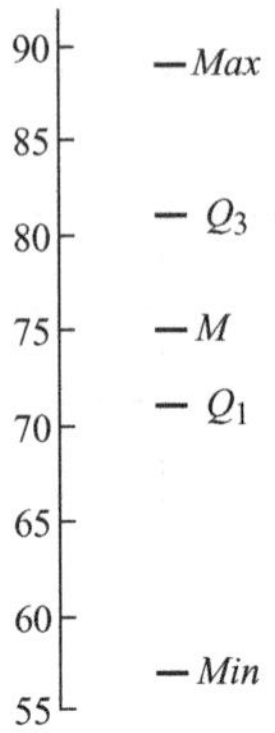

图 4-32　考试成绩的五数概括图

【五数概括】 用由中位数 M、四分位数 Q_1、四分位数 Q_3、最小值 Min 和最大值 Max 组成的 5 个数值(分别用 M,Q_1,Q_3,Min,Max 表示)来概括一组数据的分布状况。

【例 4-26】 根据班级的某次考试成绩,算出五数概括的各数值为:$Min=57$,$Q_1=71$,$M=75$,$Q_3=81$,$Max=89$,如图 4-32 所示。

从这 5 个数据点可以看出,这次成绩较多地集中在中位数的附近(Q_1 点和 Q_3 点距中位数点较近),且高分数段相对集中,低分数段较为分散。　　　　　　　　　　　　　　　　◇

4.3.2　差异量数

差异量数是一组反映数据差异性的度量,同时也是度量数据离散程度的指标。典型的差异量数有平均差、方差、标准差、全距(极差)、百分差、四分差等。

1. 极差(全距)

极差(range)是一种较为简单的度量数据波动情况的量,但它只能反映数据的波动范围,不能衡量每个数据的变化情况,而且受极端值的影响较大。对于样本 x,极差的计算公式为

$$range(x) = \max(x) - \min(x) \tag{4-7}$$

2. 标准差

标准差(standard deviation)是离均差平方的算术平均数的平方根,所以也称为均方差,通常用 σ 表示。对于样本数为 m 的样本集合 x,其标准差计算公式为

$$\sigma_x = \sqrt{\frac{1}{m-1}\sum_{i=1}^{m}(x_i-\overline{x})^2} \tag{4-8}$$

式中,$\overline{x}$ 为样本均值。标准差能反映一个数据集的离散程度。平均数相同的两组数据,标准差未必相同。

【例 4-27】 A、B 两组各有 6 位学生参加同一次语文测验,A 组的分数为 92,86,75,68,54,45;B 组的分数为 74,73,71,69,68,65。这两组的平均分都是 70,但 A 组的标准差为 18.166,B 组的标准差为 3.347,说明 A 组学生之间的差距要比 B 组学生之间的差距大得多。　　　　　　　　　　　　　　　　　　　　　　　　　　◇

3. 方差

方差(variance)同标准差一样,都是最常用的统计量,也是对随机变量或一组数据的离散程度

的度量。方差是标准差的平方。其值因为使用均值进行计算，所以也同样容易受极端值（离群点）的影响，可能被离群值扭曲。

4. 平均绝对误差

平均绝对误差（Mean Absolute Error，MAE）是所有单个观测值与算术平均值的偏差的绝对值的平均。其计算公式为

$$\text{AAD}(x) = \frac{1}{m}\sum_{i=1}^{m}\left|x_i - \bar{x}\right| \tag{4-9}$$

由于离差被绝对值化，不会出现正负相抵消的情况，因而，平均绝对误差能较好地反映数据的实际离散情况。

5. 中位数绝对偏差

求中位数绝对偏差（Median Absolute Deviation，MAD）时，应先求出给定数据的中位数（注意不是均值），然后求出原数列中的每个值与这个中位数的绝对差，所得新数列的中位数值就是 MAD。

$$\text{MAD}(x) = \text{median}\left(\left\{\left|x_1 - \text{median}(x)\right|, \left|x_2 - \text{median}(x)\right|, \cdots, \left|x_m - \text{median}(x)\right|\right\}\right) \tag{4-10}$$

【例 4-28】 数据集 A：{8, 5, 9, 6, 3, 2, 4, 9, 2, 3, 4, 5, 6, 8, 9} 的中位数为 5。取数据集 A 中的每一个数据与 5 的绝对差，得到 $|A-5|$={3, 0, 4, 1, 2, 3, 1, 4, 3, 2, 1, 0, 1, 3, 4}，其中位数为 2，所以有 $\text{MAD}(A) = 2$。 ◇

6. 四分位差

四分位差（Inter Quartile Range，IQR）主要用于测度顺序数据的离散程度，其定义为

$$\text{IQR} = Q_3 - Q_1 \tag{4-11}$$

式中，Q_1 为 25%百分位数；Q_3 为 75%百分位数。

对于数值型数据可以计算四分位差，但不适合于分类数据。不同结构（如未分组数据、单项式数列、组距式数列）的数据的四分位可以参考相关资料，也可以使用 MS Excel 自带的数据分析包进行计算。

【例 4-29】 对于表 4-10 中给出的一组数据（见素材文件"素材_四分位数差计算.csv"），计算数据的四分位值和四分位差值。

表 4-10 原始数据

序号	1	2	3	4	5	6	7	8	9	10
值	83.85	79.22	92.95	63.21	50.06	90.84	52.94	73.57	83.05	65.79
序号	11	12	13	14	15	16	17	18	19	
值	55.66	99.35	56.70	67.97	76.96	93.94	87.38	85.44	62.97	

这里，利用 MS Excel 的数据分析插件所提供的功能来计算百分位数和四分位数。单击 MS Excel 菜单项中的"数据"→"数据分析"，打开如图 4-33a 所示的"数据分析"窗口，选择"排位与百分比排位"，弹出"排位与百分比排位"对话框，并设置数据区域和输出区域（见图 4-33b），单击 确定 按钮进行计算，得到如图 4-33c 所示的计算结果。

a) 在"数据分析"窗口中选择"排位与百分比排位"

b) 选择和设置"排位与百分比排位"

计算对话框中的数据和参数

序号	值	排位	百分比
12	99.35	1	100.00%
16	93.94	2	94.40%
3	92.95	3	88.80%
6	90.84	4	83.30%
17	87.38	5	77.70%
18	85.44	6	72.20%
1	83.85	7	66.60%
9	83.05	8	61.10%
2	79.22	9	55.50%
15	76.96	10	50.00%
8	73.57	11	44.40%
14	67.97	12	38.80%
10	65.79	13	33.30%
4	63.21	14	27.70%
19	62.97	15	22.20%
13	56.70	16	16.60%
11	55.66	17	11.10%
7	52.94	18	5.50%
5	50.06	19	0.00%

c) 排位与百分比排位结果

图 4-33　计算排位与百分比排位以及四分位极差

可以得出 $Q_1 \approx 63$，$Q_2 = 79.96$，$Q_3 \approx 86$，可以得到 $IQR = Q_3 - Q_1 = 23$，也就是说，处于中间的 50% 的值，仅相差 23。　　　　　　　　　　　　　　　　　　　　　　　　　◇

4.3.3　多元汇总统计

用于概括多变量数据的总体误差的还有协方差和协方差矩阵。

1. 协方差

协方差用于衡量两个变量的总体误差。而方差则是协方差所衡量的两个变量是同一个变量时的一种特殊情况。

期望值分别为 $E(X) = \mu$ 与 $E(Y) = \nu$ 的两个实随机变量 X 与 Y 之间的协方差定义为

$$Cov(X, Y) = E((X - \mu)(Y - \nu)) \tag{4-12}$$

式中，E 是期望值。它也可以表示为

$$Cov(X, Y) = E(XY) - \mu\nu \tag{4-13}$$

直观上来看，协方差表示的是两个变量总体的误差，这与只表示一个变量误差的方差不同。如果两个变量的变化趋势一致，也就是说如果其中一个大于自身的期望值，另外一个也大于自身的期望值，那么两个变量之间的协方差就是正值；如果两个变量的变化趋势相反，即其中一个大于自身的期望值，另外一个却小于自身的期望值，那么两个变量之间的协方差就是负值。如果 X 与 Y 是统计独立的，那么二者之间的协方差就是 0。这是因为有 $E(XY) = E(X) \cdot E(Y) = \mu\nu$。但是，反过来并不成立，即如果 X 与 Y 的协方差为 0，二者并不一定是统计独立的。

2. 协方差矩阵

协方差矩阵 (covariance matrix) $\boldsymbol{S}$，其第 (i, j) 个元素 s_{ij} 是数据的第 i 个属性和第 j 个属性的协方差：

$$s_{ij} = \text{Cov}(x_i, x_j) = \frac{1}{m-1} \sum_{k=1}^{m} (x_{ki} - \overline{x}_i)(x_{kj} - \overline{x}_j) \tag{4-14}$$

对于多维度数据，可以用协方差矩阵来表征各个维度数据之间的统计关联性。

4.3.4 相关性分析

1. 相关系数

相关系数，也称线性相关系数、皮氏（Pearson）积矩相关系数等，是衡量两个随机变量之间线性相关程度的指标。相关系数 r 的计算公式为

$$
\begin{aligned}
r(X,Y) &= \frac{\displaystyle\sum_{i=1}^{n}(x_i - \overline{x})(y_i - \overline{y})}{\sqrt{\displaystyle\sum_{i=1}^{n}(x_i - \overline{x})^2 \cdot \sum_{i=1}^{n}(y_i - \overline{y})^2}} \\
&= \frac{n\displaystyle\sum_{i=1}^{n}x_i y_i - \sum_{i=1}^{n}x_i \cdot \sum_{i=1}^{n}y_i}{\sqrt{n\displaystyle\sum_{i=1}^{n}x_i^2 - \left(\sum_{i=1}^{n}x_i\right)^2} \cdot \sqrt{n\displaystyle\sum_{i=1}^{n}y_i^2 - \left(\sum_{i=1}^{n}y_i\right)^2}}
\end{aligned}
\tag{4-15}
$$

这里，假设存在随机变量 X 和 Y，其元素分别为 x_i 和 y_i($i=1, 2, \cdots, n$)。$\overline{x}$ 和 $\overline{y}$ 分别为 x_i 和 y_i 的均值。相关系数还可以表示为

$$r(X,Y) = \text{correlation}(X,Y) = \frac{\text{Cov}(X,Y)}{\sigma_X \cdot \sigma_Y} \tag{4-16}$$

式中，$\text{Cov}(X,Y)$ 是随机变量 X、Y 的协方差；σ_X、σ_Y 分别为随机变量 X 的标准差和随机变量 Y 的标准差。

【例 4-30】 企业在研究其产品的广告费用投入与销售额的关系时，搜集到如表 4-11 所示的年广告投入费和月平均销售额的数据。

可以计算得出，相关系数为 0.994，说明广告投入费与月平均销售额之间有高度的线性正相关关系。这种关联关系，也可以从图 4-34 所示的数据的散点图中明显看出。　　　◇

表 4-11　广告费与月平均销售额相关表

（单位：万元）

序号	广告投入 x	销售额 y
1	12.5	21.2
2	15.3	23.9
3	23.2	32.9
4	26.4	34.1
5	33.5	42.5
6	34.4	43.2
7	39.4	49.0
8	45.2	52.8
9	55.4	59.4
10	60.9	63.5
合计	346.2	422.5

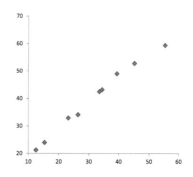

图 4-34　数据的散点图

2. 相关矩阵

相关矩阵(correlation matrix)R 是多个变量的相关系数的矩阵，其第 (i, j) 个元素是数据的第 i 个属性和第 j 个属性之间的相关性度量。

【例 4-31】 计算得出企业研究其产品的价格、广告费和销售额的关系时相关矩阵如表 4-12 所示。

表 4-12 产品价格、广告费及销售额

变　量	销　售　额	价　格	广　告　费
销售额	1.00	-0.86	0.89
价格	-0.86	1.00	-0.65
广告费	0.89	-0.65	1.00

从表 4-12 中可以看出，广告费与销售额具有一定的相关关系，而价格与销售额之间存在着负相关。 ◇

4.4 加载 Excel 插件

4.4.1 加载数据分析插件

使用 Excel 来进行数据分析时，需要加载 Excel 的数据分析库，其中包括了数据产生、统计计算、相关分析、回归分析等基本的数据分析工具包。添加该加载项时，可在 Excel 的主界面单击"文件"→"选项"→"加载项"，弹出"Excel 选项"界面窗口，在"加载项"列表中选择"分析工具库"，再在窗口底端的"管理"下拉列表中选择"Excel 加载项"，并单击旁边的 转到(G)... 按钮，如图 4-35a 所示。

添加完成之后，在"数据"选项卡之下，会增加"数据分析"工具按钮。单击该工具按钮，就会弹出"数据分析"工具窗口，如图 4-35b 所示。随后，可根据分析需要，从中选择对应的工具。

a) 添加"分析工具库"加载项

b) 运行"分析工具库"

图 4-35 加载 Excel"分析工具库"

4.4.2 加载统计分析插件

通过从互联网上下载获 PHStat2 功能包就能够绘制茎叶图。这里，所使用的版本是 PHStat version 2.5。将 PHStat2 安装包解压，单击"Setup.exe"开始安装。安装完成后，会在计算机桌面出现一个名为"PHStat2.xla"的加载宏文件。

有两种方法可以使用 PHStat2 功能包：一是将 PHStat2 功能包加载到 Excel 的环境中。在如

图 4-35 所示的"Excel 选项"界面中，单击 [转到(G)...] 按钮弹出如图 4-36 所示的"加载宏"对话窗，单击 [浏览(B)...] 按钮找到名为"PHStat2.xla"的加载宏文件完成加载。成功加载后，会在 Excel 菜单栏上出现一个"加载项"选项卡，并包含一个 PHStat 菜单按钮；二是在没有加载的情况下，双击"PHStat2.xla"文件的图标，打开一个已经完成加载的空白文档。

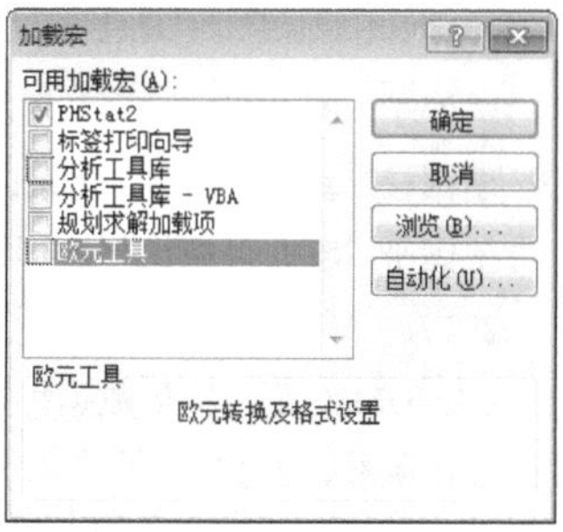

图 4-36　加载宏——PHStat2

本章小结

数据探索，是通过对数据的可视化呈现和特征值计算，借助人所具有的感知、推演和判断能力，对数据进行初步探究，进行解释性分析工作的过程。在这个过程中，不需要应用过多的模型和算法，而注重定义数据的本质，描述数据的形态特征，并探究数据的相关性。凭借人类的判别和归纳能力，有可能在数据探索的过程中发现数据所具有的模式或潜在模式，从而引导数据挖掘算法的应用，并为此提供一定的依据。

与数据准备的过程一样，数据探索同样要求分析人员具有数据行业及相关领域的知识和经验，并对数据有一定的敏感度。多维数据的可视化探索，需要选择和呈现有代表性的和有关联性的数据属性，这就需要熟练掌握数据本身的业务应用并具有一定的经验，且对数据属性的含义深刻理解，以避免只能通过对数据属性以随机组合的方式来进行探索和分析的低效的方法。

思考与练习

1．产生两组随机正整数，第 1 组是数量为 50、均值为 75、标准差为 3 的正态分布的数据，第 2 组是数量为 50、均值为 75、在区间[60，90]内呈均匀分布的数据。计算两组数据的均值、平均差、方差、标准差、极差、百分差、四分位差等指标，并进行比较和分析。

2．从第 1.7 节所列举的数据源中取得一个数据集，对数据进行理解，并了解数据所描述的商业信息。对数据集的每个属性所代表的指标进行理解和认知，选取其中有代表意义的数据，绘制能够说明一定问题的直方图、散点图、盒状图、茎叶图和平行坐标系图，并尝试对图形所呈现的信息进行分析。

3．直方图和茎叶图都用于数据分布特性的展示和分析，请列举和分析二者在这一应用上的优点和缺点。

4．利用表 4-13 中的数据，计算目标、A 因素和 B 因素变量间的相关系数矩阵（见素材文件"素材_计算相关系数矩阵.csv"）。

表 4-13　相关系数矩阵计算数据

目标	A 因素	B 因素
70	0.85	1.78
68	0.75	1.96
87	0.69	1.82
96	0.7	1.62
58	0.43	1.78
62	0.52	1.96
78	0.72	1.53
68	0.62	1.89
84	0.81	1.72
96	0.89	1.63

5．考虑数据集{12，24，33，2，4，55，68，26}，试计算其四分位数极差。

参 考 文 献

[1]　MARTINEZ W L. MATLAB 数据探索性分析[M]. 迟冬祥，等译. 北京：清华大学出版社，2018.

[2]　LAROSE D T，LAROSE C D. 数据挖掘与预测分析[M]. 2 版. 王念滨，译. 北京：清华大学出版社，

2017.

[3] 贾俊平. 描述统计[M]. 北京：中国人民大学出版社，2003.

[4] 李国柱. 统计学[M]. 北京：科学出版社，2004.

[5] 王国平. 数据可视化与数据挖掘：基于 Tableau 和 SPSS Modeler 图形界面[M]. 北京：电子工业出版社，2017.

[6] LANUM C L. 图形数据可视化：技术、工具与案例[M]. 王贵财，李建国，刘冰，译. 北京：机械工业出版社，2017.

[7] 恒盛杰资讯. Excel 数据可视化：一样的数据不一样的图表[M]. 北京：机械工业出版社，2017.

[8] 理查德·布莱斯，大卫·琼克. 图分析与可视化：在关联数据中发现商业机会[M]. 赵利通，译. 北京：机械工业出版社，2016.

[9] TELEA A C. 数据可视化原理与实践[M]. 2 版. 栾悉道，谢毓湘，魏迎梅，等译. 北京：电子工业出版社，2017.

[10] 吴翌琳，房祥忠. 大数据探索性分析[M]. 北京：中国人民大学出版社，2016.

第 **5** 章

关联分析

关联分析，又称关联挖掘，是从大量数据中发现各个数据项之间有趣的关联和相关联系，从而对一个事物中某些属性同时出现的规律和模式进行描述。

关联分析的一个最典型的例子就是购物篮分析。零售企业根据以往顾客购买商品的品类和数量，以及购买物品的先后顺序，分析得到顾客购买商品的关联关系，以便组织有针对性的促销或营销推荐活动。例如，沃尔玛公司通过对超市一年多来顾客原始购物单据的仔细分析发现，购买尿布的购物单中往往也会购买啤酒。通过调查发现，美国的妇女们经常会嘱咐她们的丈夫下班以后要为孩子买尿布，而丈夫在买完尿布之后又要顺手买回自己爱喝的啤酒。基于此，商家把尿布和啤酒摆在一起，结果两者的销量双双增加。再例如，销售人员在顾客购买了照相机和存储卡后，应该怎样对顾客进行产品推荐(例如推荐计算机，因为顾客的照片需要在计算机上浏览和处理，而照片多了就需要存放在计算机上)，则是以顾客在购买某种商品后再购买另一种特定商品的频繁性信息作为依据和参考的(这种信息已经构成了相应的关联模型)。关联分析是在交易数据、关系数据或其他信息载体中，查找存在于项目集合或对象集合之间的频繁模式、关联、相关性或因果结构。在上述案例中，关联分析就是从以往的销售数据中挖掘出商品销售的频次模型以及特定商品之间的关联规律，作为支持经营和营销决策支持的依据。

关联分析在经济、商务、生物遗传等方面同样得到了广泛的应用。例如，生物遗传学中，可以利用关联分析来研究生物的表现(物理外观，如植物高度、叶子形状、颜色等)与基因、遗传等方面的联系，以及各种遗传疾病的基因基础的相互关联等，从而掌握和预测生物的生长和疾病的规律。又如，电子商务网站可以根据用户的浏览记录，分析用户在访问某些页面的前提下，可能访问的页面的规律，从而针对这类规则进行网页推荐；从用户浏览记录中分析客户的关注偏好，根据各个客户群的特征，采取针对性的营销手段和策略，提高用户对商务活动的满意度。

关联分析是数据挖掘中的一个重要的课题。在本章中，我们将就频次模型的基本概念，关联和相关的基本原理进行介绍。

5.1 关联分析原理

5.1.1 问题提出

表 5-1 中所列的是超市的部分流水单据，记录了 5 笔购买交易的商品选购的情况。其中，TID 为各交易事务的编号，每一个交易事务表示一位顾客的一次购买记录。

零售企业会利用这样的数据，分析顾客所购买的各项商品之间是否存在某种关联，例如分析是否购买某种商品的顾客在一定程度上也会购买另一种商品，来获取顾客的购买行为模式，从而为企业的市场营销、库存管理以及顾客关系管理提供支持。

从表 5-1 中很难直接看出商品之间的关联，可将其转换为如表 5-2 所示的二元表示数据。对于表 5-1 中的每一项事务数据，如果各项商品在此次事务中出现，则在表中用 1 表示；没有出现，用 0 表示 ⊖。这类数据被称为二元表示法。注意其中的 1 和 0 所代表的内容或意义是非对称的 ⊖。在事务数据中出现的各个商品，称为数据项，也称为项。

表 5-1 购物篮事务举例

TID	Items
1	{面包，牛奶}
2	{面包，尿布，啤酒，鸡蛋}
3	{牛奶，尿布，啤酒，可乐}
4	{面包，牛奶，尿布，啤酒}
5	{面包，牛奶，尿布，可乐}

表 5-2 购物篮数据的二元表示

TID	面包	牛奶	尿布	啤酒	鸡蛋	可乐
1	1	1	0	0	0	0
2	1	0	1	1	1	0
3	0	1	1	1	0	1
4	1	1	1	1	0	0
5	1	1	1	0	0	1

对表 5-2 中的数据进行分析，研究{面包，牛奶，可乐}这样一个项的组合，称之为一个项集。因该项集是由 3 个项组成的，所以也称为 3-项集。可以看出，该项集在事务数据表中出现了 1 次，出现的概率为 1/5，由于出现概率太低，难以找出该项集的项之间所具有的联系规律。

再看 2-项集{尿布，啤酒}，它在事务数据中出现了 3 次，出现的概率为 3/5，可认为达到了一定的量的标准，足以从中发现规律。同时，购买{尿布}的事务中，也有 3/4 购买了{啤酒}，也能够达到一定的量的标准。在一定的规则下，可以认为购买了{尿布}的顾客很大程度上也会购买{啤酒}，二者之间存在关联关系。这个关联关系用：

$${尿布} \rightarrow {啤酒}$$

来表示，称其为一个关联规则。在这个关联规则中，项集出现的概率构成了对规则成立的支持，称其为支持度，而项集出现的次数称为支持度计数。另一方面，在购买{尿布}的事务中也购买了{啤酒}的概率构成了关联规则中这两个项的关联支持，该指标称为置信度。关联规则成立，必须既能够满足产生关联规则的最小支持度，称为支持度阈值；又能满足产生关联规则的最小置信度，称为置信度阈值。

因此，从购物篮事务数据中发现关联规则的过程，就是找出支持度大于支持度阈值的项集，并从中发现置信度大于置信度阈值的关联模式的过程。

5.1.2 基本概念

这里，对前面所涉及的几个基本概念进行规范。

1. 项（Item）和项集（Itemset）

令 $T = \{t_1, t_2, \cdots, t_d\}$ 是购物篮所有事务的集合，$I = \{i_1, i_2, \cdots, i_d\}$ 是购物篮数据中出现的所有项的集合，每个事务 t_i 中包含的项都是 I 的子集，则包含 0 个或多个项的集合称为项集。

例如：{牛奶，面包，尿布}、{牛奶，尿布}、{牛奶}均为项数不同的项集。在表 5-1 中所示的事务集中，鸡蛋、可乐、面包、尿布、牛奶、啤酒为项，则 $I = $ {鸡蛋，可乐，面包，尿布，牛奶，啤酒}。

⊖ 在有些二元表示的数据中，也会用 "T" 表示 "有" 或 "存在" 等含义，否则则为空。

⊖ 非对称是指数据中的 1 和 0 所代表的意义是不等价的，如 1 代表有，0 代表无。而对称表示则是指数据中的 1 和 0 所代表的意义是等价的，如 1 代表类型 A，0 代表类型 B。

2．k-项集

如果一个项集包含 k 个项，则称其为 k-项集。

例如：{牛奶，面包，尿布}就为 3-项集。

3．支持度计数

包含特定项集的事务的个数为**支持度计数**（support count），用 σ 表示。在数学上，项集 X 的支持度计数 $\sigma(X)$ 可以表示为

$$\sigma(X) = \left|\{t_i \mid X \subseteq t_i, t_i \in T\}\right| \tag{5-1}$$

例如，表 5-2 所示的数据中，有 $\sigma(\{$牛奶，面包，尿布$\}) = 2$。

4．支持度

包含某项集的事务数与总事务数的比值称为该项集的**支持度**（support），用 s 表示，以衡量某项集出现的概率，有

$$s = \frac{\sigma(X)}{N} \tag{5-2}$$

式中，$\sigma(X)$ 为项集 X 的支持度计数，N 为总事务数。

例如，表 5-2 所示的数据中，有：$s(\{$牛奶，面包，尿布$\}) = 2/5$。

5．频繁项集

频繁项集（frequent itemset）是指能够满足支持度阈值（minSup）的所有项集。这里，支持度阈值是人为指定的一个数值。

6．置信度

置信度（confidence）用来衡量项集 X 出现时，项集 Y 也会同时出现的概率，定义为项集 X、Y 同时出现的支持度与项集 X 的支持度的比值，用 c 表示，有

$$c = \frac{\sigma(X \cup Y)}{\sigma(X)} \tag{5-3}$$

如果置信度较小，甚至为 0，则说明项集 X 出现时，项集 Y 很少会同时出现，或者不出现，即二者之间不存在必然的关联；如果置信度为 100%，则说明了项集 X 出现时，项集 Y 一定出现。那么，对这种情况而言，假设 X 和 Y 是市场上的两种商品，就没有理由不进行捆绑销售了。

7．关联规则

关联规则（association rule）是形如 $X \rightarrow Y$ 的蕴含表达式，表示项集 X 出现则项集 Y 很大程度上也会出现，其中 X 和 Y 是不相交的项集，即有 $X \cap Y = \varnothing$。

关联规则的强度可以用它的支持度 s 和置信度 c 来度量。支持度确定了给定项集的频繁程度，而置信度则确定了 Y 在包含 X 的事务中出现的频繁程度。

在关联规则 $X \rightarrow Y$ 中，支持度 s 的定义如下：

$$s(X \rightarrow Y) = \frac{\sigma(X \cup Y)}{N} \tag{5-4}$$

置信度 c 的定义如下：

$$c(X \rightarrow Y) = \frac{\sigma(X \cup Y)}{\sigma(X)} \tag{5-5}$$

【**例 5-1**】　为了探究表 5-2 数据中牛奶、尿布与啤酒之间的关联关系，可以考察规则{牛奶，

尿布}→{啤酒}，也就是购物单中购买了牛奶和尿布，也同时购买了啤酒的关联程度。可以看到，项集{牛奶，尿布，啤酒}的支持度计数是2，而事务的总数是5，所以该规则的支持度为

$$s = \frac{\sigma(\{牛奶，尿布，啤酒\})}{|T|} = \frac{2}{5} = 0.4$$

其中，T 为事务集合；$|T|$ 为 T 的大小（即 T 中事务的项数）。规则的置信度是项集{牛奶，尿布，啤酒}的支持度计数与项集{牛奶，尿布}支持度计数的比。数据中同时包含{牛奶，尿布}的事务有3个，所以该规则的置信度为

$$c = \frac{\sigma(\{牛奶，尿布，啤酒\})}{\sigma(\{牛奶，尿布\})} = \frac{2}{3} = 0.67$$

如果根据本例中的业务和数据的特性和规律，认为支持度0.4和置信度0.67已足够建立关联规则，则认为规则 {牛奶，尿布}→{啤酒} 存在，也就是说，购买了牛奶和尿布的购物单中，很大程度上也购买了啤酒。商家便可就此探究成果进行针对性的营销。   ◇

5.1.3 关联规则挖掘

关联规则挖掘问题，就是对于给定事务的集合 T，找出支持度大于等于支持度阈值 minSup 并且置信度大于等于置信度阈值 minConf 的所有规则，并对这些规则进一步地加以评判，最终确定有效规则。这个过程也称为关联规则发现。关联挖掘的原理如图 5-1 所示。这里，minSup 称为支持度阈值，minConf 称为置信度阈值，它们都是根据业务和数据人为指定的。

大多数关联规则挖掘算法通常采用的策略是，将规则发现任务分解为如下两个主要的子任务：

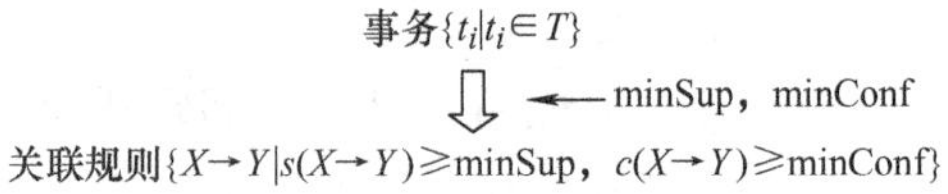

1）产生频繁项集(Frequent Itemset Generation)。其任务是发现满足支持度阈值的所有项集，这些项集称作频繁项集。可以在产生候选项集后进行确认（如 Apriori 算法），进而产生频繁项集，也可以不产生候选项集而直接生成频繁项集（如 FP-Growth 算法）。

图 5-1 关联规则挖掘原理

2）生成规则(Rule Generation)。从上一步发现的频繁项集中提取所有高置信度的规则。这些高置信度的规则称作强规则(strong rule)。

于是，关联规则挖掘，就可以分解为由事务产生频繁项集，由频繁项集产生规则，由规则确定关联规则这样几个步骤，如图 5-2 所示。

上述步骤中，较为关键的步骤就是产生频繁项集和生成关联规则。生成频繁项集的方法主要有两种：一是以产生-测试范型，即首先产生所有的可能的项集（候选项集），再从中确定支持度符合阈值条件的项集，得到频繁项集；二是将事务数据组织成压缩的数据结构（树结构），再从中解析出频繁项集。这里分别进行详细讨论。

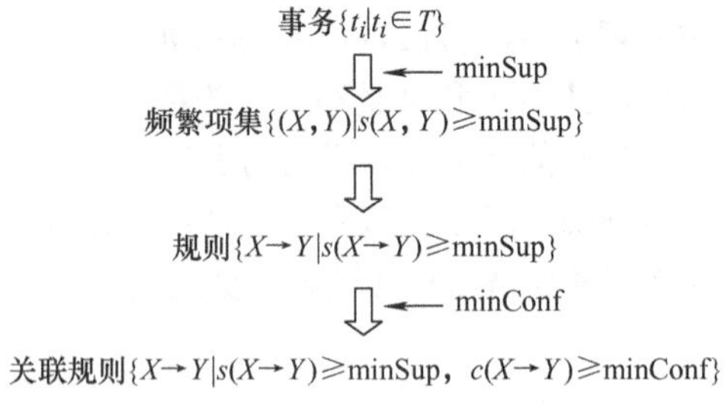

图 5-2 关联规则挖掘（产生频繁项集、生成规则）

5.2 由候选项集产生频繁项集

产生候选项集，最简单的方法就是由项组合产生所有可能的项集。如果有 5 个项 A、B、C、

D 和 E，可以产生共计 $2^5 = 32$ 个组合，如图 5-3 中的格结构(lattice structure)所示，列出了所有组合产生的项集，并表示了各项集之间的包含和产生关系。

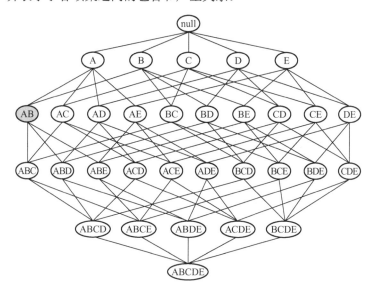

图 5-3 项集产生的格结构

在此基础上，由事务数据计算出各项集的支持度(计数)，从而可确定出频繁项集。

5.2.1 蛮力方法

计算候选项集支持度(计数)的原始方法就是使用暴力破解(Brute-force)的方法，将格结构中的每个候选项集和每个事务进行比较，确定每个候选项集的支持度计数。如图 5-4 所示。

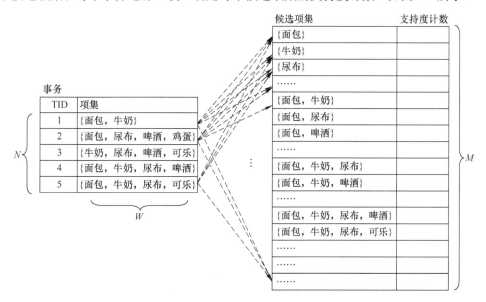

图 5-4 暴力破解法产生频繁项集

如果 N 为事务的项数，W 为事务中项集的维度，M 为候选项集的项数，则算法的时间复杂度为

$O(NMW)$。当数据较为复杂时，这种方法所考察的项集数量太大，计算和内存开销可能非常大。蛮力方法把所有的 k-项集都看作可能的候选项集，对于如图 5-3 所示的格结构，如果项的数量为 d，那么在第 k 层产生的候选项集的数目为 C_d^k。设每一个候选项集所需的计算量为 $O(k)$，这种方法的总复杂度为

$$O\left(\sum_{k=1}^{d} k C_d^k\right) = O(d \cdot 2^{d-1}) \tag{5-6}$$

如图 5-5a 所示，候选项集包括啤酒、面包、可乐、尿布、鸡蛋、牛奶共 6 个项，可产生出 $C_6^2 = 15$ 个候选 2-项集，在确定频繁 2-项集时，需要将这 15 个候选项集逐个与表 5-2 中的 5 条事务数据进行比对，即进行 $15 \times 5 = 75$ 次比对；如图 5-5b 所示，还可产生出 $C_6^3 = 20$ 个候选 3-项集，在确定频繁 3-项集时，需要将这 20 个候选项集逐个与表 5-2 中的 5 条事务数据进行比对，即进行 $20 \times 5 = 100$ 次比对。

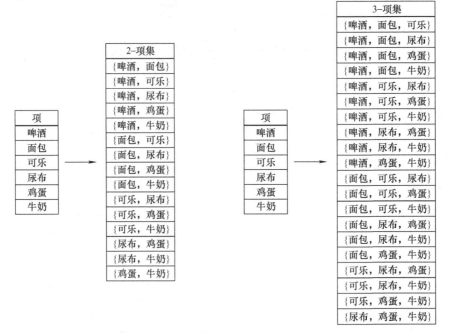

a) 产生候选2-项集的蛮力方法　　　　b) 产生候选3-项集的蛮力方法

图 5-5　产生候选项集的蛮力方法

可以看出，在事务数据中的项数较多、事务项较为丰富，且事务数较多的情况下，用蛮力方法产生候选项集和频繁项集需要耗费大量的计算资源，难以实际应用，因此需要对算法进行改进。从算法的时间复杂度为 $O(NMW)$ 来看，可以通过降低 M、N 或 W 来降低计算复杂度，进而改进算法。可以归结为两种主要的方法：

1）减少候选项集的数量（M）。例如，利用先验（Apriori）原理，进行候选项集的裁剪。

2）减少比较的次数（NM）。替代将每个候选项集与每个事务相匹配，可以使用合适的数据结构，来存储候选项集或压缩数据集，以减少比较次数。例如 FP-Growth 算法。

下面介绍其中的两种：利用先验原理的 Apriori 算法和 FP-Growth 算法。

5.2.2　先验算法

Apriori 算法是一种基于 Apriori 原理的、最有影响的、挖掘单维布尔关联规则频繁项集的算

法，该算法能较大程度上降低算法复杂度。

【**先验原理**】　如果一个项集是频繁的，则它的所有子集[⊖]一定也是频繁的；相反，如果一个项集是非频繁的，则它的所有超集[⊖]也一定是非频繁的。

利用项集的格结构图，可以说明先验原理的概念。如图 5-6 所示。

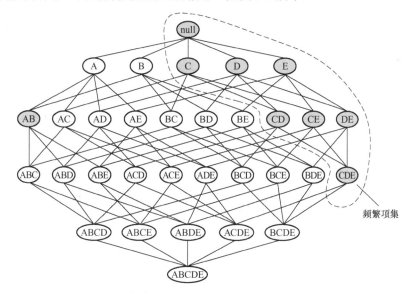

a) 假定{C，D，E}是频繁的，则
它的所有子集也是频繁的

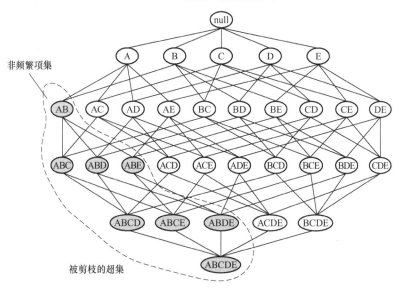

b) 非频繁项集的超集的剪枝(假定项集{A，B}为非
频繁项集，那么其超集均为非频繁项集)

图 5-6　先验原理

⊖　子集：如果集合 *A* 的任意一个元素都是集合 *B* 的元素(任意 $a \in A$，则 $a \in B$)，那么集合 *A* 称为集合 *B* 的子集，记为 $A \subseteq B$ 或 $B \supseteq A$。

⊖　超集：如果一个集合 *A* 中的每一个元素都在集合 *B* 中，且集合 *B* 中可能包含 *A* 中没有的元素，则称集合 *B* 是集合 *A* 的一个超集。

在图 5-6a 中，根据先验原理，如果项集{C，D，E}是频繁项集，则项集{C，D}、{C，E}、{D，E}都必须是频繁的，进而项集{C}、{D}、{E}也必须是频繁的，即图中虚线包围的所有项集必须是频繁的。

另一方面，在图 5-6b 中，如果项集{A，B}是非频繁的，则它的超集的项集{A，B，C}、{A，B，D}、{A，B，E}都会是非频繁的，进而项集{A，B，C，D}、{A，B，C，E}、{A，B，D，E}也都是非频繁的，最终的项集{A，B，C，D，E}也是非频繁的，即在虚线包围的所有{A，B}项集的超集都是非频繁的，在产生频繁项集的候选项集时，可以将这些项集剪除，我们称这种基于支持度度量修剪指数搜索空间的策略称为基于非频繁子集的剪枝。这种剪枝策略依赖于支持度度量的一个关键性质：一个项集的支持度绝不会超过它的子集的支持度，即支持度度量的单调性。

基于上述先验原理的先验算法是一个通过对项集的连接和剪枝，采用逐层搜索的方法，以项集支持度为基础，从频繁 $(k-1)$-项集 F_{k-1} 产生频繁 k-项集 F_k 的过程。先验算法通过采用先对维度较小的项集进行检验，确定其是否为频繁项集，进而逐步产生下一层项集的方法，可以以较小的时间复杂度产生频繁项集。例如，在图 5-6 中，先对项集{A}、{B}、{C}、{D}和{E}进行检验，如果其中{C}为非频繁项集，则项集{C}以及 15 个包含{C}的超集(共 $2^4 = 16$ 个候选项集)可以被剪枝。继续这个过程，如果{A，B}是非频繁的，则可以剪掉{A，B}的超集{A，B，C}、{A，B，D}、{A，B，E}、{A，B，C，D}、{A，B，C，E}、{A，B，D，E}和{A，B，C，D，E}。

【例 5-2】 对于表 5-3 中的原始数据(注意：与表 5-2 中的数据相比，这里稍做了修改)，利用先验算法产生频繁项集。

表 5-3 购物篮数据的两种不同表示方法

类别	购物篮数据的原始表示		购物篮数据的二元 T/F 表示						

类别	TID	Items	TID	面包	牛奶	尿布	啤酒	鸡蛋	可乐
示例	1	面包，牛奶	1	T	T				
	2	面包，啤酒，尿布，鸡蛋，牛奶	2	T	T	T	T	T	
	3	牛奶，尿布，啤酒，可乐	3		T	T	T		T
	4	面包，牛奶，尿布，啤酒	4	T	T	T	T		
	5	面包，牛奶，尿布，可乐	5	T	T	T			T

在本例中，设定支持度阈值为 60%，也就是最小支持度计数为 3。为了方便处理，将购物篮数据转换为了表 5-3 中的二元 T/F 表示。二元化表示，更便于使用 Excel 进行支持度计数等数据量的计算和统计，也便于如 Python 编程语言所定义的数据结构及其函数[如 DataFrame 和 count()等]的使用。

首先是 1-项集，由表 5-3 的二元 T/F 表示中提取"项"，并计数可得 1-项集和支持度计数，剪除不满足支持度阈值的项，得到频繁 1-项集，如图 5-7 所示。

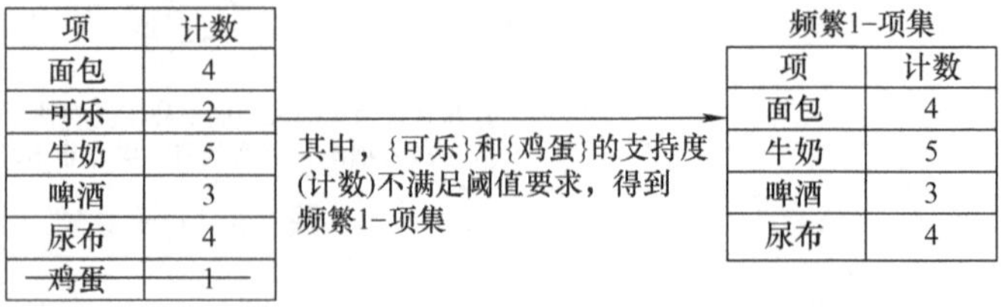

然后是 2-项集，由频繁 1-项集，可以穷尽组合出如图 5-8 所示的 2-项集，并得到频繁 2-项集。

项	计数
面包	4
~~可乐~~	~~2~~
牛奶	5
啤酒	3
尿布	4
~~鸡蛋~~	~~1~~

其中，{可乐}和{鸡蛋}的支持度(计数不满足阈值要求，得到频繁 1-项集

频繁 1-项集

项	计数
面包	4
牛奶	5
啤酒	3
尿布	4

图 5-7 产生频繁 1-项集

项	计数
{面包，牛奶}	4
~~{面包，啤酒}~~	~~2~~
{面包，尿布}	3
{牛奶，啤酒}	3
{牛奶，尿布}	4
{啤酒，尿布}	3

去掉支持度(计数)不满足阈值要求的{面包，啤酒}项集，得到频繁2-项集

频繁2-项集

项	计数
{面包，牛奶}	4
{面包，尿布}	3
{牛奶，啤酒}	3
{牛奶，尿布}	4
{啤酒，尿布}	3

图 5-8　产生频繁 2-项集

进而产生 3-项集。由频繁 2-项集内的各个项({面包}，{啤酒}，{尿布}，{牛奶})，可以组合出{面包，啤酒，尿布}、{面包，啤酒，牛奶}、{面包，尿布，牛奶}、{啤酒，尿布，牛奶}共 4 个 3-项集，但由于{面包，啤酒}这个项集为非频繁的 2-项集，所以可以根据 Apriori 原理，将{面包，啤酒，尿布}、{面包，啤酒，牛奶}这两个 3-项集剪枝，不需要计算支持度(计数)，仅产生{面包，尿布，牛奶}、{啤酒，尿布，牛奶}这两个候选 3-项集，如图 5-9 所示。

项	计数
~~{面包，啤酒，尿布}~~	
~~{面包，啤酒，牛奶}~~	
{面包，尿布，牛奶}	3
{啤酒，尿布，牛奶}	3

其中，{面包，啤酒}为非频繁的，所以对{面包，啤酒，尿布}和{面包，啤酒，牛奶}根据Apriori原理剪枝，得到频繁3-项集

频繁3-项集

项	计数
{面包，尿布，牛奶}	3
{啤酒，尿布，牛奶}	3

图 5-9　产生频繁 3-项集

再观察 4-项集，可以看出，由{面包}、{啤酒}、{尿布}、{牛奶}这 4 项只能生成{面包，啤酒，尿布，牛奶}候选 4-项集，但{面包，啤酒}和{面包，啤酒，尿布}为非频繁项集，所以{面包，啤酒，尿布，牛奶}被剪枝，所以无频繁 4-项集(实际上，{面包，啤酒，尿布，牛奶}项集的支持度计数为 2，一定不满足支持度阈值)，如图 5-10 所示。

项	计数
~~{面包，啤酒，尿布，牛奶}~~	

其中，{面包，啤酒}为非频繁的，{啤酒，面包，啤酒，尿布}项集被剪枝，频繁4-项集为空集

频繁4-项集

项	计数

图 5-10　产生频繁 4-项集

在这个过程中，枚举所有项集将产生 $\sum_{k=1}^{6} C_6^k = 82$ 个候选项集。而使用先验原理，则减少为 $C_6^1 + C_4^2 + C_4^3 + C_4^4 = 6 + 6 + 4 + 1 = 17$ 个。项集数量大幅减少，从而大大降低了计算的复杂度。　　◇

总结一下，可知用先验原理生成频繁项集的过程如下：

1）确定支持度阈值 minSup 或支持度计数阈值；

2）项集维度 $k=1$，产生频繁 1-项集 F_1；

3）项集维度 $k = k + 1$；

4）产生候选 k-项集，对其进行基于非频繁子集的剪枝；进而计算支持度或支持度计数，去除支持度低于支持度阈值的项，得到频繁 k-项集；

5）重复步骤 3），直到无新的项集产生；

6）汇集所有未被剪枝项集，即为频繁项集。

Apriori 算法也可以表示如下：

【算法 5-1】　Apriori 算法的频繁项集产生

1:	$k=1$	
2:	$F_1 = \{i \mid i \in I \text{且} \sigma(\{i\}) \geqslant N \cdot \text{minSup}\}$	//发现所有的频繁 1-项集
3:	Repeat	
4:	$k = k + 1$	
5:	$C_k = \text{apriori\_gen}(F_{k-1}, \text{minSup})$	//产生 k-项集
6:	for each 事务 $t \in T$:	
7:	$C_t = \text{subset}(C_k, t)$	//识别属于 t 的所有候选 k-项集
8:	for each 候选项集 $c \in C_t$:	
9:	$\sigma(c) = \sigma(c) + 1$	//支持度计数增值
10:	$F_k = \{c \mid c \in c_k \text{且} \sigma(c) \geqslant N \cdot \text{minSup}\}$	//提取频繁 k-项集
11:	Until $F_k = \varnothing$	
12:	$F_{\text{all}} = \cup F_k$	

其中，i 表示某个数据项，I 表示数据集中的数据项集合；t 表示事务项，T 表示事务项的集合；N 为事务集合中事务项的数量；C_k 代表候选 k-项集的集合，c 表示候选项集；F_k 代表频繁 k-项集的集合；给定 minSup，由函数 apriori_gen()就可产生候选项集（在下面将介绍该函数的具体实现），函数 subset()用于识别属于事务 t 的候选项集（随后对属于事务 T 的候选项集的支持度计数逐个加 1）；$\sigma()$ 表示支持度计数。

Apriori 算法的关键是使用频繁项集性质的先验知识，利用逐层搜索的迭代方法，由 k-项集探索 $(k+1)$-项集。Apriori 算法的频繁项集的产生有两个重要特点：

1）是一种逐层算法。即从频繁 1-项集到最长的频繁项集，每次遍历项集的格结构中的一层；

2）使用产生-测试策略来发现频繁项集。在每次迭代中，新的候选项集由前一次迭代发现的频繁项集产生，然后对每个候选项集的支持度进行计数，并与支持度阈值进行比较。

该算法所需要的总迭代次数是 $k_{\max}+1$，其中 $k_{\max}$ 是频繁项集的最大长度。

由此，对于图 5-2 所示的关联规则挖掘，在应用 Apriori 算法的情况下，处理过程如图 5-11 所示。

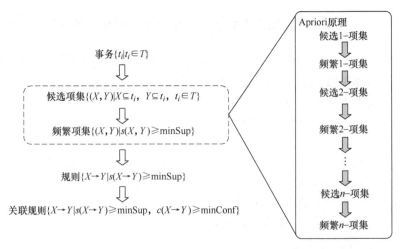

图 5-11　应用 Apriori 算法情况下的关联规则挖掘（产生频繁项集、生成规则）

下面通过一个例子来展示 Apriori 算法的过程。

【**例 5-3**】 事务原始数据如表 5-4 所示。数据的二元表现形式，非常便于利用 Excel 统计和计算各项集的支持度计数，也便于利用 Python 程序通过 DataFrame 数据结构进行管理和计算。

表 5-4 用 Apriori 算法进行关联分析的购物篮实验数据及其二元 T/F 表示

类别	购物篮实验数据的原始表示		购物篮实验数据的二元 T/F 表示							
	TID	Items	TID	I1	I2	I3	I4	I5	I6	I7
示例	T1	I1, I2, I5, I7	T1	T	T			T		T
	T2	I2, I4, I6	T2		T		T		T	
	T3	I2, I3, I6	T3		T	T			T	
	T4	I1, I2, I4	T4	T	T		T			
	T5	I1, I3, I6	T5	T		T			T	
	T6	I2, I3	T6		T	T				
	T7	I1, I2, I3, I6, I7	T7	T	T	T			T	T
	T8	I1, I2, I3, I5, I7	T8	T	T	T		T		T
	T9	I3	T9			T				
	T10	I1, I2, I3, I5, I6, I7	T10	T	T	T		T	T	T
	T11	I1, I2, I3, I7	T11	T	T	T				T

设支持度计数阈值为 4，即支持度阈值为 4/11，算法的基本过程如图 5-12 所示。在图中，C_i 表示候选 i-项集，F_i 表示频繁 i-项集图：

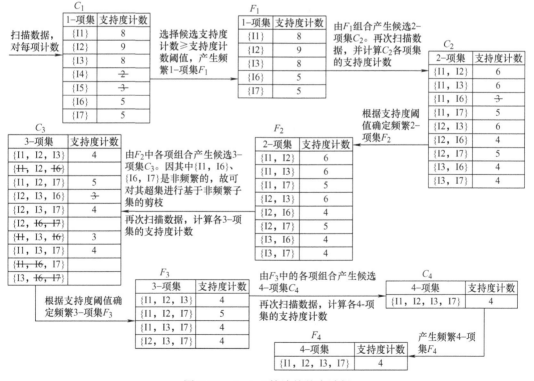

图 5-12 Apriori 算法的基本过程

首先，扫描所有事务，得到候选 1-项集 C_1，根据支持度阈值要求滤去不满足条件的项集，得到频繁 1-项集 F_1。频繁 1-项集 F_1 中共有 I1、I2、I3、I6、I7 共 5 个项，排列组合成候选 2-项集 C_2，计算 C_2 中各项集的支持度计数，并去除其中支持度计数低于支持度计数阈值的项集，得到频繁 2-项集 F_2。F_2 中仍有 I1、I2、I3、I6、I7 共 5 个项，排列组合成候选 3-项集 C_3，其中，因{I1, I6}和{I6, I7}是非频繁的，所以{I1, I2, I6}、{I1, I3, I6}、{I1, I6, I7}、{I3, I6, I7}和{I2, I6, I7}也为非频繁，可从 C_3 中剪枝，不计算支持度计数，以降低算法的计算复杂度，再去除其中支持度计数低于支持度计数阈值的项集，得到频繁 3-项集 F_3。同样步骤，利用频繁 3-项集 F_3 中的 4 个项，排列组合得到候选 4-项集 C_4，其项集支持度计数满足支持度阈值，得到频繁 4-项集 F_4。F_4 中仅有 4 个项，无法组合产生候选 5-项集。至此，已产生出满足支持度阈值的所有项集。

总体来说：已知频繁 k-项集(频繁 1-项集已知)，根据频繁 k-项集中的项，排列组合到所有可能的($k+1$)-项，并进行剪枝[如果该($k+1$)-项集的所有 k 项子集不都能满足支持度条件，那么该($k+1$)-项集就该被剪掉]，得到 C_{k+1} 项集，然后滤去该 C_{k+1} 项集中不满足支持度条件的项得到频繁($k+1$)-项集。如果得到的 C_{k+1} 项集为空，则算法结束。　　　　　　　　　◇

在上例过程中，如何从频繁($k-1$)-项集 F_{k-1}，产生出候选 k-项集 C_k，并使其尽可能地没有重复项，是运用 Apriori 原理生成频繁项集的关键。一种算法是利用频繁($k-1$)-项集 F_{k-1} 和频繁 1-项集 F_1 进行组合，来产生候选 k-项集，称为 $F_{k-1} \times F_1$ 方法；另一种算法则是利用频繁($k-1$)-项集 F_{k-1} 和其自身的项集进行组合，来产生候选 k-项集，称为 $F_{k-1} \times F_{k-1}$ 方法。

5.2.3　$F_{k-1} \times F_1$ 方法

$F_{k-1} \times F_1$ 方法是利用频繁($k-1$)-项集 F_{k-1} 和频繁 1-项集 F_1 进行组合，来产生候选 k-项集。具体做法就是将频繁($k-1$)-项集 F_{k-1} 中的每一项集与频繁 1-项集 F_1 中的各项进行排列组合。这种方法将产生 $O(|F_{k-1}| \times |F_1|)$ 个候选 k-项集($|F_j|$ 表示频繁 j-项集的个数)。这种方法是完全的，因为每一个频繁 k-项集都是由一个频繁($k-1$)-项集和一个频繁 1-项集组成的。因此，所有的频繁 k-项集是这种方法所产生的候选 k-项集的一部分。

在这种方法所产生的候选 k-项集中会出现重复的项集。例如，以例 5-2 中的数据为例，其中{面包, 尿布, 牛奶}可以通过合并{面包, 尿布}和{牛奶}项集得到，也可以通过合并{面包, 牛奶}和{尿布}项集得到，或者通过合并{尿布, 牛奶}和{面包}项集得到。

一种避免产生重复的候选项集的方法是确保每个频繁项集中的项以字典序排列存储，每个频繁($k-1$)-项集 X 只用字典序比 X 中所有的项都大的频繁项进行扩展[如：项集{面包, 尿布}可以用项集{牛奶}扩展，因为牛奶(milk)在字典序下比面包(bread)和尿布(diaper)都大]。产生的过程和结果如图 5-13 所示。

最坏情况下，以字典序排列，所产生的候选 k-项集的数量为

$$O\left\{\sum_{i=0}^{k-1}[N-(k-1)+i]\mathrm{C}_{(k-1)+i}^{k-1}\right\} \tag{5-7}$$

其中，N 为频繁 1-项集中的项数；M 为频繁($k-1$)-项集中的项数。

通常 $M>k$，因此这种方法比蛮力方法有明显改进。但是，仍会产生大量不必要的候选项集。[例如，在图 5-13 中，通过合并{啤酒, 尿布}和{牛奶}而得到的候选项集是不必要的。因为它的子集{啤酒, 牛奶}是非频繁的]。

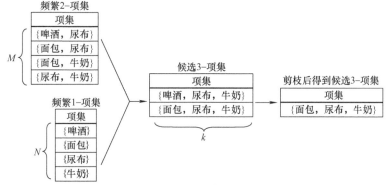

图 5-13　用 $F_{k-1} \times F_1$ 方法，由频繁 2-项集和频繁 1-项集产生候选 3-项集

5.2.4　$F_{k-1} \times F_{k-1}$ 方法

$F_{k-1} \times F_{k-1}$ 方法是利用频繁 $(k-1)$-项集 F_{k-1} 与其自身的项集进行组合，来产生候选 k-项集。做法是对频繁 $(k-1)$-项集 F_{k-1} 中按照字典序排序的各项集进行两两比较，当项集的前 $k-2$ 项相同时，则进行组合。新产生的候选 k-项集由共同的前 $k-2$ 项，以及参与组合的两个项集的相互不同的第 $k-1$ 项组成。这种方法最多将产生 $C_{|F_{k-1}|}^2$ 个候选 k-项集 [$|F_{k-1}|$ 表示频繁 $(k-1)$-项集的个数]。例如，对频繁项集 {面包，尿布} 和 {面包，牛奶} 进行合并，可形成候选 3-项集 {面包，尿布，牛奶}，而不会将项集 {啤酒，尿布} 和 {尿布，牛奶} 进行合并产生出 {啤酒，尿布，牛奶}，因为它们的第一个项不相同，这样就尽量避免了重复产生。

由于每个候选项集都由一对频繁 $(k-1)$-项集合并而成，因此，需要附加候选剪枝步骤来确保该候选的其余 $k-2$ 个子集是频繁的。如图 5-14 所示，由 2-项集通过 $F_{k-1} \times F_{k-1}$ 方法产生了候选 3-项集，还需要确定其中的任意一个 2-项集是否为频繁 2-项集。本例中的候选 3-项集 {面包，尿布，牛奶} 是由频繁 2-项集 {面包，尿布} 和 {面包，牛奶} 合并得到的，所以

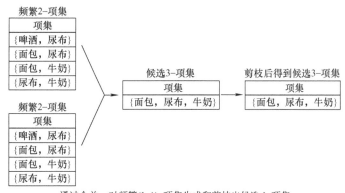

通过合并一对频繁 $(k-1)$-项集生成和剪枝出候选 k-项集

图 5-14　用 $F_{k-1} \times F_{k-1}$ 方法产生候选 3-项集

仅需要检验 {尿布，牛奶} 是否是频繁 2-项集，以确定新合并生成的候选 3-项集是否需要被剪枝；而对于由频繁 4-项集 {A，B，C，D} 和 {A，B，C，E} 合并生成的候选 5-项集 {A，B，C，D，E}，则需要检验 {B，C，D，E}、{A，C，D，E}、{A，B，D，E} 是否也是频繁的。

使用 $F_{k-1} \times F_{k-1}$ 的方法产生候选项集，则算法 5-1 中函数 apriori_gen( ) 的过程如下：

【过程 5-1】　Apriori 算法的候选项集产生 ($F_{k-1} \times F_{k-1}$ 方法)

```
1:    Procedure apriori_gen(Fₖ₋₁, minSup)
2:        for each itemset i₁∈Fₖ₋₁:
3:            for each itemset i₂∈Fₖ₋₁:
```

(续)

```
4:              If  (i₁[1]=i₂[1])∧(i₁[2]=i₂[2])∧···∧(i₁[k-2]=i₂[k-2]) then
5:                  c=join(i₁,i₂)
6:                      if has_infrequent_subset(c,F_{k-1}) then
7:                          delete c;   //剪枝
8:                      else
9:                          add c to C_k
10:          return C_k
```

其中，F_{k-1} 表示频繁 $(k-1)$-项集；minSup 为支持度阈值；C_k 为候选 k-项集的集合。

使用 $F_{k-1}×F_{k-1}$ 的方法产生候选项集，则过程 5-1 中的 join() 的过程如下：

【过程 5-2】　过程 join() 通过连接频繁 $(k-1)$-项集，产生候选 k-项集。

```
1:      Procedure join(i₁, i₂)
2:          if(i₁[k-1]>=i₂[k-1]) then
3:              return{ i₂[i]|i=1,2,···,k-1}∪i₁[k]
4:          else
5:              return{ i₁[i]| i=1,2,···,k-1}∪i₂[k]
```

其中，i_1、i_2 表示频繁 $(k-1)$-项集中的某个项集；$i_1[i]$，···，$i_1[k]$ 则表示其某一项。

【过程 5-3】　过程 has_infrequent_subset() 通过运用 Apriori 原理，判定是否包含非频繁项集。

```
1:      procedure has_infrequent_subset(c, F_{k-1})
2:          for each subset s of c:
3:              if s∉F_{k-1} then
4:                  return TRUE
5:          return FALSE
```

其中，c 为候选 k-项集，F_{k-1} 为频繁 $(k-1)$-项集。

5.3　计算支持度计数

产生出候选项集后，需对每一候选项集计算其支持度，再与支持度阈值比对，确定出频繁项集。有多种方法对一个候选项集的支持度进行计数，较为直接的方法就是用事务数据对候选项集逐个统计计数，但效率较低。还有一些借助优化的数据结构和图论中的理论进行统计的方法。

5.3.1　用事务去逐个统计候选项集

这种方法在产生出候选项集后，将会扫描事务数据库，并通过每一条事务数据对候选项集的各项进行匹配，如果某事务数据包含某候选项，则对该候选项计数。遍历了事务数据后，即可得到各候选项集的支持度计数值。以表 5-1 的购物篮数据为例，用这种方法统计支持度技术的过程如图 5-4 所示。

算法的时间复杂度为 $O(NM)$，其中 N 为事务的项数，M 为候选项集的项数。这是一种蛮力破解方法，当项集较为复杂时，这种方法的开销可能非常大。

5.3.2　枚举各事务中的项集并计数

这种方法对事务数据逐条遍历，将事务数据中的数据项进行组合，例如，事务 $t=\{1\ 2\ 3\ 5\ 6\}$，可以组合成的 3-项集有{1 2 3}、{1 2 5}、{1 2 6}、{1 3 5}、{1 3 6}、{1 5 6}、{2 3 5}、{2 3 6}、{2 5 6}、{3 5 6}，并用这些组合对对应的候选 3-项集进行支持度计数加 1。当对事务数据的遍历完成后，就可以得到各候选 3-项集的支持度了。

用计算机进行上述处理的时候，可以借助如图 5-15 所示的数据结构和处理算法。按照字典序排列的事务项，存放在堆栈(或队列)中。在"1 层"中，依次从堆栈中输出一个项，直到堆栈变成空，由此得到的"1 层"{}中的各项数据的项集，即为可进行支持度计数加 1 的 1-项集。在对候选 2-项集进行支持度计数处理时，对"1 层"中的数据格按照上述方法继续依次输出堆栈中的项，可以得到"2 层"{}中所列的 2-项集枚举项，以此类推，便可以对候选 n-项集进行支持度计数处理。

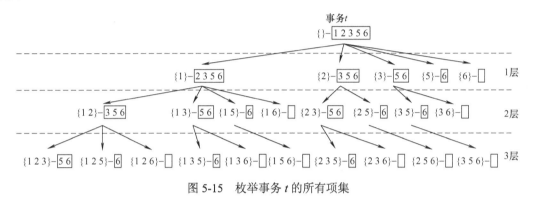

图 5-15　枚举事务 t 的所有项集

对于如图 5-15 中的枚举 n-项集，可以通过计算机程序递归调用的方式来生成，递归的返回条件为已经得到某枚举 k-项集，或上述堆栈为空。算法的伪代码如过程 5-4 所示。

【过程 5-4】 过程 enum_check()可以枚举事务中的 k-项集，并对候选 k-项集的支持度计数加 1。

```
1:      procedure enum_check(E, S_t)
2:          S'_t = S_t
3:          do
4:              S'_t 中弹出一个项 e
5:              E' = E ∪ e
6:              if size of(E') = k then        //已经获得 k-项集
7:                  if E' ∈ C_k then           //候选项集中与 E' 相等的项，支持度计数加 1
8:                      count(C_k = E')++
9:                  else
10:                     enum_check(E', S'_t)    //递归调用 enum_check()
11:         until S'_t = null
12:     end
```

其中，E、E'为由事务 t 枚举产生的 k-项集；S_t 为由事务按字典序构成的堆栈；C_k 为候选 k-项集的集合。

得到的枚举项集，还需要与候选项集进行匹配，并对对应的候选项集进行支持度计数。因枚举项集已经按字典序排序，所以也可以对候选项集进行排序，并从后至前进行比较，以提高匹配效率。

5.3.3 Hash 树

Hash 树，也称为散列树，其基本基础是质数分辨定理。

【质数分辨定理】 选取任意 n 个互不相同的质数：$P_1 < P_2 < \cdots < P_{n-1} < P_n (n \in \mathbf{N})$，定义

$$M = \prod_{i=1}^{n} P_i \tag{5-8}$$

设 $m \leqslant k_1 < k_2 < m+M(m, k_1, k_2 \in \mathbf{N})$，那么对于任意的 $i \in [1, n]$，$(k_1 \bmod P_i) = (k_2 \bmod P_i)$ 不可能总成立。

简单地说就是：n 个不同的质数可以"分辨"的连续整数的个数和它们的乘积相等。"分辨"就是指这些连续的整数不可能有完全相同的余数序列。

例如，从 2 起的连续 10 个质数，就可以分辨大约

$$M(10) = 2 \times 3 \times 5 \times 7 \times 11 \times 13 \times 17 \times 19 \times 23 \times 29 = 6469693230$$

个数，已经超过计算机中常用整数(32bit)的表达范围。

利用 Hash 树的分辨原理，可以将事务数据所包含的不同项集进行区分、匹配和分辨，从而对候选项集进行计数。利用 Hash 树确定候选项集的支持度计数时，需要根据候选项集，按照某种规则(由 Hash 函数表征)建立起候选项集 Hash 树，然后遍历事务 t，按照同样的规则，在 Hash 树中查找每个事务项，匹配的候选数据项就可以将支持度计数加 1。

下面以 3-项集为例，说明如何用 Hash 树对候选 3-项集进行计数。

【例 5-4】 候选 3-项集包括{1 2 3}、{1 2 6}、{1 3 6}、{2 4 7}、{2 5 6}、{3 5 6}，Hash 函数为 $h(p) = p \bmod 3$，即建立 Hash 树的规则如图 5-16a 所示，数字 1、4、7 进入左侧的分支，2、5、8 进入中间的分支，3、6、9 进入右侧的分支，每个结点均按照这个规则进行操作。

对以上候选 3-项集计数时，先将各项集中的项所对应的 Hash key(这里指数据项的值)按字典序排序，按照上面的 Hash 函数规则进行散列，一共有 6 项候选 3-项集，可生成如图 5-16b 所示的树。

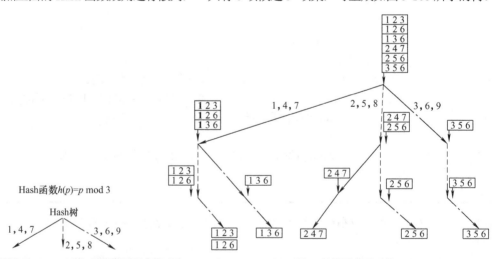

a) Hash 函数为 $h(p) = p \bmod 3$ 时，数据项按照余数不同分左、中、右进入不同的分支进行散列

b) 用 Hash 树表示候选项集

图 5-16 用 Hash 树构候选 3-项集

随后遍历事务 t，例如事务 $t=\{1\ 2\ 3\ 5\ 6\}$，运用同样的 Hash 函数，在图 5-16b 所示的 Hash 树中进行散列，如果能够达到候选项集的分支并成功进行匹配，则该候选项集的支持度计数+1。如图 5-17 所示。

可以看出，在处理了事务 $t=\{1\ 2\ 3\ 5\ 6\}$ 后，候选项集中的 $\{1\ 2\ 3\}$、$\{1\ 2\ 6\}$、$\{1\ 3\ 6\}$、$\{2\ 5\ 6\}$、$\{3\ 5\ 6\}$ 项集的支持度计数+1，如图 5-13 中的 "+1" 符号所示。　◇

以上仅是处理候选 3-项集

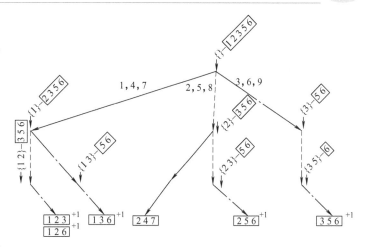

图 5-17　用 Hash 树对候选项集进行支持度计数

的示例，实际上利用 Hash 树，可以生成各个长度的项集，如图 5-18 所示。在第 1 层子结点，可以产生所有 1-项集；在第 2 层子结点，可以产生所有 2-项集，依此类推。

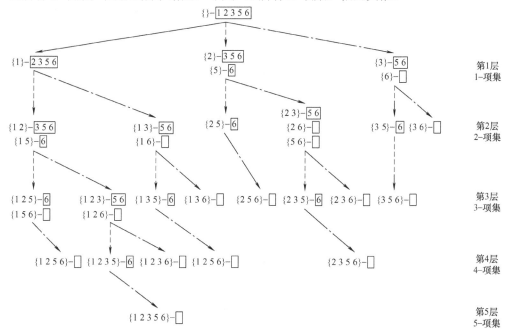

图 5-18　用 Hash 树构建事务 t 的所有长度的项集

图 5-18 给出的是事务 $t=\{1\ 2\ 3\ 5\ 6\}$ 按照 Hash 函数 $h(p)=p\bmod 3$ 散列成 Hash 树的过程。计算机在处理时，会从事务项的堆栈 $\{\}-\boxed{1\ 2\ 3\ 5\ 6}$ 中逐个输出首个数据，分别得到 $\{1\}-\boxed{2\ 3\ 5\ 6}$、$\{2\}-\boxed{3\ 5\ 6}$、$\{3\}-\boxed{5\ 6}$、$\{5\}-\boxed{6}$ 和 $\{6\}-\boxed{}$，得到图中的第 1 层的 1-项集；对各 1-项集构成的堆栈同样地输出首个数据项，分别得到 $\{1\ 2\}-\boxed{3\ 5\ 6}$、$\{1\ 3\}-\boxed{5\ 6}$、$\{1\ 5\}-\boxed{6}$、$\{1\ 6\}-\boxed{}$，$\{2\ 3\}-\boxed{5\ 6}$、$\{2\ 5\}-\boxed{6}$、$\{2\ 6\}-\boxed{}$，$\{3\ 5\}-\boxed{6}$、$\{3\ 6\}-\boxed{}$ 和 $\{5\ 6\}-\boxed{}$，即第 2 层的 2-项集。以此类推，可以得到 3-项集、4-项集和 5-项集。

与图 5-15 所示的枚举项集的方法相类似，遍历过程可以通过递归调用来完成，返回条件是得到 k-项集或队列为空。

5.4 FP-Growth 算法

由于 Apriori 方法的固有缺陷，即使进行了优化，其效率也仍然不能令人满意。2000 年，Han Jiawei 等人提出了基于频繁模式树（Frequent Pattern Tree，简称为 FP-树）发现频繁模式的算法 FP-Growth（Frequent Pattern-Growth）。在 FP-Growth 算法中，通过两次扫描事务数据库，把每个事务所包含的频繁项按其支持度降序压缩存储到 FP-树中。在随后发现频繁模式的过程中，不需要再对事务数据库扫描，而仅需要在 FP-树中进行查找，通过递归调用 FP-Growth 的方法来直接产生频繁模式。该算法在整个发现过程中不需产生候选模式，克服了 Apriori 算法中存在的问题，在执行效率上明显好于 Apriori 算法。

FP-Growth 算法处理的是最简单的单层单维布尔关联规则。FP-Growth 算法的基本数据结构，包含一棵 FP-树和一个项头表（Header table），项头表中按照支持度进行排序，存放了每个数据项，并通过一个结点链指向它在树中出现的位置。在 FP-树中，高支持度的结点只能是低支持度结点的父结点。

5.4.1 FP-树的创建

FP-树是以 Trie 树为基础的、一种用于发现频繁项集的数据结构。Trie 树也被称为字典树或单词查找树，它是 Hash 树的一种变种。Trie 树的典型应用是用于统计、排序和保存大量的字符串（但不仅限于字符串），所以经常被搜索引擎系统用于文本词频统计。Trie 树的优点是：利用字符串的公共前缀来减少查询时间，最大限度地减少无谓的字符串比较，查询效率比 Hash 树更高。Trie 树的基本性质包括：根结点不包含字符；除根结点外，每一个结点都只包含一个字符；从根结点到某一结点，路径上经过的字符连接起来，为该结点对应的字符串；每个结点的所有子结点包含的字符都不相同。

FP-树运用 Trie 树的结构和原理，用树的分支存放事务中出现的模式，再辅以一个存放模式中各个项出现频次的线性表，就可以用一个降维的树结构来代表事务数据。

这里，通过一个例子来说明 FP-树的结构和生成过程及方法。

【例 5-5】 购物篮事务数据集如表 5-5 所示。这里，对其中的各项进行了计数（需要对数据集进行一次扫描处理），并按照降序进行了排列。建立 FP-树时，逐条取出数据记录，建立以 FP-树的形式组织的数据描述（这需要对数据集进行第二次扫描处理）。

表 5-5 购物篮数据及其各项计数

类别	购物篮实验的事务数据集		各项计数	
示例	TID	Items	Items	Count
	1	{A，B}		
	2	{B，C，D}		
	3	{A，C，D，E}		
	4	{A，D，E}	A	9
	5	{A，B，C}	B	8
	6	{A，B，C，D}	C	7
	7	{A}	D	6
	8	{A，B，C}	E	4
	9	{A，B，D}		
	10	{B，C，E}		
	11	{A，B，C，D，E}		

首先，读入第 1 个事务{A，B}，将事务中的项按照数据集中各项计数按降顺序(即表 5-5 中的顺序)排列(以下处理每一个事务时都要如此排序，从而保证建立起的 FP-树是以较大的频繁项更靠近根结点的规则来排列的)。创建标记为 A 和 B 的结点，形成 null→A→B 路径，该路径上的所有结点的频次计数为 1。结点频次的值被存放在一个名为 Header table 的频次表中，Header table 中还有一个指针单元 Pointer，用于指向各结点，后面在需要对结点进行访问时，就由这个指针单元开始进行访问。如图 5-19a 所示。

接着读入第 2 个事务，排序后得到{B，C，D}，因其无法沿着已有的 A→B 分支来排放 B-C-D，所以只能创建 null 下的另一分支，形成 null→B→C→D 路径。该路径上的所有结点的频次计数为 1。更新 Header table 并连接 Pointer 和各个结点，这时 FP-树中结点 B 的频次增长为 2。可以看出，Header table 中的 Count 其实为各结点频次之和。如图 5-19b 所示。

读入第 3 个事务{ A，C，D，E}，可沿着已有的 null→A 分支来继续生长出 null→A→C→D→E 路径。该路径上 A 结点的频次计数增长为 2，其他结点的频次计数均增加 1。更新 Header table 并连接 Pointer 与各个新增结点。如图 5-19c 所示。

第 4 个事务{ A，D，E}，可沿着已有的 null→A 分支来继续生长出 null→A→D→E 路径。该路径上 A 结点的频次计数再次生长，变为 3，其他结点的频次计数增加为 1。如图 5-19d 所示。

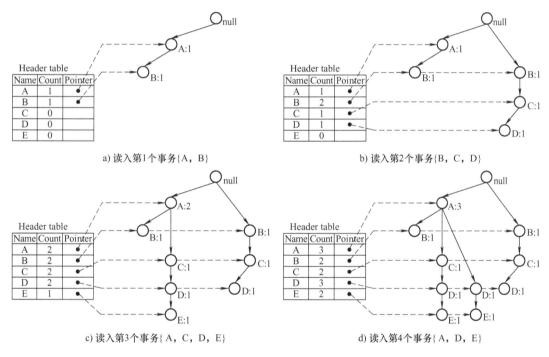

a) 读入第1个事务{A，B}   b) 读入第2个事务{B，C，D}

c) 读入第3个事务{ A，C，D，E}   d) 读入第4个事务{ A，D，E}

图 5-19 FP-Tree 的生成过程

依此进行，最终可以得到如图 5-20 所示的 FP-树。图中左侧的 Header table 频次表记录了 FP-树每个项的频次，各个项所对应的指针 Pointer 指向 FP-树中的对应结点，从而构成数条链表。

由此，表 5-5 中的所有事务项都已经用如图 5-20 所示的 FP-树中的各个分支来完全表示。 ◇

如果事务中的各项及其组合项集出现的重复度较高，则可以以紧凑的形式，用一个不太复杂的 FP-树结构来表示较为庞大的事务项。

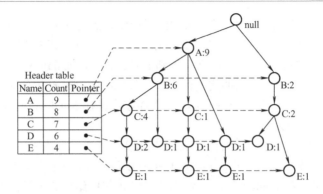

图 5-20　FP-树和频次表构成了各个项的链表

5.4.2　从 FP-树中提取频繁项集

随后，就可以从 FP-树中提取频繁项集了。下面，先介绍涉及 FP-树算法中的几个基本概念。

1）FP-树：一棵以 null 为根结点的树结构。事务数据表中的各个事务数据项按照支持度排序后，把每个事务中的数据项按序依次插入到该树结构中，同时在每个结点处记录该结点出现的支持度。

2）条件模式基：FP-树中与后缀模式一起出现的前缀路径的集合，即同一个项在 FP-树中的所有结点的父路径的集合。例如，在图 5-20 中，项 C 在 FP-树中一共出现了 3 次，其父路径分别是：

{A--B}=4（频次）

{A}=1

{B}=2

这 3 个父路径的集合就是项 C 的条件模式基。这里，应对各结点的支持度按照以下方法进行更新：对于任一个结点，将其子结点的支持度计数相加，作为其新的支持度计数值。

3）条件树：将条件模式基按照 FP-树的构造原则形成一个新的 FP-树。例如，图 5-20 中项 C 的条件树即如图 5-21 所示。

产生条件树的方法（以产生图 5-20 所示的 FP-树的、以项 E 为后缀的子树为例）如下。

① 从一棵完整的 FP-树生成以某项为后缀的子树：把不以该项为后缀的分支剪掉。得到例如图 5-22a 所示的子树；

② 更新以该项为后缀的各个前缀路径上的各结点的频次，更新的方法是，对于任一个结点，将其子结点的支持度计数相加，作为其新的支持度计数值。例如图 5-22b 所示；

③ 产生出该项的条件模式基。本例中以项 E 为后缀的条件模式基如表 5-6 所示；

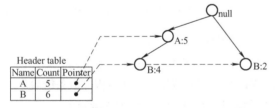

图 5-21　项 C 的条件树

表 5-6　项 E 为后缀的条件模式基

项 E 的父路径	频　　次
A--B--C--D	1
A--C--D	1
A--D	1
B--C	1

④ 由条件模式基生成条件树，例如图 5-22c 所示。

借助每个频繁项的条件树，就可以从中确定出以该项为后缀的各频繁项集。

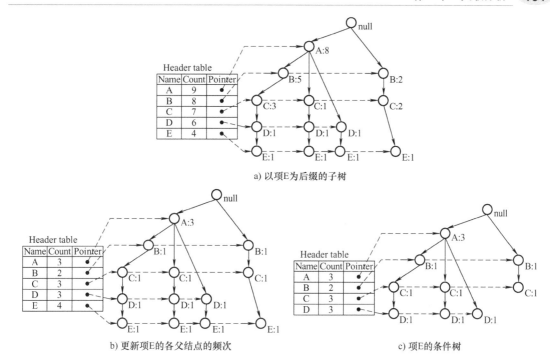

图 5-22　生成以项 E 为后缀的条件树

【例 5-6】 根据例 5-5 中给出的数据所生成的 FP-树（见图 5-20），发现所有项集，并得出支持度计数。

首先，根据 Header table 中的项，逆序地产生以各项为后缀的 FP-子树及其条件树；然后，从条件树中提取 2-项集，并组合各项以提取多项集及其支持度计数。

先看以项 E 为后缀的情况。产生如图 5-23a 所示的项 E 的条件树，将后缀模式{E}与条件树中各项结点组合，得到：

$$\{D\,E\}=3,\quad \{C\,E\}=3,\quad \{B\,E\}=2,\quad \{A\,E\}=3（等号后的数值表示各个项集的支持度计数）$$

其中，支持度计数直接取与项 E 进行组合的各项结点的支持度计数，即图中 Header table 中的数值。如表 5-7 中第 2 列所示。

由图 5-23a 所示的项 E 的条件树，可以生成如图 5-23b 所示的{D E}的条件模式基及条件树。还可生成{C E}和{B E}的条件模式基和条件树，如图 5-23c、d 所示。按照前面的方法，同样可以组合生成表 5-7 中第 3 列所列的 3-项集及其支持度计数。

由图 5-23b 所示的{D E}的条件树，进而可生成{C D E}和{B D E}的条件模式基及条件树，以及{B C D E}的条件模式基和条件树，如图 5-24a、b 所示。同样，由{C E}和{B E}的条件树，也可以生成{B C E}的条件模式基和条件树，如图 5-24b 所示。按照前面的方法，同样可以组合生成表 5-7 中所列的 4-项集、5-项集及其对应的支持度计数。

前面以项 E 为后缀，经过建立各级条件树并进行组合，生成了以项 E 为后缀的所有项集并得出了其支持度计数。那么，只要按照图 5-20 所示的 FP-树中的 Header table 的顺序，自下（支持度低）向上（支持度高）逐个进行同样的处理，就可以得到完备的各项集及其支持度计数了。

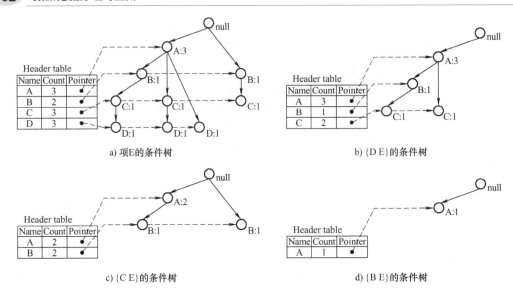

a) 项E的条件树

b) {D E}的条件树

c) {C E}的条件树

d) {B E}的条件树

图 5-23　分别以{D E}、{C E}和{B E}为后缀的条件树，从中提取相应 3-项集及其支持度计数

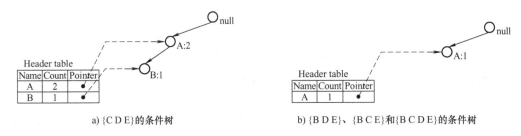

a) {C D E}的条件树

b) {B D E}、{B C E}和{B C D E}的条件树

图 5-24　其他条件树，从中提取 4-项集、5-项集以及对应的支持度计数

表 5-7　以项 E 为后缀的条件树所组合生成的各项集及其支持度计数

{E}=4	{D E}=3	{C D E}=2	{B C D E}=1	{A B C D E}=1
			{A C D E}=2	
		{B D E}=1	{A B D E}=1	
		{A D E}=3		
	{C E}=3	{B C E}=2	{A B C E}=1	
		{A C E}=2		
	{B E}=2	{A B E}=1		
	{A E}=3			

　　图 5-25 中给出了以其他各数据项为后缀的条件树。可以发现，按照上述递归过程对 FP-树的 Header table 中的各频繁项建立条件树，就可以进而从中提取各频繁项集。　　　　　　　　◇

　　在生成以各个项为后缀的条件树的过程中，如果设定了支持度阈值，则可以对条件模式基中不满足预定的支持度的项进行剪枝。在上面的例子中，假设频繁项集的支持度阈值为 3/11，即支持度计数阈值为 3，则在生成以项 E 为后缀的条件树时，可以将支持度计数不足阈值 3 的项 B 剪除。如图 5-26a 所示，项 B 的支持度计数为 2，低于阈值，剪除后得到如图 5-26b 所示的频繁的项 E 的条件树，从而得出频繁项集：{D E}=3、{C E}=3 和{A E}=3；

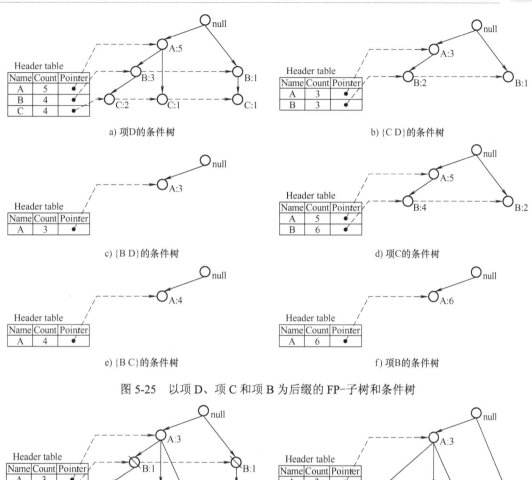

图 5-25　以项 D、项 C 和项 B 为后缀的 FP-子树和条件树

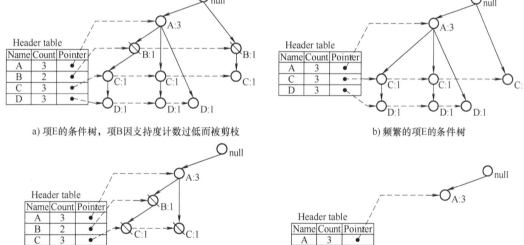

图 5-26　通过剪除 FP-子树的非频繁项生成条件树

同样对于图 5-26c 所示的{D E}的条件树，项 C 和项 B 的支持度计数均不满足阈值要求，剪除后得到如图 5-26d 所示的频繁条件树，从中可以得出频繁项集：{A D E}=3。所得到的频繁项集如表 5-8 所示。

如果使用计算机编程语言来实现上述对 FP-树进

表 5-8　以项 E 为后缀的条件树中提取出的频繁项集（支持度计数阈值=3）

{E}=4	{D E}=3	{A D E}=3
	{C E}=3	
	{A E}=3	

行解析并获取频繁项集的过程，则可采用如图 5-27 所示的递归的方式来生成以各项集为后缀的频繁项集。

5.4.3 FP-Growth 算法

总结起来说，利用 FP-Growth 算法进行数据挖掘的过程如下。

1）构造数据项的 Header table：扫描事务数据集，得到各数据项支持度，按支持度降序进行排序，记为 L。这时，可以根据上一节所介绍的 Apriori 原理将 L 中的非频繁项删除，以降低复杂度。

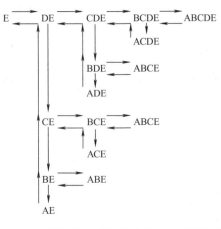

图 5-27   以递归的方式处理以项 E 为后缀的项集

2）构造 FP-树：把事务数据集中的每一条事务数据按照 L 中的顺序进行排序，并按照该顺序把每一条事务的每个数据项按序插入以 null 为根的 FP-树中。如果插入时某数据项结点已经存在了，则把该数据项结点的支持度加 1，并对 Header table 中各数据项的支持度计数更新；如果该结点不存在，则创建支持度为 1 的结点，并把该结点链接到 Header table 中，并对 Header table 中各数据项的支持度计数更新。

3）调用 FP_Growth（tree，null）生成频繁项集：

伪代码如过程 5-5 所示。

【过程 5-5】 过程 FP_Growth()。

```
1:   procedure FP_Growth(Tree, α)
2:       if Tree 只有单个路径 P then
3:           for β={P 中结点的每个组合}
4:               产生模式 β∪α，其支持度 support=(β 中结点的最小支持度)；
5:       else:
6:           for each αᵢ 在 Tree 的尾部:
7:               产生一个模式 β=αᵢ∪α，有 β.support=αᵢ.support；
8:               构造 β 的条件模式基；
9:               构造 β 的条件树 Treeβ；
10:              if Treeβ ≠ ∅ then
11:                  FP_Growth(Treeβ, β);      //递归调用
12:  end
```

过程 FP_Growth() 的输入有两个，其中，tree 是指原始的 FP-树或者是某个模式的条件 FP-树，$α$ 是指模式的后缀（在第一次调用时 $α$=null，在之后的递归调用中 $α$ 是模式后缀）。FP_Growth() 在递归调用过程中输出所有的模式及其支持度（比如 {I1，I2，I3} 的支持度为 2）。每一次调用 FP_Growth() 输出结果的模式中一定会包含 FP_Growth() 函数输入的模式后缀。

FP_Growth() 中所列出的 2~4 行，判断是否为单个路径的部分，是为了在处理过程中，出现单个路径情况时（见图 5-24a），可以通过组合的方式生成模式项集，而不必按照常规的递归调用的方式来生成，从而减少调用嵌套，以节省计算资源。

FP-Growth 算法比 Apriori 算法快一个数量级,在空间复杂度方面也比 Apriori 算法有数量级级别的优化。但是对于海量数据,FP-Growth 算法的时空复杂度仍然很高,可以采用数据库划分、数据采样等改进方法进行优化。

5.5 产生频繁项集算法复杂度

5.5.1 Apriori 原理下的算法复杂度

海量数据下,Apriori 算法的时间和空间复杂度都不容忽视。影响 Apriori 算法的时间复杂度的因素如下。

1)支持度阈值:降低支持度阈值通常将导致更多的频繁项集,使时间复杂度增加。随着支持度阈值的降低,所得到的频繁项集的最大长度将增加,导致算法扫描数据集的次数也将增多。

2)项数:随着项数的增加,需要更多的空间来存储数据项的支持度计数。如果频繁项集的数目也随着数据项数的增加而增长,则由于算法产生的候选项集更多,计算量和 I/O 开销也将增加。

3)事务数:由于 Apriori 算法需反复扫描数据集,因此它的运行时间将会随着事务数的增加而增加。

4)事务的平均宽度:频繁项集的最大长度随事务平均宽度的增加而增加。随着事务宽度的增加,事务中将包含更多的项集,这将增加支持度计数时 Hash 树的遍历次数。

在图 5-28 中,给出了在不同项集长度以及不同的支持度阈值标准下,所产生的候选项集的个数(见图 5-28a)和频繁项集的个数(见图 5-28b)的变化。

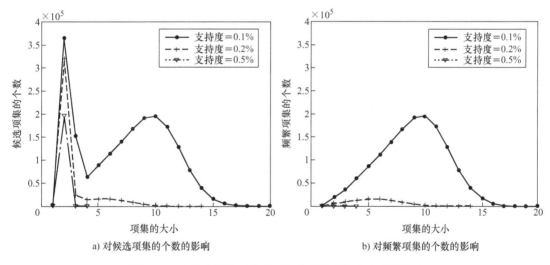

a) 对候选项集的个数的影响　　　　　　　　b) 对频繁项集的个数的影响

图 5-28　支持度阈值对候选项集和频繁项集的个数的影响

可以看出,提高支持度阈值,能够大幅降低候选项集和频繁项集的个数,从而降低运算的复杂度。

在图 5-29 中,给出了在不同项集长度以及不同的事务平均宽度情况下,所产生的候选项集的个数(见图 5-29a)和频繁项集的个数(见图 5-29b)的变化。

可以看出,事务项的平均宽度,能够很大程度上影响候选项集和频繁项集的数量。

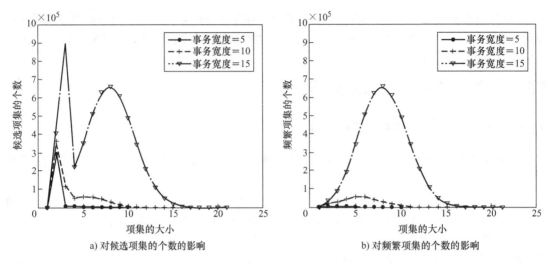

图 5-29　事务的平均宽度对候选项集和频繁项集的个数的影响

5.5.2　FP-Growth 算法的复杂度

FP-Growth 算法分为遍历事务数据、计算数据项出现频次并排序、遍历每一事务数据排序后散列入 FP-树、发现频繁项集这几个步骤。

设事务数据集为 T，其数量为 N，宽度为 w，数据项的数量为 b。那么，FP-Growth 算法的时间复杂度为以下几项之和：

1）遍历事务：时间复杂度为 $O(N \cdot w)$；

2）对数据项排序：时间复杂度为 $O(b \log_2 b)$[⊖]；

3）建立 FP-树：时间复杂度包括：遍历事务 T，对事务数据 t 进行排序[时间复杂度为 $O(N \cdot w \log_2 w)$]，将排序后的事务散列成 FP-树[时间复杂度为 $O(N \cdot w)$]。

5.6　生成规则

5.6.1　关联规则的概念

关联规则是对两个事件之间的关联关系及其关联程度的一种描述。如果称事件 X 与 Y 是关联的，记为蕴含表达式 $X \rightarrow Y$，即指如果 X 事件发生则 Y 事件很大程度上也会发生。衡量其关联强度的最基本的指标就是前面所介绍的支持度，以及表征 X 事件发生时 Y 事件发生概率的置信度指标。

生成关联规则，即是将频繁项集分为互不相交（即有 $X \cap Y = \varnothing$）的两个子集（即前件 X 和后件 Y），并检验候选规则 $X \rightarrow Y$ 的置信度是否满足挖掘任务所设置的置信度阈值的要求。如果满足，则确定前件 X 和后件 Y 是关联的，即 $X \rightarrow Y$ 是关联规则。例如，对于频繁项集 $F=\{I1, I2, I3\}$，可以产生 6 个候选规则：$\{I1, I2\} \rightarrow \{I3\}$、$\{I1, I3\} \rightarrow \{I2\}$、$\{I2, I3\} \rightarrow \{I1\}$、$\{I1\} \rightarrow \{I2, I3\}$、$\{I2\} \rightarrow \{I1, I3\}$ 以及 $\{I3\} \rightarrow \{I1, I2\}$。

候选规则中不论前件的支持度还是后件的支持度，均大于或等于频繁项集的支持度，因此这些

⊖ 堆排序和归并排序的排序时间复杂度为 $O(b \log_2 b)$，其他排序方法可能会达到 $O(b^2)$。

规则一定满足支持度阈值。那么还要确定其中哪些规则能够满足置信度阈值的要求，而这可以用不同的方法进行确定。

5.6.2 生成规则的方法

1. 暴力破解法

暴力破解法(Brute-force approach)是产生关联规则的一种原始方法，也就是由频繁项集产生所有可能的关联规则组合，并逐个计算出各个关联规则的置信度，输出满足置信度阈值的规则。算法过程如算法 5-2 所示。

【算法 5-2】 暴力破解算法
1:    确定生成规则的最小置信度阈值 minConf;
2:    `for each` 频繁项集 f_k:
3:        `for each` 非空子集 $h \in f_k$:
4:          得到子集 h 和子集 $f_k - h$
5:          `if` $c(h \rightarrow (f_k - h)) = \dfrac{\sigma(h \bigcup (f_k - h))}{\sigma(h)} \geqslant \text{minConf}$ `then`
6:            输出规则：$h \rightarrow (f_k - h)$

这种方法需要计算每个可能规则的支持度和置信度，而能够从数据集提取的规则的数量也会随频繁项集的数量以指数级增加(从包含 d 个项的数据集提取的可能规则的总数 $R = 3^d - 2^{d+1} + 1$。例如，如果 d 等于 6，则 $R=602$)，从而导致计算代价过高。

那么，怎样才能有效地从频繁项集中产生关联规则呢？首先，计算关联规则的置信度并不需要再次扫描事务数据集。例如，规则{A B C}→{D}的置信度的计算方法为 $\dfrac{\sigma(\text{ABCD})}{\sigma(\text{ABC})}$，而这两个项集的支持度计数已经在频繁项集产生时得到了，因此不必再扫描整个数据集，只要直接计算即可。其次，也可以借助 Apriori 原理来降低计算量。

2. 基于 Apriori 的方法

【定理 5-1】 如果规则{X}→{$Y-X$}不满足置信度阈值，而 X' 是 X 的子集，则形如{X'}→{$Y-X'$}的规则一定也不满足置信度阈值。

可以考虑如下两个规则来简单地证明该定理：{X'}→{$Y-X'$} 和 {X}→{$Y-X$}，其中 $X' \in X$。这两个规则的置信度分别为 $\dfrac{\sigma(Y)}{\sigma(X')}$ 和 $\dfrac{\sigma(Y)}{\sigma(X)}$。由于 X' 是 X 的子集，所以 $\sigma(X') \geqslant \sigma(X)$。因此，前者规则的置信度不可能大于后者规则。

例如，有 $c(\{\text{ABC}\} \rightarrow \{\text{D}\}) = \dfrac{\sigma(\text{ABCD})}{\sigma(\text{ABC})}$，$c(\{\text{AB}\} \rightarrow \{\text{CD}\}) = \dfrac{\sigma(\text{ABCD})}{\sigma(\text{AB})}$，$c(\{\text{A}\} \rightarrow \{\text{BCD}\}) = \dfrac{\sigma(\text{ABCD})}{\sigma(\text{A})}$，而根据先验原理，有 $\sigma(\text{A}) \geqslant \sigma(\text{AB}) \geqslant \sigma(\text{ABC})$，因而 $c(\{\text{ABC}\} \rightarrow \{\text{D}\}) \geqslant c(\{\text{AB}\} \rightarrow \{\text{CD}\}) \geqslant c(\{\text{A}\} \rightarrow \{\text{BCD}\})$。

基于此，如图 5-30 所示，当确定规则 {BCD} → {A} 因置信度较低而不能生成符合要求的规则时，则可以得出规则 {CD} → {AB}、{BD} → {AC} 和 {BC} → {AD}，以及规则 {D} → {ABC}、{C} → {ABD} 和 {B} → {ACD}，均具有比规则 {BCD} → {A} 更低的置信度，因而可以利用剪枝将它们排除。

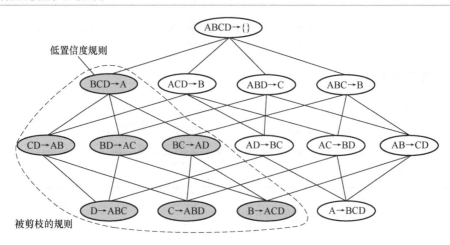

图 5-30 关联规则基于置信度的剪枝方法

算法 5-3 给出了关联规则产生的伪代码。

【算法 5-3】 基于 Apriori 的规则生成算法

1:　　for each 频繁 k-项集 $f_k(k{\geqslant}2)$ in $\{F_k,\ k=2,\ 3,\ \cdots\}$:

2:　　　　for each *item* in f_k:　　　//规则的 1-项后件集合 *item* $=\{i\,|\,i\in f_k\}$

3:　　　　　　$S_1 = item$

4:　　　　　　gen_rules $(f_k,\ S_1)$　　　//产生规则

算法针对每一个不同大小的频繁项集，依次处理。对于某个频繁项集，依次取出其中的一个项（例如，对于频繁项集 {A B C D}，则分别会取出 {A}、{B}、{C}、{D}），作为后件，而剩下的项作为前件，调用如过程 5-6 所列出的 gen_rules() 过程。

过程 5-6 中，给出了算法 5-3 中的核心：

【过程 5-6】 过程 gen_rules $(f_k,\ S_m)$

1:　　procedure **gen_rules** $(f_k,\ S_m)$

2:　　　　if sizeof $(f_k - S_m) > 0$ then　　　//如果前件不为空

3:　　　　　　$\mathrm{conf} = \dfrac{\sigma(f_k)}{\sigma(f_k - S_m)}$　　　　//计算规则 $(f_k - S_m) \to S_m$ 的置信度

4:　　　　　　if conf $\geqslant$ minConf then　　　//如果满足置信度阈值条件

5:　　　　　　　　output: 规则 $(f_k - S_m) \to S_m$　//输出满足置信度阈值条件的规则

6:　　　　　　　　$\{S_{m+1}\} = $ apriori_gen $(f_k,\ S_m)$　//由 m 项集产生 $m+1$ 项集集合

7:　　　　　　　　for each S_{m+1} in $\{S_{m+1}\}$:　//以递归方式处理所有规则组合

8:　　　　　　　　　　gen_rules $(f_k,\ S_{m+1})$　　//递归调用

这里，根据频繁项集 f_k 和后件 S_m，计算由此构成的规则 $(f_k - S_m) \to S_m$ 的置信度，如果置信度满足阈值要求，则确认该规则并输出；随后基于后件 S_m，利用类似于过程 5-1 中的 $F_{k-1} \times F_{k-1}$ 频繁项集产生的 apriori_gen() 过程，产生增加了一个项的后件 S_{m+1} 的集合 $\{S_{m+1}\}$；对于 $\{S_{m+1}\}$ 中的每个后件 S_{m+1}，结合频繁项集 f_k，递归调用 gen_rules()，处理所有的规则组合。

在生成规则时，不必再次扫描数据集来计算候选规则的置信度，而只需利用在产生频繁项集时所得到的支持度计数来确定每个规则的置信度即可。

【例 5-7】 对于例 5-3 中的数据，已经计算得出各频繁项集的支持度计数如表 5-9 所示。设置信度阈值 minConf=1.0，发现满足条件的规则。

表 5-9　各频繁项集的支持度

类别	频繁 1-项集		频繁 2-项集		频繁 3-项集		频繁 4-项集	
	项集	支持度	项集	支持度	项集	支持度	项集	支持度
示例	{I1}	8/11	{I1，I2}	6/11	{I1，I2，I3}	4/11	{I1，I2，I3，I7}	4/11
	{I2}	9/11	{I1，I3}	6/11	{I1，I2，I7}	5/11		
	{I3}	8/11	{I1，I7}	5/11	{I1，I3，I7}	4/11		
	{I6}	5/11	{I2，I3}	6/11	{I2，I3，I7}	4/11		
	{I7}	5/11	{I2，I6}	4/11				
			{I2，I7}	5/11				
			{I3，I6}	4/11				
			{I3，I7}	4/11				

按照算法 5-3，分别处理频繁 2-项集、频繁 3-项集和频繁 4-项集，建立规则。这里，以频繁 4-项集为例，说明建立规则的过程。

对于频繁 4-项集{I1，I2，I3，I7}，先产生出只包含一个项的后件 S_1，有 S_1 分别为：{I1}、{I2}、{I3}、{I7}。对于每一个 S_1，调用过程 5-6 中产生规则的过程。

1）对于{I1}，规则为{I2，I3，I7}→{I1}，其置信度为

$$\text{Conf}_{\{I2,I3,I7\}\to\{I1\}} = \frac{\sigma(\{I1,I2,I3,I7\})}{\sigma(\{I2,I3,I7\})} = \frac{4/11}{4/11} = 1$$

满足置信度阈值的要求，输出该规则，并按照过程 5-6，继续组合产生后件有两个项的规则（其中包含 I1），有：

$$\{I3，I7\}\to\{I1，I2\}：\text{Conf}_{\{I3,I7\}\to\{I1,I2\}} = \frac{\sigma(\{I1,I2,I3,I7\})}{\sigma(\{I3,I7\})} = \frac{4}{4}$$

满足置信度阈值的要求，输出该规则，并按照过程 5-6，继续组合产生后件有 3 个项的规则（其中包含{I1，I2}），有：

$$\{I7\}\to\{I1，I2，I3\}：\text{Conf}_{\{I7\}\to\{I1,I2,I3\}} = \frac{\sigma(\{I1,I2,I3,I7\})}{\sigma(\{I7\})} = \frac{4}{5}$$

不满足置信度阈值的要求。前件只剩有 1 个项，不再继续计算；

$$\{I3\}\to\{I1，I2，I7\}：\text{Conf}_{\{I3\}\to\{I1,I2,I7\}} = \frac{\sigma(\{I1,I2,I3,I7\})}{\sigma(\{I3\})} = \frac{4}{8}$$

不满足置信度阈值的要求。前件只剩有 1 个项，不再继续计算；

$$\{I2，I7\}\to\{I1，I3\}：\text{Conf}_{\{I2,I7\}\to\{I1,I3\}} = \frac{\sigma(\{I1,I2,I3,I7\})}{\sigma(\{I2,I7\})} = \frac{4}{5}$$

不满足置信度阈值的要求，则剪枝处理，不再继续计算以包含{I1，I3}为后件的规则；

$$\{I2, I3\} \rightarrow \{I1, I7\}: \text{Conf}_{\{I2,I3\} \rightarrow \{I1,I7\}} = \frac{\sigma(\{I1,I2,I3,I7\})}{\sigma(\{I2,I3\})} = \frac{4}{6}$$

不满足置信度阈值的要求，则剪枝处理，不再继续计算以包含{I1，I7}为后件的规则；

2) 对于{I2}，规则为{I1，I3，I7}→{I2}，其置信度为

$$\text{Conf}_{\{I1,I3,I7\} \rightarrow \{I2\}} = \frac{\sigma(\{I1,I2,I3,I7\})}{\sigma(\{I1,I3,I7\})} = \frac{4}{4}$$

满足置信度阈值的要求，输出该规则，并按照过程5-6，继续组合产生后件有两个项的规则(其中包含I2)，有：

$$\{I1, I7\} \rightarrow \{I2, I3\}: \text{Conf}_{\{I1,I7\} \rightarrow \{I2,I3\}} = \frac{\sigma(\{I1,I2,I3,I7\})}{\sigma(\{I1,I7\})} = \frac{4}{5}$$

不满足置信度阈值的要求，则剪枝处理，不再继续计算以包含{I2，I7}为后件的规则；

$$\{I1, I3\} \rightarrow \{I2, I7\}: \text{Conf}_{\{I1,I3\} \rightarrow \{I2,I7\}} = \frac{\sigma(\{I1,I2,I3,I7\})}{\sigma(\{I1,I3\})} = \frac{4}{6}$$

不满足置信度阈值的要求，则剪枝处理，不再继续计算以包含{I2，I7}为后件的规则；

3) 对于{I3}，规则为{I1，I2，I7}→{I3}，其置信度为

$$\text{Conf}_{\{I1,I2,I7\} \rightarrow \{I3\}} = \frac{\sigma(\{I1,I2,I3,I7\})}{\sigma(\{I1,I2,I7\})} = \frac{4}{5}$$

不满足置信度阈值的要求，则剪枝处理，不再继续计算以包含{I3}为后件的规则；

4) 对于{I7}，规则为{I1，I2，I3}→{I7}，其置信度为

$$\text{Conf}_{\{I1,I2,I3\} \rightarrow \{I7\}} = \frac{\sigma(\{I1,I2,I3,I7\})}{\sigma(\{I1,I2,I3\})} = \frac{4}{4}$$

满足置信度阈值的要求，输出该规则。在组合产生各规则时，为了避免重复，可先对频繁项集中的各项进行字典排序，产生后件时，只添加比原有后件项更"大"的项来组成新的后件。例如，判断处理{I1, I3, I7}→{I2}规则时，即使它满足置信度阈值的要求，也不再继续递归产生{I3, I7}→{I1, I2}规则，因{I1}的字典排序比{I2}要小。

对照图5-30的格结构，可以绘制出如图5-31所示的、基于本例数据所组合产生的规则及其置信度检验结果。

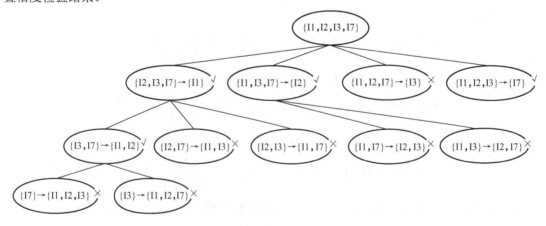

图5-31　关联规则基于置信度的剪枝方法举例

可以看出，利用 apriori 的剪枝原理，可以有效地减少规则的产生、计算和输出运算量。

根据同样的方法，可以产生出基于其他频繁项集的规则。从本例的数据，可以得到 11 条关联规则，如表 5-10 所示。

表 5-10　关联规则

序号	关联规则	前件支持度	总支持度	置信度
1	{I7}→{I1}	5/11	5/11	1.0
2	{I7}→{I2}	5/11	5/11	1.0
3	{I1, I7}→{I2}	5/11	5/11	1.0
4	{I2, I7}→{I1}	5/11	5/11	1.0
5	{I7}→{I1, I2}	5/11	5/11	1.0
6	{I3, I7}→{I1}	4/11	4/11	1.0
7	{I3, I7}→{I2}	4/11	4/11	1.0
8	{I1, I2, I3}→{I7}	4/11	4/11	1.0
9	{I1, I3, I7}→{I2}	4/11	4/11	1.0
10	{I2, I3, I7}→{I1}	4/11	4/11	1.0
11	{I3, I7}→{I1, I2}	4/11	4/11	1.0

如果需要从表 5-10 的关联规则中选出 3 条认为是最为"关联"，或者说关联强度最大的关联规则，应该如何选择呢？　　　　　　　　　　　　　　　　　　　　　　　　◇

对于某些数据，仅仅依靠支持度和置信度来确定一个关联关系，是不够完备的，还需要借助其他手段和指标来对所输出的关联规则进行评估。

5.7　关联规则的评估

以支持度和置信度为标准的关联分析算法，往往会产生大量的规则。其中，有一部分可能会具有相对较高的支持度和置信度，但可能由于某些原因（如样本数量的多寡），其强关联关系并不一定能成立，也有可能这些关联关系中很大一部分并不是我们感兴趣的。因此，还要对得到的关系模型进行进一步的评估和判定，得出符合实际应用的有效模型。

对关联规则的评估和判定，依照两个方面的准则来进行。一方面是按统计论据来判定。由概率统计上相互独立的项所构成的关联模式，或是仅仅覆盖少量事务的关联模式，都不被认为是有趣的，因为它们反映出的是数据中的伪关联，这些模式可以用客观的兴趣度度量指标来排除。另一方面则是通过主观论据来判定。只有那些能够揭示未知的、隐藏的、意想不到的信息或能够为商业等决策提供有用信息的模式，才会被认为是有趣的。例如：{黄油}→{面包}就不会被认为是有趣的，即便是具有很高的支持度和置信度，因为它们所表示的关系显而易见。而规则{尿布}→{啤酒}是有趣的，因为这种联系出乎意料，并且可能为零售商提供新的交叉销售机会。通过主观论据来对关联模式进行评价并非易事，因其需要掌握大量的行业或领域的知识并具有相当的经验。

关联规则的挖掘算法如果仅仅依赖于支持度和置信度来去除没有意义的模式，就会有一定的局限性。例如，置信度度量的缺点在于该度量忽略了规则后件中项集的支持度，高置信度的规则有时存在误导。这就需要借用多种其他客观度量来评估关联模式。常用的客观度量方法和指标有提升度、兴趣因子、相关分析和 IS 度量等。

5.7.1 提升度

满足支持度阈值和置信度阈值的关联规则，称为强关联规则。然而，在强关联规则里，也有有效的强关联规则和无效的强关联规则之分。利用提升度(Lift)，可以进一步地反映 X 与 Y 的相关性。

【定义 5-1】 对于事件 X 和 Y，提升度表示含有 X 的条件下，同时含有 Y 的概率，与 Y 发生的概率之比。计算公式为

$$\text{Lift}(X \to Y) = \frac{P(Y|X)}{P(Y)} \tag{5-9}$$

提升度反映了关联规则中的 X 与 Y 的相关性。结合关联分析的概念，提升度也可以写成：

$$\text{Lift}(X \to Y) = \frac{c(X \to Y)}{\sigma(Y)} \tag{5-10}$$

即关联规则的置信度和规则后件中项集的支持度之间的比率。

如果 $\text{Lift}(X \to Y) = 1$，则表示 X 与 Y 相互独立，关联模型两个条件没有任何关联；如果 $\text{Lift}(X \to Y) \leqslant 1$，说明条件 X 与事件 Y 是互斥的，则规则 $X \to Y$ 是无效的强关联规则；如果 $\text{Lift}(X \to Y) > 1$，则规则 $X \to Y$ 是有效的强关联规则。一般在数据挖掘中当提升度大于 3 时，才能认为挖掘出的关联规则是有价值的。

【例 5-8】 假定在购物篮的 10000 个事务中，6000 个事务包含计算机游戏，7500 个包含游戏机游戏，4000 个事务同时包含两者。如表 5-11 所示。

表 5-11 购买计算机游戏和购买游戏机游戏的数据

	购买计算机游戏	不购买计算机游戏	
购买游戏机游戏	4000	3500	7500
不购买游戏机游戏	2000	500	2500
	6000	4000	10000

设关联规则为{购买计算机游戏}→{购买游戏机游戏}，则它的支持度为 0.4，置信度为 0.4÷0.6=67%，均较高，但是否能够确定{购买计算机游戏}→{购买游戏机游戏}是一个有效的关联规则呢？我们来分析一下。

从表 5-11 中数据可以看出，用户在购买计算机游戏时有(4000÷6000)=0.667 的概率购买游戏机游戏。而在没有任何前提条件时，用户反而有(7500÷10000)=0.75 的概率去购买游戏机游戏，也就是说设置了购买计算机游戏这样的条件反而降低了用户去购买游戏机游戏的概率，说明计算机游戏和游戏机游戏是相斥的。

通过计算也可以得出，关联规则的提升度 Lift=0.667÷0.75=0.889 小于 1，可以直接得出两个条件是互斥的。因此规则{购买计算机游戏}→{购买游戏机游戏}不能判定为有效的关联。

提升度是一种比较简单的判断指标，在实际应用中它受零事务的影响较大。零事务在本例中可以理解为既没有买计算机游戏也没有买游戏机游戏的事务，其值较小，为 500。但在现实中，这个值其实往往是很大的。例如，如果保持其他数据不变，把 10000 个事务改成 100000 个事务，那么计算出的提升度就会明显增大，可见提升度是与零事务有关的。 ◇

5.7.2　杠杆率

杠杆率(Leverage)的公式为

$$Leverage(X,Y) = P(X,Y) - P(X)P(Y) \tag{5-11}$$

杠杆率越大，X 与 Y 的关系越紧密；杠杆率等于 0 时，X 与 Y 相互独立。

【例 5-9】　使用 WEKA 数据挖掘软件的关联分析 Apriori 算法(见第 10.2.2 节的内容)，对购物篮实验数据(见素材文件"素材_SAMPSIO 数据_整理后.csv")进行关联分析，分析结果如下所示。

```
=== Run information ===
Scheme:     weka.associations.Apriori -N 10 -T 3 -C 1.1 -D 0.05 -U 1.0 -M 0.1
            -S -1.0 -V -c -1
Relation:   素材_SAMPSIO 数据_整理后-weka.filters.unsupervised.attribute.Remove-R1
Instances:  201
Attributes: 20
            apples
            artichoke
            ……(此处有缩略)
            ……
            steak
            turkey
=== Associator model(full training set)===

Apriori
=======
Minimum support: 0.25(50 instances)
Minimum metric <conviction>: 1.1
Number of cycles performed: 15

Generated sets of large itemsets:
Size of set of large itemsets L(1): 18
Size of set of large itemsets L(2): 8

Best rules found:
 1. corned_b=T 89 ==> hering=T 60    conf:(0.67) lift:(1.4) lev:(0.08) [17] < conv:(1.53)>
 2. hering=T 97 ==> corned_b=T 60    conf:(0.62) lift:(1.4) lev:(0.08) [17] < conv:(1.42)>
 3. bourbon=T 84 ==> olives=T 55     conf:(0.65) lift:(1.28) lev:(0.06) [11] < conv:(1.37)>
 4. bourbon=T 84 ==> cracker=T 52    conf:(0.62) lift:(1.32) lev:(0.06) [12] < conv:(1.36)>
 5. avocado=T 74 ==> heineken=T 51   conf:(0.69) lift:(1.2) lev:(0.04) [8] < conv:(1.32)>
 6. cracker=T 94 ==> heineken=T 64   conf:(0.68) lift:(1.19) lev:(0.05) [10] < conv:(1.3)>
 7. cracker=T 94 ==> bourbon=T 52    conf:(0.55) lift:(1.32) lev:(0.06) [12] < conv:(1.27)>
 8. olives=T 103 ==> bourbon=T 55    conf:(0.53) lift:(1.28) lev:(0.06) [11] < conv:(1.22)>
 9. heineken=T 115 ==> cracker=T 64  conf:(0.56) lift:(1.19) lev:(0.05) [10] < conv:(1.18)>
10. heineken=T 115 ==> avocado=T 51  conf:(0.44) lift:(1.2) lev:(0.04) [8] < conv:(1.12)>
```

在输出结果中(表中的最后部分)，给出了最优的 10 条关联规则，除了列出了规则的置信度

(conf)值，也给出了提升度(lift)值，以及杠杆率(lev)值。只有各项指标综合都较高，才能认定为一个有效的强关联规则。　　　　　　　　　　　　　　　　　　　　　　　　　◇

5.7.3　确信度

确信度(Conviction)用来衡量随机变量 X 和 Y 的独立性。确信度的计算公式为

$$\text{Conviction}(X \to Y) = \frac{P(X)P(\overline{Y})}{P(X\overline{Y})} \tag{5-12}$$

表示 X 出现而 Y 不出现的概率，也就是规则预测错误的概率。确信度的值越大，X 和 Y 越关联。

在例 5-9 所给出的输出结果中，也给出了确信度的计算结果。

5.7.4　兴趣因子(interest factor)

对于二元变量 X 和 Y，可以构建一个相依表(contingency table)，如表 5-12 所示。

表 5-12　二元变量 X 和 Y 的相依表

	Y	$\overline{Y}$	
X	f_{11}	f_{10}	f_{1+}
$\overline{X}$	f_{01}	f_{00}	f_{0+}
	f_{+1}	f_{+0}	N

其中，N 为总样本数；f_{11} 为 X 发生并且 Y 也发生的样本数量；f_{10} 为 X 发生而 Y 不发生的样本数量；f_{1+} 为 f_{11} 与 f_{10} 之和，即 X 发生的总样本数量。同样，f_{01} 为 Y 发生而 X 不发生的样本数量；f_{00} 为 Y 不发生而 X 也不发生的样本数量，也有 $f_{0+}=f_{01}+f_{00}$。

对变量 X 和 Y 的关联关系进行客观度量的指标即为兴趣因子(interest factor)，其定义为

$$I(X,Y) = \frac{s(X,Y)}{s(X) \cdot s(Y)} = \frac{Nf_{11}}{f_{1+} \cdot f_{+1}} \tag{5-13}$$

对于相互独立的两个变量，$I(X, Y)=1$。如果 X 和 Y 是正相关的，则 $I(X, Y)>1$。

给定一个规则 $X \to Y$，其提升度等价于兴趣因子，因此兴趣因子也有其固有的局限性。

【例 5-10】　在表 5-13 中给出了两个词对 {p，q} 和 {r，s} 出现的频率。

表 5-13　词对{p，q}和{r，s}的相依表

类别	词对{p,q}的相依表				词对{r,s}的相依表			
示例		p	$\overline{p}$			r	$\overline{r}$	
	q	880	50	930	s	20	50	70
	$\overline{q}$	50	20	70	$\overline{s}$	50	880	930
		930	70	1000		70	930	1000

{p，q} 和 {r，s} 的兴趣因子分别为 1.02 和 4.08。这表明虽然 p 和 q 同时出现在 88% 的文档中，但是它们的兴趣因子接近于 1，表明二者是相互独立的。另一方面，{r，s} 的兴趣因子比 {p，q} 的高，尽管 r 和 s 很少同时出现在同一个文档中。在这种情况下，置信度可能是一个更好的选择，因为置信度表明 p 和 q 之间的关联(94.6%)远远强于 r 和 s 之间的关联(28.6%)。

这再次验证了例 5-8 中所述的事实，即兴趣因子(及提升度)与零事务有关。　　　　　　　◇

5.7.5 Kulc 度量

对于事件 X 和 Y，Kulc 度量为关联规则 $X{\to}Y$ 和 $Y{\to}X$ 的置信度的均值：

$$\text{Kulc}(X,Y) = \frac{1}{2}[P(X\,|\,Y) + P(Y\,|\,X)] \tag{5-14}$$

Kulc 度量可以看作是两个置信度的平均值，同样取值范围也是从 0 ~ 1，值越大，两个事件之间的关联也越大。使用 Kulc 度量时避开了支持度的计算，因此不会受零事务及样本总量大小的影响。

5.7.6 余弦度量

对于事件 X 和 Y，余弦度量的定义为

$$\text{cosine}(X,Y) = \frac{P(X\cap Y)}{\sqrt{P(X)P(Y)}} = \frac{\sup(X\cup Y)}{\sqrt{\sup(X)\sup(Y)}} = \sqrt{P(X\,|\,Y)P(Y\,|\,X)} \tag{5-15}$$

使用余弦度量时，由于计算对条件概率的乘积进行了开方运算，因此它仅仅受到 X 的支持度、Y 的支持度和 $X\cup Y$ 的支持度的影响，而不会受事务总量多少的影响。

5.7.7 不平衡比

对于事件 X 和 Y，不平衡比(Imbalance Ratio，IR)定义为 X 的支持度与 Y 的支持度之差的绝对值，与包含 X 或 Y 的事务的数量之比：

$$\text{IR}(X,Y) = \frac{\left|\sup(X) - \sup(Y)\right|}{\sup(X) + \sup(Y) - \sup(X\cup Y)} \tag{5-16}$$

不平衡比度量用于评估 X 和 Y 两个事件在关联规则中的平衡性。如果事件 X 和事件 Y 的关联关系是双向相同的(即 $X{\to}Y$ 和 $Y{\to}X$ 是相同的)，则 $\text{IR}(X,Y)$ 为 0。如果两者相差越大，则得到的 $\text{IR}(X,Y)$ 值也越大。

不平衡比度量不会受零事务的影响，也不受事务样本总量多少的影响。

5.7.8 相关分析

相关分析是基于统计学分析一对变量之间关系的技术。对于连续变量，相关性度量——相关度——由皮尔森相关系数定义(见第 4.3.3 节中式(4-15))。对于二元变量，相关度可以用以下公式表示：

$$\phi = \frac{f_{11}\cdot f_{00} - f_{01}\cdot f_{10}}{\sqrt{f_{1+}\cdot f_{+1}\cdot f_{0+}\cdot f_{+0}}} \tag{5-17}$$

相关度的值从-1.0(完全负相关)到+1.0(完全正相关)。如果变量是统计独立的，则值为 0。

相关分析的局限性，通过表 5-13 所给出词的关联可以看出来。虽然 p 和 q 同时出现的次数比 r 和 s 更多，但是它们的 ϕ 系数是相同的，都等于 0.232。这是因为，这种方法把项在事务中出现和同时不出现视为同等重要。因此，它更适合于分析对称的二元变量。这种度量方法的另一个局限性是，当样本大小成比例变化时，它不能够保持不变。

5.7.9　IS 度量

IS 是另一种度量，用于处理非对称二元变量。该度量定义如下：

$$IS(X,Y) = \sqrt{I(X,Y) \cdot s(X,Y)} = \frac{s(X,Y)}{\sqrt{s(X) \cdot s(Y)}} \tag{5-18}$$

表 5-13 中所显示的词对{p，q}和{r，s}的 IS 值分别是 0.946 和 0.286。IS 度量暗示{p，q}之间的关联强于{r，s}，这与期望的文档中词的关联一致。

可以证明 IS 在数学上等价于二元变量的余弦变量：

$$IS(X,Y) = \frac{s(X,Y)}{\sqrt{s(X,Y) \cdot s(X,Y)}} = \frac{X \cdot Y}{|X| \cdot |Y|} = cosine(X,Y) \tag{5-19}$$

IS 度量也可以表示为从一对二元变量中提取出的关联规则的置信度的几何平均值：

$$IS(A,B) = \sqrt{\frac{s(A,B)}{s(A)} \times \frac{s(A,B)}{s(B)}} = \sqrt{c(A \to B) \times c(B \to A)} \tag{5-20}$$

IS 度量的局限性在于，一对相互独立的项集 X 和 Y 的 IS 值为

$$IS_{indep}(X,Y) = \sqrt{s(X) \cdot s(Y)} \tag{5-21}$$

因此，如表 5-14 中给出的数值所显示的那样，尽管项 p 和 q 之间的 IS 值相当大(0.889)，但是当项 p 和 q 统计独立时它仍小于期望值(IS_{indep}=0.9)。

表 5-14　项 p 和 q 的相依表(括号中的数值为对应的期望值)

	q	$\bar{q}$	
p	800(810)	100(90)	900
$\bar{p}$	100(90)	0(10)	100
	900	100	1000

本章小结

关联分析是数据挖掘算法的一个重要组成部分，广泛应用在金融领域的客户分析、商业领域的营销策划、多领域的个性化服务等各方面。

从本章的分析过程来看，关联分析的输入数据类型要求为二值的布尔类型。而在实际的应用时，采集的数据会具有更加丰富的信息，如购物篮数据中某项商品的数量、用户浏览和停留电子商务网站的频次和时间等，都是进行进一步分析的更为重要的信息，不应也不能被弱化和忽视，可以结合其他的分析和挖掘方法，与关联分析算法相结合，得到更为有价值的结果。

思考与练习

1. Apriori 算法的加速过程依赖于以下哪个策略(　　)？
A. 抽样　　　　　B. 剪枝　　　　　C. 缓冲　　　　　D. 并行
2. Apriori 算法使用到以下哪些数据结构(　　)？
A. 格结构、有向无环图　　　　　B. 二叉树、哈希树
C. 格结构、哈希树　　　　　　　D. 多叉树、有向无环图
3. Hash 树在 Apriori 算法中所起的作用是(　　)。
A. 存储数据　　　B. 查找　　　　　C. 加速查找　　　　D. 剪枝
4. 假定有一个购物篮数据集，包含 100 个事务和 20 个项。如果项 a 的支持度为 25%，项 b 的支持度为 90%，且项集{a，b}的支持度为 20%。令支持度阈值和最小置信度阈值分别为 10% 和 60%。

（1）计算关联{a}→{b}的置信度。根据置信度度量，这条规则是有趣的吗？（这条规则是否是强关联规则？）

（2）{a}→{b}是否有趣？

5．数据库有 4 个事务，如表 5-15 所示。设 minSup=60%，minConf=80%。

表 5-15　购物篮事务数据

TID	日　期	购买的物品
T100	99/10/15	{F，A，D，B}
T200	99/10/15	{D，A，C，E，B}
T300	99/10/19	{C，A，B，E}
T400	99/10/22	{B，A，D}

（1）使用 Apriori 算法找出最大的频繁项集；

（2）列出所有强关联规则（带支持度和置信度）。

6．简述 Apriori 算法的优点和缺点。

7．考虑表 5-16 中的购物篮事务数据集。

表 5-16　购物篮事务数据集

顾 客 ID	事 务 ID	购 买 项
1	1	{a,d,e}
2	12	{a,b,d,e}
3	15	{b,c,e}
3	22	{b,d,e}
1	24	{a,b,c,e}
4	29	{c,d}
2	31	{a,c,d,e}
5	33	{a,d,e}
5	38	{a,b,e}
4	40	{a,b,c}

（1）将每个事务 ID 视为一个购物篮，计算项集{e}、{b，d} 和{b，d，e}的支持度；

（2）使用（1）的计算结果，计算关联规则 {b，d}→{e}和{e}→{b，d}的置信度；

（3）将每个顾客 ID 作为一个购物篮，重复（1）（提示：应当将每个项看作一个二元变量,如果一个项在顾客的购买事务中至少出现一次，则为 1，否则，为 0）；

（4）使用（3）的计算结果，计算关联规则{b，d}→{e}和{e}→{b，d} 的置信度。

8．给定表 5-17 中所示的事务数据，试写出 Apriori 算法生成频繁项集的过程。其中，将支持度阈值设置为 0.5。

9．构造 FP-树有多种方法，如对于表 5-5 中的数据，试通过以数据项的支持度计数升序排序的方式来构造生成 FP-树，并生成 Header table。与降序排序方式相比较，分析二者的差异。

表 5-17　购物篮数据

TID	Items
1	a,c,d,f,g
2	a,b,d,e,g
3	a,d,f,g
4	b,d,f
5	e,f,g
6	a,b,c,d,g
7	a,b,e,g

参 考 文 献

[1]　WITTEN I H，FRANK E．数据挖掘实用机器学习技术[M]．北京：机械工业出版社，2006．

[2]　TAN P N，STEINBACH M．数据挖掘导论[M]．范明，范宏建，译．北京：人民邮电出版社，2006．

[3]　HAND D，MANNILA H．数据挖掘原理[M]．张银奎，等译．北京：机械工业出版社，2003．

[4]　胡可云，田凤占，黄厚宽．数据挖掘理论与应用[M]．北京：清华大学出版社，2008．

[5]　HAN J W，KAMBER M，PEI J．数据挖掘——概念与技术[M]．范明，孟小峰，译．3版．北京：机械工业出版社，2012．

第 6 章

分类预测

在实际的数据分析与处理过程中，经常需要借助所积累的大量数据，根据数据的内容，将被描述的事物进行定位，以便于有针对性地进行诸如营销、管理等活动。例如，根据一个人的驾驶年限、常规路线、车型、车况、婚姻状况、教育水平、收入状况和诚信记录等内容，保险公司可以对比已有的其他客户的数据，对其进行判定，确定驾驶人的出险可能性等级，从而为投保客户有针对性地制订险种并确定保费金额。再如，信用卡管理中心可以根据持卡人的各类诸如年龄、受教育程度、职业、收入、婚姻状况等情况，以及信用卡使用的信用状况，得出一个信用卡欺诈事件与持卡人综合状况的模型，据此，可以推演新的信用卡申请人的信用卡欺诈发生的可能性，从而进行拒绝或采取额度限制等防范措施。

在进行分类分析时，首先根据已有的数据，建立分类模型(或算法)，然后对新的或被处理的数据按照模型的规则进行数据与给定类别的映射，从而完成划分的过程。

6.1 分类的原理

6.1.1 分类的基本原理

分类的基本过程可以分为建立分类模型和应用分类模型两个阶段。在建立分类模型时，根据训练数据集进行归纳和学习，建立起初步的分类模型。很显然，能够用于数据分类从而建立分类模型的数据，必须具有一个类别属性，分类算法将根据数据的其他属性与类别属性的关联关系，采用不同的学习算法进行归纳、划分和汇聚，从而建立起分类模型。为了确保分类模型能够学习到准确的算法，还需要在形成分类模型后，用另一组数据，也就是测试数据集，对该分类模型进行测试和检验，并对检验结果进行评估。经检验和评估且能够满足要求的分类模型，才可以用于对新采集到的数据或者是尚未确定分类的数据，进行分类处理。分类的原理和过程如图 6-1 所示。

通常，建立分类模型时，会将一组原始数据分成两个部分，一部分数据用于分类模型学习建立分类算法，称其为数据的训练数据集；另一个部分用来对建立的模型进行测试和评估，这部分称为数据的测试数据集。虽然训练数据集和测试数据集因其同源而具有相同的统计特性，但样本间是相互独立的，且在建立分类模型的过程中会进行一定的舍弃、近似和合并，所以用这样的方法获得测试数据集来进行检验和评估是可行的和有意义的。

【例 6-1】 运用图 6-1 所列的数据分类过程模型，信贷或商业企业可以根据以往业务所积累的客户信息数据，进行数据分类分析，建立客户诚信状况的分类模型，并根据这个模型，对客户进行一个诚信风险的研判，通过采取相应的风险管控措施，减小风险带来的损失。在图 6-2 中，展示了数据分类及应用的过程。首先，用分类算法分析训练数据。这里，类标号属性是credit_rating，学习模型或分类法以分类规则形式提供(后面的章节中将介绍其他形式的分类模

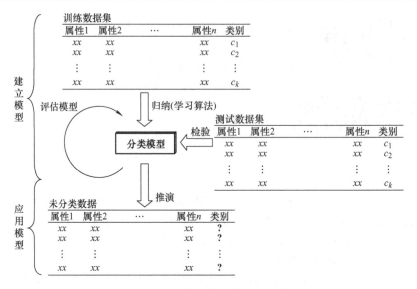

图 6-1 分类的基本原理和过程

型）；然后，用测试数据来评估分类规则的准确率。如果准确率是可以接受的，则规则用于新的数据元组分类。

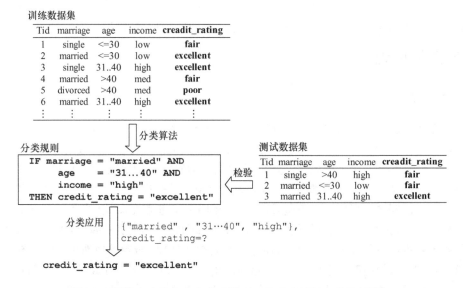

图 6-2 根据客户数据建立分类模型，并确定新用户的信用等级

◇

由此可以看出，进行数据分类挖掘时，需完成以下工作：

（1）选择训练数据集 训练数据集中的单个元组称为训练样本，每个训练样本有一个类别标记。一个具体样本的形式可为：$(v_1, v_2, \cdots, v_n; c)$；其中 $v_i(i=1,2,\cdots,n)$ 表示属性值，c 表示类别。

（2）选择测试数据集 测试数据集是用于在建立了分类模型后，评估分类模型的准确率的数据集。可将数据划分成若干份，一部分作为训练数据集，另一部分作为测试数据集，分别用于建立模型和对模型进行检验评估，也可将训练数据集与测试数据集互换或轮换，再建立模型并评估，从中选择最优模型。

(3) 建立模型　选择不同的分类算法，建立一个描述预定数据类集和概念集的分类模型。学习模型可以是一个分类规则，也可以是一个形如决策树的模型，或者是由一组函数、参数和连接构成的一个系统。

(4) 评估模型预测准确率　对于每个测试样本，比较其类标号和该样本的分类模型的输出结果，计算模型在给定测试集上的准确率，即被模型正确分类的测试样本的百分比，对模型进行评估。

对模型的评估可以通过多项准确率指标来综合评价，包括训练误差(在训练数据集上误分类样本的比例)、测试误差(用测试数据集对模型进行分类的误差)和泛化误差(分类模型在未知样本上的期望误差)等。如果准确性能被接受，则分类模型就可用来对新数据进行分类。

(5) 使用模型　使用模型对将来的或未知对象进行分类。

6.1.2　建立分类模型的算法

常用的分类模型的具体算法有以下几种。

1. 决策树

决策树算法是用于分类和预测的主要技术之一，通过决策学习来建立决策树模型，可以发现和表示出属性和类别间的关系，并据此预测将来未知类别的记录的类别。决策树分类算法采用自顶向下的递归方式，在决策树的内部结点进行属性的比较，根据不同属性值构造分支，最终在决策树的叶结点得到结论。

主要的决策树算法有 ID3、C4.5(C5.0)、CART、PUBLIC、SLIQ 和 SPRINT 等算法。它们在选择测试属性所采用的技术、生成的决策树的结构、剪枝的方法和时刻，以及能否处理大数据集等方面都有各自的特点。

2. 规则归纳

规则归纳方法根据训练数据集产生一组决策规则来进行分类。分类规则通常用析取范式表示，主要有直接生成方法和间接生成方法，前者利用规则归纳技术直接生成规则，后者则从其他分类模型中提取规则。

3. 贝叶斯

贝叶斯(Bayes)分类算法是一类利用概率统计知识进行分类的算法，如朴素贝叶斯(Naive Bayes)算法。该算法利用贝叶斯定理来预测一个未知类别的样本属于各个类别的可能性，并选择其中可能性最大的一个类别作为该样本的最终类别。由于贝叶斯定理的成立本身就需要一个很强的条件独立性假设前提，而此假设在实际情况中经常是不成立的，因而其分类准确性就会下降。由此就出现了许多降低独立性假设的贝叶斯分类算法，如树扩展型朴素贝叶斯(Tree Augmented Naive Bayes, TANB)算法，它是通过在贝叶斯网络结构的基础上增加属性对之间的关联来实现的。

4. 人工神经网络

人工神经网络(Artificial Neural Networks，ANN)是一种应用类似于大脑神经突触连接的结构进行信息处理的数学模型。在这种模型中，大量的结点(即神经元或单元)之间相互连接构成网络(即"神经网络")，以达到处理信息的目的。神经网络通常需要进行训练，训练的过程就是网络进行学习的过程。训练改变了网络结点的连接权的值使其具有分类的功能，经过训练的网络就可用于对象的识别。

目前，神经网络已有上百种不同的模型，常见的有 BP 网络、径向基 RBF 网络、Hopfield 网络、随机神经网络(Boltzmann 机)、竞争神经网络(Hamming 网络，自组织映射网络)等。但是当前的神经网络仍普遍存在收敛速度慢、计算量大、训练时间长和不可解释等缺点。

5. k-近邻

k-近邻(k-Nearest Neighbors，k-NN)算法是一种基于实例的分类方法。该方法就是找出与未知样本 x 距离最近的 k 个训练样本，看这 k 个样本中多数属于哪一类，就把 x 归为那一类。k-近邻方法是一种懒惰学习方法，它采集和存放样本，直到需要分类时才进行分类。如果样本集比较复杂，就会导致很大的计算开销，因此无法应用到实时性很强的场合。

6. 支持向量机

支持向量机(Support Vector Machine，SVM)是 Vapnik 根据统计学习理论提出的一种新的学习方法，它的最大特点是根据结构风险最小化准则，以最大化分类间隔构造最优分类超平面来提高学习机的泛化能力，较好地解决了非线性、高维数、局部极小点等问题。对于分类问题，支持向量机算法能够根据区域中的样本计算该区域的决策曲面，由此确定该区域中未知样本的类别。

7. 基于关联规则的分类

关联规则挖掘是数据挖掘中一个重要的研究领域。近年来，对于如何将关联规则挖掘用于分类问题，学者们进行了广泛的研究。关联分类方法挖掘形如 condset→C 的规则，其中 condset 是项(或属性-值对)的集合，而 C 是类标号，这种形式的规则称为类关联规则(Class Association Rules，CARS)。关联分类方法一般由两步组成：第一步用关联规则挖掘算法从训练数据集中挖掘出所有满足指定支持度和置信度的类关联规则；第二步使用启发式方法从挖掘出的类关联规则中挑选出一组高质量的规则用于分类。属于关联分类的算法主要包括 CBA、ADT、CMAR 等。

6.1.3 对分类算法的要求

分类和预测方法可以根据下列标准对其适用性进行比较和评估。

1) 预测的准确率：模型正确地预测新的数据的类标号的能力。

2) 速度：产生和使用模型时所进行的计算的时间复杂度。

3) 强壮性：模型对包含噪声数据或有遗漏值数据的正确预测能力。

4) 规模化：有效地针对给定的大量数据构造模型的能力。

5) 可解释性：学习模型所呈现出的理解和洞察的层次。

这些问题的讨论将贯穿本章的讨论。

6.2 决策树分类

6.2.1 决策树分类的原理

决策树(Decision Tree)是在已知各种情况发生概率的基础上，计算各种情况的期望益损值或信息价值，借助树形结构进行比较和抉择的决策分析方法，是直观运用概率分析的一种图解法。由于这种决策分支画成图形就如同一棵树的枝干，故称决策树。

决策树分类算法，是利用决策树的原理和结构，构造和生成形如决策树的分类模型，发现和定义数据中蕴涵的分类规则的过程。

决策树中的每个内部结点(非树叶结点)表示在一个属性上的测试，每个分支则代表一个测试输出，而每个树叶结点存放一个类标号。一旦建立好了决策树，对于一个未给定类标号的元组，跟踪一条由根结点到叶结点的路径，该叶结点就存放着该元组的预测。决策树的优势在于不需要任何领域知识或参数设置，适合于探测性的知识发现。决策树分类算法的关键在于，如何构造出精度高、规模小的决策树模型。

决策树分类可以分为以下几个步骤。

1）决策树分类模型的生成：由训练样本数据集生成决策树模型。一般情况下，训练样本数据集通常选用有历史的、有一定综合程度的、用于数据分析处理的数据集。

2）决策树模型的剪枝：决策树的剪枝是对上一阶段生成的决策树模型进行检验、校正和修正的过程。主要是用新的样本数据集作为测试数据集，对决策树模型进行测试，根据计算出的分类结果误差对分类模型进行评估，并根据情况对模型通过剪枝等手段进行修正，以提高模型的预测准确性。

3）使用决策树模型：对未知分类的样本数据，利用决策树进行分类判别。

下面通过例子来说明其过程。

【例 6-2】 表 6-1 中给出的是描述用户的某些属性以及是否有商业欺诈行为的实验数据。需要根据给出的数据来建立决策树分类模型，并对表 6-1 中的未分类数据样本进行分类判定，以评估是否会有商业欺诈的风险。

表 6-1 原始数据和将要进行分类的数据

类 别	数 据				
	Tid	Refund	MaritalStatus	Income	Cheat
训练集	1	yes	Single	125K	no
	2	no	Married	100K	no
	3	no	Single	70K	no
	4	yes	Married	120K	no
	5	no	Divorced	95K	yes
	6	no	Married	60K	no
	7	yes	Divorced	220K	no
	8	no	Single	85K	yes
	9	no	Married	75K	no
	10	no	Single	90K	yes
	Tid	Refund	MaritalStatus	Income	Cheat
测试集	11	yes	Married	95K	no
	12	no	Married	100K	no
	13	no	Single	95K	no
	14	yes	Single	70K	no
	15	no	Divorced	95K	yes
	16	no	Single	60K	no
	Tid	Refund	MaritalStatus	Income	Cheat
未分类数据	1	no	Single	125K	?
	2	no	Married	100K	?
	3	no	Single	70K	?

在只取得一组数据的情况下，可以人为地把数据分为训练数据集（用来构建决策树分类模型）

和测试数据集(用来对模型进行评估和修正)。如表 6-1 中的训练集和测试集所示。

在数据集中,有 Refund、MaritalStatus 和 Income 三个属性以及 Cheat 分类属性。下面,就要根据训练数据集以及决策树的模型和原理,建立起各属性值或属性值组合与类别属性的关系。

建立决策树模型需要有一个起点来作为决策树的根结点。这里,随机选择某一个属性作为起点,例如 Refund,即为根结点。可以看出,Refund 属性为标称(nominal)类型,值为{yes,no},具有两个决策树分支。

将表 6-1 中的训练数据按 Cheat、Refund、MaritalStatus 和 Income 序列,优先级从高到低进行排序,得到表 6-2 所示的内容。容易看出,对于 Refund = yes 的数据项,分类值均为 no,据此可以得出图 6-3 中根结点 Refund 左侧的 no 叶结点,如图 6-3a 所示,结点中的数值表示该类别数据的个数。而对于表 6-2 中 Refund = no 的数据项,其分类属性 cheat 的值既有 yes 又有 no,所以还要继续进行划分。

表 6-2　按照不同的属性进行分类

Tid	Refund	MaritalStatus	Income	Cheat
1	yes	Single	125K	no
4	yes	Married	120K	no
7	yes	Divorced	220K	no
2	no	Married	100	no
6	no	Married	60K	no
9	no	Married	75K	no
3	no	Single	70K	no
8	no	Single	85K	yes
10	no	Single	90K	yes
5	no	Divorced	95K	yes

下一步,选择 MaritalStatus 属性作为根结点 Refund 的右侧派生子结点,其数据值有{Single,Divorced,Married}。对照表 6-2 中 Tid=2、6、9 的这三行数据,当 MaritalStatus 属性的值为 Married 时,分类属性 Cheat 的值均为 no,所以可以以将其作为一个分支,且其叶结点的结果标为 no。而 Single、Divorced 作为另一个分支,因其分类属性仍包括 yes 和 no 两种,无法一致确定分类结果,所以仍需要继续进行分支生长,如图 6-3b 所示。

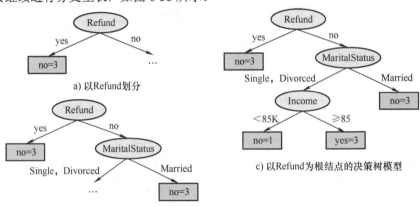

a) 以Refund划分

b) 以Refund派生MaritalStatus来划分

c) 以Refund为根结点的决策树模型

图 6-3　以 Refund 为起点生成决策树

最后，根据表 6-2 中未使用的数据，可以按照 Income 小于 85K 和大于等于 85K 进行分类，最后得到如图 6-3c 所示的决策树分类模型。

为了确定模型是准确的，能够用于分类，需要用表 6-1 中的测试数据对模型进行测试。测试时将测试数据输入图 6-3c 中的分类模型，根据属性值和模型的结构得到最终到达叶结点的分类结果，然后记入测试记录（见表 6-3）。可以看出，测试的误差率是 1/6，如果这个结果能够满足模型精度要求，就可以将模型用于数据的分类了。

表 6-3　用测试数据集对分类模型进行测试

Tid	Refund	MaritalStatus	Income	Cheat	正误
11	yes	Married	95K	no	✓
12	no	Married	100K	no	✓
13	no	Single	95K	no	✗
14	yes	Single	70K	no	✓
15	no	Divorced	95K	yes	✓
16	no	Single	60K	no	✓

有了决策树分类模型，对于新的未标注类别的数据，就可以根据该模型进行判定和标注。把表 6-1 中的未分类数据代入如图 6-3c 所示的决策树模型中。例如，对于 Tid=1 的数据，首先检验 Refund= no，走右侧分支；再检验 MaritalStatus= Single，走左侧分支；再检验 Income ⩾ 85K，得出 Cheat= yes 的结果。同理，最终得到如表 6-4 中所列的分类结果。

表 6-4　用分类模型对未分类数据进行推演

Tid	Refund	MaritalStatus	Income	Cheat
1	no	Single	125K	yes
2	no	Married	100K	no
3	no	Single	70K	no

这样，就完成了利用决策树分类模型进行数据挖掘的过程。　　　　　　　　　　　◇

【例 6-3】　作为对照，利用表 6-1 中的数据，以 MaritalStatus 属性为根结点构建决策树。

如果先从 MaritalStatus 开始作为根结点，然后处理 Refund，最后处理 Income，则可以得到如图 6-4 所示的分类模型。

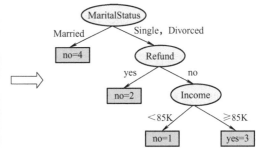

图 6-4　以 MaritalStatus 属性作为起点来生成决策树

可以看出，上面两个例子中，生成分类决策树的方法就是利用训练集数据来生成一棵决策树并对其进行训练。即先从某一个属性开始，将其作为决策树的根结点，对属性值所对应的类进行划分，形成树的分支；然后在不同的分支上，依次递推进行这样的划分，直到某一属性属于同一个类，则将其设为叶结点。递归迭代完成后，就生成了分类决策树。　　　　　　　　　　　◇

很明显，以不同的属性为起点来构造决策树模型，可以得到不同的结果。对于较为复杂的数据来说，所得到的测试结果和应用分类的结果也会不同。因此，需要选择能够将类别尽可能清楚地划分的属性来开始划分。

上面例子中所展示的过程，即为 CLS 算法（也称为 Hunt 算法）。

6.2.2　CLS 算法

概念学习系统（Concept Learning System，CLS）是由 Hunt 等人于 1966 年提出的，因而通常又称为 Hunt 算法。Hunt 算法是采用贪心策略来构建决策树的，即在选择决策树分支划分属性时，采取的是一系列局部最优决策。

以 Hunt 算法建立决策树分类模型的过程如算法 6-1 所示。

【算法 6-1】　Hunt 算法

1:　**procedure** hunt(D_t , t)　//设 D_t 是与结点 t 相关联的训练记录集
2:　　　**if** D_t 中所有记录都属于同一个类 y_t：
3:　　　　t 是叶结点，则用 y_t 标记
4:　　　**else**：　　//D_t 中包含属于多个类的记录
5:　　　　选择一个属性测试条件，将记录划分成较小的子集
6:　　　　对于测试条件的每个输出，创建一个子结点
7:　　　　根据测试结果将 D_t 中的记录分布到子结点中，得到 D_{ti}
8:　　　　**for each** 子结点 t_i：
9:　　　　　hunt(D_{ti} , t_i) //递归地调用该算法

利用 Hunt 算法构建决策树归纳问题时，需要考虑以下几个问题：

1）在多个属性中，应选择哪一个属性首先进行划分，随后又该选择哪一个属性？例如，上面的例子中，到底应该从 Refund 属性开始作为根结点，还是从 MaritalStatus 属性开始作为根结点来构建决策树呢？选取不同属性的依据是什么？

2）对于不同数据类型的属性，应该如何进行划分？是采用二叉划分，还是多叉划分的方法？对于连续属性应以哪个界限进行二叉或多叉划分？例如，如果上例中的 Income 的属性值是连续属性，那么应怎样划分，"< 85K" 和 "≥ 85K" 是否是最佳的选择，应该按照什么标准来选择？

3）怎样为不同类型的属性指定测试条件？怎样评估每种测试条件？

4）在数据的分类性不强的情况下，构建出的决策树通常会非常庞大，那么是应该一直划分下去，还是适时停止分裂过程？

这些问题，将在下面的讨论中一一解决。

6.2.3　不同属性的划分方法

数据属性的类别可以分为多种类型。首先，可以分为定量属性（Quantitative）和定性属性（Qualitative）。对于 Quantitative 数据，又可以分为连续的（Countinuous）和离散的（Discrete）；而 Qualitative 数据，可以分为标称的（或分类的）（Nominal/Categorical）和有序的（Ordinal）。

例如，测量出的数值(如一组学生的身高和体重)就是连续的；通常计数得出的数值(如企业个数、职工人数、设备台套数)就是离散的。Nominal 类型用于定义属性之间没有程度和顺序的差别，像性别(男、女)，药物反应(阴性、阳性)、血型(O、A、B、AB)等；Ordinal 类型定义各类别之间有程度的差别(如优、良、中、差等)。

另外，有时还会定义定距(Interval)和定比(Ratio)数据类型。

对于一个属性，其数据类型不同，进行划分的方法也会有所不同。

1. Nominal 类型属性的划分

Nominal 类型的属性，可以按照属性值的个数进行多叉划分，也可以进行二叉划分。多叉划分的划分数(输出数)取决于该属性的取值个数，可以以每个属性值作为一个分支来进行划分，也可以将属性值进行适当地组合来确定分叉。例如属性 Color={Red，Green，Blue}，可以分别以 Color=Red、Color=Green 和 Color=Blue 这三个分支来划分，如图 6-5a 所示。进行二叉划分时，若划分数为 2，则这种划分要考虑创建 k 个属性值的二元划分的所有 $2^{k-1}-1$ 种方法(这里是 3 种)，如图 6-5b 所示。

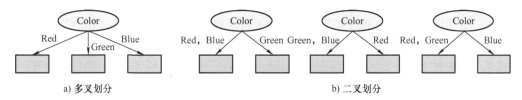

图 6-5　Nominal 类型属性的划分

2. Ordinal 类型属性的划分

对于 Ordinal 类型属性的划分，如 Size = {S，M，L}，其多叉划分与 Nominal 类型属性的划分相类似，划分数(输出数)取决于该属性不同属性值的个数，如图 6-6 所示。Ordinal 类型属性的二叉划分一般情况下要保持序数属性值的有序性。

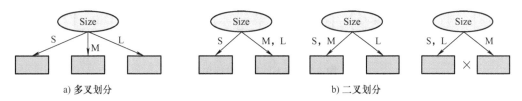

图 6-6　Ordinal 类型属性的划分

这里，图 6-6a 为多叉划分方法。图 6-6b 为二叉划分方法，其中，第三种划分，将{S，L}划分为一个分支，将{M}划分为另一个分支，违反了序数属性值的有序性原则。

3. 连续类型属性的划分

对于连续类型属性，也可以进行多叉划分或二叉划分。对于连续类型属性值 v_1, v_2, …, v_k，进行多叉划分时，划分点 A_i 满足 $v_i \leqslant A_i < v_{i+1}$ ($i=1$, …, k)。进行二叉(元)划分时，应对所有的划分点进行考量，选择一个最佳划分点 v_i，使划分点 A 满足 $(A < v_i)$ 或 $(A \geqslant v_i)$。以上例中的 Income 属性为例，划分方法如图 6-7 所示。

从实例中可以看出，划分方法的不同，划分点的不同，都会影响决策树的构建，会出现如图 6-3 和图 6-4 所示的完全不同的结果。在例 6-2 中，对于 nominal 类型的属性 MaritalStatus 中的{Single,

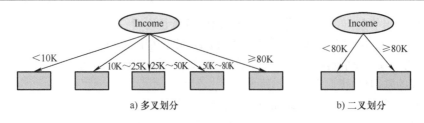

图 6-7　连续类型属性的划分

Married，Divorced}属性数值，采用二叉划分分为了{Married，Single/Divorced}，而不是划分为 3 个分支；而对于 Numeric 类型的 Income 属性，选取 85K 作为了二叉分支的分割点，这样的划分方法是否有依据呢？对于其他数据，又应该怎么来划分呢？

4. 不纯度

可以看出，多元属性和连续型属性有着不同的划分方法，前面也说明了决策树可以以不同的属性顺序来进行构建，那么到底以什么样的标准来确定划分的方法和步骤呢？这里，要了解不纯度的概念。

考虑一组 20 个数据的记录，其中 10 个记录的分类属性为 class 0，记为 C0，另 10 个记录的分类属性为 class 1，记为 C1。即，C0：10，C1：10。

按照不同的属性进行划分时，得到如图 6-8 所示的三种结果。以 Gender 属性划分时，Male 中有 6 条记录分类为 C0，4 条记录分类为 C1；Female 中有 6 条记录分类为 C0，4 条记录分类为 C1，如图 6-8a 所示。如果以 Color 属性进行划分时，Red 中有 1 条记录分类为 C0，3 记录分类为 C1；Green 中有 8 条记录分类为 C0，没有记录分类为 C1；Blue 中有 1 条记录分类为 C0，7 条记录分类为 C1，如图 6-8b 所示。

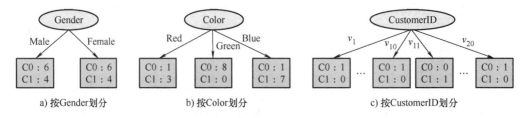

图 6-8　按不同属性进行划分

可以看出，以 Color 属性进行划分时，能够较好地将数据进行分类，例如，Green 可以完全划分 C0 和 C1 类别，Blue 也能够很大程度上划分 C0 和 C1（1：7）。而对 Gender 属性的划分结果就不够理想。

对 CustomerID 的划分如图 6-8c 所示，虽然能够对类别进行划分，但对分类归纳却毫无意义，因此不予考虑。

可以发现，在未划分前，C0、C1 各有 10 个，不纯度非常高。而按照 Color 属性划分后，Green 分支的 C0：8 与 C1：0 可以进行完全区分，不纯度非常低。因而可以考虑在选择属性进行划分时，可以以不纯度为依据，即选择划分后不纯度最低的划分方法进行划分。

在考虑对什么样的属性进行划分更为合理，如何进行衡量和选择问题时，选择最佳划分的依据通常是划分后子结点的不纯度。不纯度越低，类分布就越倾斜，如图 6-9 所示。

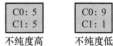

图 6-9　结点的不纯度

有多种度量不纯度的方法和指标，较为有代表性的有：

(1) 信息增益(Information gain)，计算不同划分情况下熵(Entropy)的增减变化。

(2) 增益比率(Gain ratio)，是对信息增益的一种改进算法。

(3) Gini 系数(Gini index)。

(4) 分类误差(Classification error)。

6.2.4　信息增益

信息论的奠基人香农(Shannon)认为"信息是用来消除随机不确定性的东西"，如果决策树按照某个属性进行划分后，不确定的因素减少了(如划分的两个分支的分类属性较为单一，即结点的不纯度较低)，则说明信息增加了，而信息增加量的多少，称为信息增益。

对于决策树分类模型，可以计算出其中某个结点的信息量，再计算出各属性划分后的信息量之和，取前后差值计算信息增益。如果信息增益较大，则划分的效果较好，反之则划分的效果较差，那么在构建决策树模型时，就可以考虑选取信息增益最大的划分属性进行划分。

衡量的信息量方法有很多，ID3 算法中，采用熵作为信息量的度量变量。

1. 熵(Entropy)

熵的概念最早起源于物理学，在物理学中是用来度量一个热力学系统的无序程度，而在信息学里面，熵是对不确定性的度量。1948 年，香农引入了信息熵，将其定义为离散随机事件出现的概率，信息熵是表示一个事件的不确定性的大小，不确定性越大那么该事件包含的信息熵就越大，如果一个事件完全确定了，那么它所包含的信息熵就是 0。一个系统越是有序，信息熵就越低；反之，一个系统越是混乱，它的信息熵就越高。所以信息熵可以被认为是系统有序化程度的一个度量。

假如一个随机变量 X 的取值为 $X=\{x_1, x_2, \cdots, x_n\}$，每一取值的概率分别是 $\{p(x_1), p(x_2), \cdots, p(x_n)\}$，那么 X 的熵定义为

$$\text{Entropy}(X) = -\sum_{i=1}^{n} p(x_i)\log_2 p(x_i) \tag{6-1}$$

式(6-1)表明，一个变量的变化情况越多，那么它携带的信息量就越大。

对于决策树分类系统来说，类别 C 是变量，它的取值是 $c_1, c_2, \cdots, c_n$，其中，n 是类别的总数，而每一个类别出现的概率分别是 $p(c_1), p(c_2), \cdots, p(c_n)$，此时分类系统的熵就可以表示为

$$\text{Entropy}(C) = -\sum_{i=1}^{n} p(c_i)\log_2 p(c_i) \tag{6-2}$$

2. 条件熵

按照一定的属性值进行划分后，其信息熵用条件熵来表示。

【定义】　条件熵为在随机变量 X 给定条件下，随机变量 Y 的条件概率分布的熵对 X 的数学期望。也可以说是：在随机变量 X 给定条件下的随机变量 Y 的熵：

$$\text{Entropy}(Y \mid X) = -\sum_{i=1}^{n} [p(x_i) \cdot \text{Entropy}(Y \mid x_i)] \tag{6-3}$$

其中，随机变量 X 的取值为 $X=\{x_1, x_2, \cdots, x_n\}$，而各取值的概率分别为 $p(x_i)$，$i=1, 2, \cdots, n$。例如，为一组学生测量体重，其体重就是个随机变量，具有一定的概率分布；如果给身高在 $1\sim$ 1.5m 的学生测量体重，则体重就是一个在一定条件下的随机变量，具有一定的条件概率分布。根据条件概率，利用熵公式计算的信息熵称为条件熵。

条件熵也可以说是在选定某个特征的条件下，随机变量的熵，而这个特征可以将待分类的事物集合分为多个类别，即一个特征可以对应多个类别，因此这里的多个类别即为 X 的取值。对于建立决策树时属性的划分问题，属性即为这个特征，这时的分类变量的条件熵就是按属性划分后的信息量的度量值。

3. 信息增益

信息增益是针对一个特征 f，系统有特征 f 或没有特征 f 时的信息量各是多少，两者的差值就是这个特征给系统带来的信息量，即信息增益。

在划分时，对于某一属性 F 进行划分的信息增益定义为

$$\text{InfoGain}(C\,|\,F) = \text{Entropy}(C) - \text{Entropy}(C\,|\,F) \tag{6-4}$$

具体可写成

$$\text{InfoGain}(C\,|\,F) = \text{Entropy}(C) - \sum_{v \in F} \frac{|F_v|}{|C|} \text{Entropy}(F_v) \tag{6-5}$$

式中，C 为全部样本集合；v 是属性 F 的某个属性值；F_v 是 C 中属性 F 的值为 v 的样例集合；$|F_v|$ 为 F_v 中所含的样例数。例如，如果计算例 6-2 中以 Refund 进行划分的信息增益，则计算公式为

$$\text{InfoGain}(\text{Cheat}\,|\,\text{Refund}) = \text{Entropy}(\text{Cheat}) - \sum_{\text{val} \in \{\text{yes,no}\}} \frac{|\text{Refund}_{\text{val}}|}{|\text{Cheat}|} \text{Entropy}(\text{Refund}_{\text{val}})$$

信息增益越大就表示分裂过程中所释放的信息量就越大，这也与 ID3 的基础算法 CLS 的贪心策略相符。用信息增益在决策树算法中选择特征时，信息增益越大，则这个特征的选择性越好。

【例 6-4】 根据表 6-5 中给出的天气情况数据[⊖]，建立以 play 为分类项的决策树分类模型。

表 6-5 天气情况数据表（分类项为 play=yes 或 play=no）

no.	Outlook	Temperature	Windy	Humidity	play
1	sunny	hot	false	high	no
2	sunny	hot	true	high	no
3	overcast	hot	false	high	yes
4	rainy	mild	false	high	yes
5	rainy	cool	false	normal	yes
6	rainy	cool	true	normal	no
7	overcast	cool	true	normal	yes
8	sunny	mild	false	high	no
9	sunny	cool	false	normal	yes
10	rainy	mild	false	normal	yes
11	sunny	mild	true	normal	yes
12	overcast	mild	true	high	yes
13	overcast	hot	false	normal	yes
14	rainy	mild	true	high	no

⊖ 该数据为 WEKA 软件（见第 10 章关于该软件的介绍）所提供的实验数据，安装 WEKA 软件后，可在安装文件夹下看到。

　　按照前面所介绍的，在选择根结点的属性进行划分时，要将按该属性进行划分的信息增益与其他属性的进行比较，选取具有最大信息增益的属性首先进行划分。

　　首先，计算未划分时的信息熵，有

$$\text{Entropy}(S) = -p(\text{play}=\text{no}) \cdot \log_2 p(\text{play}=\text{no}) - p(\text{play}=\text{yes}) \cdot \log_2 p(\text{play}=\text{yes})$$

$$= -\frac{5}{14}\log_2\frac{5}{14} - \frac{9}{14}\log_2\frac{9}{14} = 0.940$$

　　然后，依次计算不同属性的划分信息增益。对属性 Outlook 进行多叉划分时，得到如图 6-10a 所示的划分结果。

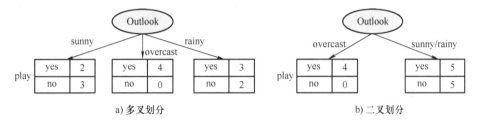

a) 多叉划分　　　　　　　　　　　　b) 二叉划分

图 6-10　按属性 Outlook 划分的结果

计算每一分支的信息熵，有

$$\text{Entropy}(\text{sunny}) = -\frac{2}{5}\log_2\frac{2}{5} - \frac{3}{5}\log_2\frac{3}{5} = 0.971$$

$$\text{Entropy}(\text{overcast}) = -\frac{4}{4}\log_2\frac{4}{4} - 0\log_2 0 = 0.000$$

$$\text{Entropy}(\text{rainy}) = -\frac{3}{5}\log_2\frac{3}{5} - \frac{2}{5}\log_2\frac{2}{5} = 0.971$$

可以得到按属性 Outlook 划分后的信息熵为

$$\text{Entropy}(S\,|\,\text{Outlook}) = \frac{5}{14}\times 0.971 + \frac{4}{14}\times 0 + \frac{5}{14}\times 0.971 = 0.694$$

进而得到特征属性 Outlook 带来的信息增益为

$$\text{InfoGain}(\text{Outlook}) = \text{Entropy}(S) - \text{Entropy}(S\,|\,\text{Outlook}) = 0.940 - 0.694 = 0.246$$

这就是以属性 Outlook 进行多叉划分时得到的信息增益。

　　从图 6-10a 可以看出，overcast 分支可以完全划分类别 play，因此可以考虑以 overcast 为一个分支，而将 sunny/rainy 作为另一个分支，进行二叉划分，如图 6-10b 所示。这时，所得到的信息增益可计算为

$$\text{Entropy}(\text{overcast}) = -\frac{4}{4}\log_2\frac{4}{4} - \frac{0}{4}\log_2\frac{0}{4} = 0$$

$$\text{Entropy}(\text{sunny}\,/\,\text{rainy}) = -\frac{5}{10}\log_2\frac{5}{10} - \frac{5}{10}\log_2\frac{5}{10} = 1$$

$$\text{Entropy}(S\,|\,\text{Outlook}) = \frac{4}{14}\times 0 + \frac{10}{14}\times 1 = 0.714$$

$$\text{InfoGain}(\text{Outlook}) = \text{Entropy}(S) - \text{Entropy}(S\,|\,\text{Outlook}) = 0.940 - 0.714 = 0.226$$

比较得知，属性 Outlook 以二叉划分时的信息增益(0.226)比多叉划分时低，所以对于属性

Outlook，决定采用多叉划分。

用同样的方法可以计算得到按照 Temperature、Windy 和 Humidity 属性在根结点处进行划分的结果如图 6-11a～c 所示。

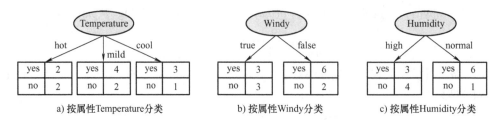

a) 按属性Temperature分类　　　b) 按属性Windy分类　　　c) 按属性Humidity分类

图 6-11　按不同的属性进行分类

同样的方法，可以计算出以 Temperature、Windy 和 Humidity 属性进行划分的信息增益，如表 6-6 所示。

表 6-6　根结点按不同属性划分的信息增益值

类　　别	信息增益值		
以属性 Outlook 为根结点	Outlook		
		sunny	overcast	rainy
	yes	2	4	3
	no	3	0	2
	Entropy	0.971	0.000	0.971
	Entropy(S | Outlook)	0.694		
	InfoGain	0.246		
以属性 Temperature 为根结点	Temperature		
		hot	mild	cool
	yes	2	4	3
	no	2	2	1
	Entropy	1.000	0.918	0.811
	Entropy(S | Temperature)	0.911		
	InfoGain	0.029		
以属性 Windy 为根结点	Windy		
		true	false
	yes	3	6
	no	3	2
	Entropy	1.000	0.811
	Entropy(S | Windy)	0.892	
	InfoGain	0.048	
以属性 Humidity 为根结点	Humidity		
		high	normal
	yes	3	6
	no	4	1
	Entropy	0.985	0.592
	Entropy(S | Humidity)	0.788	
	InfoGain	0.152	

可见在根结点处以 Outlook 属性进行划分的信息增益最大，就可以选择 Outlook 作为根结点处的划分属性。Outlook 把决策树在根结点处分成了 3 个分支，每一个分支也都对应了一个子决策信息表，按照同样的方法建立子树。比如：{Outlook=sunny} 分支对应的子决策表和 {Outlook=rainy} 分支对应的子决策表如表 6-7 所示。

表 6-7　根结点按 Outlook 属性划分后的分支子决策表

类　　别	分支子决策表				
{Outlook=sunny}	no.	Temperature	Windy	Humidity	play
	1	hot	false	high	no
	2	hot	true	high	no
	8	mild	false	high	no
	9	cool	false	normal	yes
	11	mild	true	normal	yes
{Outlook=rainy}	no.	Temperature	Windy	Humidity	play
	4	mild	false	high	yes
	5	cool	false	normal	yes
	6	cool	true	normal	no
	10	mild	false	normal	yes
	14	mild	true	high	no

这样依次递归建立决策子树，直到分裂属性为空或者学习样本为空或者所有的结点都属于同一类。　　　　　　　　　　　　　　　　　　　　　　　　　　　　　　　◇

6.2.5　信息增益率

计算信息增益时，不同分类的样本的数量，会影响信息熵或信息增益的计算，存在归纳偏置的问题。这点从式 (6-3) 中可以看出，当某一 $p(x_i)$ 值较其他值显著较高时，其对应的熵值[即 $Entropy(Y|x_i)$]就会获得较大的权值。

采用其相对指标——信息增益率 (Gain Ratio)，可有效减弱不同类别的样本数量对不纯度的影响。信息增益率的计算公式为

$$GainRatio_{split} = \frac{InfoGain_{split}(C|F)}{SplitInfo(C|F)} \tag{6-6}$$

式中，InfoGain 就是前面所定义的信息增益；SplitInfo 是划分信息，表示属性值的广度和均匀性。划分信息的定义如下：

$$SplitInfo(C|F) = -\sum_{i=1}^{k} \frac{|F_v|}{|C|} \log_2 \frac{|F_v|}{|C|} \tag{6-7}$$

式中，C 为全部样本集合；v 是属性 F 的某个属性值；F_v 是集合 C 中属性 F 的值为 v 的样本集合；$|F_v|$ 为 F_v 中所含的样本数；$|C|$ 为总样本数。

【例 6-5】　利用信息增益率，对于例 6-4 中的数据重新计算，则有：

$$\text{InfoGain}_{\text{split}}(\text{Outlook}) = 0.247$$

$$\text{SplitInfo}(\text{Outlook}) = -\frac{5}{14}\log_2\frac{5}{14} - \frac{4}{14}\log_2\frac{4}{14} - \frac{5}{14}\log_2\frac{5}{14} = 1.557$$

$$\text{GainRatio}_{\text{split}}(\text{Outlook}) = \frac{\text{InfoGain}_{\text{split}}(\text{Outlook})}{\text{SplitInfo}(\text{Outlook})} = \frac{0.247}{1.557} = 0.159$$

可以得出表 6-8 中所列结果。

表 6-8　根结点按不同属性划分的信息增益率

类　　别	信息增益值		
以属性 Outlook 为根结点	Outlook		
		sunny	overcast	rainy
	yes	2	4	3
	no	3	0	2
	InfoGain	0.247		
	SplitInfo	1.557		
	GainRatio	0.159		
以属性 Temperature 为根结点	Temperature		
		hot	mild	cool
	yes	2	4	3
	no	2	2	1
	InfoGain	0.029		
	SplitInfo	1.557		
	GainRatio	0.019		
以属性 Windy 为根结点	Windy		
		true	false	
	yes	3	6	
	no	3	2	
	InfoGain	0.048		
	SplitInfo	0.985		
	GainRatio	0.049		
以属性 Humidity 为根结点	Humidity		
		high	normal	
	yes	3	6	
	no	4	1	
	InfoGain	0.152		
	SplitInfo	1.000		
	GainRatio	0.152		

其中，以属性 Outlook 划分的信息增益率最大，应以此属性首先进行划分来建立分类决策树。因不同属性值的样本个数差异不明显，所以这个结果与采用信息增益的方法得出的结果相一致。　　◇

6.2.6　GINI 系数

GINI 系数是 20 世纪初意大利经济学家基尼①根据劳伦斯曲线所定义的判断收入分配公平程度的指标。GINI 系数是一个比例数值，在 0 到 1 之间，是国际上用来综合考察居民收入分配差异状况的一个重要分析指标。GINI 系数越接近 1 就表示收入分配差距越大。GINI 系数也是反映一组数据离散程度的指标，其功能类似于标准差。GINI 系数越大，则平均指标（如平均数、中位数和众数）对一组数据的代表性越差；反之则越好。

在决策树分类中，使用 GINI 系数来反映一组数据的类别（class）的杂乱程度，即度量不纯度。

1. Gini 值

对于给定结点 t，其数据集为 D，类别分别为 c_i（$i=1,2,\cdots,n_c$，其中 n_c 为数据类别的个数），则该结点的 Gini 值用下式计算：

$$\text{Gini}(t) = 1 - \sum_{i=1}^{k} \left[p(c_i \mid t) \right]^2 = 1 - \sum_{i=1}^{k} \left(\frac{|D_{c_i}|}{|D|} \right)^2 \tag{6-8}$$

式中，$p(c_i \mid t)$ 是在结点 t 的数据集 D 中类别为 c_i 的概率；$|D|$ 为数据集 D 的数据个数，$|D_{c_i}|$ 为数据集 D 中类别为 c_i 的个数。当类分布均衡时，Gini 值达到最大值 $1 - \frac{1}{n_c}$；相反，当只有一个类时，Gini 值达到最小值 0。

例如，数据集中属于类别 c_1 的样本有 2 个，c_2 的样本有 4 个，则该数据集的 Gini 值为

$$\text{Gini}(t) = 1 - \sum_{i=1}^{k} \left[p(c_i \mid t) \right]^2$$

$$= 1 - \left[\left(\frac{2}{2+4} \right)^2 + \left(\frac{4}{2+4} \right)^2 \right] = 0.444$$

在用 Gini 值来表征结点划分的不纯度的基础上，对不同结点的不同划分结果，可以利用参数 $\text{Gini}_{\text{split}}$ 来衡量。

2. $\text{Gini}_{\text{split}}$ 值

当一个结点 t 分割成 k 个部分（子结点）后，划分的质量可由下式计算。

$$\text{Gini}_{\text{split}} = \sum_{i=1}^{k} \frac{n_i}{n} \text{Gini}(i) \tag{6-9}$$

式中，n_i 为子结点 i 的记录数；n 为父结点 t 的记录数。

【例6-6】　对于例 6-4 的表 6-5 中的数据，计算按照不同属性进行分类时的 Gini 值和 $\text{Gini}_{\text{split}}$ 值。

对于未划分的原始数据，n=14。分别对表中的 Outlook、Temperature、Humidity、Windy 属性进行划分，计算其 Gini 值和 $\text{Gini}_{\text{split}}$ 值，得到的结果如表 6-9 所示。

---

① 也有 GINI 系数是赫希曼发明的说法。

表 6-9　按不同结点划分的 $Gini_{split}$ 值

类　　别	$Gini_{split}$ 值			
以属性 Outlook 为结点	Outlook			
		sunny	overcast	rainy
	yes	2	4	3
	no	3	0	2
	Gini	0.480	0.000	0.480
	$Gini_{split}$	0.343		
以属性 Temperature 为结点	Temperature			
		hot	mild	cool
	yes	2	4	3
	no	2	2	1
	Gini	0.500	0.444	0.375
	$Gini_{split}$	0.440		
以属性 Windy 为结点	Windy			
		true	false	
	yes	3	6	
	no	3	2	
	Gini	0.500	0.375	
	$Gini_{split}$	0.429		
以属性 Humidity 为结点	Humidity			
		high	normal	
	yes	3	6	
	no	4	1	
	Gini	0.490	0.245	
	$Gini_{split}$	0.367		

　　比较 4 个 $Gini_{split}$ 值可知，以属性 Outlook 进行划分的 $Gini_{split}$ 值最小，因此可先对属性 Outlook 进行划分。（这点与表 6-6 所示的利用信息增益值计算的结果，以及表 6-8 所示的信息增益率的结果相一致。）

　　实际应用中，有些经典算法采取的是二元划分的方法（如 C4.5 算法），将多元属性按二分叉划分的最优选择就需要对各种组合进行比较，如表 6-10 所示。

表 6-10　Outlook 按不同组合的二叉划分的 $Gini_{split}$ 值

类　　别	$Gini_{split}$ 值		
以 {sunny，overcast/rainy} 进行划分		sunny	overcast/rainy
	yes	2	7
	no	3	2
	Gini	0.480	0.346
	$Gini_{split}$	0.394	

（续）

类 别	Gini~split~ 值		
以 {overcast，sunny/rainy} 进行划分		overcast	sunny/rainy
	yes	4	5
	no	0	5
	Gini	0.000	0.500
	Gini~split~	0.357	
以 {rainy，overcast/sunny} 进行划分		rainy	overcast/sunny
	yes	3	6
	no	2	3
	Gini	0.480	0.444
	Gini~split~	0.457	

从表 6-10 可以看出，如果要以二叉树进行划分，应以 {overcast，sunny/rainy} 进行划分。　◇

6.2.7　分类误差

对于给定结点 t，其数据集为 D，类别分别为 c_i（$i=1,2,\cdots,k$，其中 n_c 为数据类别的个数），则该结点的分类误差（Classification Error）值用下式计算：

$$\text{Error}(t) = 1 - \max_{i=1,2,\cdots,k} p(c_i \mid t) \tag{6-10}$$

式中，$p(c_i \mid t)$ 是在结点 t 的数据集 D 中类别为 c_i 的概率。当类分布均匀时，分类误差值达到最大值 $1-1/n_c$；当只有一个类时，分类误差值达到最小值 0。

对于例 6-4 的表 6-5 中的数据，利用分类误差再次计算最佳划分点，得到的结果如表 6-11 所示。

表 6-11　按不同结点划分的分类误差值

类 别	分类误差值			
以 Outlook 为结点进行划分	Outlook			
		sunny	overcast	rainy
	yes	2	4	3
	no	3	0	2
	$\max\limits_{i=1,2,\cdots,k} p(c_i \mid t)$	3/5	4/4	3/5
	Error	2/5	0	2/5
以 Temperature 为结点进行划分	Temperature			
		hot	mild	cool
	yes	2	4	3
	no	2	2	1
	$\max\limits_{i=1,2,\cdots,k} p(c_i \mid t)$	2/4	4/6	3/4
	Error	1/2	1/3	1/4

（续）

类　　别	分类误差值		
以 Windy 为结点进行划分	Windy		
		true	false
	yes	3	6
	no	3	2
	$\max\limits_{i=1,2,\cdots,k} p(c_i\,|\,t)$	3/6	6/8
	Error	1/2	1/4
以 Humidity 为结点进行划分	Humidity		
		high	normal
	yes	3	6
	no	4	1
	$\max\limits_{i=1,2,\cdots,k} p(c_i\,|\,t)$	4/7	6/7
	Error	3/7	1/7

从计算结果同样可以得出应以 Outlook 作为根结点首先进行划分的结论。

6.2.8　连续数值型属性的离散化与划分

前面介绍了对 nominal 型属性进行划分以及计算的方法，计算不同属性值的概率或期望值时，只需对出现的数值进行计数并计算即可。那么，如果属性的取值是连续的，如对身高或体重的测量值，又应该如何处理呢？

对于连续数值型属性，其基本思想是，将排序后的属性值以每两个相邻数值之间为界进行划分，并计算其不纯度的降低情况，其中的最优值即为最佳划分点。具体处理的步骤如下：

1）将该结点上的所有数据样本按照连续型描述属性的具体数值，由小到大进行排序，得到属性值的取值序列（v_1，v_2，$\cdots$，v_n）；

2）生成属性值的若干个划分点，每个划分点都可以把属性值集合分成两个域。一个比较简单的划分方法就是取 $n-1$ 个划分点 $d_i = (v_i + v_{i+1})/2$（$i=1$，2，$\cdots$，$n-1$）；

3）分别计算按照每个划分点划分得到的信息增益或者增益率等指标，将取得最大值的划分点作为连续数值型属性的离散化划分点。

【例 6-7】　对于表 6-12 所给出的分类模型训练数据（即第 10 章所介绍的 WEKA 数据挖掘处理软件所附带的数据 weather.numeric，其 Excel 格式的数据见素材"素材_weather.numeric.csv"文件），其中的属性 Temperature 和属性 Humidity 均为连续数值。应选取哪个属性作为根结点建立分类决策树？

表 6-12　天气数据表（属性数据为连续数值型）

no.	Outlook	Temperature	Humidity	Windy	play
1	sunny	85	85	false	no
2	sunny	80	90	true	no
3	overcast	83	86	false	yes
4	rainy	70	96	false	yes

（续）

no.	Outlook	Temperature	Humidity	Windy	play
5	rainy	68	80	false	yes
6	rainy	65	70	true	no
7	overcast	64	65	true	yes
8	sunny	72	95	false	no
9	sunny	69	70	false	yes
10	rainy	75	80	false	yes
11	sunny	75	70	true	yes
12	overcast	72	90	true	yes
13	overcast	81	75	false	yes
14	rainy	71	91	true	no

其中的 nominal 型属性 Outlook 和 Windy 的计算方法如例 6-4～例 6-6 所示，不再赘述。

对于连续数值型属性 Temperature 和 Humidity 的计算，需要在连续值序列中确定一个划分点，使 $Gini_{split}$ 值最小（这里，选用 Gini 系数来衡量分类前后不纯度的改善情况）。显然，对于 n 个不重复的连续值，需要计算 $n-1$ 个 $Gini_{split}$ 值进行比较。计算可以列成表 6-13 的形式，以属性 Temperature 为例，表中第 1 行是数据表中的 Temperature 值由小到大排序的数据；第 2、3 行为两个相邻的 Temperature 值的均值与 "$\leq$" 和 "$>$" 比较符构成的划分判别条件（例如 "$\leq$64.5" 和 "$>$64.5"[⊖]）；第 4、5 行为按照对应的划分判定条件，统计 play 的不同类别的数量；第 6、7 行为计算出的 Gini 和 $Gini_{split}$ 的值。

表 6-13　连续属性划分点计算

类别	划分点计算结果																								
	Temperature																								
	排序	64		65		68		69		70		71		72		75		80		81		83		85	
	划分点	64.5		66.5		68.5		69.5		70.5		71.5		73.5		77.5		80.5		82.0		84.0		85.0	
连续数值型属性 Temperature		$\leq$	$>$	$\leq$	$>$	$\leq$	$>$	$\leq$	$>$	$\leq$	$>$	$\leq$	$>$	$\leq$	$>$	$\leq$	$>$	$\leq$	$>$	$\leq$	$>$	$\leq$	$>$	$\leq$	$>$
	Class　yes	1	8	1	8	2	7	3	6	4	5	4	5	5	4	7	2	7	2	8	1	9	0	9	0
	no	0	5	1	4	1	4	1	4	1	4	2	3	3	2	3	2	4	1	4	1	4	1	5	0
	Gini	0.000	0.473	0.500	0.444	0.444	0.463	0.375	0.480	0.320	0.494	0.444	0.469	0.469	0.444	0.420	0.500	0.463	0.444	0.444	0.500	0.426	0.000	0.459	0.000
	$Gini_{split}$	0.440		0.452		0.459		0.450		0.432		0.458		0.458		0.443		0.459		0.452		<u>0.396</u>		0.459	
	Humidity																								
	排序	65		70		75		80		85		86		90		91		95		96					
	划分点	67.5		72.5		77.5		82.5		85.5		88.0		90.5		93.0		95.7		96.0					
连续数值型属性 Humidity		$\leq$	$>$	$\leq$	$>$	$\leq$	$>$	$\leq$	$>$	$\leq$	$>$	$\leq$	$>$	$\leq$	$>$	$\leq$	$>$	$\leq$	$>$	$\leq$	$>$				
	Class　yes	1	8	3	6	4	5	6	3	6	3	7	2	8	1	8	1	8	1	9	0				
	no	0	5	1	4	1	4	1	4	2	3	2	3	3	2	4	1	5	0	5	0				
	Gini	0.000	0.473	0.375	0.480	0.320	0.494	0.245	0.490	0.375	0.500	0.346	0.480	0.397	0.444	0.444	0.500	0.473	0.000	0.459	0.000				
	$Gini_{split}$	0.440		0.450		0.432		0.367		0.429		0.394		0.407		0.452		0.440		0.459					

从计算结果可以看出，Temperature 按照 "$\leq$84.0" 和 "$>$84.0" 进行划分，可得最小 $Gini_{split}$

⊖　有时为了简便，直接以已有的数值点作为划分点，左叉为 "$\leq v_i$"，右叉为 "$>v_i$"。这里选取 $d_i=(v_i+v_{i+1})/2$ 作为划分点，是为了使划分值有一定的余量以使所建立的分类模型划分数值更为合理，且能够更好地弥合组间距。

值 0.396；Humidity 按照"≤82.5"和">82.5"进行划分，可得最小 Gini$_{split}$ 值 0.367。结合例 6-6 中对 Outlook 和 Windy 的计算结果，可得出在使用决策树建立分类模型时，仍应以 Outlook 为根结点建立决策树模型。　　　　　　　　　　　　　　　　　　　　　　　　　◇

　　如果连续数值的取值较为分散，则以上方法需要大量的计算，可采取一些处理方法来降低计算量，其中一种方法是对排序后的连续型数值属性所对应的决策属性值进行分类。以例 6-7 的表 6-12 中的数据为例，先对 Temperature 和 Humidity 的属性值由低到高进行排序，并对 play 分类属性在属性值排序的基础上也进行排序，将属性值或分类值不发生变化的数值视为同一组，如表 6-14 中每种属性的第 1、2 行用不同深浅的背景色来表示。找出属性值和分类属性值均发生变化的边界，例如表 6-14 中 Humidity 的从 65 变为 70（分类值同时由 yes 变为 no）以及从 80 变为 85（分类属性值同时由 yes 变为 no）的边界点，以此作为划分点进行计算比较。这样，只要对较少的划分点进行计算比较即可，有效地降低了计算复杂度，如表 6-14 所示，Temperature 由表 6-13 中计算 12 次，减少为计算 6 次；Humidity 则从 10 次减少为 6 次。

表 6-14　优化计算最佳划分点

类　别	最佳划分点结果													
	Temperature													
连续数值型属性 Temperature	排序	64	65	68	69	70	71	72	72	75	75	80	81	83	85
	play	yes	no	yes	yes	yes	no	no	yes	yes	no	yes	yes	no

	划分点	64.5		66.5		70.5		77.5		80.5		84	
		≤	>	≤	>	≤	>	≤	>	≤	>	≤	>
Class	yes	1	8	1	8	4	5	7	2	7	2	9	0
	no	0	5	1	4	1	4	3	2	4	1	4	1
Gini		0.000	0.473	0.500	0.444	0.320	0.494	0.420	0.500	0.463	0.444	0.426	0.000
Gini$_{split}$		0.440		0.452		0.432		0.443		0.459		0.396	

连续数值型属性 Humidity	Humidity													
	排序	65	70	70	70	75	80	80	85	86	90	90	91	95	96
	play	yes	no	yes	yes	yes	yes	no	yes	no	yes	no	yes	yes

	划分点	67.5		82.5		85.5		88		90.5		95.5	
		≤	>	≤	>	≤	>	≤	>	≤	>	≤	>
Class	yes	1	8	6	3	6	3	7	2	8	1	8	1
	no	0	5	1	4	2	3	2	3	3	2	5	0
Gini		0.000	0.473	0.245	0.490	0.375	0.500	0.346	0.480	0.397	0.444	0.473	0.000
Gini$_{split}$		0.440		0.367		0.429		0.394		0.407		0.440	

　　之所以能够减少计算次数，是因为对于排序的属性值，分类属性值均为 yes 或 no 时，就没有必要在这之间再设置划分并进行计算了，因为将这一组 yes 或 no 划分成两个部分，必定会提高不纯度。

　　其他降低计算量的方法是按照一定的规则（如等距、等密度、K 均值等）对连续数值进行离散化处理，再进行最优划分点的计算。离散化处理需要对数据、数据的含义、数据应用等方面具有充分的了解，才能合理有效地离散化，并保持数据的原有特征。

6.2.9　决策树剪枝

　　在 6.2.2 节的算法 6-1 所列出的对 Hunt 算法描述中，直到所有的训练数据被处理完毕，才会停止构建决策树。这样会导致某些不具有代表性的数据，如偶然出现的数据，也会按照算法被生长为叶结点，而这些数据，很可能是错误数据或噪声数据。使用这样的分类模型，会导致错误的归纳结果，因此需进行相应的调整和处理。

对训练数据集中的每一个数据，都按照算法处理，生成对应的分支和结点所得到的分类决策树被称为完全决策树。完全决策树会导致过度拟合现象的发生，会对模型的准确度造成影响。

1. 过度拟合

与训练数据拟合太好的决策树分类模型，其泛化误差可能要比具有较高训练误差的模型要高，这种情况称为模型过度拟合。

导致过度拟合的原因有很多，包括数据样本的问题。数据样本引发过度拟合较为常见的原因之一就是因为数据中存在噪声点，使分类模型记住了噪声点的特征，从而构成了非真的模型结点。

【例 6-8】 由表 6-15 中所示训练数据集(其中类标号列中标有*号的数据为错误的分类数据，即噪声数据)，完全拟合的决策树如图 6-12a 所示(图中分类标签中的数值表示属于该类别的样本数量)。由于决策树是由训练数据产生的，所以其训练误差为 0。

表 6-15 哺乳动物分类的数据集

类别	训练数据集(标*的为被错误地分类的数据)						测试数据集						
示例	no.	名称	体温	胎生	4 条腿	冬眠	类标号(哺乳动物)	no.	名称	体温	胎生	4 条腿	冬眠	类标号(哺乳动物)
	1	刺猬	恒温	是	是	是	是	1	人	恒温	是	否	否	是
	2	狗	恒温	是	是	否	是	2	鸽子	恒温	否	否	否	否
	3	蝙蝠	恒温	是	否	是	否*	3	大象	恒温	是	是	否	是
	4	鲸	恒温	是	否	否	否*	4	双髻鲨	冷血	是	否	否	否
	5	蝾螈	冷血	否	是	是	否	5	海龟	冷血	否	是	否	否
	6	巨蜥	冷血	否	是	否	否	6	企鹅	冷血	否	否	否	否
	7	尖吻蝮	冷血	否	否	是	否	7	鳗鱼	冷血	否	否	否	否
	8	鲑鱼	冷血	否	否	否	否	8	海豚	恒温	是	否	否	是
	9	鹰	恒温	否	否	否	否	9	鼹鼠	恒温	是	是	否	是
	10	虹鳟鱼	冷血	是	否	否	否	10	蠼螋	冷血	否	是	是	否

但是用表 6-15 中所示的测试数据对过度拟合的决策树进行测试时，检验误差竟然高达 30%。人和海豚都被错误地分类为非哺乳动物，这是因其在"体温""胎生""4 条腿"这三个属性上与训练数据中被错误标记的样本属性值相同。而对于图 6-12b 所示的决策树(图中分类标签中的数值表示属于该类别的样本数量，其中"2/2"表示 4 个样本中，有 2 个样本

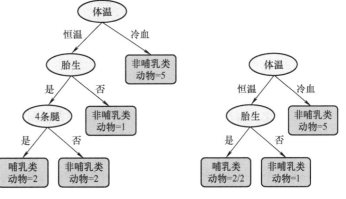

a) 完全拟合训练数据的决策树　　b) 非完全拟合训练数据的决策树

图 6-12　完全拟合训练数据的决策树导致高的检验误差

为训练误差），尽管具有较高的训练误差(20%)，但检验误差较低(10%)，更能为实际应用所接受。

图 6-12a 中的决策树过度拟合了训练数据。因为属性测试条件"4 条腿"具有欺骗性，它拟合了错误标记的训练纪录，导致了对测试数据集中记录的错误分类。 ◇

图 6-13 中所示的示例，形象地说明了这个问题，噪声点在完全拟合的情况下，明显改变了决策树拟合的决策边界。原本可以用 $x+y\leqslant10$ 和 $x+y>10$ 来划分图中两个类别的数据来构建分类模型(假设这里 x 为横坐标量值，y 为纵坐标量值)，因为存在图示的噪声点且完全拟合，就会产生出另外的决策树分支，在将来的模型应用中，也会出现错误。

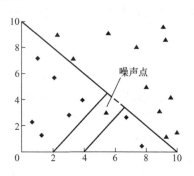

图 6-13 噪声导致决策边界的改变

导致过度拟合的第二个原因是训练数据中缺乏代表性的样本。根据少量训练记录构造出的分类决策模型也容易受过度拟合的影响。由于训练数据缺乏具有代表性的样本，在训练记录较少的情况下，学习算法仍然对分类模型进行细化，从而产生过度拟合。

【例 6-9】 表 6-16 中的五个训练记录，都是正确标记的，所对应的决策树如图 6-14 所示，其训练误差为 0，但使用表 6-15 中的测试数据的检验误差高达 30%。其中，人、大象和海豚被错误分类，这次是因为决策树把恒温但不冬眠的动物分为非哺乳动物。决策树做出这样的分类决策是因为只有一个训练记录(鹰)具有这些特征。本例表明，当决策树的叶结点没有足够的代表性样本时，很可能做出错误的预测。

表 6-16 哺乳动物分类的训练数据集

名 称	体 温	胎 生	4 条腿	冬 眠	类标号
蝾螈	冷血	否	是	是	否
虹鳉鱼	冷血	是	否	否	否
鹰	恒温	否	否	否	否
弱夜鹰	恒温	否	否	是	否
鸭嘴兽	恒温	否	是	是	是

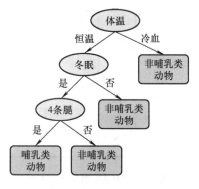

图 6-14 决策树可分类模型，
过度拟合导致精度下降

◇

导致过度拟合的第三个原因是，在建立分类模型的过程中，使用了过多无关的属性进行迭代。

那么应该怎么解决决策树中的过度拟合问题呢？根据以上的分析，有两类方法来解决过度拟合问题：一是深刻透彻地理解数据所反映的业务逻辑，对数据进行有效的抽样、清理、去噪等预处理；二是在建立决策树分类模型时，对其进行适当的修剪(剪枝)。

剪枝是一个简化过拟合决策树的过程。对决策树进行剪枝的方法有先剪枝和后剪枝两种方法。

2. 先剪枝

先剪枝(prepruning)是在使树增长算法完全拟合整个训练数据集之前就根据规则停止决策树的生长的一种方法。在决策树的构建过程中，当达到某一预先设定的条件时，就停止树的生长，用该结点子集元组中最频繁的类，即主导类，作为其类别标号，该结点也设置为叶结点。这里剪枝主要有以下几种限制性结束条件：

1) 定义一个决策树树高上限，当决策树达到这个上限时，就停止生长；
2) 定义一定的实例个数阈值，当结点的记录数少于该阈值，则停止生长；
3) 当不纯性度量的增益(例如 information gain)低于某个确定的阈值时，则停止生长；
4) 实例具有相同的特征向量的时候，停止决策树的生长，即使这些属性不属于同一类[○]。

先剪枝方法不但相对简单，具有较高的效率，而且不需要生成整个决策树，适合于解决数据规模较大所带来的问题。该方法看起来很直接，但要精确地估计决策树生长的停止条件并不容易，而选取一个恰当的阈值更是非常困难。阈值太低，无法充分解决过度拟合的问题；阈值太高，则会导致拟合不足。

3. 后剪枝

后剪枝(postpruning)方法首先按照最大规模生长生成初始决策树，允许决策树过度拟合训练数据，构造出完整的决策树，然后再按照自底向上的方式对初始决策树进行剪枝。后剪枝是根据完全增长的决策树做出的剪枝决策，避免了先剪枝由于无法精确地估计何时停止树的生长而可能过早终止决策树的生长的问题。与先剪枝相比，后剪枝技术往往能产生更好的结果。然而，对于后剪枝来说，当子树被剪掉后，生长完全决策树的额外开销就被浪费了。

总的来讲，后剪枝的准则依据是用训练数据集或测试数据集对剪枝前后的分类性能进行比较，根据分类结果最优化的原则来进行剪枝。剪枝的方法有很多种，这里从原理上介绍其中较为常用的几种。

(1) 减少错误剪枝(Reduced-Error Pruning，REP)法。

REP 是一种较为简单的、基于测试检验结果的后剪枝方法，使用测试数据集来对过度拟合训练集中的虚假特征提供防护检验。这种方法将决策树上的每个结点都列为剪枝的候选结点，再根据以下算法 6-2 的步骤确定是否对结点进行剪枝：

【算法 6-2】 REP 算法(给定由训练集数据生成的决策树 T)

```
1:  repeat
2:      找到最靠近叶结点的子树 Ts，使 Ts 变成为叶结点 N，得到一棵新树 T′；
3:      利用测试集测试 T′，计算分类误差；
4:      if T′的分类误差较 T 的分类误差有所下降 then
5:          T=T′    //即删除子树 Ts，用叶结点 N 代替
6:  until 任意一棵子树被叶结点替代而不会增加其在测试集上的分类错误
```

REP 反复地比较分类误差，每次总是选取那些删除后可能最大程度地提高决策树在测试集上精度的结点进行修剪，直到进一步的修剪会降低决策树在测试集上的精度为止。

由于算法使用测试集所得出的分类误差来进行剪枝，所以修改后的决策树可能偏向于过度修剪。测试集中出现的噪声点也会使某结点被(错误地)修剪掉。当测试集和训练集较小时，这一问题尤其明显，通常不考虑采用这种方法。

【例 6-10】 表 6-17 中列出的是一组汽车配置和指标数据(素材文件见"素材_汽车配置及指标数据.csv")，其中里程为类别变量。

○ 这种方法能够较为有效地处理数据中的冲突问题。

表 6-17 汽车配置及指标数据集

序号	类型	气缸	涡轮式	燃料	排气量	压缩率	功率	换档	质量	Class:里程
1	小型	4.0	Y	1型	中	高	高	自动	中	中
2	小型	4.0	N	1型	中	中	高	手动	中	中
⋮	⋮	⋮	⋮	⋮	⋮	⋮	⋮	⋮	⋮	⋮
20	小型	4.0	N	1型	小	高	中	手动	中	高
21	小型	4.0	N	2型	小	高	中	手动	中	中

由表中数据，利用 WEKA 软件的 J48（即 C4.5）决策树算法，如果不进行剪枝，可以得到如图 6-15a 所示的决策树（参数设置为 unpruned=True；minNumObj=1，其他使用默认参数），数据中的每个元组都建立了对应的决策树分支和结点，即便是如{质量=中，类型=小型，排气量=小，燃料=1 型}这样只有 1 项的数据。如果这个数据是异常的，则会降低模型的精确度。

对模型进行 C4.5 剪枝（参数设置为 unpruned=False；minNumObj=1，其他使用默认参数），对于图 6-15a 中的"燃料"结点用其主导类的类标号"中"代替，进一步与另一侧的"中"合并，得到"中=11.0，高=1.0"的分类数据来代替"排气量"结点，见图 6-15b 所示的决策树（图中的"中(12.0/1.0)"表示共有 12 个实例被标记为"中"但有一个是错的），实现了对"排气量"的剪枝。

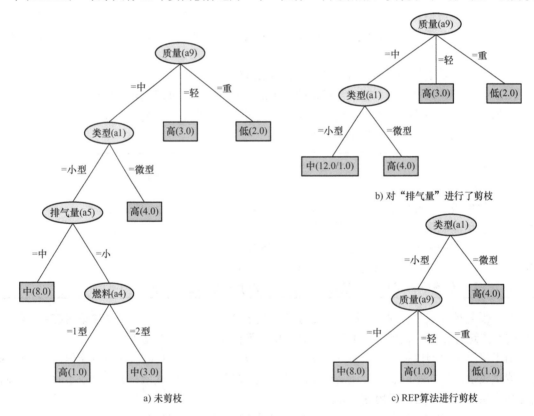

a) 未剪枝

b) 对"排气量"进行了剪枝

c) REP算法进行剪枝

图 6-15 决策树后剪枝

如果使用 REP 算法进行剪枝（参数设置为 reducedErrorPruning=True，unpruned=False；minNumObj=1，其他使用默认参数），可得到如图 6-15c 所示的决策树。这里，因 REP 算法需要使用测试集来对过度拟合的模型进行检验，所以表 6-16 中列出的数据被分成了两个部分：训练数据(14 个实例)和测试数据(7 个数据)。 ◇

(2) 悲观错误剪枝(Pesimistic-Error Pruning，PEP)法。

在前面介绍的 REP 法中，使用测试数据集来对剪枝前后的错误率进行测试和比对以确定是否进行剪枝。在 PEP 法中则仅仅使用训练数据，通过剪枝前后数据集错误率的变化来判定是否对子树进行修剪。该方法引入了统计学上连续性修正的概念弥补了 REP 法中的缺陷，在评价子树的训练错误公式中添加了一个常数，以此来假定每个叶结点在一定程度上对实例的某个部分有错误的分类。

PEP 法的基本原理也是尝试用叶结点代替子树，如果可使数据集的分类误差减低，则确定这个替换，否则不予替换。但是，这样的替换必定会导致其训练集的分类误差上升(测试数据集的分类误差不一定会上升)，所以需要进行一定的修正，以保证这个方法有效。修正的方法就是在分类误差上加上一个经验性的惩罚因子。

对于叶结点，假定其有 N 个样本，其中有 E_{leaf} 个为错误分类，则其错误率为

$$e_{\text{leaf}} = \frac{E_{\text{leaf}} + 0.5}{N} \tag{6-11}$$

其中，0.5 就是惩罚因子。

对于子树，假定其有 N_{leaf} 个叶结点，则其经过修正后的子树的错误率为

$$e_{\text{T}} = \frac{\sum_{i=1}^{N_{\text{leaf}}} E_{\text{leaf}_i} + 0.5 N_{\text{leaf}}}{\sum_{i=1}^{I_{\text{L}}} N_i} \tag{6-12}$$

式中，E_{leaf_i} 为子树中各叶结点的误判个数；I_{L} 为子树中叶结点的个数；N_i 为子树中各叶结点的样本数($i=1$, 2, $\cdots$, I_{L})。加入惩罚因子，可在一定程度上消除因子树换为叶结点时固有的分类误差的增长。

剪枝后内部结点变成了叶结点，其误判个数 E_{J} 也需要加上一个惩罚因子，变成 $E_{\text{J}} + 0.5$。那么子树是否需要剪枝就取决于剪枝后的误判个数 $E_{\text{J}} + 0.5$ 是否在 $\sum_{i=1}^{N_{\text{leaf}}} E_i + 0.5 N_{\text{leaf}}$ 的标准误差范围内。对于样本的错误率 e_{T}，可以根据经验把它估计成各种分布模型，例如，对于二项式分布或正态分布$^{\ominus}$，可以估计出该树的误判次数均值 $\bar{E}_{\text{T}}$ 和标准差 $\sigma_{E_{\text{T}}}$ 分别为

$$\bar{E}_{\text{T}} = N \cdot e_{\text{T}}$$
$$\sigma_{E_{\text{T}}} = \sqrt{N \cdot e_{\text{T}} \cdot (1 - e_{\text{T}})}$$

可以设定当子树的误判个数大过对应叶结点的误判个数一个标准差之后(即 $E_{\text{L}} \leqslant \bar{E}_{\text{T}} + \sigma_{E_{\text{T}}}$)，就决定剪枝，即为剪枝的标准。应用时，并不一定要求子树的误判个数比对应替换叶结点的误判个数大一个标准差才能进行剪枝处理，也可以给定一定的置信区间，设定一定的显著性因子，估算出误判次数的上下界，与误判次数进行比较来作为是否剪枝的依据。

$\ominus$ 如果设一棵树正确分类一个样本的值为 0，错误分类一个样本的值为 1，则树的误判次数服从伯努利分布。将子树替换成叶结点后，该叶结点的误判次数也服从一个伯努利分布，其概率误判率 e 为 $(E+0.5)/N$，因此叶结点的误判次数均值为 $E(\text{err}) = N \cdot e$。

【例 6-11】 如图 6-16 所示的决策树子树，每一个结点方框中的数字分别表示正确分类的样本数量和误判的样本数量。用 PEP 准则来确定这个子树是否应被剪枝(用一个叶结点代替)。

这棵子树的误差率为

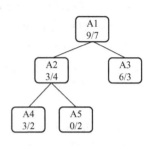

$$e_{\mathrm{T}} = \frac{\sum\limits_{i=1}^{N_{\mathrm{leaf}}} E_i + 0.5 N_{\mathrm{leaf}}}{\sum\limits_{i=1}^{I_{\mathrm{L}}} N_i} = \frac{2+2+3+0.5\times 3}{(3+2)+(0+2)+(6+3)} = \frac{8.5}{16}$$

子树误判次数的标准误差为

$$\sigma_{E_{\mathrm{T}}} = \sqrt{N \cdot e_{\mathrm{T}} \cdot (1 - e_{\mathrm{T}})} = \sqrt{16 \times \frac{8.5}{16} \times \left(1 - \frac{8.5}{16}\right)} = 1.996$$

图 6-16　PEP 决策树剪枝

将子树替换为一个叶结点后，其误判个数为

$$E_{\mathrm{leaf}} = 7 + 0.5 = 7.5$$

因为有

$$(E_{\mathrm{leaf}} = 7.5) \leqslant (\overline{E}_{\mathrm{T}} + \sigma_{E_{\mathrm{T}}} = 8.5 + 1.996)$$

所以决定将子树替换为一个叶结点。　　　　　　　　　　　　　　　　　　　　◇

(3) 代价-复杂度剪枝(Cost-Complexity Pruning，CCP)。

CCP 算法同样是通过比较剪枝前后决策树的分类准确度的变化情况来决定是否进行剪枝。算法中定义了一个判定指标 α，它是在剪枝过程中因子树 T_t 被叶结点 t 替代而增加的错分样本发生率[代价(cost)]与决策树被简化程度[复杂度(complexity)]的比值。即

$$\alpha = \frac{R(t) - R(T_t)}{N_{T_t} - 1} \tag{6-13}$$

式中，N_{T_t} 为子树 T_t 中的叶结点数，1 为叶结点 t 的叶结点数，因此分母为剪枝前后子树 T_t 减少的叶结点数，即决策树复杂度下降的程度；分子为剪枝前后错误发生率的增加量，即剪枝前后错误发生率之差。α 值衡量了因剪枝所引起的错误率的升高与决策树复杂度降低之间的对比关系。其中，定义如下两个概念。

1) 错误发生率：定义结点 t 的错误发生率为 $R(t) = r(t)p(t)$，其中 $r(t)$ 为结点 t 的错分样本率，$p(t)$ 为落入结点 t 的样本占所有样本的比例。定义子树 T_t 的错误发生率为 $R(T_t) = \sum\limits_i R(i)$，其中 i 为子树 T_t 的各叶结点。

2) 复杂度：表示剪枝后子树 T_t 减少的叶结点数。

【例 6-12】 假定在图 6-16 所示的决策树子树示例中，所有样本的数量为 60。那么，对于以 A1 为根结点的子树，有

$$R(t) = r(t)p(t) = \frac{7}{16} \times \frac{16}{60} = \frac{7}{60}$$

$$R(T_t) = \sum_i R(i) = \frac{2}{5} \times \frac{5}{60} + \frac{0}{2} \times \frac{2}{60} + \frac{3}{9} \times \frac{9}{60} = \frac{5}{60}$$

$$\alpha = \frac{R(t) - R(T_t)}{N_{T_t} - 1} = \frac{\dfrac{7}{60} - \dfrac{5}{60}}{3 - 1} = \frac{1}{60}$$

对于以 A2 为根结点的子树，有

$$R(t) = r(t)p(t) = \frac{4}{7} \times \frac{7}{60} = \frac{4}{60}$$

$$R(T_t) = \sum_i R(i) = \frac{2}{5} \times \frac{5}{60} + \frac{0}{2} \times \frac{2}{60} = \frac{2}{60}$$

$$\alpha = \frac{R(t) - R(T_t)}{N_{T_t} - 1} = \frac{\dfrac{4}{60} - \dfrac{2}{60}}{2 - 1} = \frac{2}{60}$$

根据计算结果，可以对 α 值最小的子树 A1 进行剪枝。

CCP 剪枝算法分为两个步骤：

1）对完全决策树 T 的每个非叶结点计算 α 值，循环剪掉具有最小 α 值的子树，直到剩下根结点，可得到一系列的剪枝树 $\{T_0, T_1, T_2, \cdots, T_m\}$，其中 T_0 为原有的完全决策树，T_m 为根结点，T_{i+1} 为对 T_i 进行剪枝的结果。即是从 T_0 开始，裁剪 T_i 中训练集误差增加最小的分支来得到 T_{i+1}。

2）根据真实的误差估计从子树序列中选择最佳决策树。

如何从步骤 1）产生的子树序列 $\{T_0, T_1, T_2, \cdots, T_m\}$ 中选择出最佳决策树，是步骤 2）的关键，通常可以采用 V–交叉验证（V-fold Cross-Validation）和基于独立剪枝数据集等方法。

例如基于独立剪枝数据集方法，通常使用 1–SE（1–标准误差）规则从子树序列中选择最佳剪枝决策树。给定一个剪枝集，其样本数为 N'，对子树序列 $\{T_0, T_1, T_2, \cdots, T_m\}$ 中的 T_i 进行分类，结果中的错分样本数为 E_i，令 $E' = \min(E_i)$，定义 E' 的标准误差（Standard Error）为

$$\mathrm{SE}(E') = \sqrt{\frac{E' \times (N' - E')}{N'}}$$

则满足条件 $E_i \leqslant E' + \mathrm{SE}(E')$ 且包含的结点数最少的那棵剪枝树 T_i，即为最佳剪枝树。

（4）最小错误剪枝（Minimum Error Pruning，MEP）。

MEP 法的基本思想是：

1）对于决策树中的非叶结点 t，计算其分类误差估计，称为静态误差 $\mathrm{STE}(t)$；

2）再对以 t 为根结点的子树的每一个叶结点 $t_i (i = 1, 2, \cdots, m)$ 计算其分类误差估计，并以各结点拥有的训练样本的比例为权值，进行加权求和，得到结点 t 的动态（回溯）误差 $\mathrm{DYE}(t)$；

3）如果 $\mathrm{STE}(t) \leqslant \mathrm{DYE}(t)$，则对结点 t 子树进行剪枝。

MEP 法的处理过程需采取自底向上的方式，遍历决策树中的每个非叶结点，使决策树的分类误差的期望概率达到最小。MEP 法仅使用训练样本集来估算误差及其期望概率。

设训练样本集的类别总数为 n_c，对于决策树中的非叶结点 t，其拥有的样本数为 $N(t)$，其中属于主导类 c_p 的样本数为 $N_{c_p}(t)$，则不属于主导类的样本数，即错误样本数，为 $E(t) = N(t) - N_{c_p}(t)$。则结点 t 中某一样本实例属于类 c_p 的期望概率为

$$p_{c_p}(t) = \frac{N_{c_p}(t) + p_{c_p} \cdot m}{N(t) + m} \tag{6-14}$$

式中，p_{c_p} 为第 c_p 类的先验概率；m 是一个用来设置先验概率在 $p_{c_p}(t)$ 评估中作用的权值。假定对结点 t 剪枝，使该子树变为叶结点，并将其标识为类别 c_p，则分类误差的期望概率为

$$E[\mathrm{Error}(t)] = 1 - \max\{p_{c_p}(t)\} = \min\{1 - p_{c_p}(t)\}$$

$$= \min\left\{\frac{N(t) - N_{c_p}(t) + (1 - p_{c_p}) \cdot m}{N(t) + m}\right\} \tag{6-15}$$

简单地，假设所有分类概率相等，即 $p_i = 1/n_c$，且结果类的概率是均匀分布的，即 $m=n_c$。则结点 t 分类误差的期望概率为

$$E[\mathrm{Error}(t)] = \min\left\{\frac{N(t) - N_{c_p}(t) + n_c - 1}{N(t) + n_c}\right\} \tag{6-16}$$

式 (6-16) 即为计算静态误差 STE (t) 和动态误差 DYE (t) 的公式。

MEP 法借助贝叶斯方法 (关于贝叶斯定理的简单介绍，可参考 6.4.1 节中的相关内容) 也进行了一些改进，提出了 m 概率估计的概念，称 m 值可以根据问题域的不同而进行调整。一般来说，m 的值越大，决策树的修剪程度也就越大。如果 m 趋于无穷大，整棵树将被修剪成一个根结点，此时拥有最小的误差概率。但事实上，较高的 m 值并不能自动令决策树的规模变得更小，其非单调性对 MEP 法的计算复杂度影响很大。

m 值的选取至关重要。可以借助一些辅助系统和数据 [如采用独立的修剪 (测试) 数据集] 来帮助完成计算和选取，达到最佳结果。

(5) 其他的后剪枝方法。

决策树剪枝的方法有很多，例如基于错误剪枝 (Error-Based Pruning，EBP)、关键值剪枝 (Critical Value Pruning，CVP)、优化剪枝 (Optimal Pruning，OPP) 和代价敏感决策树剪枝 (Cost-Sensitive Decision Tree Pruning，CSDTP) 等，这里不一一介绍了，有兴趣的读者可以查阅相关资料进行研究。

实际工作中，各个样本数据集的搜集完整程度和数据之间的关联程度存在差异，不同的剪枝方法，适合于不同类型的样本数据集，具体选用那种方法要根据具体的情况而定。

一般来说，REP 法是最简单的剪枝方法，但是它不适合于数量较小的样本集；PEP 法被认为是当前决策树后剪枝方法中精度最高的算法；CCP 法所得到的树的规模比 REP 法的要小。不同的剪枝算法各有优劣，应根据实际的数据特点和应用情景来选择、运用和比较。

4. 拟合不足

当决策树很小时，训练和检验误差都很大，这种情况称为模型拟合不足。出现拟合不足的原因是模型尚未学习到数据的真实结构。

6.2.10　常见算法

在决策树归纳分类中，较为常见的算法有 ID3 算法、C4.5 算法和 CART 算法等。各种算法生成决策树模型的方法、指标和过程有所差异，所能够处理数据的类型也有所不同，如图 6-17 所示。

1. ID3 算法

ID3 (Iterative Dichotomiser 3) 算法是由 J.Ross Quinlan 首先提出的。该算法是以信息论为基础，以信息熵和信息增益 (Information gain) 为衡量标准，从而实现对数据的归纳分类。算法的核心思想就是以信息增益来度量属性的选择，选择划分后信息增益最大的属性进行划分，并采用自顶向下的贪婪搜索遍历可能的决策空间。

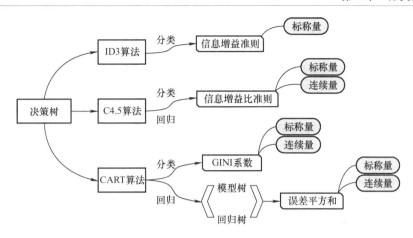

图 6-17 决策树分类算法

ID3 算法有一定的局限性。一是 ID3 所采用的信息增益度量与属性的取值量有密切关联。例如，按照如图 6-8c 所示的 CustomerID 进行划分，可以计算出划分后的信息熵为 0，则这时的信息增益是最大的，应该对 CustomerID 来进行下一步的划分，但这又是没有意义的。其信息增益最大，仅仅是因为各个划分分支上的数据样本的数量而导致的。这种情况显然是要避免的，因此单纯地使用信息增益来作为划分的标准有一定的局限性。二是在 ID3 算法的描述中，只能对标称(nominal)型数值的属性进行处理，而没有涉及连续数值型属性的处理。对这些问题的改进的办法就是利用信息增益与划分信息的比值，即信息增益率来作为衡量标准，这就是 C4.5 算法。

2. C4.5 算法

C4.5 算法由 J.Ross Quinlan 在 ID3 算法的基础上提出的，是 ID3 算法的改进版本。C4.5 算法是以 ID3 算法为核心的、较为完备的决策树生成系统。它通过生成阶段和剪枝阶段两个步骤来建立决策树。C4.5 算法在 ID3 算法的基础上增加了对连续型属性和属性值空缺情况的处理，对树的剪枝也有了较成熟的方法。

C4.5 算法对 ID3 算法的改进有以下几点：

1) 引入信息增益率作为划分的度量，以解决 ID3 算法中存在的归纳偏置的问题，计算信息增益时，不同分类的样本的数量，会影响信息熵或信息增益的计算结果[⊖]。用信息增益选择属性时偏向于选择分枝比较多的属性值，即取值多的属性；

2) 既可以处理离散型属性，也可通过离散化来处理连续数值型属性；

3) 对决策树采用改进的 EBP 后剪枝算法；

4) 可处理样本的属性值缺失问题。

3. CART 算法

分类与回归树(Classification and Regression Tree，CART)模型由 Breiman 等人在 1984 年提出，是应用广泛的决策树学习方法。该算法可用于分类问题，也可以用于回归问题。

算法采用的是一种二分递归分割的技术，根据样本属性对特征空间进行二元划分，分为两个子样本集，所生成的非叶结点均有两个分支，通过递归生成，最终构成一个二叉树，由不同分支代表不同的特性。算法处理标称型属性和连续型属性，对其进行二叉划分时，采用如图 6-5b 和

⊖ ID3 算法的有偏性质是源自于信息熵理论，它更偏向于属性值多的那些属性，这样的树分支多而且树比较短。这样可能带来的问题是样本会被过早地分散到多个分支中，导致样本在下一级的训练中训练不足。

图 6-7b 所示的方法进行划分。

CART 算法的过程由特征选择、树的生成及剪枝组成。CART 算法在进行分类应用时,采用 Gini 指数来度量划分时的不纯度,计算速度较熵计算更快一些。在回归应用构建决策树时通过误差平方和准则来选择最优二分切点,因此也被称为最小二乘树。根据输出结果的取值不同,又分为回归树(按输出值的均值取值)和模型树(按输出值的线性回归结果,即回归系数取值)。

CART 算法的剪枝,是通过遵循整体损失函数极小化的原则来实现的,这一点与 C4.5 算法的剪枝策略相似。

6.2.11 决策树分类的特点

决策树是一种构建分类模型的非参数方法,即不需任何先验假设,不假定类或属性服从一定的概率分布(后面介绍的贝叶斯分类算法则对数据有概率分布上的要求)。算法不需要昂贵的计算代价。即使训练集巨大,也可快速建立模型,它对未知样本的分类速度非常快。决策树分类模型相对容易解释,特别是小型的决策树,简单数据集的分类准确率高。

决策树分类也有一定的缺陷,例如所构建的决策树模型中的子树可能在决策树中重复多次,使决策树过于复杂。

对单个属性运用测试条件,树的生长过程就是将属性空间划分为不相交的区域的过程,而且决策边界为平行于坐标轴的直线,如图 6-18 所示。

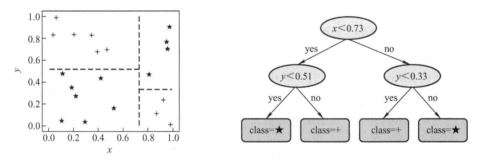

图 6-18 决策树分类的决策边界为平行于坐标轴的直线

而对于如图 6-19a 所示的、有着明显分界且划分清楚的数据分布,如果对单个属性进行测试来进行属性空间划分,则会构建非常复杂的决策树模型,并具有一定的分类错误率,如图 6-20 所示,

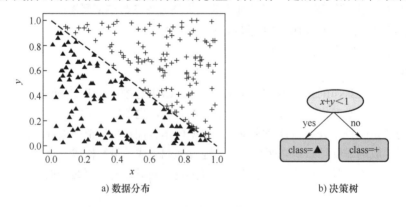

a) 数据分布　　　　　　b) 决策树

图 6-19 非常规的决策边界

而且模型无法解释。对于这种情况，运用随后章节中介绍的支持向量机方法就能够得到很好的解决。通过有效地探索数据的特征和内在关系，可使用划分规则为 $x+y<1$ 的分类器，这样就能够有效而简捷地对数据进行分类，如图 6-19b 所示。

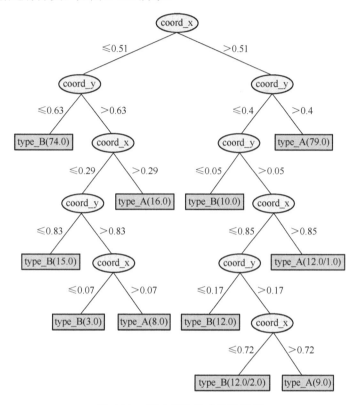

图 6-20 C4.5 算法生成的决策树

6.3 基于规则的分类器

6.3.1 算法原理

基于规则的分类器是使用一组由 "如果……则……" 规则构成的分类模型来对记录进行分类的技术。例如，对于表 6-15 中所示的测试数据集[⊖]，可以对其建立分类模型，构造如表 6-18 所示的分类规则集。

表 6-18 哺乳动物分类问题的规则集

r_1	(体温=冷血) → (哺乳动物=否)
r_2	(体温=恒温)∧(胎生=是) → (哺乳动物=是)
r_3	(体温=恒温)∧(胎生=否)∧(冬眠=是) → (哺乳动物=是)
r_4	(体温=恒温)∧(胎生=否)∧(冬眠=否) → (哺乳动物=否)

根据这个规则集，可以将数据集进行分类，或用于对未知类别数据的分类。

⊖ 表 6-15 中的训练数据集有错误标注的项，所以这里使用表 6-15 中的测试数据集。

分类模型的规则集 R，可以用析取范式 $R=(r_1 \vee r_2 \vee \cdots \vee r_k)$ 表示，其中 r_i 是每一个分类规则或析取项，表示为 r_i: （条件 i）$\rightarrow y_i$。规则的左边称为规则前件或前提。它是属性测试的合取范式：条件 $i=(A_1 \text{ op } v_1) \wedge (A_2 \text{ op } v_2) \wedge \cdots \wedge (A_k \text{ op } v_k)$，每一个属性测试 $(A_j \text{ op } v_j)$ 为一个合取项，其中，(A_j, v_j) 是属性-值对，op 是比较运算符，取自集合{=，$\neq$，$<$，$>$，$\leqslant$，$\geqslant$}。规则右边称为规则后件，包含预测类 y_i。

如果规则 r 的前件和记录 x 的属性匹配，则称 r 覆盖 x。当 r 覆盖给定的记录时，称 r 被激发或触发。

分类规则的质量可以用覆盖率（Coverage）和准确率（Accuracy）来度量。给定数据集 D 和分类规则 r：$A \rightarrow y$，规则的覆盖率定义为 D 中触发规则 r 的记录所占的比例：

$$\text{Coverage}(r) = \frac{|A|}{|D|} \tag{6-17}$$

准确率或置信因子定义为触发 r 的记录中类标号等于 y 的记录所占的比例：

$$\text{Accuracy}(r) = \frac{|A \cap y|}{|A|} \tag{6-18}$$

式中，$|A|$ 是满足规则前件的记录数；$|A \cap y|$ 是同时满足规则前件和后件的记录数；$|D|$ 是记录总数。

【例 6-13】 对于表 6-15 中所给出的测试数据，可以计算出表 6-18 中的几个规则的覆盖率和准确率。

不同规则对表 6-15 中测试数据的覆盖率和准确率如表 6-19 所示。 ◇

表 6-19 哺乳动物分类问题的规则集（总记录数=10）

	规 则	被触发的记录数	覆 盖 率	准 确 率
r_1:	（体温=冷血）→（哺乳动物=否）	5	50%	100%
r_2:	（体温=恒温）∧（胎生=是）→（哺乳动物=是）	3	30%	100%
r_3:	（体温=恒温）∧（胎生=否）∧（冬眠=是）→（哺乳动物=是）	1	10%	100%
r_4:	（体温=恒温）∧（胎生=否）∧（冬眠=否）→（哺乳动物=否）	1	10%	100%

基于规则的分类器所产生的规则集有两个重要性质。

1) 互斥规则：如果规则集 R 中不存在两条规则被同一条记录触发，则称规则集 R 中的规则是互斥的。这个性质确保每条记录至多被 R 中的一条规则覆盖。

2) 穷举规则：如果对属性值的任意组合，R 中都存在一条规则加以覆盖，则称规则集 R 具有穷举覆盖。这个性质确保每一条记录都至少被 R 中的一条规则覆盖。

这两个性质共同作用，保证每一条记录被且仅被一条规则覆盖。如果规则集不是穷举的，那么必须添加一个默认规则 r_d：{ }$\rightarrow y_d$ 来覆盖那些未被覆盖的记录。默认规则的前件为空，当所有其他规则失效时触发。y_d 是默认类，通常被指定为没有被现存规则覆盖的训练记录的主导类。

如果规则集不是互斥的，那么一条记录可能被多条规则覆盖，这些规则的预测可能会相互冲突，解决这个问题有如下两种方法。

1) 有序规则：规则集中的规则按照优先级降序排列，优先级的定义有多种方法（如基于准确率、覆盖率、总描述长度或规则产生的顺序等）。有序规则的规则集也称为决策表。当测试记录出现时，由覆盖记录的最高秩的规则对其进行分类，这就避免由多条分类规则来预测而产生的类冲突的问题。

2）无序规则：允许一条测试记录触发多条分类规则，把每条被触发规则的后件看作是对相应类的一次投票，然后计票确定测试记录的类标号。通常记录指派到得票最多的类。

使用有序规则的、基于规则分类器，对规则的排序可以按逐条规则来进行，或者按逐个类进行。

1）基于规则的排序方案：这个方案依据规则质量的某种度量对规则进行排序。这种排序方案确保每一个测试记录都是由覆盖它的"最好的"规则来分类。该方案的潜在缺点是规则的秩越低越难解释，因为每个规则都假设所有排在它前面的规则不成立。

2）基于类的排序方案：在这种方案中，属于同一个类的规则在规则集 R 中一起出现。然后，这些规则根据它们所属的类信息一起排序。同一个类的规则之间的相对顺序并不重要，只要其中一个规则被激发，类标号就会赋给测试记录。这使得规则的解释稍微容易一些。然而，质量较差的规则可能碰巧预测较高秩的类，从而导致高质量的规则被忽略。

大部分基于规则的分类器（如 CS4.5 规则和 RIPPER 算法）都采用基于类的排序方案。

6.3.2　建立基于规则的分类器

为了建立基于规则的分类器，需要提取一组规则来识别数据集的属性和类标号之间的关键联系。提取分类规则的方法有两大类：

1）直接方法，直接从数据中提取分类规则；

2）间接方法，从其他分类模型（如决策树和神经网络）中提取分类规则。

直接方法把属性空间分为较小的子空间，以便属于一个子空间的所有记录可以使用一个分类规则进行分类。间接方法使用分类规则为较复杂的分类模型来提供简洁的描述。

1. 规则提取的直接方法

（1）顺序覆盖算法。

顺序覆盖算法经常被用来从直接数据中提取规则，规则基于某种评估度量以贪心的方式增长。该算法从包含多个类的数据集中一次提取一个类的规则。决定哪一个类的规则最先产生的标准取决于多种因素，如类的普遍性（即训练记录中属于特定类的记录的比例），或者给定类中误分类记录的代价。

（2）Learn-One-Rule 函数。

Learn-One-Rule 函数的目标是提取一个分类规则，该规则覆盖训练集中的大量正例，没有或仅覆盖少量反例。然而，由于搜索空间呈指数大小，所以找到一个最佳规则的计算开销很大。Learn-One-Rule 函数通过一种贪心方式的增长规则来解决指数搜索问题。算法产生一个初始规则 r，并不断对该规则求精，直到满足某种终止条件为止。然后修剪该规则，以改进它的泛化误差。

（3）规则增长策略。

常见的分类规则增长策略有两种：从一般到特殊和从特殊到一般。

在从一般到特殊的策略中，先建立一个初始规则 $r: \{\} \rightarrow y$，其中规则前件为空集，后件包含目标类。该规则的质量很差，因其覆盖训练集中的所有样例。随后加入新的合取项来提高规则的质量，直到满足终止条件为止（例如，加入的合取项已不能再提高规则的质量）。

在从特殊到一般的策略中，先随机地选择一个正例作为规则增长的初始种子。再通过删除规则的一个合取项，使其覆盖更多的正例来范化规则，重复这一过程，直到满足终止条件为止（例如，到规则开始覆盖反例时为止）。

由于规则采用的是贪心方式进行增长，可能会产生次优规则。为了避免这种问题，可以采用束状搜索(beam search)算法。该算法维护 k 个最佳候选规则，并以此为基础，在其前件中添加或删除合取项从而独立地增长出各自的候选规则，评估候选规则的质量，选出 k 个最佳候选规则，并迭代进行这一过程。

(4) 规则评估。

在规则的增长过程中，需要通过评估度量来确定应该添加(或删除)哪个合取项。可以选择准确率作为评估度量指标，因其可以明确给出被规则正确分类的训练样例的比例，但缺点是无法表征规则的覆盖率。对于这个问题，可以用以下方法来进行处理。

1) 使用统计检验来剪除覆盖率较低的规则。例如，可以计算下面的似然比(likelihood ratio)统计量：

$$R = 2\sum_{i=1}^{k} f_i \log \frac{f_i}{e_i} \tag{6-19}$$

式中，k 是类的个数；f_i 是被规则覆盖的、类 i 的样本的观测频率；e_i 是规则随机预测时类 i 的期望频率。注意：R 是满足自由度为 $k-1$ 的 χ^2 分布。较大的 R 值说明该规则做出的正确预测数显著地大于随机猜测的结果。

2) 使用一种考虑规则覆盖率的评估度量。考虑如下评估度量：

$$\text{Laplace} = \frac{f_+ + 1}{n + k} \tag{6-20}$$

$$m_{\text{估计}} = \frac{f_+ + kp_+}{n + k} \tag{6-21}$$

式中，n 是规则覆盖的样例数；f_+ 是规则覆盖的正例数；k 是类的总数；p_+ 是正类的先验概率。注意当 $p_+ = 1/k$ 时，m 估计等价于 Laplace 度量。

3) 考虑规则的支持度计数的评估度量。例如，对于 FOIL 信息增益来说，规则的支持度计数对应于它所覆盖的正例数。假设规则 $r: A \rightarrow +$ 覆盖 p_0 个正例和 n_0 个反例。增加新的合取项 B，扩展后的规则 $r': A \wedge B \rightarrow +$ 覆盖 p_1 个正例和 n_1 个反例，则扩展后规则的 FOIL 信息增益定义为

$$\text{Foil的信息增益} = p_1 \left(\log_2 \frac{p_1}{p_1 + n_1} - \log_2 \frac{p_0}{p_0 + n_0} \right) \tag{6-22}$$

由于该度量与 p_1 和 $p_1/(p_1+n_1)$ 成正比，因此它更倾向于选择那些高支持度计数和高准确率的规则。

可以对 Learn-One-Rule 函数产生的规则进行剪枝，以改善它们的泛化误差。

(5) RIPPER 算法。

RIPPER 算法是一种应用较为广泛的直接提取规则的方法。对二分类问题，RIPPER 算法选择以多数类作为默认类，并为预测少数类学习规则。对于多分类问题，先按类的频率对类进行排序，设 $(y_1, y_2, \cdots, y_c)$ 是排序后的类，其中 y_1 是最不频繁的类，y_c 是最频繁的类。第一次迭代中，把属于 y_1 的样例标记为正例，而把其他类的样例标记为反例，使用顺序覆盖算法产生区分正例和反例的规则，进而提取区分 y_2 和其他类的规则。重复该过程，直到剩下类 y_c，此时 y_c 作为默认类。

1) 规则增长：RIPPER 算法使用从一般到特殊的策略进行规则增长，使用 FOIL 信息增益来选择最佳合取项添加到规则前件中。当规则开始覆盖反例时，停止添加合取项。新规则将会根据其在确认集上的性能进行剪枝。计算下面的度量来确定规则是否需要剪枝：$(p-n)/(p+n)$，其中 p

和 n 分别是被规则覆盖的确认集中的正例和反例数目，对于规则在确认集上的准确率，该度量是单调的。如果剪枝后该度量增加，那么就去掉该合取项。剪枝是从最后添加的合取项开始的。例如，给定规则 $ABCD{\rightarrow}y$，RIPPER 算法先检查 D 是否应该剪枝，然后是 CD、BCD 等。尽管原来的规则仅覆盖正例，但是剪枝后的规则可能会覆盖训练集中的一些反例。

2) 建立规则集：规则生成后，其所覆盖的所有正例和反例都要被删除。只要该规则不违反基于最小描述长度的终止条件，就把它添加到规则集中。如果新规则把规则集的总描述长度增加了至少 d 位（bit），那么 RIPPER 算法就停止把该规则加入到规则集（默认的 d 是 64bit）。RIPPER 算法使用的另一个终止条件是规则在确认集上的错误率不应超过 50%。

RIPPER 算法也采用其他的优化步骤来决定规则集中现存的某些规则能否被更好的规则替代。

RIPPER 算法的复杂度几乎随训练样例的数目线性地增长，它适用于基于类分布不平衡的数据集的模型的建立。RIPPER 算法通过一个确认数据集来防止模型过度拟合，因而能够很好地处理噪声数据集。

2. 规则提取的间接方法

原则上，决策树从根结点到叶结点的每一条路径都可以表示为一个分类规则。路径中的测试条件构成规则前件的合取项，叶结点的类标号赋给规则后件。注意：规则集是完全的，而它所包含的规则是互斥的。

下面，介绍 C4.5 规则算法所采用的从决策树生成规则集的方法。

(1) 规则产生。

决策树中从根结点到叶结点的每一条路径都产生一条分类规则。给定一个分类规则 r：$A{\rightarrow}y$，考虑简化后的规则 r'：$A'{\rightarrow}y$，其中 A' 是从 A 中去掉一个合取项后得到的。只要简化后规则的误差率低于原规则的误差率，就保留其中悲观误差率最低的规则。重复规则剪枝步骤，直到规则的悲观误差不能再改进为止。由于某些规则在剪枝后会变得相同，因此必须丢弃重复规则。

(2) 规则排序。

产生规则集后，C4.5 规则算法使用基于类的排序方案对提取的规则定序。预测同一个类的规则分到同一个子集中。计算每个子集的总描述长度，然后各类按照总描述长度由小到大排序。具有最小描述长度的类优先级最高，因为期望它包含最好的规则集。类的总描述长度为 $L_{\mathrm{exception}}+g{\times}L_{\mathrm{model}}$，其中 $L_{\mathrm{exception}}$ 是对误分类样例编码所需的位数；L_{model} 是对模型编码所需要的位数；而 g 是调节参数，默认值为 0.5。调节参数的值取决于模型中冗余属性的数量，如果模型含有很多冗余属性，那么调节参数的值会很小。

3. 基于规则的分类器的特征

基于规则的分类器有如下特点：

1) 规则集的表达能力几乎等价于决策树，因为决策树可以用互斥和穷举的规则集表示。基于规则的分类器和决策树分类器都对属性空间进行直线划分，并将类指派到每个划分。然而，如果基于规则的分类器允许一条记录触发多条规则的话，就可以构造一个更加复杂的决策边界。

2) 基于规则的分类器通常被用来产生更易于解释的描述性模型，而模型的性能却可与决策树分类器相媲美。

3) 被很多基于规则的分类器（如 RIPPE 算法）所采用的基于类的规则定序方法非常适于处理类分布不平衡的数据集。

6.4 贝叶斯分类器

贝叶斯分类器的基本原理是，在已知某对象的类属性的先验概率的情况下，利用贝叶斯定理和公式计算其后验概率，即该对象属于某一类属性的概率，选择具有最大后验概率的类作为该对象归纳的类别。因此，贝叶斯分类器是最小错误率意义上的优化。

同前文所介绍的决策树归纳法进行分类的基本原理一样，贝叶斯分类也是一种监督算法，它是通过由样本数据对分类模型进行"训练"（每个样本数据包含了一个特征列表和对应的分类），然后应用模型对（新）样本进行"分类"的过程。

目前研究和应用较多的贝叶斯分类器主要有：朴素贝叶斯（Naive Bayes）、TAN、BAN 和 GBN。

这里，通过一个应用的例子，来进一步理解贝叶斯分类器的原理。

单词 Python，在生物学中，翻译为蟒蛇，而在计算机科学中，翻译为 Python 程序⊖。从语法上来说，当这个单词出现在文档或句子中时，到底是应该按照生物学的释义翻译成蟒蛇，还是按照计算机科学的释义翻译成 Python 程序，应当取决于该单词所在句子中的其他单词。因此，可以把含有单词 Python 的句子中的其他有代表性的单词或短语作为分类器的特征，而把单词 Python 在该句子中应有的生物学（类）或计算机科学（类）作为分类标志，构建出一组训练数据集。

表 6-20 "特征-分类"训练数据集

特 征	分 类
Pythons are constrictors that feed on birds and mammals	生物学
Python was originally developed as a scripting language	计算机科学
A 15m long *python* was found in China	生物学
Python has dynamic type system	计算机科学
Python with vivid scales	生物学
An Open source project developed by *Python*	计算机科学
⋮	⋮

利用表 6-20 中的数据，对贝叶斯分类器进行训练，使其记录所出现过的特征，以及这些特征与某个特定分类相关的概率。

从表 6-21 中所列的结果⊖可以看出，单词 dynamic 相对较常出现在编程类的文本中，单词 constrictor（大蟒）则常出现在生物类的文本中，而单词 source 和单词 long 就没有那么强的倾向性。对于单词 and 等一类词，在各类文档中出现的概率几乎一样〔在机器学习理论中，这类词被称为"停用词"（stop word），可事先将其去除，不作为特征词参与样本训练，从而减少学习时间。几乎每个搜索引擎都会维护一份"停用词表"（stop word list）〕。

表 6-21 "特征-分类"概率统计

词	计算机科学	生 物 学
dynamic	0.6%	0.1%
constrictor	0.0%	0.6%
long	0.1%	0.2%
source	0.3%	0.1%
language	0.7%	0.1%
and	0.95%	0.95%
⋮	⋮	⋮

⊖ Python 也是一种编程语言。

⊖ 这里不是指某一篇文章中字词的出现概率，而是某个类别的文章中，某词出现的概率。

一个贝叶斯分类器在经过训练之后，便可用来对新的项目进行自动分类。假定有一篇新的句子或文档，包含了 long、dynamic 和 source 这三个单词，那么这个句子或单词是在叙述生物学的蟒蛇，还是计算机科学的 Python 程序呢？很显然，可以通过表 6-21 中词汇出现的统计数据来估算当出现 long、dynamic 和 source 三个单词时，Python 是生物学词汇以及计算机科学词汇的概率。将两个数值进行比较，如果 Python 是生物学词汇的概率较大，就可以把它按照生物学词汇来翻译；如果 Python 是计算机科学词汇的概率较大，则可以把它按照计算机科学词汇来翻译。

在统计学中，用 $P(Y|X)$ 来表示在随机事件 X 发生的前提下，随机事件 Y 发生的概率，称为 X 条件下 Y 的条件概率。在这个例子中，引入条件概率的概念，则会产生两个条件概率：即在出现 long、dynamic 和 source 这三个单词的条件下，单词 Python 的类标号为生物学的概率，记为 $P(生物学 | 词=\{long, dynamic, source\})$；单词 Python 的类标号为计算机科学的概率，记为 $P(计算机科学 | 词=\{long, dynamic, source\})$，对于这个例子中的问题，它们为后验概率。

从表 6-21 中，已经得出这个问题的先验概率，即类别为生物学或计算机科学条件下，单词 long、单词 dynamic 或单词 source 出现的概率，有：

$P(词=dynamic|生物学)=0.1$，$P(词=long|生物学)=0.2$，$P(词=source|生物学)=0.1$
$P(词=dynamic|计算机科学)=0.6$，$P(词=long|计算机科学)=0.1$，$P(词=source|计算机科学)=0.3$

也容易算出在单词 long、dynamic 和 source 的出现事件不相关的假设下，生物学和计算机科学类别中{long, dynamic, source}都出现的概率为

$P(词=\{long, dynamic, source\} | 生物学)$
$=P(词=long|生物学) \times P(词=dynamic|生物学) \times P(词=source|生物学)$
$=0.2 \times 0.1 \times 0.1=0.002$

$P(词=\{long, dynamic, source\}|计算机科学)$
$=P(词=long|计算机科学) \times P(词=dynamic|计算机科学) \times P(词=source|计算机科学)$
$=0.1 \times 0.6 \times 0.3=0.018$

但是借助已知的条件概率来计算 $P(生物学 | 词=\{long, dynamic, source\})$ 或 $P(计算机科学 | 词=\{long, dynamic, source\})$ 则比较困难，这需要借助贝叶斯定理。

6.4.1 贝叶斯定理

在介绍贝叶斯定理之前，先简单回顾一下几个统计学的概念和原理。

假设 X 和 Y 是一对随机变量，其概率分别用 $P(X)$ 和 $P(Y)$ 表示。

1. 联合概率

X 和 Y 的联合概率 $P(X=x, Y=y)$ 是指 X 取值 x 且 Y 取值 y 的概率。对于一般情况，对于随机事件 X 和 Y，联合概率记为 $P(XY)$。

2. 条件概率

一般地，在已知事件 X 发生的条件下，事件 Y 发生的概率，称为 X 条件下 Y 的条件概率，记为 $P(Y|X)$。

由于已经知道 X 发生，故 X 变成了新的样本空间，为使 Y 也发生，试验结果必须是既在 X 中又在 Y 中的样本点，即此点必属于 XY。

因此，条件概率是指一个随机变量在另一个随机变量取值已知的情况下取某一特定值的概率。例如，条件概率 $P(Y=y|X=x)$ 是指在变量 X 取值 x 的情况下，变量 Y 取值 y 的概率。

定义：设 X、Y 为两个随机事件，且 $P(X)>0$，则称式(6-23)为在事件 X 发生的条件下，事件 Y 的条件概率。

$$P(Y \mid X) = \frac{P(XY)}{P(X)} \tag{6-23}$$

【例 6-14】 盒中混有 100 只新、旧乒乓球，各有红、白两色，各种颜色和新旧程度的乒乓球数量如表 6-22 所示。从盒中随机取出一球，若取得的是红球，试求该红球是新球的概率。

设 A="从盒中随机取到红球"，B="从盒中随机取到新球"，则

$$P(B \mid A) = \frac{P(AB)}{P(A)} = \frac{40/100}{60/100} = \frac{2}{3} \tag{6-24}$$

表 6-22 不同颜色新、旧乒乓球的数量

	红 色	白 色
新球	40	30
旧球	20	10

◇

3. 独立事件

直观上来讲，对于随机事件 X、Y，若其中任一事件发生的概率不受另一事件发生与否的影响，则称事件 X、Y 是相互独立的。用数学式可以表达为

$$P(X \mid Y) = P(X) = P(X \mid \overline{Y}) \tag{6-25}$$

$$P(Y \mid X) = P(Y) = P(Y \mid \overline{X}) \tag{6-26}$$

从数学上来定义，对于随机事件 X、Y，若 $P(XY) = P(X)P(Y)$，则称事件 X、Y 相互独立。

4. 条件独立

设 X、Y 和 Z 表示三个随机变量的集合。给定 Z，当式(6-27)所定义的条件成立时，称 X 条件独立于 Y。

$$P(X \mid Y, Z) = P(X \mid Z) \tag{6-27}$$

X 和 Y 之间的条件独立也可以写成：

$$\begin{aligned}
P(X, Y \mid Z) &= \frac{P(X, Y, Z)}{P(Z)} \\
&= \frac{P(X, Y, Z)}{P(Y, Z)} \times \frac{P(Y, Z)}{P(Z)} \\
&= P(X \mid Y, Z) \times P(Y \mid Z) \\
&= P(X \mid Z) \times P(Y \mid Z)
\end{aligned} \tag{6-28}$$

在条件独立的假设下，若 $X = \{x_1, x_2, \cdots x_n\}$，有

$$\begin{aligned}
P(X \mid Z) &= \prod_{k=1}^{n} P(x_k \mid Z) \\
&= P(x_1 \mid Z) \times P(x_2 \mid Z) \times \cdots \times P(x_n \mid Z)
\end{aligned} \tag{6-29}$$

5. 贝叶斯定理

在随机事件 X、Y 相互独立的条件下，X 和 Y 的联合概率和条件概率满足如下关系：

$$P(XY) = P(Y \mid X)P(X) = P(X \mid Y)P(Y) \tag{6-30}$$

调整式(6-30)，可以得到式(6-31)，称为**贝叶斯定理**：

$$P(Y \mid X) = \frac{P(X \mid Y)P(Y)}{P(X)} \tag{6-31}$$

也就是说，在 X 和 Y 互相独立的前提下，事件 X 发生的条件下 Y 发生的概率 $P(Y \mid X)$ 可以通过事件 Y 发生的条件下 X 发生的概率 $P(X \mid Y)$ 以及 X、Y 的概率 $P(X)$、$P(Y)$ 求得。

【例 6-15】 A、B 两队进行足球比赛。A 队获胜的概率为 65%，踢客场的胜率为 30%；B 队获胜的比赛场次中，75% 为主场比赛。问题是：如果下一场比赛在 B 队的主场进行，哪一支球队有可能获胜？

利用贝叶斯定理来进行预测。为了表述方便，用随机变量 H 代表主场，W 代表比赛获胜的队。可以得到：

$$P(W=A)=0.65, \quad P(H=B \mid W=A)=0.3, \quad P(H=B \mid W=B)=0.75$$

于是，有

$$P(W=B)=1-P(W=A)=1-0.65=0.35$$

要得出 B 队出场时哪支球队可能获胜，即是计算出 $P(W=B \mid H=B)$ 和 $P(W=A \mid H=B)$ 的值并进行比较。利用贝叶斯公式，有：

$$
\begin{aligned}
P(W=B \mid H=B) &= \frac{P(H=B \mid W=B)P(W=B)}{P(H=B)} \\
&= \frac{P(H=B \mid W=B)P(W=B)}{P(H=B,W=B)+P(H=B,W=A)} \\
&= \frac{P(H=B \mid W=B)P(W=B)}{P(H=B \mid W=B)P(W=B)+P(H=B \mid W=A)P(W=A)} \\
&= \frac{0.75 \times 0.35}{0.75 \times 0.35 + 0.3 \times 0.65} = 0.5738
\end{aligned}
\tag{6-32}
$$

而 $P(W=A \mid H=B)=1-P(W=B \mid H=B)=0.4262$。因为 $P(W=B \mid H=B) > P(W=A \mid H=B)$，所以，$B$ 队更有可能获得这场比赛的胜利。　　　　　　　　　　　　　　　　　　　◇

6.4.2　基于贝叶斯定理的分类应用

借助贝叶斯定理，来完成前面例子的计算。

设 $X=\{$long，dynamic，source$\}$，利用式 (6-29)，可以计算出：

$$P(X \mid 生物学)=P(词=long \mid 生物学) \times P(词=dynamic \mid 生物学) \times P(词=source \mid 生物学)$$
$$=0.2 \times 0.1 \times 0.1=0.002$$

$$P(X \mid 计算机科学)=P(词=long \mid 计算机科学) \times P(词=dynamic \mid 计算机科学) \times$$
$$P(词=source \mid 计算机科学)$$
$$=0.1 \times 0.6 \times 0.3=0.018$$

进一步地，假定生物学和计算机科学这两个类出现的概率相同，即 $P(计算机科学)=0.5$，$P(生物学)=0.5$。利用式 (6-31) 计算出：

$$P(生物学 \mid X) = \frac{P(X \mid 生物学)P(生物学)}{P(X)} = \frac{0.002 \times 0.5}{P(X)} = \frac{0.001}{P(X)}$$

$$P(计算机科学 \mid X) = \frac{P(X \mid 计算机科学)P(计算机科学)}{P(X)} = \frac{0.018 \times 0.5}{P(X)} = \frac{0.009}{P(X)}$$

由上式有：$P(\text{计算机科学}|X) > P(\text{生物学}|X)$。可以得出，包含了单词 long、dynamic 和 source 的句子或文档应属于计算机科学。

一般来讲，在利用贝叶斯定理解决分类问题时，需先从统计学的角度对分类问题加以形式化。设 X 表示属性集，Y 表示类变量。如果属性和类变量之间的关系不确定，那么可以把 X 和 Y 看作随机变量，用 $P(Y|X)$ 以概率的方式捕捉二者之间的关系，即计算 Y 的后验概率。

分类器在训练阶段，要根据训练数据，对 X 和 Y 的每一种组合学习后验概率 $P(Y|X)$。应用时找出使后验概率 $P(Y'|X')$ 最大的类 Y' 来对测试记录 X' 进行分类。

准确估计类标号和属性值的每一种可能组合的后验概率非常困难，因为即使属性数目不是很大，仍需要很大的训练集。利用贝叶斯定理，允许用先验概率 $P(Y)$、类条件概率 $P(X|Y)$ 和 $P(X)$ 来表示后验概率。在比较不同的 Y 值的后验概率时，分母 $P(X)$ 是常数，因此可以忽略；先验概率 $P(Y)$ 可以通过计算训练集中属于每个类的训练记录所占的比例很容易地估计；类条件概率 $P(X|Y)$ 可以通过不同属性 A_k 在不同类别 C_i 中的样本比值 S_{ik}/S_i 来计算。[其中，S_{ik} 是在属性 A_k 上具有值 x_k 的（$x_k \in X$）类的样本数，而 S_i 是 C_i 的样本数。]

对类条件概率 $P(X|Y)$ 的估计，一般地，可以通过朴素贝叶斯分类器和贝叶斯信念网络（Bayesian Belief Networks，BBN）来实现。

6.4.3　朴素贝叶斯分类器

1. 分类器原理

朴素贝叶斯分类器的工作过程和原理如下。

设每个数据样本用一个 n 维特征向量 $\boldsymbol{X} = (x_1, x_2, \cdots, x_n)$ 表示，描述由属性 $A_1, A_2, \cdots, A_n$ 对样本的 n 个度量。假定有 m 个类 C_1，C_2，$\cdots$，C_m。给定一个未知的（没有类标号）数据样本 X，分类法将预测 X 属于（条件 X 下）具有最高后验概率的类，即将未知的样本分配给类 C_i，当且仅当：

$$P(C_i|X) > P(C_j|X) \quad 1 \leqslant j \leqslant m \text{且} j \neq i \tag{6-33}$$

因此，对未知数据样本进行有效地分类，只需将 $P(C_i|X)$ 最大化即可，而 $P(C_i|X)$ 最大的类 C_i 称为最大后验假定。根据贝叶斯定理，即式(6-31)，有

$$P(C_i|X) = \frac{P(X|C_i)P(C_i)}{P(X)} \tag{6-34}$$

而 $P(X)$ 对于所有类为常数，所以只需要使 $P(X|C_i)P(C_i)$ 最大即可。

然而，当给定的数据集属性较多时，计算 $P(X|C_i)$ 的开销可能会非常大。为了降低计算 $P(X|C_i)$ 的开销，假设其**类条件独立**，也就是在给定样本的类标号的前提下，假定属性值有条件地相互独立，即在属性间不存在依赖关系。在这种假设下，有

$$P(X|C_i) = \prod_{k=1}^{n} P(x_k|C_i) \tag{6-35}$$

结合式(6-34)和式(6-35)，得出在对样本进行分类时，朴素贝叶斯分类器对每个类 C_i 计算后验概率：

$$P(C_i|X) = \frac{P(C_i)\prod_{k=1}^{n} P(x_k|C_i)}{P(X)} \tag{6-36}$$

同样，由于对所有的 C_i，$P(X)$ 都是固定的。因此，只要找出使分子 $P(C_i)\prod\limits_{k=1}^{n}P(x_k\,|\,C_i)$ 最大的类就可以了。

下面，通过一个完整的例子来进一步理解如何用朴素贝叶斯原理来进行分类。

【例 6-16】　根据顾客消费数据，估算其是否会购买计算机。给定表 6-23 中的数据（数据见素材文件"素材_AllElectronics 顾客数据.csv"），以具有"年龄""年收入""是否上学"和"信用状况"这些属性的数据样本作为训练数据，类标号属性购买计算机具有两个值 yes 和 no。

表 6-23　All Electronics 顾客数据

Rid	年　龄	年　收　入	是否上学	信用状况	Class：购买计算机
1	≤30	High	no	Fair	no
2	≤30	High	no	Excellent	no
3	31 至 40	High	no	Fair	yes
4	>40	Medium	no	Fair	yes
5	>40	Low	yes	Fair	yes
6	>40	Low	yes	Excellent	no
7	31 至 40	Low	yes	Excellent	yes
8	≤30	Medium	no	Fair	no
9	≤30	Low	yes	Fair	yes
10	>40	Medium	yes	Fair	yes
11	≤30	Medium	yes	Excellent	yes
12	31 至 40	Medium	no	Excellent	yes
13	31 至 40	High	yes	Fair	yes
14	>40	Medium	no	Excellent	no

现利用朴素贝叶斯分类，预测一个未知样本 X={年龄="≤30"，年收入=medium，是否上学=yes，信用状况=fair} 的类标号。

设 C_1 对应于类购买计算机=yes，即 C_1={购买计算机=yes}，则 C_2={购买计算机=no}。解决这个问题，需要最大化 $P(X\,|\,C_i)$，$i=1,2$。

每个类的先验概率 $P(C_i)$ 可以根据训练样本计算：

$$P(C_1)=9/14=0.643$$
$$P(C_2)=1-P(C_1)=1-0.643=0.357$$

并有：

$$P(年龄="≤30"\,|\,C_1)=2/9,\ P(年收入=medium\,|\,C_1)=4/9$$
$$P(年龄="≤30"\,|\,C_2)=3/5,\ P(年收入=medium\,|\,C_2)=2/5$$
$$P(是否上学=yes\,|\,C_1)=6/9,\ P(信用状况=fair\,|\,C_1)=6/9$$
$$P(是否上学=yes\,|\,C_2)=1/5,\ P(信用状况=fair\,|\,C_2)=2/5$$

由此，得出：

$$P(X\,|\,C_1)=P(年龄="≤30"\,|\,C_1)\times P(年收入=medium\,|\,C_1)\times$$
$$P(是否上学=yes\,|\,C_1)\times P(信用状况=fair\,|\,C_1)$$
$$=2/9\times4/9\times6/9\times6/9=0.044$$

$$P(X \mid C_2) = P(年龄 = "\leqslant 30" \mid C_2) \times P(年收入 = medium \mid C_2) \times$$
$$P(是否上学 = yes \mid C_2) \times P(信用状况 = fair \mid C_2)$$
$$= 3/5 \times 2/5 \times 1/5 \times 2/5 = 0.019$$

根据贝叶斯公式，有：

$$P(C_1 \mid X) = \frac{P(X \mid C_1)P(C_1)}{P(X)} = \frac{0.044 \times 0.643}{P(X)} = \frac{0.028}{P(X)}$$

$$P(C_2 \mid X) = \frac{P(X \mid C_2)P(C_2)}{P(X)} = \frac{0.019 \times 0.357}{P(X)} = \frac{0.007}{P(X)}$$

由 $P(X \mid C_1)P(C_1) > P(X \mid C_2)P(C_2)$，有：

$$P(C_1 \mid X) > P(C_2 \mid X)$$

可以得出，对于样本 $X = \{$年龄 $= "\leqslant 30"$，年收入 $=$ medium，是否上学 $=$ yes，信用状况 $=$ fair$\}$，朴素贝叶斯分类的预测结果为：$C_1 = \{$购买计算机 $=$ yes$\}$。　　　　　　　◇

2. 处理连续数值型属性

对于 Nominal 类型的和 Scale 类型属性的数据，其先验概率可以通过对样本计数的方法计算得到，而连续属性数据的先验概率，则需要其他方法来进行计算。朴素贝叶斯分类法通常使用两种方法估计连续属性的类条件概率。

1) 将连续属性离散化，并用相应的离散区间替换连续属性值。其实质是将连续属性转换成序数属性。通过计算类 y 的训练记录中落入 X_i 对应区间的比例来估计条件概率 $P(X_i \mid Y = y)$。估计误差由离散策略和离散区间的数据决定。如果离散区间的数目太多，则就会因为每一个区间中训练记录太少而不能做出可靠的估计；相反，如果区间的数目太少，有些区间就会含有来自不同类的记录，因此失去了正确的决策边界。

2) 假设连续属性服从某一概率分布，则可以使用训练数据来估计该概率分布的参数，确定概率分布模型，再利用该模型来估计类条件概率。

通常，用正态分布来表示连续属性的类条件概率分布。正态分布的概率密度函数如式 (6-37) 所示，其中，参数 μ 为样本均值，σ^2 为样本方差。

$$f(x) = \frac{1}{\sqrt{2\pi}\sigma} e^{-\frac{(x-\mu)^2}{2\sigma^2}} \tag{6-37}$$

在一定的类条件下，对于每个类 C_i，属性 x_k 的类条件概率密度函数如式 (6-38) 所示。其中，$g(x_k, \mu_{C_i}, \sigma_{C_i})$ 是类属性值为 C_i 的正态分布样本的概率密度函数，μ_{C_i}、σ_{C_i} 分别为其平均值和标准差。参数 μ_{C_i} 可以用类 C_i 的所有训练记录关于 x_k 的样本均值来估计，参数 $\sigma_{C_i}^2$ 可以用这些训练记录的样本方差来估计。

$$f(x_k \mid C_i) = g(x_k, \mu_{C_i}, \sigma_{C_i}) = \frac{1}{\sqrt{2\pi}\sigma_{C_i}} e^{-\frac{(x_k - \mu_{C_i})^2}{2\sigma_{C_i}^2}} \tag{6-38}$$

值得注意的是，式 (6-38) 是一个连续函数，而随机样本是离散的，某特定样本的概率为 0，因此应该计算 x 落在区间 $(x_k, x_k + \varepsilon)$ 的条件概率（ε 是一个很小的常数），即：

$$P(x_k \leqslant x \leqslant x_k + \varepsilon \mid C = c_i) = \int_{x_k}^{x_k + \varepsilon} g(x, \mu_{c_i}, \sigma_{c_i}) \mathrm{d}x \approx g(x, \mu_{c_i}, \sigma_{c_i}) \cdot \varepsilon \tag{6-39}$$

这样，ε 就变成了每个类的一个常量乘法因子，在对后验概率 $P(Y\,|\,X)$ 进行规范化的时候它会被抵消掉，因此在应用时，可以用式(6-38)来估计类条件概率。

【例 6-17】 表 6-24 中为银行预测贷款拖欠问题的训练数据集(数据见素材文件"素材_预测贷款拖欠问题数据集.csv")，具有"有房""婚姻状况"和"年收入"几项属性，拖欠还款的贷款者属于类 yes，还清贷款的贷款者属于类 no。现在要根据表中的数据，假设给定一个测试记录 $X=\{$有房=否，婚姻状况=已婚，年收入=120K$\}$，预测是否会拖欠还款。

表 6-24 预测贷款拖欠问题的训练集

Tid	有 房	婚 姻 状 况	年 收 入	拖 欠 还 款
1	是	单身	125K	no
2	否	已婚	100K	no
3	否	单身	70K	no
4	是	已婚	120K	no
5	否	离异	95K	yes
6	否	已婚	60K	no
7	是	离异	220K	no
8	否	单身	85K	yes
9	否	已婚	75K	no
10	否	单身	90K	yes

对于数据集，每个类的先验概率可以通过计算属于该类的训练记录所占的比例来估计。数据中，属于类 yes 的有 3 条记录，属于类 no 的有 7 条记录，所以有：

$$P(\text{yes})=3/10, \quad P(\text{no})=7/10$$

计算每个分类属性的类条件概率，有：

$$P(\text{有房}=\text{是} \mid \text{no})=3/7, \quad P(\text{有房}=\text{否} \mid \text{no})=4/7$$
$$P(\text{有房}=\text{是} \mid \text{yes})=0, \quad P(\text{有房}=\text{否} \mid \text{yes})=1$$

$$P(\text{婚姻状况}=\text{单身} \mid \text{no})=2/7, \quad P(\text{婚姻状况}=\text{离异} \mid \text{no})=1/7, \quad P(\text{婚姻状况}=\text{已婚} \mid \text{no})=4/7$$
$$P(\text{婚姻状况}=\text{单身} \mid \text{yes})=2/3, \quad P(\text{婚姻状况}=\text{离异} \mid \text{yes})=1/3, \quad P(\text{婚姻状况}=\text{已婚} \mid \text{yes})=0$$

对于连续属性年收入，假定其样本值服从正态分布，需计算样本的均值和方差，确定出概率密度函数。对于年收入，按照不同的分类，有以下计算结果。

类 no：均值 $\bar{x}=110$，方差 $\sigma^2=2975$，标准差 $\sigma=54.54$。

类 yes：均值 $\bar{x}=90$，方差 $\sigma^2=25$，标准差 $\sigma=5$。

进而可以利用式(6-38)，计算出$\{$年收入=120K$\}$条件下，类 yes 和类 no 的先验概率：

$$P(\text{年收入}=120\text{K} \mid \text{no}) = \frac{1}{\sqrt{2\pi}\times 54.54} e^{-\frac{(120-110)^2}{2\times 2975}} = 0.0072$$

$$P(\text{年收入}=120\text{K} \mid \text{yes}) = \frac{1}{\sqrt{2\pi}\times 5.0} e^{-\frac{(120-90)^2}{2\times 25}} = 1.22\times 10^{-9}$$

对测试记录 X 的类标号进行分类预测，即是计算出后验概率 $P(\text{yes}\,|\,X)$ 和 $P(\text{no}\,|\,X)$ 并进行比较。如果 $P(\text{yes}\,|\,X)>P(\text{no}\,|\,X)$，则该记录分类为 yes，否则，分类为 no。

根据前面的讨论，其后验概率为 $P(\text{yes}\,|\,X) = \dfrac{P(X\,|\,\text{yes})P(\text{yes})}{P(X)}$， $P(\text{no}\,|\,X) = \dfrac{P(X\,|\,\text{no})P(\text{no})}{P(X)}$，

而 $P(X|\text{yes})$ 和 $P(X|\text{no})$ 的计算可以利用式 (6-35) 计算：

$$P(X|\text{yes}) = P(\text{有房}=\text{否}|\text{yes}) \times P(\text{婚姻状况}=\text{已婚}|\text{yes}) \times P(\text{年收入}=120\text{K}|\text{yes})$$
$$= 1 \times 0 \times 1.22 \times 10^{-9} \approx 0$$

$$P(X|\text{no}) = P(\text{有房}=\text{否}|\text{no}) \times P(\text{婚姻状况}=\text{已婚}|\text{no}) \times P(\text{年收入}=120\text{K}|\text{no})$$
$$= 4/7 \times 4/7 \times 0.0072 = 0.0024$$

代入后验概率的公式，有：

$$P(\text{yes}\,|\,X) = \frac{P(X\,|\,\text{yes})P(\text{yes})}{P(X)} = \frac{0 \times 3/10}{P(X)} = 0$$

$$P(\text{no}\,|\,X) = \frac{P(X\,|\,\text{no})P(\text{no})}{P(X)} = \frac{0.0024 \times 7/10}{P(X)} = \frac{0.00168}{P(X)}$$

其中，$P(X)$ 是个常量，因此有 $P(\text{no}|X) > P(\text{yes}|X)$，而所以 X 分类为 no。　　　　　◇

3. 条件概率的 m 估计

前面的例子介绍了由训练数据来计算和估计后验概率的方法，但其中有一个潜在问题，即如果某一属性的类条件概率等于 0，则整个类的后验概率就为 0。因而仅使用记录比例 n_c/n 来估计类条件概率的方法就成了一种有偏的过低估计概率，而其概率值在后续计算中作为等于 0 的乘数，将起着主导作用，使算法显得非常脆弱。

例如，如果前例中的 $P(\text{婚姻状况}=\text{离异}|\text{no})=0$（而不是 1/7），那么具有属性集 $X= \{\text{有房}=\text{是}$，婚姻状况$=$离异，年收入$=120$K$\}$ 的记录的类条件概率如下：

$$P(X\,|\,\text{yes}) = \frac{0 \times 1/3 \times 1.22 \times 10^{-9}}{P(X)} = 0, \quad P(X\,|\,\text{no}) = \frac{3/7 \times 0 \times 0.0072}{P(X)} = 0$$

此时，朴素贝叶斯分类器无法分类该记录。

当训练样例很少而属性数目较多时，训练样例不能覆盖较多的属性值，可能就无法对测试记录的样本进行分类，无法完成模型的建立。这时，可以采用 m 估计（m-estimate）方法来对条件概率进行计算。

m 的估计方法是，对于总样本数量为 n，特定类别的样本数量为 n_C 的情况，当 n_C 非常小甚至为 0 时，用 $P = \dfrac{n_C + mp_a}{n + m}$ 来对 $P = \dfrac{n_C}{n}$ 进行修正，避免产生一个有偏的过低估计概率。这里，参数 m 称为**等效样本数**；参数 p_a 反映该类别样本的先验概率，可由用户设定。通过调整参数 m，可以使得到的概率估计值在先验概率 p_a 和观测概率 $\dfrac{n_C}{n}$ 之间进行调整和平衡。

借助 m 估计方法，应用在贝叶斯分类器的条件概率估计时，可以将先验概率的计算公式 $P(x_i\,|\,C_j) = \dfrac{n_{x_i}}{n_{C_j}}$ 调整为

$$P(x_i\,|\,C_j) = \frac{n_{x_i} + mp_a}{n_{C_j} + m} \tag{6-40}$$

式中，n_{C_j} 是总样本中类 C_j 的样本数；n_{x_i} 是类 C_j 的训练样本中属性 X 取值为 x_i 的样本数。参数

p_a 反映了在属性 X 的 m 个不同取值中，x_i 出现的概率，也可以看作是在类 C_j 的记录中观察属性值 x_i 的先验概率。

在前面的例子中，条件概率 P(婚姻状况=已婚|yes)=0，因为类中没有训练样例含有这样的属性值。使用 m 估计方法，已知婚姻状况的取值有 3 种，所以设 m=3，p_a=1/3，则有：

$$P(婚姻状况=已婚 | yes) = (0+3\times1/3)/(3+3) = 1/6$$

条件概率不再是 0。如果假设对类 yes 的所有属性取 p_a=1/3，对类 no 的所有属性取 p_a=2/3，则

$$P(X|yes) = P(有房=否|yes) \times P(婚姻状况=已婚|yes) \times P(年收入=120K|yes)$$
$$= 4/6 \times 1/6 \times 1.22 \times 10^{-9} = 1.3 \times 10^{-10}$$
$$P(X|no) = P(有房=否|no) \times P(婚姻状况=已婚|no) \times P(年收入=120K|no)$$
$$= 6/10 \times 6/10 \times 0.0072 = 0.0026$$

这时，各类标号的后验概率为

$$P(yes | X) = \frac{P(X | yes)P(yes)}{P(X)} = \frac{1.3 \times 10^{-10} \times 3/10}{P(X)} = \frac{4 \times 10^{-11}}{P(X)},$$

$$P(no | X) = \frac{P(X | no)P(no)}{P(X)} = \frac{0.026 \times 7/10}{P(X)} = \frac{0.0018}{P(X)}$$

仍能得出同样的分类结果。当训练样例较少时，m 估计通常是一种更加可靠的概率估计方法。

另一种类似的解决方法是 Laplace 估计法。类似地，假定原估计是 $P = \dfrac{n_C}{n}$，可以用式(6-41)表示属性值为 x_i 的记录在类 c_j 中的观测计数的先验概率：

$$P(x_i | C_j) = \frac{n_{x_i} + 1}{n_{C_j} + k} \tag{6-41}$$

式中，n_{C_j} 为属性 X 的 x_i 属性值在类别 C_j 中的观测计数值；n_{x_i} 是类 C_j 中的实例总数；k 可由用户根据样本分布情况，设定为属性 X 在类别 C_j 中的观测计数值，或属性 X 在类别 C_j 中的观测计数值与类别计数值的乘积。

6.4.4 贝叶斯分类器评估

1. 算法特点

贝叶斯分类器有规则清楚易懂且演算速度较快等优点，但仅用于监督类别的处理，且算法仅处理满足类条件相互独立假设的问题，应用时需要谨慎分析对于数据应用该假设是否能够成立。实际上在数据集经过属性去相关、特征提取等降维处理之后，这样做对大多数问题不会发生太大的偏误。

贝叶斯分类器还具有以下特点：

1) 面对孤立的噪声点，朴素贝叶斯分类器是健壮的。在估计条件概率时，数据中的噪声点被平均。如果数据样本存在属性值遗漏问题，则在估计概率时忽略缺失值的训练实例。

2) 对于无关属性，朴素贝叶斯分类器是健壮的。如果 X_i 是无关属性，那么 $P(X_i|Y)$ 几乎就变成了均匀分布。X_i 的类条件概率不会对总的后验概率的计算产生影响。

3) 相关属性可能会降低朴素贝叶斯分类器的性能，因为对这些属性，条件独立的假设已不成立。例如，考虑下面的概率：

$$P(A=0 | Y=0) = 0.4, \quad P(A=1 | Y=0) = 0.6, \quad P(A=0 | Y=1) = 0.6, \quad P(A=1 | Y=1) = 0.4$$

其中，A 是二元属性，Y 是二元类变量。假设存在一个二值属性 B，当 $Y=0$ 时，B 与 A 完全相关；当 $Y=1$ 时，B 与 A 相互独立。简单地说，假设 B 的类条件概率与 A 相同。给定一个记录，含有属性 $A=0$、$B=0$，其后验概率计算如下：

$$P(Y=0 \mid A=0, B=0) = \frac{P(A=0 \mid Y=0)P(B=0 \mid Y=0)P(Y=0)}{P(A=0, B=0)} = \frac{0.16 \times P(Y=0)}{P(A=0, B=0)}$$

$$P(Y=1 \mid A=0, B=0) = \frac{P(A=0 \mid Y=1)P(B=0 \mid Y=1)P(Y=1)}{P(A=0, B=0)} = \frac{0.36 \times P(Y=1)}{P(A=0, B=0)}$$

如果 $P(Y=0) = P(Y=1)$，则朴素贝叶斯分类器将把该记录指派到类 1。然而，事实上 $P(A=0, B=0 \mid Y=0) = P(A=0 \mid Y=0) = 0.4$，因为当 $Y=0$ 时，A 和 B 完全相关。结果，$Y=0$ 的后验概率为

$$P(Y=0 \mid A=0, B=0) = \frac{P(A=0, B=0 \mid Y=0)P(Y=0)}{P(A=0, B=0)} = \frac{0.4 \times P(Y=0)}{P(A=0, B=0)}$$

比 $Y=1$ 的后验概率大，因此，该记录实际应该被分类为类 0。处理这类情况，可以使用其他技术，如贝叶斯信念网络（Bayesian Belief Networks，BBN）来解决。

2. 应用效果

从经验数据来看，在较为广泛的应用领域，贝叶斯分类器的效率与决策树和人工神经网络分类器相比，处于同等水平。与其他分类算法相比，理论上讲贝叶斯分类具有最小的错误率。但实践中却并非总是如此，这一方面是由于对其应用的假定（如，类条件独立性）的不准确性造成的，另一方面可能是缺乏可用的概率数据造成的。

对于那些不直接使用贝叶斯定理的分类算法，贝叶斯分类器可以为它们提供一个理论判定依据。例如，某种假定下，可以证明与朴素贝叶斯分类器一样，许多人工神经网络和曲线拟合算法的输出均为最大后验假定。

3. 误差率

假设知道支配 $P(X \mid Y)$ 的真实概率分布。使用贝叶斯分类方法，就能够确定分类任务的理想决策边界，如下例所示。

【例 6-18】 亚洲象的象牙长度平均为 1.65m，而非洲象的象牙长度平均在 2.3m。因此，可以根据所获得的象牙长度来区分这根象牙是来自亚洲象还是非洲象。假设亚洲象和非洲象的象牙长度 x 服从标准差分别为 0.2 和 0.25 的正态分布，那么二者的类条件概率密度函数[⊖]表示如下：

$$P(X \mid 亚洲象) = \frac{1}{\sqrt{2\pi} \cdot 0.2} e^{-\frac{1}{2}\frac{(x-1.65)^2}{0.2^2}} \quad (6\text{-}42)$$

$$P(X \mid 非洲象) = \frac{1}{\sqrt{2\pi} \cdot 0.25} e^{-\frac{1}{2}\frac{(x-2.3)^2}{0.25^2}} \quad (6\text{-}43)$$

图 6-21 给出了亚洲象和非洲象的象牙长度的概率分布情况的比较。

假设两类大象的先验概率相同，理想决策边界 $\hat{x}$ 满足：

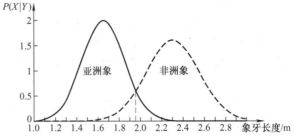

图 6-21　亚洲象和非洲象的象牙长度的概率分布情况的比较

⊖ 对于本例，Y 为不同的类别（亚洲象或非洲象）时，条件概率密度函数分别为[式（6-42）或式（6-43）]，因为在数据挖掘的概念中，Y 为类或别变量，所以公式也会被称为"类条件概率密度函数"，这是 Y 为类别变量时，对条件概率密度函数的一种特定称呼。

$$P(X = \hat{x} \,|\, 亚洲象) = P(X = \hat{x} \,|\, 非洲象) \tag{6-44}$$

利用式(6-42)和式(6-43)，可解得 $\hat{x} = 1.956$，该例决策边界处的长度介于两个均值之间。

当先验概率不同时，决策边界朝着先验概率较小的类移动。此外，给定数据上的任何分类器所达到的最小误差率都是可以计算的。本例中的理想决策边界把长度小于 $\hat{x}$ 的分类为亚洲象的象牙，把长度大于 $\hat{x}$ 的分类为非洲象的象牙。该分类器的误差率等于非洲象象牙长度的后验概率曲线下面的区域(从 0 到 $\hat{x}$)加上亚洲象象牙长度后验概率曲线下面的区域(从 $\hat{x}$ 到 ∞)：

$$\text{Error} = \int_0^{\hat{x}} P(非洲象 \,|\, X)\mathrm{d}X + \int_{\hat{x}}^{\infty} P(亚洲象 \,|\, X)\mathrm{d}X$$

总误差称为贝叶斯误差率(Bayes error rate)。　　　　　　　　　　　　　　　　◇

6.4.5　贝叶斯信念网络

对于朴素贝叶斯分类器，为了保证其准确率处于较高水平，必须假设样本属性的类条件独立，即给定样本的类标号，属性的值相互条件独立。但这个条件独立的假设似乎过于严苛，无法应用于那些属性之间有一定相关性的分类问题，而且实际上在现实应用中几乎不可能做到属性间的完全独立，这也大大限制了朴素贝叶斯分类器的分析能力。

那么，能否找到一种更加灵活的，关于类条件概率 $P(X\,|\,Y)$ 的表示方法，既可以说明和表示联合条件概率分布，同时又可以在变量的子集间定义类条件独立性，从而完成建模。

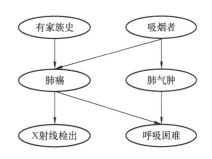

图 6-22　肺部疾病影响因素及症状关系图

该方法不要求给定类的所有属性都条件独立，而是允许某些指定的属性条件独立。这里，将讨论怎样表示和建立该概率模型，并举例说明怎样使用模型进行推理。

【例 6-19】　在图 6-22 中给出了肺部疾病的患病因素，以及肺部疾病与症状的关联关系。

在表 6-25 中给出了图 6-22 的各个属性的条件概率表(Conditional Probability Table，CPT)。

表 6-25　变量肺癌值的条件概率表

	有家族史=yes		有家族史=no	
	吸烟者=yes	吸烟者=no	吸烟者=yes	吸烟者=no
肺癌=yes	0.8	0.5	0.7	0.1
肺癌=no	0.2	0.5	0.3	0.9

从已知条件中，希望可以计算得到这样几个判别规则：①有家族史、吸烟者，是否会患肺癌；②有家族史、不吸烟者，是否会患肺癌；③无家族史、吸烟者，是否会患肺癌；④无家族史、不吸烟者，是否会患肺癌。可以很容易地从表 6-25 中得出：

$$P(肺癌=yes \,|\, \{有家族史=yes, 吸烟者=yes\}) = 0.8$$
$$P(肺癌=yes \,|\, \{有家族史=yes, 吸烟者=no\}) = 0.5$$
$$P(肺癌=yes \,|\, \{有家族史=no, 吸烟者=yes\}) = 0.7$$
$$P(肺癌=yes \,|\, \{有家族史=no, 吸烟者=no\}) = 0.1$$
$$P(肺癌=no \,|\, \{有家族史=yes, 吸烟者=yes\}) = 0.2$$

$P(肺癌=no| \{有家族史=yes，吸烟者=no\})=0.5$

$P(肺癌=no| \{有家族史=no，吸烟者=yes\})=0.3$

$P(肺癌=no | \{有家族史=no，吸烟者=no\})=0.9$

进而如果能够掌握肺癌、肺气肿与 X 射线检出、呼吸困难之间的条件概率数据，就可以对某具体特征患者的病情和症状进行全面的估计。　　　　　　　　　　　　　　　　◇

在例 6-19 中，图 6-22 给出了属性与变量的网络结构，表 6-25 给出了条件概率表（CPT），这样就构成了贝叶斯信念网络。

1. 模型表示

贝叶斯信念网络（Bayesian Belief Network，BBN），简称贝叶斯网络，是用图形表示的一组随机变量之间的概率关系。朴素贝叶斯假定属性之间是独立的，而贝叶斯信念网络则可以说明属性的联合概率分布，并通过具有因果关系的图形来表示。借助这个关系，可以通过学习建立起分类模型。贝叶斯网络有两个主要成分。

1）一个有向无环图，其每个结点代表一个随机变量，每条边代表一个概率依赖，以此来表示变量之间的依赖关系。

2）一个条件概率表，把各结点和它的直接父结点关联起来。

考虑三个随机变量 X、Y 和 Z，其中 X 和 Y 相互独立，并且都直接影响第三个变量 Z。三个变量之间的关系可以用图 6-23a 中的有向无环图概括。图中每个结点表示一个变量，每条弧表示两个变量之间的依赖关系。

【概念】　如果从 X 到 Y 有一条有向弧，则 X 是 Y 的父结点，Y 是 X 的子结点。另外，如果网络中存在一个从 X 到 Z 的有向路径，则 X 是 Z 的祖先，而 Z 是 X 的后代。如果一条弧由结点 Y 到 Z，则 Y 是 Z 的双亲或直接前驱，而 Z 是 Y 的后继。

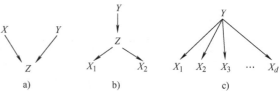

图 6-23　使用有向图表示概率关系

例如，在图 6-23b 中，X_1 是 Y 的后代，Y 是 X_2 的祖先，而且 X_2 和 Y 都不是 X_1 的后代结点。贝叶斯网络的一个重要性质表述如下：

【结点条件独立】　贝叶斯网络中的一个结点，如果它的父母结点已知，则它条件独立于它的所有非后代结点。

图 6-23b 中，给定 Z，X_1 条件独立于 X_2、Y，因为 X_2 和 Y 都是 X_1 的非后代结点。朴素贝叶斯分类器中的条件独立假设也可以用贝叶斯网络来表示，如图 6-23c 所示，其中 Y 是目标类，$\{X_1, X_2, X_3, \cdots, X_d\}$ 是属性集。

除了网络拓扑结构要求的条件独立性外，每个结点还关联一个概率表。

1）如果结点 X 没有父结点，则表中只包含先验概率 $P(X)$。

2）如果结点 X 只有一个父结点 Y，则表中只包含条件概率 $P(X | Y)$。

3）如果结点 X 有多个父结点 $\{Y_1, Y_2, \cdots, Y_k\}$，则表中包含条件概率 $P(X | Y_1, Y_2, \cdots, Y_k)$。

因此，贝叶斯网络的建模包括两个内容：

1）创建网络结构；

2）估计每一个结点在概率表中的概率值。

2. 贝叶斯信念网络的问题

根据对贝叶斯信念网络已知条件掌握的多少，有以下几个问题：

1) 如果已知贝叶斯信念网络的网络结构和可观测变量，且所有条件概率表(CPT)也已给定，那么可以直接进行计算；

2) 如果已知贝叶斯信念网络的网络结构和可观测变量，但是数据是隐藏的，比如图 6-22 中的从有家族史到肺癌或从吸烟者到肺癌的条件概率是未知的，只是知道存在这样的依存关系，这时就需要利用样本数据来学习条件概率表(CPT)⊖；

3) 如果已知贝叶斯信念网络的网络结构，而某些观测变量是隐藏的，则需要使用梯度下降法或类似于神经网络的方法来训练信念网络；

4) 如果贝叶斯信念网络的网络结构未知，而所有的观测变量是可以观测的，则需要搜索模型空间，并根据已知数据启发式学习和构造贝叶斯网络结构⊜；

5) 如果贝叶斯信念网络的网络结构未知，且所有的观测变量是隐藏的，那么目前还没有很好的方法来解决。

3．建立网络拓扑结构

网络拓扑结构可以通过对主观的领域专家知识编码获得。算法 6-3 给出了归纳贝叶斯拓扑结构的一个系统化的过程。

【算法 6-3】 贝叶斯网络拓扑结构的生成算法

1: 设 $T = \{X_1, X_2, \cdots, X_d\}$ 表示变量的全序
2: **for** $j = 1$ **to** d
3: 令 $X_{T(j)}$ 表示 T 中第 j 个次序最高的变量
4: 令 $\pi(X_{T(j)}) = \{X_{T(1)}, X_{T(2)}, \cdots, X_{T(j-1)}\}$ 表示排在 $X_{T(j)}$ 前面的变量的集合
5: 从 $\pi(X_{T(j)})$ 中去掉对 X_j 没有影响的变量(使用先验知识)
6: 在 $X_{T(j)}$ 和 $\pi(X_{T(j)})$ 中剩余的变量之间画弧

算法 6-3 保证生成的拓扑结构不包含环，这一点很容易证明。如果存在环，那么至少有一条弧从低序结点指向高序结点，并且至少存在另一条弧从高序结点指向低序结点。由于算法不允许从低序结点到高序结点的弧存在，因此拓扑结构中不存在环。

然而，如果对变量采用不同的排序方案，得到的网络拓扑结构可能会有所变化。某些拓扑结构可能质量很差，因为它在不同的结点对之间产生了很多条弧。从理论上讲，需要检查所有 $d!$ 种可能的排序才能确定最佳的拓扑结构，计算开销巨大。替代的方法是把变量分为原因变量和结果变量，然后从各原因变量向其对应的结果变量画弧。这种方法简化了贝叶斯网络结构的建立。

一旦找到了合适的拓扑结构，与各结点关联的概率表也就确定了。对这些概率的估计比较容易，与朴素贝叶斯分类器中所用的方法类似。

图 6-24 是贝叶斯网络的一个例子，对心脏病或灼心病患者建模。假设图中每个变量都是二值的。心脏病结点的父结点对应于影响该疾病的危险因素，例如锻炼和饮食等。心脏病结点的子结点对于该病的症状，如胸痛和高血压等；灼心可能源于不健康的饮食，同时又能导致胸痛。

影响疾病的危险因素对应的结点只包含先验概率，而心脏病、灼心以及它们的相应症状所对应的结点都包含条件概率。

【例 6-20】 考虑图 6-24 中的变量。执行算法 6-3 的步骤 1 后，设变量次序为(锻炼，健康饮食，

⊖ 经常采用梯度下降法和 EM 算法来用于处理此问题。
⊜ 可以使用 K2 算法解决此类问题。

心脏病，灼心，胸痛，高血压)。从变量健康饮食开始，经过步骤2到步骤6，得到如下条件概率：

P(健康饮食 | 锻炼)化简为 P(健康饮食)；

P(心脏病 | 锻炼，健康饮食)不能化简；

P(灼心 | 心脏病，锻炼，健康饮食)化简为 P(灼心 | 健康饮食)；

P(胸痛 | 灼心，心脏病，锻炼，健康饮食)化简为 P(胸痛 | 灼心，心脏病)；

P(高血压 | 胸痛，灼心，心脏病，锻炼，健康饮食)化简为 P(高血压 | 心脏病)。

基于以上条件概率，创建结点之间的弧(锻炼，心脏病)，(健康饮食，心脏病)，(健康饮食，灼心)，(心脏病，胸痛)，(灼心，胸痛)和(心脏病，高血压)。这些弧构成了如图6-24所示的贝叶斯网络结构。　　　　　　　　　　　　　　　　　　　　　　　　　　　　　◇

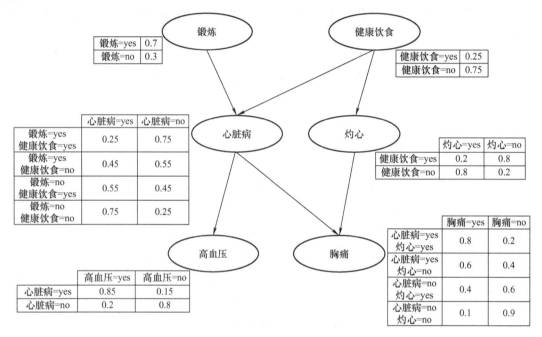

图 6-24　发现心脏病和灼心病人的贝叶斯网络

4. 梯度下降法

可使用梯度下降法来解决已知贝叶斯信念网络结构，而可观测变量概率数据隐藏的问题。

梯度下降法的基本思想是：若贝叶斯网络结构已知，当使用第一条训练数据对网络进行训练时，可以得到第一批条件概率表中的项，这时的概率表数据是"准确"的；当用第二条训练数据对网络进行训练时，就需要对已有的条件概率表中的项值进行更新。更新后，数值就不能完全拟合网络已经学习的各条训练数据所应得的结果，从而会产生"损失"。对条件概率表项值进行更新的基本原则就是使这个"损失"最小化。

在梯度下降法中，以联合条件概率为基础定义了一个损失函数(或目标函数)，它是条件概率表项的函数。让损失函数(或目标函数)对各条件概率表项求偏微分，求得条件概率表项改变的最小梯度(对于目标函数则是求最大)，并在该表项上进行迭代更新，从而实现贝叶斯网络的学习过程。

设 D 是 d 个训练样本 $\{X_1, X_2, \cdots, X_d\}$ 的集合，w_{ijk} 是具有父结点 $U_i = u_{ik}$ 的变量 $Y_i = y_{ij}$ 在条件概率表中的 CPT 项[例如，在表 6-25 中，w_{ijk} 是表中左上角的 CPT 项(值为 0.8)，则 Y_i 是肺癌；y_{ij} 是其值 yes；U_i 列出 Y_i 的双亲结点{有家族史，吸烟者}；而 u_{ik} 列出双亲结点的值{yes, yes}]。w_{ijk}

可以看作权，类似于神经网络中隐藏单元的权。权的集合记作 W。

梯度训练算法就是求出最为满足 $\{X_1, X_2, \cdots, X_d\}$ 训练样本集的权的集合 W，用数学公式表示就是使 $p_w(D) = \prod_{i=1}^{d} P_w(X_i)$ 最大。

具体的算法：

【算法 6-4】 梯度下降算法

1:　为所有 w_{ijk} 设置随机初值；

2:　for i = 1 to d:

3:　$\dfrac{\partial \ln p_w(D)}{\partial w_{ijk}} = \sum_{d \in D} \dfrac{P(Y_i = y_{ij}, U_i = u_{ik} \mid d)}{w_{ijk}}$ 　　//计算梯度：关于每个 i、j、k，对 w_{ijk} 取偏微分

4:　$w'_{ijk} = w_{ijk} + l \dfrac{\partial \ln p_w(D)}{\partial w_{ijk}}$ 　　//更新权值，沿梯度方向前进一小步

5:　$w''_{ijk} = \dfrac{w'_{ijk}}{\sum_j w'_{ijk}}$ 　　//规格化权值

算法 6-4 的第 4 步中，参数 l 是一个小常数，称为学习率。第 5 步中，由于权值 w'_{ijk} 是概率值，所以必须在 0.0 和 1.0 之间，并且对于所有的 i 和 k，$\sum_j w'_{ijk}$ 必须等于 1。在权值被更新后，可以对它们重新规格化来保证这一条件。

在贝叶斯信念网络中对应于属性或变量 $Z_1, Z_2, \cdots, Z_n$ 的任意元组 $(z_1, z_2, \cdots, z_n)$ 的联合概率由下式计算：

$$P(z_1, \cdots, z_n) = \prod_{i=1}^{n} P(z_i \mid \text{parents}(Z_i)) \tag{6-45}$$

如图 6-24 所示，对于有家族史、吸烟者、肺癌这三个属性，如果用贝叶斯信念网络计算，得到的联合概率将会是 $P(\text{有家族史})P(\text{抽烟者})P(\text{肺癌} \mid \{\text{有家族史, 抽烟者}\})$，会更为准确。

5. 使用 BBN 进行推理举例

假设要使用图 6-24 中的 BBN 来诊断一个人是否患有心脏病，需要针对以下几种情况进行讨论，以便做出正确的诊断。

(1) 情况一：没有先验信息。

在没有任何先验信息的情况下，可以根据现有的模型结构及条件概率表中的数据，通过计算先验概率 $P(\text{HD=yes})$ 和 $P(\text{HD=no})$ 来确定一个人是否有可能患心脏病（Heart Diease，简记为 HD）。为了表述方便，设 $\alpha \in \{\text{yes,no}\}$ 表示锻炼（Exercise，简记为 E）属性的两个值，$\beta \in \{\text{yes,no}\}$ 表示健康饮食（Diet，简记为 D）属性的两个值。

$$
\begin{aligned}
P(\text{HD} = \text{yes}) &= \sum_{\alpha} \sum_{\beta} P(\text{HD} = \text{yes} \mid \text{E} = \alpha, \text{D} = \beta) P(\text{E} = \alpha, \text{D} = \beta) \\
&= \sum_{\alpha} \sum_{\beta} P(\text{HD} = \text{yes} \mid \text{E} = \alpha, \text{D} = \beta) P(\text{E} = \alpha) P(\text{D} = \beta) \\
&= 0.25 \times 0.7 \times 0.25 + 0.45 \times 0.7 \times 0.75 + 0.55 \times 0.3 \times 0.25 + 0.75 \times 0.3 \times 0.75 \\
&= 0.49
\end{aligned}
$$

因为 $P(\text{HD}=\text{no})=1-P(\text{HD}=\text{yes})=1-0.49=0.51$，所以，此人不得心脏病的概率略大一些。

（2）情况二：高血压。

如果一个人有高血压（Blood Pressure，简记为 BP），可以通过比较后验概率 $P(\text{HD}=\text{yes}\,|\,\text{BP}=$高）和 $P(\text{HD}=\text{no}\,|\,\text{BP}=$高）来诊断他是否患有心脏病。为此，必须先用全概率公式，计算 $P(\text{BP}=$高）：

$$P(\text{BP}=高)=\sum_{\gamma}P(\text{BP}=高\,|\,\text{HD}=\gamma)P(\text{HD}=\gamma)$$

$$=0.85\times0.49+0.2\times0.51=0.5185$$

其中 $\gamma\in\{\text{yes},\text{no}\}$ 表示高血压属性的两个值。

因此，此人患心脏病的后验概率为

$$P(\text{HD}=\text{yes}\,|\,\text{BP}=高)=\frac{P(\text{BP}=高\,|\,\text{HD}=\text{yes})P(\text{HD}=\text{yes})}{P(\text{BP}=高)}$$

$$=\frac{0.85\times0.49}{0.5185}=0.8033$$

同理，$P(\text{HD}=\text{no}\,|\,\text{BP}=高)=1-0.8033=0.1967$。

因此，当一个人有高血压时，他患心脏病的风险就增加了。

（3）情况三：高血压、饮食健康、经常锻炼身体。

假设得知此人经常锻炼身体并且饮食健康。这些新信息会对诊断造成怎样的影响呢？加上这些新信息，此人患心脏病的后验概率为

$$P(\text{HD}=\text{yes}\,|\,\text{BP}=高,\text{D}=健康,\text{E}=\text{yes})$$

$$=\left[\frac{P(\text{BP}=高\,|\,\text{HD}=\text{yes},\text{D}=健康,\text{E}=\text{yes})}{P(\text{BP}=高\,|\,\text{D}=健康,\text{E}=\text{yes})}\right]P(\text{HD}=\text{yes}\,|\,\text{D}=健康,\text{E}=\text{yes})$$

$$=\frac{P(\text{BP}=高\,|\,\text{HD}=\text{yes})P(\text{HD}=\text{yes}\,|\,\text{D}=健康,\text{E}=\text{yes})}{\sum_{\gamma}P(\text{BP}=高\,|\,\text{HD}=\gamma)P(\text{HD}=\gamma\,|\,\text{D}=健康,\text{E}=\text{yes})}$$

$$=\frac{0.85\times0.25}{0.85\times0.25+0.2\times0.75}=0.5862$$

而此人不患心脏病的概率为

$$P(\text{HD}=\text{no}\,|\,\text{BP}=高,\text{D}=健康,\text{E}=\text{yes})$$

$$=1-0.5862$$

$$=0.4138$$

因此，模型提示即便是患有高血压，通过健康的饮食和有规律的体育锻炼也可以降低患心脏病的风险。

6. 贝叶斯信念网络（BBN）的特点

BBN 模型的特点一般有以下几点：

1）BBN 提供了一种通过图形模型来捕获特定领域先验知识的方法。网络还可以用来对变量间的因果或依赖关系进行编码。

2）构造网络可能既费时又费力。但一旦网络结构确定下来，添加新变量就会变得十分容易。

3）贝叶斯网络很适合处理不完整的数据。对有属性遗漏的实例可以通过对该属性的所有可能取值的概率求和或求积分来加以处理。

4）因为数据和先验知识以概率的方式结合起来了，所以该方法对模型的过度拟合问题是鲁棒的。

6.5 人工神经网络

人工神经网络（ANN）是从生物神经网络的研究成果中获得启发，试图通过模拟生物神经系统的结构及其网络化的处理方法以及信息记忆方式，由大量处理单元互连组成一个非线性的、自适应的动态信息处理系统，实现对信息的处理。

人工神经网络在信息处理方面与传统的计算机技术相比有自身独特的优势。主要体现在以下几点。

1）并行性：传统的计算方法是基于串行处理思想而发展起来的，计算和存储是相对独立的两个部分，计算速度很大程度上取决于存储器和运算器之间的连接能力，这使其受到了很大限制。而神经网络中神经元之间存在着大量的相互连接，信息输入之后可以被很快传递到各个神经元进行处理，在数值传递的过程中可以同时完成计算和存储功能，并将输入/输出映射关系以神经元连接强度（权值）的方式存储下来，因此运行效率极高。

2）自学习能力：神经网络系统具有很强的自学习能力，能够通过对大量数据样本的学习，分析数据中的内在模式来构造模型，发现新的知识，并不断完善自己，此外还具有一定的创造性，这也是神经网络应用中最为重要的一个特性。

3）记忆功能：神经网络中存在着众多结点的参数和连接权值系数，在进行训练的过程中，能够通过学习来"记忆"输入端给出的数据模式。在应用执行时，如果网络的输入数据含有不完整的数据或噪声数据片段，经过网络处理，仍可根据多数"记忆"得出完整而准确的信息。

4）高度的鲁棒性[⊖]和容错性：在神经网络中，信息的存储是分布在整个网络中相互连接的权值上的，这使得它比传统计算机系统具有更高的抗毁性。少数神经元的损坏或连接缺失，只是有限地降低了系统的性能，还不至于破坏整个网络系统，因此人工神经网络具有较强的鲁棒性和容错性。

6.5.1 基本结构

神经网络的研究起源于对生物神经元的研究。人的大脑中有很多神经元细胞，每个神经元都伸展出一些短而逐渐变细的分支（树突）和一根长的纤维（轴突）。如图 6-25 所示，一个神经元的树突从其他神经元接收信号并把它们汇集起来，如果信号足够强，该神经元将会产生一个新的信号并沿着轴突将这一信号传递给其他神经元。正是这上百亿个神经元，才构成了高度复杂的、非线性的、能够并行处理的人体神经网络系统。

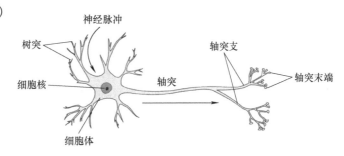

图 6-25 人体神经网络中的神经元

1. **多层结构**

人工神经网络模仿人体神经网络系统进行抽象建模，设计成由相互连接的处理单元（Processing

⊖ 鲁棒性（robustness）：控制系统在一定结构、大小等的参数摄动下，依然维持某些性能的特性。

Element)组成，单元之间是由信号通路进行连接的处理系统，如图 6-26 所示。如果把人工神经网络看作一个图，则其中的处理单元称为结点(Node)，处理单元之间的连接称为边(Edge)。边的连接表示各处理单元之间的关联关系，边的权值体现了关联性的强弱，二者相结合，表示信息的传递和处理的方法。因此，可以说人工神经网络是由大量的结点(或称神经元)进行相互连接而构

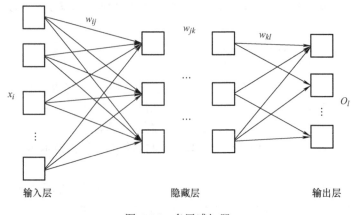

图 6-26　多层感知器

成的多层信息处理系统。这种形态和处理机制与人体神经网络系统较为类似，也是一种模拟人脑思维的计算机建模方式。

对于多层人工神经网络，给定一组带监督的训练数据集 $(x_1, x_2, \cdots, x_i, y)$（其中 y 为分类属性），则可以使用这组数据对如图 6-26 所示的神经网络系统进行训练，不断调整各个结点间的连接权值 w，使系统输出 O_l 逼近分类属性，从而构建出一个符合训练数据集数据特性的分类模型。

人工神经网络的复杂程度与网络的层数和每层的处理单元有关。按照层级关系，整个网络拓扑结构可以分为输入层、输出层和隐藏层(有时也可以没有隐藏层)。

1) 输入层：位于输入层的结点称为输入结点(或输入单元)，负责接收和处理样本数据集中各输入变量的数值。输入结点的个数由样本数据的属性维度决定。输入的信息称为输入向量。

2) 输出层：位于输出层的结点称为输出结点(或输出单元)，负责实现系统处理结果的输出。输出的信息称为输出向量。

在进行分类预测应用时，输出结点的个数由样本分类个数决定。如果输出变量为二分类型(即 Flag 型)，则输出结点个数可为 1 或 2，并通过取值 0 或 1 来表示分类结果；如果输出变量为多分类型(Set 型，n 个类型)，则输出结点个数可为 $\log_2 n$，并且取值为二进制的 0 和 1；如果输出变量为数值型变量，则输出结点数为 1。

3) 隐藏层：输入层和输出层之间众多神经元和链接组成的各个层面为隐藏层，它能够实现人工神经网络的计算和非线性特性。隐藏层可以有多层，层数的多少视对网络的非线性要求以及功能和性能的要求而定。位于隐藏层的结点称为隐藏结点(或隐单元)，它处在输入和输出单元之间，从系统外部无法观察到。隐藏层的结点(神经元)数目越多，神经网络的非线性就越显著，鲁棒性也越强。习惯上会选择输入结点的 1.2~1.5 倍设立隐藏层结点。

人工神经网络工作时，各个自变量通过输入层的神经元输入到网络，输入层的各个神经元和第一层隐藏层的各个神经元连接，每一层隐藏层的神经元再和下一层(可能是隐藏层或输出层)的各个神经元相连接。输入的自变量通过各个隐藏层的神经元进行转换后，在输出层形成输出值作为对应变量的预测值。

人工神经网络中的结点也被称为感知器或人工神经元，可以被赋予不同的处理算法(函数)，在整个神经网络中发挥着相应的作用。多个人工神经元连接在一起，就构成了人工神经网络。

人工神经网络中，神经元处理单元可用来表示不同的对象，例如特征、字母、概念，或者一些有意义的抽象模式。利用人工神经网络，可以对训练数据集进行学习，将学习到的"知识"存

储在每个感知器中，从而建立起一个分析与处理的模型。利用这个经过学习的人工神经网络模型，可以对未知数据进行分析、处理和判断，得到有用的信息。

2. 感知器

人工神经元（感知器）的结构如图 6-27 所示，以模拟生物神经元的活动。$I_1, I_2, \cdots, I_s$ 为输入信号，它们按照连接权 $w_{1j}, w_{2j}, \cdots, w_{sj}$ 通过神经元内的组合函数 $\sum\limits_{j}(\cdot)$ 组成 u_j，再通过神经元内的激活函数 $f_{Aj}(\cdot)$ 得到输出 O_j，沿"轴突"传递给其他神经元。

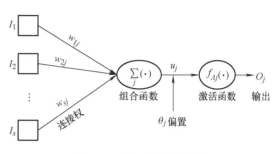

图 6-27　人工神经元结构

（1）组合函数。

组合函数简单地将感知器的输入，通过结构上的连接或关联关系，按照各连接的连接权数进行加权求和进行组合。考虑到组合函数的输出范围可能会需要一定的线性调整，以符合激活函数的输入范围，因此，要对组合函数的结果设置一个偏置量（有些资料中也称为阈值），组合函数便写为一个线性组合表达式：

$$u_j = \sum_i w_{ij} \cdot I_i + \theta_j \tag{6-46}$$

（2）激活函数。

在人体神经网络中，并非每个神经元都全程参与信息的传递和处理，只有那些在某一时刻被"激活"的神经元，才构成那一时刻的动态的信息处理系统。人工神经网络沿用了这一概念和名词，在每个感知器中设置了一个用数学函数来表达的元素，称为激活函数。虽然激活函数在人工神经网络中并没有所谓的"激活"的作用，但仍将其定义为符号函数 sign 或与之相接近的非线性函数，使人工神经网络具有充分的非线性，以处理复杂的应用问题。如果没有非线性性质的激活函数，则人工神经网络的每一层输出都仅仅是上一层输入的线性函数，即便是再复杂的人工神经网络，输出也都将仅仅是输入的线性组合，无法满足复杂的实际应用的需要。激活函数给神经元引入非线性因素后，使神经网络可以任意逼近任何非线性函数，以应用到众多的非线性模型中。对于图 6-27 所示的人工神经元，有

$$O_j = f_{Aj}(u_j) \tag{6-47}$$

常见的激活函数有以下几种：

1）sign 函数。

sign 函数也称为符号函数，如式（6-48）所示，可析离出函数的正、负符号：当 $x>0$ 时，$\mathrm{sign}(x)=1$；当 $x=0$ 时，$\mathrm{sign}(x)=0$；当 $x<0$ 时，$\mathrm{sign}(x)=-1$。

$$f(x)=\begin{cases}1, & x \geq 0 \\ -1, & x < 0\end{cases} \tag{6-48}$$

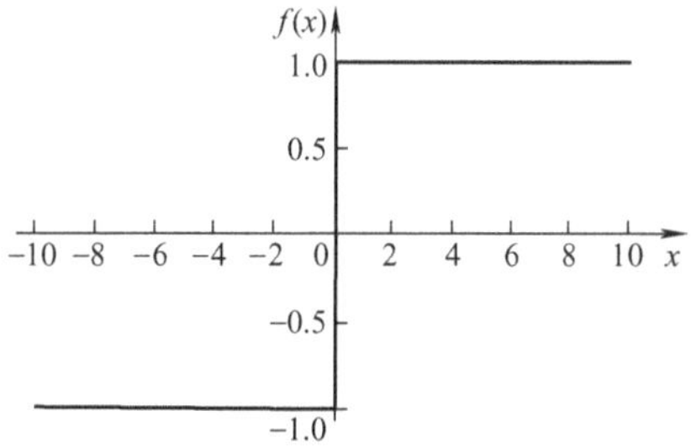

sign 函数的输入/输出函数关系图如图 6-28 所示。

图 6-28　sign 函数

2）sigmoid 函数（Logistic 函数）。

sigmoid 函数如式（6-49）所示，其输入/输出函数关系如图 6-29a 所示。

$$f(x) = \frac{1}{1 + e^{-x}} \tag{6-49}$$

sigmoid 函数的优点是其输出映射在区间(0，1)内，输出范围有限，且单调连续，易于求导。优化效果稳定，适合用于输出层感知器的激活函数。

缺点是 sigmoid 函数具有的饱和性[⊖]，容易产生梯度消失，导致训练失效。另外，其输出并不是以 0 为中心。

在作为激活函数应用时，需要对该函数求导，求导后的函数为

$$f'(x) = \frac{e^{-x}}{1 + e^{-x}} = f(x)[1 - f(x)] \tag{6-50}$$

$f'(x)$ 的函数关系如图 6-29b 所示。可以看出，sigmoid 函数的导数只有在 $x=0$ 附近的时候才会有比较好的激活性，而在正负饱和区的梯度都接近于 0，造成梯度弥散，无法完成深层网络的训练。

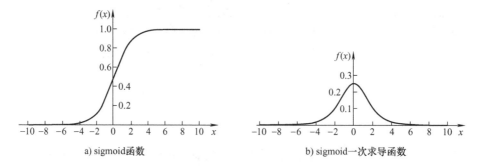

a) sigmoid函数　　　　　　　　b) sigmoid一次求导函数

图 6-29　sigmoid 激活函数

3）tanh 函数（双曲正切函数）。

tanh 函数如式(6-51)所示。

$$f(x) = \tanh(x) = \frac{e^x - e^{-x}}{e^x + e^{-x}} \tag{6-51}$$

将式(6-49)代入式(6-51)，可得：

$$\tanh(x) = 2 \cdot \text{sigmoid}(2x) - 1 \tag{6-52}$$

其图形如图 6-30 所示。

　　tanh 函数的取值范围为[-1, 1]。tanh 函数在特征相差明显时的应用效果较好，在人工神经网络的循环训练过程中会不断扩大特征效果。与 sigmoid 函数的区别是，tanh 函数是零均值的，因此实际应用中 tanh 函数会比 sigmoid 函数有更强的应用性。tanh 函数同样具有饱和性，也会造成梯度消失。

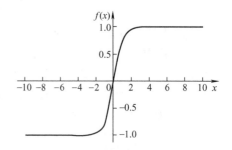

　　4）ReLU 函数。

ReLU 函数的如式(6-53)所示：

图 6-30　tanh 激活函数

⊖ 对于函数 $f(x)$，如果有 $\lim\limits_{x \to \infty} f'(x) = 0$ 或 $\lim\limits_{x \to -\infty} f'(x) = 0$，则称该函数具有饱和性，且为软饱和。饱和性还可以细分为左饱和和右饱和。

$$f(x) = \begin{cases} x, & x \geq 0 \\ 0, & x < 0 \end{cases} \quad \text{或} \quad f(x) = \max\{0, x\} \quad (6\text{-}53)$$

其函数图形如图 6-31 所示。

ReLU 函数用于某些算法(如随机梯度下降)时，较 sigmoid 函数或 tanh 函数具有较快的收敛速度。当 $x<0$ 时，ReLU 硬饱和$^{\ominus}$，而当 $x>0$ 时，则不存在饱和问题。所以，ReLU 函数能够在 $x>0$ 时保持梯度不衰减，从而缓解梯度消失问题，应用时可以直接以监督的方式训练深度神经网络，而不必依赖无监督的逐层预训练。但是，

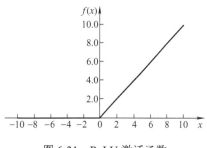

图 6-31　ReLU 激活函数

随着训练的推进，部分输入会落入硬饱和区，导致对应权重无法更新，这种现象被称为神经元死亡。与 sigmoid 函数类似，ReLU 函数的输出均值也大于零，偏移现象和神经元死亡会共同影响网络的收敛性。

6.5.2　基本特性

人工神经网络是一种具有自适应性的，体现大脑活动风格的非程序化的信息处理系统，其本质是通过网络的变换和动力学行为得到并行分布式的信息处理功能，并在不同程度和层次上模仿人脑神经系统的信息处理功能，是涉及神经科学、思维科学、人工智能、计算机科学等多个领域的交叉学科。

按照拓扑结构划分，人工神经网络可以分为两层神经网络、三层神经网络和多层神经网络。

按照结点间的连接方式划分，人工神经网络可分为层间连接和层内连接，连接强度用权值表示。层内连接方式指神经网络同层内部同层结点之间相互连接，如 Kohonen 网络(见图 6-32a)。

按照结点间的连接方向划分，人工神经网络可分为前馈式神经网络和反馈式(Feedback)神经网络两种。

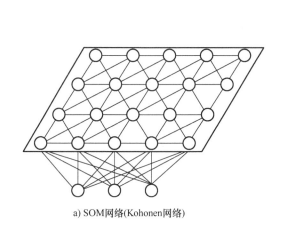

a) SOM网络(Kohonen网络)

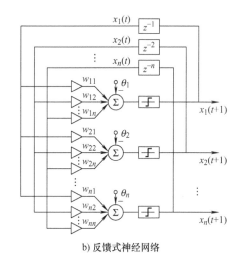

b) 反馈式神经网络

图 6-32　不同的结构的人工神经网络

$\ominus$ 对于函数 $f(x)$，如果有当 $x > C$ 时，有 $f'(x) = 0$，或 $x < C$ 时，有 $f'(x) = 0$，则称该函数具有饱和性，且为硬饱和。

前馈式神经网络的连接是单向的，上层结点的输出是下层结点的输入。目前数据挖掘软件中的神经网络大多为前馈式神经网络。反馈式神经网络除单向连接外，输出结点的输出又可作为输入结点的输入，即它是有反馈的连接（见图6-32b）。

人工神经网络是并行分布式系统，它采用了与传统人工智能和信息处理技术完全不同的机理，克服了传统的基于逻辑符号的人工智能在处理直觉、非结构化信息方面上的缺陷，具有自适应、自组织和实时学习的特点。这些特点，来自于人工神经网络具有的四个基本特征。

1）非线性：非线性关系是自然界的普遍特性。人工神经元中的激活函数由非线性函数（例如sigmoid函数）构成，可以模拟处于激活或抑制的两种不同状态，在数学上则表现为一种非线性关系。

2）非局限性：神经网络由多个神经元广泛连接而成，系统的整体行为不仅取决于单个神经元的特征，也由单元之间的相互作用、相互连接所决定。通过单元之间的大量连接来模拟大脑的非局限性。联想记忆就是非局限性的典型例子。

3）非常定性：人工神经网络具有自适应、自组织、自学习能力。神经网络处理的信息可以有各种变化，而且在处理信息的同时，非线性动力系统本身也在不断变化。经常采用迭代过程来描写动力系统的演化过程。

4）非凸性：一个系统的演化方向，在一定条件下将取决于某个特定的状态函数。非凸性是指这种函数有多个极值，故系统具有多个较稳定的平衡态，这将导致系统演化的多样性。

6.5.3　BP人工神经网络

BP（Back Propagation）网络是1986年由Rumelhart和McCelland领导的科学家小组提出的，是一种按误差逆传播算法训练的多层前馈网络，也是目前应用最广泛的神经网络模型之一。BP网络能学习和存储大量的输入-输出模式映射关系，而不必事前揭示描述这种映射关系的数学方程。

1．算法过程

对于由输入层、隐藏层和输出层构成的，而每一层均包含若干个处理单元，且各层之间的处理单元以权值 w_{ij} 进行连接的一个多层人工神经网络系统，给定一组训练数据（x_1, x_2, $\cdots$, x_m, y_1, y_2, $\cdots$, y_n），对系统进行训练，其中，x_i（$i=1$, 2, $\cdots$, m）为输入数据，它决定了系统具有 m 个输入单元；希望经过训练后的输出值为 y_l（$l=1$, 2, $\cdots$, n），它决定了系统有 n 个输出神经元，如图6-33所示。

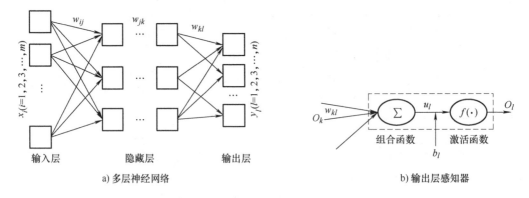

a) 多层神经网络　　　　　　　　　　　　　b) 输出层感知器

图 6-33　BP算法

每个处理单元具有输入端和相应的输出，内部包含组合函数、激活函数及用来调节处理单元活性的偏置量(阈值)b_i。输入层的处理单元的输入为 x_i，输出为 O_i；隐藏层的输入为上一层的输出 I_j(对于第一层隐藏层，$I_j = O_i$)，输出为 O_j；输出层的输入为 I_k(I_k 为上一层隐藏层的输出，如 O_j)输出为 O_l。这里，激活函数一般使用 sigmoid 函数。

BP 算法的基本过程包括信号的前向传播和误差的后向传播，具体步骤如下。

(1) 初始化网络权值和处理单元的阈值。

最简单的办法就是随机初始化，分别为 w_{ij}, w_{jk}, $\cdots$, w_{kl} 和 b_{ij}, b_{jk}, $\cdots$, b_{kl} 赋随机值。

(2) 信号的前向传播，计算各处理单元的输出。

按照网络连接以及组合函数和激活函数的关系式，逐层计算隐藏层处理单元和输出层处理单元的输入和输出。

输入层的输出为
$$u_j = \sum_j (w_{ij} \cdot x_i) + b_j$$

$$O_j = \frac{1}{1 + \mathrm{e}^{-u_j}}$$

隐藏层的输出为
$$u_k = \sum_k (w_{jk} \cdot I_k) + b_k = \sum_k (w_{jk} \cdot O_j) + b_k$$

$$O_k = \frac{1}{1 + \mathrm{e}^{-u_k}}$$

输出层的输出为
$$u_l = \sum_l (w_{kl} \cdot I_l) + b_l = \sum_l (w_{kl} \cdot O_k) + b_l$$

$$O_l = \frac{1}{1 + \mathrm{e}^{-u_l}}$$

对于训练数据 x_i，输出应为 y_l，与人工神经网络的实际输出 O_l 存在差异，需要根据差异的情况对系统内各连接的权值进行调整，使二者相等或逼近 y_l。

这里，定义系统的总输出误差为系统输出层各处理单元输出误差的平均值(即各输出 O_l 与训练数据 y_l 的差异)，是输出与其期望值的均方差，有

$$E = \frac{1}{m}\sum_{l=1}^{m} E_l = \frac{1}{m}\sum_{l=1}^{m}(O_l - y_l)^2 \tag{6-54}$$

式中，m 是输出层处理单元个数；O_l 是样本实际输出；y_l 是训练数据希望的输出。

(3) 误差后向传播。

很明显，式(6-54)中的输出误差是关于 w_{kl} 的函数，因此可以对 w_{kl} 求偏微分，利用梯度下降算法，对 w_{kl} 进行调整，也就是使其最小化，以降低系统输出误差。

$$\frac{\partial E}{\partial w_{kl}} = \frac{1}{m}\sum_{l=1}^{m}\frac{\partial E_l}{\partial w_{kl}} = \frac{1}{m}\sum_{l=1}^{m}\frac{\partial E_l}{\partial O_l} \cdot \frac{\partial O_l}{\partial u_l} \cdot \frac{\partial u_l}{\partial w_{kl}} \tag{6-55}$$

式中，输出层的 u_l 为 I_k 的线性组合 $u_l = \sum_l (w_{kl} \cdot I_k) + b_l$，所以有 $\frac{\partial u_l}{\partial w_{kl}} = I_k$，则式(6-55)可以写成

$$\frac{\partial E_l}{\partial w_{kl}} = \delta_{kl} \cdot I_k \tag{6-56}$$

式中，

$$\delta_{kl} = \frac{\partial E_l}{\partial O_l} \cdot \frac{\partial O_l}{\partial u_l} \qquad (6\text{-}57)$$

即为输出层的误差计算公式。

如果输出层处理单元的激活函数选用 sigmoid 函数，即 $O_l = \dfrac{1}{1+\mathrm{e}^{-u_l}}$，则有

$$\frac{\partial E}{\partial w_{kl}} = \frac{1}{m}\sum_{l=1}^{m}\frac{\partial E_l}{\partial w_{kl}} = \frac{1}{m}\sum_{l=1}^{m}\frac{\partial E_l}{\partial O_l}\cdot\frac{\partial O_l}{\partial u_l}\cdot\frac{\partial u_l}{\partial w_{kl}} = \frac{1}{m}\sum_{l=1}^{m}\delta_{kl}\cdot I_k \qquad (6\text{-}58)$$

式中，

$$\delta_{kl} = -2(O_l - y_l)\cdot O_l\cdot(1 - O_l) \qquad (6\text{-}59)$$

对于隐藏层，如图 6-34 所示。设该隐藏层为第 k 层，其输入为来自第 j 隐藏层的输出（$I_k = O_j$），输出为第 l 隐藏层（或输出层）的输入。同样可得：

$$\frac{\partial E}{\partial w_{jk}} = \frac{1}{m}\sum_{l=1}^{m}\frac{\partial E_l}{\partial w_{jk}} = \frac{1}{m}\sum_{l=1}^{m}\frac{\partial E_l}{\partial O_l}\cdot\frac{\partial O_l}{\partial u_l}\cdot\frac{\partial u_l}{\partial O_k}\cdot\frac{\partial O_k}{\partial u_k}\cdot\frac{\partial u_k}{\partial w_{jk}}\bigg|_{O_k = I_l} \qquad (6\text{-}60)$$

而隐藏层的 u_k 为 I_j 的线性组合 $u_k = \sum_{k}(w_{jk}\cdot I_j) + b_k$，所以有 $\dfrac{\partial u_k}{\partial w_{jk}} = I_j$，且式（6-55）可以写成

$$\frac{\partial E_l}{\partial w_{jk}} = \frac{1}{m}\sum_{l=1}^{m}\delta_{jk}\cdot I_j \qquad (6\text{-}61)$$

式中，

$$\delta_{jk} = \frac{\partial E_l}{\partial y_l}\cdot\frac{\partial y_l}{\partial u_l}\cdot\frac{\partial u_l}{\partial O_k}\cdot\frac{\partial O_k}{\partial u_k} \qquad (6\text{-}62)$$

即为隐藏层的误差计算公式。

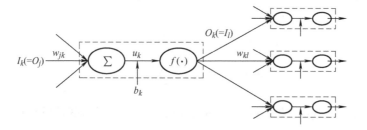

图 6-34　BP 算法——隐藏层

如果隐藏层处理单元的激活函数选用 sigmoid 函数，即 $O_l = \dfrac{1}{1+\mathrm{e}^{-u_l}}$，则有

$$\delta_{jk} = \frac{\partial E_l}{\partial y_l}\cdot\frac{\partial y_l}{\partial u_l}\cdot\frac{\partial u_l}{\partial O_k}\cdot\frac{\partial O_k}{\partial u_k} = \delta_{kl}\cdot w_{kl}\cdot O_k(1 - O_k) \qquad (6\text{-}63)$$

得到：

$$\frac{\partial E}{\partial w_{jk}} = \frac{1}{m}\sum_{l=1}^{m}\frac{\partial E_l}{\partial w_{jk}} = \sum_{l=1}^{m}\frac{\partial E_l}{\partial y_l}\cdot\frac{\partial y_l}{\partial u_l}\cdot\frac{\partial u_l}{\partial O_k}\cdot\frac{\partial O_k}{\partial u_k}\cdot\frac{\partial u_k}{\partial w_{jk}} = \frac{1}{m}\sum_{l=1}^{m}\delta_{jk}\cdot I_j$$
$$= -\frac{1}{m}\sum_{l=1}^{m}\delta_{kl}\cdot w_{kl}\cdot O_k(1 - O_k)\cdot I_j \qquad (6\text{-}64)$$

利用输出层和隐藏层的误差计算公式，可以对各连接权值和处理单元阈值进行迭代修正，使输出误差逐步降低，直到满足终止条件。有：

$$w'_{jk} = w_{jk} + \Delta w_{jk} = w_{jk} - \eta \cdot \frac{\partial E}{\partial w_{jk}} \text{ 和 } w'_{kl} = w_{kl} + \Delta w_{kl} = w_{kl} - \eta \cdot \frac{\partial E}{\partial w_{kl}} \tag{6-65}$$

这里，引入了神经网络中的学习率 η 的概念，通常取 0 和 1 之间的值，用于控制权值的修正速度。学习率的选取要适中。学习率太小，学习将进行得很慢，使 w_{jk} 的收敛速度太慢；学习率太高，可能会使 w_{jk} 的值出现摆动，影响系统的稳定性。

【例 6-21】 人工神经网络的结构如图 6-35 所示，它由包括 2 个输入端的输入层、包括 3 个结点的隐藏层以及包括 2 个输出端的输出层构成。隐藏层中的处理单元的结构如图 6-27 所示，其中激活函数为式 (6-49) 所示的 sigmoid 函数。隐藏层处理单元的偏置值为 b_1，输出层处理单元的偏置值为 b_2。由输入端到隐藏层结点再到输出层的各权值的初始值和各处理单元的偏置值分别为：$w_1=0.1$，$w_2=0.15$，$w_3=0.2$，$w_4=0.3$，$w_5=0.3$，$w_6=0.35$，$w_7=0.4$，$w_8=0.45$，$w_9=0.5$，$w_{10}=0.6$，$w_{11}=0.6$，$w_{12}=0.65$，$b_1=0.35$，$b_2=0.7$。

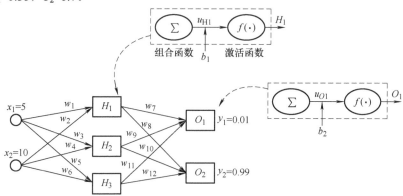

图 6-35　训练神经网络

输入端的输入值为 $x_1=5$，$x_2=10$；输出层的输出值应分别为 $y_1=0.05$，$y_2=0.95$。用这组训练数据对系统进行训练，求出相应的权值系数。

输入数据经过图 6-35 所示的系统，得出如下所示的各处理单元(包括内部处理单元)的数值：$x_1=5$，$x_2=10$，$u_{H_1}=2.35$，$u_{H_2}=3.85$，$u_{H_3}=5.35$，$H_1^{\ominus}=0.912934$，$H_2=0.979164$，$H_3=0.995274$，$u_{O_1}=2.101920$，$u_{O_2}=2.246289$，$O_1=0.891090$，$O_2=0.904330$。在输出层得到了两个计算输出值，分别是 O_1 和 O_2。

人工神经网络要求经过多次训练后，系统输出误差最小。系统输出误差定义为各输出层输出端误差之和。对于本例，有：

$$E_{\text{all}} = E_1 + E_2 = \frac{1}{2}(y_1 - O_1)^2 + \frac{1}{2}(y_2 - O_2)^2 \tag{6-66}$$

而 $O_1 = \dfrac{1}{1+\text{e}^{-u_{O_1}}}$ ， $O_2 = \dfrac{1}{1+\text{e}^{-u_{O_2}}}$ ， 其中 $u_{O_1} = w_7 H_1 + w_9 H_2 + w_{11} H_3 + b_2$ ， $u_{O_2} = w_8 H_1 + w_{10} H_2 + w_{12} H_3 + b_2$ 。

可以看出，系统的输出与 $w_7 \sim w_{12}$ 有关，即可以通过调节 $w_7 \sim w_{12}$ 这些权值的大小来改变系统的输出，从而改善系统的输出误差。

⊖ 即隐藏层处理单元 H_1 的输出，后面的 H_2、H_3 亦是。

系统误差对各权值变量求偏微分，可以得出各权值对系统误差的影响的趋向和大小，从而可以确定调整的数值。

根据式(6-58)、式(6-59)，令 $\delta_{O_1} = -(y_1 - O_1) \cdot O_1(1 - O_1)$，$\delta_{O_2} = -(y_2 - O_2) \cdot O_2(1 - O_2)$ 可以得出输出层误差与各权值的比例系数为

$$\frac{\partial E_{\text{all}}}{\partial w_7} = \delta_{O_1} \cdot H_1 = -(y_1 - O_1) \cdot O_1(1 - O_1) \cdot H_1, \quad \frac{\partial E_{\text{all}}}{\partial w_8} = \delta_{O_2} \cdot H_1 = -(y_2 - O_2) \cdot O_2(1 - O_2) \cdot H_1 \tag{6-67}$$

类似地，可以得到：

$$\frac{\partial E_{\text{all}}}{\partial w_9} = \delta_{O_1} \cdot H_2, \quad \frac{\partial E_{\text{all}}}{\partial w_{10}} = \delta_{O_2} \cdot H_2, \quad \frac{\partial E_{\text{all}}}{\partial w_{11}} = \delta_{O_1} \cdot H_3, \quad \frac{\partial E_{\text{all}}}{\partial w_{12}} = \delta_{O_2} \cdot H_3 \tag{6-68}$$

调整权值后的新的 w_7 数值 w_7' 由式(6-69)计算：

$$w_7' = w_7 + \Delta w_7 = w_7 - \eta \cdot \frac{\partial E}{\partial w_7} \tag{6-69}$$

式中，η 是学习率，这里取值 0.5。由此，可计算出调整后的隐藏层到输出层的各权值为

w_7=0.3254800，w_8=0.4536072，w_9=0.4200739，w_{10}=0.5538689，w_{11}=0.5187589，w_{12}=0.6539325

对于隐藏层，根据式(6-63)，有

$$\left.\begin{array}{l} \dfrac{\partial E_{\text{all}}}{\partial w_1} = \delta_{H_1} \cdot x_1 \\[2mm] \dfrac{\partial E_{\text{all}}}{\partial w_2} = \delta_{H_1} \cdot x_2 \end{array}\right\} \delta_{H_1} = (\delta_{O_1} \cdot w_7 + \delta_{O_2} \cdot w_8) \cdot H_1(1 - H_1)$$

$$\left.\begin{array}{l} \dfrac{\partial E_{\text{all}}}{\partial w_3} = \delta_{H_2} \cdot x_1 \\[2mm] \dfrac{\partial E_{\text{all}}}{\partial w_4} = \delta_{H_2} \cdot x_2 \end{array}\right\} \delta_{H_2} = (\delta_{O_1} \cdot w_9 + \delta_{O_2} \cdot w_{10}) \cdot H_2(1 - H_2) \tag{6-70}$$

$$\left.\begin{array}{l} \dfrac{\partial E_{\text{all}}}{\partial w_5} = \delta_{H_3} \cdot x_1 \\[2mm] \dfrac{\partial E_{\text{all}}}{\partial w_6} = \delta_{H_3} \cdot x_2 \end{array}\right\} \delta_{H_3} = (\delta_{O_1} \cdot w_{11} + \delta_{O_2} \cdot w_{12}) \cdot H_3(1 - H_3)$$

利用类如式(6-69)的算法，可以计算出调整后的输入结点与隐藏层之间的权值为

w_1=0.0901535，w_2=0.1303070，w_3=0.1967253，w_4=0.2434507，w_5=0.2990649，w_6=0.3481298

利用调整后的权值，重复上述过程，经过若干次迭代后，系统的输出结果分别逼近 0.01 和 0.99。在图 6-36 中，给出了 O_1、O_2 随迭代次数增加，逐渐逼近 y_1 和 y_2 的过程。

可以看出，进行了约 300 多次的迭代训练，连接权值经过充分调整后，输出值基本上已非常接近训练数据。系统稳定后，所计算得到的处理单元间连接权值 $w_1 \sim w_{12}$ 和处理单元内的偏置值 b_1、b_2 构成了该人工神经网络分类模型(这里，也可以将偏置值 b_1、b_2 作为变量进行计算和调整)。 ◇

2. 海量数据对神经网络进行训练

由样本总数为 P 的样本对人工神经网络进行训练。对于输出层，则有

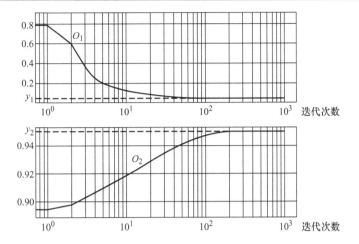

图 6-36 神经网络输出结果随迭代次数逼近训练数据的过程

$$\frac{\partial E}{\partial w_{kl}} = \frac{1}{m} \sum_{p=1}^{P} \frac{\partial E_l^{(p)}}{\partial w_{kl}} = \frac{1}{m} \sum_{p=1}^{P} \sum_{l=1}^{m} \frac{\partial E_l^{(p)}}{\partial O_l^{(p)}} \cdot \frac{\partial O_l^{(p)}}{\partial u_l^{(p)}} \cdot \frac{\partial u_l^{(p)}}{\partial w_{kl}} \tag{6-71}$$

如果感知器的激活函数为 sigmoid 函数，则有

$$E^{(p)} = \frac{1}{2} \sum_l (O_l^{(p)} - y_l^{(p)})^2, \quad u_l^{(p)} = \sum_k (w_{kl} \cdot x_k^{(p)}) + b_o, \quad y_l^{(p)} = \frac{1}{1 + e^{-u_l^{(p)}}}$$

所以，有

$$\frac{\partial E}{\partial w_{kl}} = -\sum_{p=1}^{P} \sum_{l=1}^{m} [(O_l^{(p)} - y_l^{(p)}) \cdot O_l^{(p)} \cdot (1 - O_l^{(p)})] \cdot I_k^{(p)} \tag{6-72}$$

可以写成

$$\frac{\partial E}{\partial w_{kl}} = \sum_{p=1}^{P} \delta_{kl}^{(p)} \cdot I_k^{(p)} \tag{6-73}$$

其中

$$\delta_{kl}^{(p)} = \frac{\partial E_l^{(p)}}{\partial O_l^{(p)}} \cdot \frac{\partial O_l^{(p)}}{\partial u_l^{(p)}} \tag{6-74}$$

即为输出层的误差计算公式。

对于隐藏层，有

$$\frac{\partial E_A}{\partial w_{kl}} = \sum_{p=1}^{P} \frac{\partial E^{(p)}}{\partial w_{kl}} = \sum_{p=1}^{P} \sum_{l=1}^{m} \frac{\partial E_l^{(p)}}{\partial O_l^{(p)}} \cdot \frac{\partial O_l^{(p)}}{\partial u_l^{(p)}} \cdot \frac{\partial u_l^{(p)}}{\partial I_l} \cdot \frac{\partial O_k}{\partial u_k^{(p)}} \cdot \frac{\partial u_k^{(p)}}{\partial w_{kl}}\bigg|_{I_l = O_k} \tag{6-75}$$

可以写成

$$\frac{\partial E_A}{\partial w_{kj}} = \sum_{p=1}^{P} \sum_{l=1}^{m} \delta_{kl}^{(p)} \cdot w_{kl} \cdot O_k^{(p)} \cdot (1 - O_k^{(p)}) \cdot I_j^{(p)} = \sum_{p=1}^{P} \delta_{jk}^{(p)} \cdot I_j^{(p)} \tag{6-76}$$

其中

$$\delta_{jk}^{(p)} = \delta_{kl}^{(p)} \cdot \frac{\partial u_l^{(p)}}{\partial I_l} \cdot \frac{\partial O_k}{\partial u_k^{(p)}} \tag{6-77}$$

即为隐藏层的误差计算公式。

3. 算法及应用

前馈传播算法的计算过程，可以用以下的算法伪代码来表示。

【算法 6-5】 人工神经网络误差前馈传播算法

```
1:     初始化 network 的权和偏置
2:     while not 满足终止条件：
3:         for each 训练数据集元组：
4:             //前向传播输入
5:             for each 输入层单元 i：
```
$$O_i = I_i \qquad //输入单元的输出是它的实际输入值$$
```
7:             for each 单元 j：
```
$$u_j = \sum_i w_{ij} O_i + \theta_j \qquad //相对于前一层 i，计算单元 j 的净输入$$

$$O_j = \frac{1}{1 + e^{-u_j}}$$

```
10:            //计算单元 j 的输出
11:            //后向传播误差
12:            for each 输出层单元 j：
```
$$\delta_j = (y_j - O_j) O_j (1 - O_j) \qquad //计算误差$$
```
14:            for each 隐藏层 由后至前：
15:                for each 隐藏层单元 j：
```
$$\delta_j = O_j (1 - O_j) \sum_k (\delta_k w_{jk}) \qquad //计算下一个较高层 k 的误差$$
```
17:            for network 中的每个权值 w_ij：
```
$$\Delta w_{ij} = \eta \delta_j O_i \qquad //权值增量$$
$$w_{ij} = w_{ij} + \Delta w_{ij} \qquad //权值更新$$
```
20:            for network 中的每个偏差 θ_j：
```
$$\Delta \theta_j = \eta \cdot \delta_j \qquad //偏置增量$$
$$\theta_j = \theta_j + \Delta \theta_j \qquad //偏置更新$$

算法 6-5 中，δ_j 为处理单元 j 的误差。对于激活函数为 sigmoid 函数的输出层神经元，有 $\delta_j = -2(O_j - y_j) O_j (1 - O_j)$，其中，$O_j$ 是单元 j 的实际输出，而 y_j 是 j 基于给定训练样本的已知类标号的期望输出。对于隐藏层处理单元 j，则有 $\delta_j = O_j (1 - O_j) \sum_k \delta_k w_{kj}$，其中，$w_{kj}$ 是由前一层中的单元 k 到单元 j 的连接权，而 δ_k 是单元 k 的误差。权值增量是 $\Delta w_{ij} = \eta O_i \delta_j$，阈值增量是 $\Delta \theta_j = \eta \delta_j$，其中 η 是学习率。另外，对 δ_j 的推导采用了梯度下降的算法，推导的前提是保证输出单元的均方差最小。

算法中的终止条件，可以根据系统及其应用的特点和要求，设为以下条件中的某一项：

1）Δw_{ij} 已足够小，小于某个指定的阈值；

2）对于有监督的神经网络训练，未正确分类的样本百分比足够小，小于某个指定的阈值；

3）达到预先指定的迭代次数；

4）神经网络的实际输出值和期望输出值的均方误差足够小，小于某个指定的阈值[⊖]。

在实际使用 BP 神经网络的过程中，还应注意以下几方面问题。

1）样本处理：对于输出结果为二元化的系统，输出值通常为 0 和 1，而处理单元中（以激活函数为 sigmoid 函数为例）只有当 u_i 趋近正负无穷大时才趋向于输出 0 或 1。因此，可适当放宽判别条件，系统输出>0.9 时就认为是 1，输出<0.1 时就认为是 0。

对于输入，必要时样本也需要做归一化处理。

2）网络结构的选择：人工神经网络的隐藏层层数及其处理单元个数决定了系统的网络规模，网络规模和性能与学习效果密切相关。网络规模过大，会导致计算量庞大，也可能导致模型过度拟合；而系统规模过小，则可能会导致模型拟合不足。

3）初始权值、阈值的选择：初始值对学习结果是有影响的，选择一个合适的初始值也非常重要。

4）增量学习和批量学习：上面的算法和数学推导都是基于批量学习的，批量学习适用于离线学习，学习效果稳定性好；增量学习适用于在线学习，它对输入样本的噪声是比较敏感的，不适合剧烈变化的输入模式。

5）选择合适的激励函数和误差函数：可以根据数据特性和人工神经网络在系统性能等方面的要求，来选择合适的激活函数和误差函数，BP 算法的可选项比较多，针对特定的训练数据往往有比较大的优化空间。

6.5.4 其他神经网络

1. 反馈神经网络

在反馈神经网络系统中，每个处理单元会同时将自身的输出信号作为输入信号反馈给其他处理单元，如图 6-32b 所示。有代表性的反馈神经网络有 Hopfield 模型、Elman 模型、Boltzmann 机等。

Hopfield 神经网络是一种循环神经网络，从输出到输入由反馈连接。反馈神经网络由于其输出端又反馈到其输入端，所以 Hopfield 网络在输入的激励下，会产生不断的状态变化。网络的每个结点在训练前接受输入，然后在训练期间隐藏并输出。可以通过将神经元的值设置为期望的模式来训练网络，此后权重不变。一旦训练了一个或多个模式，网络将收敛到一个学习模式，因为网络在这个状态中是稳定的。

Elman 神经网络模型是 J. L. Elman 于 1990 年首先针对语音处理问题而提出来的，它是一种典型的局部回归网络（global feed forward local recurrent）。Elman 网络可以看作是一个具有局部记忆单元和局部反馈连接的前向神经网络。

Boltzmann 机是一种随机神经网络，其神经元只有两种输出状态，即二进制的 0 或 1。状态的取值根据概率统计法则决定，这与著名统计力学家 L.Boltzmann 提出的 Boltzmann 分布类似，故将这种网络取名 Boltzmann 机。

2. 卷积神经网络

卷积神经网络由三部分构成：第一部分为输入层，第二部分由 n 个卷积层和池化层组合而成，第三部分为一个全连接的多层感知机分类器。

卷积神经网络主要用于图像和音频等处理应用，是一种特殊的深层神经网络模型，其特殊性体现在两个方面：一是神经元间的连接是非全连接的，二是同一层中某些神经元之间的连接的权

⊖ 一般地，这一终止条件的准确率更高一些。

重是共享的。这样的非全连接和权值共享的网络结构使之更接近于生物神经网络，降低了网络模型的复杂度，减少了权值的数量。

以图像处理为例，卷积神经网络的处理过程要完成以下几个步骤：输入图像通过可训练的滤波器组进行非线性卷积，卷积后在每一层产生特征映射图，然后特征映射图中每组的四个像素再进行求和、加权值、加偏置，在此过程中这些像素在池化层被池化，最终得到输出值。

6.6 支持向量机

支持向量机是在统计学理论的基础上最新发展起来的新一代学习算法，是一种借助最优化方法解决机器学习问题的新工具，也是数据挖掘中的一项新技术。

支持向量机（Support Vector Machine，SVM）是 Cortes 和 Vapnik 于 1995 年首先提出的，它在解决小样本、非线性及高维模式识别中表现出了许多特有的优势，并能够推广应用到函数拟合等其他机器学习问题中。在 20 世纪 90 年代中后期，SVM 得到了全面而深入的发展，现已经成为机器学习和数据挖掘领域的标准工具。支持向量机能非常成功地处理回归问题（时间序列分析、生物序列分析）和模式识别（文本分类、图像分类、手写字符识别、判别分析）等诸多应用问题，其性能胜过其他大多数的学习系统，成为近年来非常热门的一项技术。

应用在分类上，SVM 是一种稳健的分类技术，其模型可使预测精度达到最大，而不必过度适配训练数据。

6.6.1 支持向量机的原理

1. 分割线

通过一个示例，来说明支持向量机的分类原理。

【例 6-22】 一组训练数据集如表 6-26 所示，数据的属性包括 x 和 y，并按照分类属性 c 被分为 $c = +1$ 和 $c = -1$ 这两个类。

表 6-26 支持向量机的训练数据

x	y	c	x	y	c
5.2	11.2	+1	18.0	8.0	−1
4.0	14.1	+1	19.5	5.5	−1
9.0	**11.0**	+1	20.0	7.0	−1
4.9	5.5	+1	17.0	6.4	−1
3.2	8.0	+1	16.0	5.1	−1
7.2	13.9	+1	**12.5**	**6.0**	−1
8.0	**7.0**	+1	17.7	2.0	−1
3.0	10.5	+1	16.8	3.7	−1
6.2	7.9	+1	**14.5**	**7.5**	−1

将数据点绘制成如图 6-37a 所示的散点图，其中 $c = +1$ 的点为类别 C_1，在图中用菱形点表示；$c = -1$ 的点为类别 C_2，在图中用方形点表示。这样，就建立了一个简单直观的分类模型，如果未分类点[见图 6-37a 中标注问号的圆点(12.5, 9)]靠近 C_1，则将其分类为 C_1，反之将其分类为 C_2。那么，在这样的模型中，有没有确定的分类依据呢？

为了便于判定，可以在 C_1 和 C_2 之间画一条分割线，如果未分类点处于分割线靠近 C_1 的一侧，则将其分类为 C_1，反之将其分类为 C_2。但是这样的分割线可以有无穷多条（见图 6-37b），分割线的位置不同，则对未分类点的分类结果也会不同，如在图 6-37c 中，未分类点被分割线 l_1 分类为 C_2，而对于分割线 l_2，则会被分类为 C_1。

直观上看，图 6-37c 中由分割线 l_1 分类的结果更为合理，因分割线 l_1 较为靠近 C_1 和 C_2 之的中间位置，能够将比较靠近 C_1 的未分类数据点分类为 C_1，比较靠近 C_2 的未分类数据点分类为 C_2。因此，建立分类模型，应找到一条分割线，使之位于两个类别的数据之间的中间位置，距两个分类数据的距离相等。

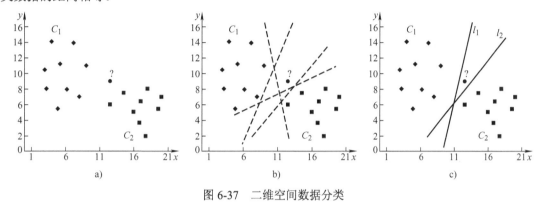

图 6-37　二维空间数据分类

确定分割线的方法，第一种是以两个类中相距最近点的连线的垂直平分线作为分割线。这种方法不能保证分割线能够位于中间位置，有时用这种方法甚至无法找出正确的分割线，如图 6-38a 所示。

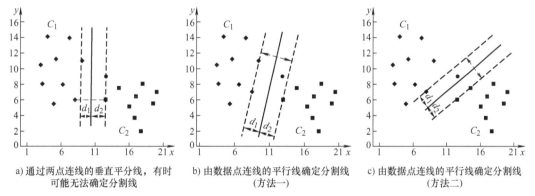

a) 通过两点连线的垂直平分线，有时
可能无法确定分割线

b) 由数据点连线的平行线确定分割线
（方法一）

c) 由数据点连线的平行线确定分割线
（方法二）

图 6-38　分割线的确定及支持向量

第二种方法是找出 C_1 中接近 C_2 的两个点并连线，再将连线平移到最临近的 C_2 中的点的位置，取中间位置作为分割线；或者反过来，找出 C_2 中接近 C_1 的两个点并连线，再将连线平行推移到最临近的 C_1 中的点的位置，取中间位置作为分割线。很显然，能使分割间隔较宽的分割线即为最优分割线。其中，如图 6-38b 所示的分割线比如图 6-38c 所示的分割线更好。

确定分割线时，图 6-38a 提供垂直平分线的两个点构成的向量，支持了分割线的确定；图 6-38b、c 中提供连线的两个点和另一个类中的一个点，支持了分割线的确定。这些点被称为支持向量（Support Vectors），分割线到间隔线（图中虚线）的距离被称为分类间隔，虚线称为边界线。

在图 6-38b、c 中，分割线的方程式的一般形式为 $y=kx+b$ ，或写成 $g(x,y)=kx-y+b$ 。如果令 $z=(x,y)^{\mathrm{T}}$ ，则该式可以写成

$$g(z)=w^{\mathrm{T}}z+b \tag{6-78}$$

式中，$z=\begin{pmatrix}x\\y\end{pmatrix}$ 表示数据点的坐标；$w=\begin{pmatrix}k\\-1\end{pmatrix}$ 为分割线的法线方向的斜率。对于多维数据的情况，则 $z=(v_1,v_2,\cdots,v_n)^{\mathrm{T}}$ 表示一个超平面。后面会提到，对于分割线的多维形式——分割超平面，w 为该平面的法向向量。

如果按照上文所述的方法，可以找到恰当的 w 和 b ，使分割线的方程为 $g(z)=0$ ，那么，若有未分类数据点使 $g(z)<0$ ，则可将其分类为 C_1；使 $g(z)>0$ 的数据点，则分类为 C_2。

进一步地，进行归一化调整，即令支持向量的点，有 $g(z)=+1$ 或 $g(z)=-1$ 。那么，对于支持向量点距分割线更远的数据点，则有 $g(z)>+1$ 或 $g(z)<-1$，如图 6-39 所示。另外，对于表 6-26 中的数据，如果用 $c_i=+1$ 表示属于 C_1 类，用 $c_i=-1$ 表示属于 C_2 类。那么对于所有的训练样本，均有

$$c_i\cdot g(z)>0 \quad 记为 \quad c_i\cdot g(z)=\left|c_i\cdot g(z)\right|>0 \tag{6-79}$$

对于支持向量点，有 $c_i\cdot g(z)=1$ 。

那么，分割线方程 $g(z)=0$ 即为根据表 6-26 中的训练数据得到的、基于支持向量机的分类模型，利用这个模型，可以对未知分类的数据进行分类。

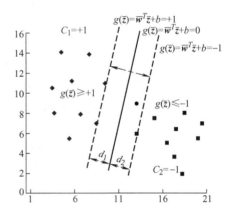

图 6-39　二维空间数据分类（$d_1=d_2=d$）

【例 6-23】 以例 6-22 中的数据为训练数据集，建立支持向量机分类模型，即找出分割线 $g(z)=0$ 的方程、C_1 的支持向量 $g(z)=+1$ 的方程，以及 C_2 的支持向量 $g(z)=-1$ 的方程，并对数据点 (12.5, 9) 进行分类。

如图 6-38b 所示，通过 C_1 中最靠近 C_2 的两个数据点，可以求出其直线方程为 $y=4x-25$ ，靠近 C_2 的边界线方程为 $y=4x-44$ ，则分割线的方程为 $y=4x-34.5$ ；同理，通过 C_2 中最靠近 C_1 的两个数据点，可以求出其直线方程为 $y=0.75x-3.375$ ，靠近 C_2 的边界线方程为 $y=0.75x+1$ ，则分割线的方程为 $y=0.75x-1.1875$ 。可以求出，前者的分类间隔约为 4.6，后者的分类间隔约为 3.5，所以选择前者生成 $g(z)$ 方程。

根据图 6-38b 所示的 C_1 的支持向量的两个数据点的坐标为 (8.0, 7.0)、(9.0, 11.0)，C_2 的支持向量的一个数据点的坐标为 (12.5, 6.0)，以及分割线方程，分别有

$$g(z)=4x-y-34.5\big|_{x=8.0,y=7.0}=4\times8.0-7.0-34.5=-9.5$$

$$g(z)=4x-y-34.5\big|_{x=9.0,y=11.0}=4\times9.0-11.0-34.5=-9.5$$

$$g(z)=4x-y-34.5\big|_{x=12.5,y=6.0}=4\times12.5-6.0-34.5=+9.5$$

将 $g(z)$ 方程除以 9.5 进行归一化处理，得

$$g(z)=\frac{4}{9.5}x-\frac{1}{9.5}y-\frac{34.5}{9.5}$$

或

$$g(z)=w^{\mathrm{T}}z+b$$

的形式，其中，$w^{\mathrm{T}} = \left(\dfrac{4}{9.5}, -\dfrac{1}{9.5}\right)$，与 $w = \begin{pmatrix} 4 \\ -1 \end{pmatrix}$ 平行，$b = -\dfrac{34.5}{9.5}$。

利用这个方程，就可以代入未分类数据点的数值，如果函数值小于 0，则分类为 C_1，如果函数值大于 0，则分类为 C_2。图 6-37b 中的未知点坐标为 (12.5，9)，则 $g(z) = w^{\mathrm{T}}z + b = \left(\dfrac{4}{9.5}, -\dfrac{1}{9.5}\right)\begin{pmatrix} 12.5 \\ 9 \end{pmatrix} + \left(-\dfrac{34.5}{9.5}\right) = \dfrac{6.5}{9.5}$，有 $g(z) > 0$，所以应该将该点分类为 C_2。从图 6-38b 中也可以直观看出，未知点应分类为 C_2。　　　　　　　　　　　　　　　　　　　◇

总而言之，支持向量机的原理就是根据给定的训练数据，找到一个最优分割线或超平面，能够正确地对训练数据进行分类，建立起有效的分类模型，并可对新数据进行正确分类。这里所说的最优，就是使分割线或超平面距两个类别的数据点的最小距离最大。

直观上，如图 6-39 所示，在两个类之间能够找到一条分割线，使得 C_1 类中的数据点距该分割线的距离的最小值，与 C_2 类中的数据点距该分割线的距离的最小值相等，即分割线若能够在"中间"分割两个类别的数据，则认为这条分割线能够较好地代表了对 C_1 类和 C_2 类的分类。进一步，如果能够找到使这个距离的最小值最大的分割线，那么就找到了对数据进行划分的模型。

2. 分割超平面

对于训练数据为多维数据的情况，则数据被映射到一个高维度的空间，同样可以在这个多维空间中找出一个超平面，将两个不同类的数据集合区分开来。

设训练数据有 N 个元组，每一元组中都包括一个分类属性，表示为 $T = \{v_{1i}, v_{2i}, \cdots, v_{ki}, c_i\}$，$i = 1, 2, \cdots, N$。假定 $c_i = +1$ 或 -1。这里，数据的元数据是 k 维的，构成了 k 维空间。

按照前面的方法，在数据空间中可以定义出一个超平面：

$$g(z) = w^{\mathrm{T}}z + b \tag{6-80}$$

式中，$w^{\mathrm{T}} = (w_1, w_2, \cdots, w_k)$；$z = (v_1, v_2, \cdots, v_k)^{\mathrm{T}}$；$b$ 为标量值。可以找到一个满足 $g(z) = 0$ 的超平面（即分割超平面），对于训练数据集中 $c_i = +1$ 的数据，有 $g(z) > 0$；对于 $c_i = -1$ 的数据，有 $g(z) < 0$。显然，w 与 z 是垂直或正交的，可以表示为如图 6-40 所示的关系。图中 z 为数据点，z_0 为点 z 在超平面 $g(z) = w^{\mathrm{T}}z + b = 0$ 上的垂直投影点，w 则为超平面的法向向量。

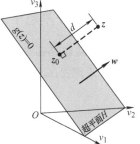

建立分类模型的目的就是找出使数据点距分割超平面的最小距离最大化的超平面，而数据点到超平面的距离即为点 z 到点 z_0 的距离，有

$$z - z_0 = d\frac{w}{\|w\|} \tag{6-81}$$

式中，d 为数据点 z 到超平面的距离，$\|w\|$ 是向量 w 的二范数，即 $\|w\| = \sqrt{\sum_{i=1}^{k} w_i^2}$。那么，$\dfrac{w}{\|w\|}$ 为超平面的法向单位向量。因为有 $w^{\mathrm{T}}w = \|w\|^2$，超平面上 $w^{\mathrm{T}}z_0 + b = 0$，以及式 (6-79) 的性质，则有：

图 6-40　超平面、法向向量、
点到超平面的距离

$$d = \frac{|w^{\mathrm{T}}z + b|}{\|w\|} \quad \text{可写为} \quad d = \frac{c_i g(z)}{\|w\|} = \frac{c_i(w^{\mathrm{T}}z + b)}{\|w\|} \tag{6-82}$$

那么，距超平面最近的点，到超平面的距离，可以表示为

$$\gamma = \min\left\{\frac{c_i(\boldsymbol{w}^{\mathrm{T}}\boldsymbol{z}_i + b)}{\|\boldsymbol{w}\|}\middle| i = 1, 2, \cdots, N\right\} \tag{6-83}$$

按照超平面最优的原理，要求求得超平面的 $\boldsymbol{w}$ 和 b，使数据点到超平面的距离最小值达到最大，即求 γ 的最大值，目标函数为

$$\max_{\boldsymbol{w},b} \gamma = \min\left\{\frac{c_i(\boldsymbol{w}^{\mathrm{T}}\boldsymbol{z}_i + b)}{\|\boldsymbol{w}\|}\middle| i = 1, 2, \cdots, N\right\} \tag{6-84}$$

从前文知道，γ 的最小值一定出现在边界线上，假设 $\boldsymbol{z}_j$ 为边界线上的点，即支持向量，有 $\gamma = \dfrac{c_j(\boldsymbol{w}^{\mathrm{T}}\boldsymbol{z}_j + b)}{\|\boldsymbol{w}\|}$，则上式变为

$$\max_{\boldsymbol{w},b} \frac{c_j(\boldsymbol{w}^{\mathrm{T}}\boldsymbol{z}_j + b)}{\|\boldsymbol{w}\|} \tag{6-85}$$
$$\text{s.t.} \quad c_i(\boldsymbol{w}^{\mathrm{T}}\boldsymbol{z}_i + b) \geq c_j(\boldsymbol{w}^{\mathrm{T}}\boldsymbol{z}_j + b), i = 1, 2, \cdots, N$$

式中，约束条件(s.t.即 subject to)要求支持向量距最优分类超平面最近，体现了式(6-83)中的取最小值函数 min 的要求。由于是支持变量，所以 $c_j(\boldsymbol{w}^{\mathrm{T}}\boldsymbol{z}_j + b) = 1$，上式可写成：

$$\max_{\boldsymbol{w},b} \frac{1}{\|\boldsymbol{w}\|} \tag{6-86}$$
$$\text{s.t.} \quad c_i(\boldsymbol{w}^{\mathrm{T}}\boldsymbol{z}_i + b) \geq 1, i = 1, 2, \cdots, N$$

对于式(6-86)，可以将求最大值的问题，等效为求目标函数倒数的最小值问题，则问题可以表述为

$$\min_{\boldsymbol{w},b} \frac{1}{2}\|\boldsymbol{w}\|^2 \tag{6-87}$$
$$\text{s.t.} \quad c_i(\boldsymbol{w}^{\mathrm{T}}\boldsymbol{z}_i + b) \geq 1, i = 1, 2, \cdots, N$$

因此，建立多维数据分类模型的问题，即为确定最优分割超平面，求解式(6-87)的问题。

6.6.2 求解分割超平面

1. 拉格朗日函数

为了求得式(6-87)的最优值，可以利用拉格朗日函数将目标函数和约束条件合并成一个表达式：

$$\varGamma(\boldsymbol{w}, b, \alpha) = \frac{1}{2}\|\boldsymbol{w}\|^2 - \sum_{i=1}^{N}[\alpha_i(c_i(\boldsymbol{w}^{\mathrm{T}}\boldsymbol{z}_i + b) - 1)] \tag{6-88}$$

这里，给每一个约束条件加上一个拉格朗日乘子(Lagrange multiplier) $\alpha_i(\alpha_i \geq 0)$，可将约束条件融合到目标函数里去，用一个单一的函数表达式来简捷地表述问题，式(6-87)的约束问题可以表述为

$$\max_{\alpha_i \geq 0} \varGamma(\boldsymbol{w}, b, \alpha) = \max_{\alpha_i \geq 0}\left\{\frac{1}{2}\|\boldsymbol{w}\|^2 - \sum_{i=1}^{N}[\alpha_i(c_i(\boldsymbol{w}^{\mathrm{T}}\boldsymbol{z}_i + b) - 1)]\right\} \tag{6-89}$$

可以看出，函数达到最优(最大)时，式(6-89)中减去的部分，即 $\sum_{i=1}^{N}[\alpha_i(c_i(\boldsymbol{w}^{\mathrm{T}}\boldsymbol{z}_i + b) - 1)]$ 必须

为 0，也就是要求 $c_i(w^{\mathrm{T}}z_i+b)-1 \geqslant 0$（这时，取 α_i 等于 0），即式 (6-87) 的约束问题能够得到满足。另一方面，如果约束条件不满足，则取 α_i 等于无穷大，这时，$\max\limits_{\alpha_i \geqslant 0}\Gamma(w,b,\alpha)$ 为无穷大。因此，有

$$\max_{\alpha_i \geqslant 0}\Gamma(w,b,\alpha)=\begin{cases}\dfrac{1}{2}\|w\|^2, & x \in \text{可行域}\\ \infty, & x \notin \text{可行域}\end{cases} \tag{6-90}$$

再回到式 (6-87)，其中的约束问题已经通过式 (6-90) 解决，则式 (6-87) 可以表述为

$$\min_{w,b}\max_{\alpha_i \geqslant 0}\Gamma(w,b,\alpha) \tag{6-91}$$

2．拉格朗日函数对偶性

在式 (6-91) 中，要面对带有参数 w 和 b 的方程，而 α_i 又是不等式约束，求解较为困难。因此，利用拉格朗日函数对偶性，将最小和最大的位置进行交换，有：

$$\max_{\alpha_i \geqslant 0}\min_{w,b}\Gamma(w,b,\alpha) \leqslant \min_{w,b}\max_{\alpha_i \geqslant 0}\Gamma(w,b,\alpha) \tag{6-92}$$

可以证明，式 (6-87) 所列的优化问题符合凸优化问题[⊖]条件和 KKT（Karush-Kuhn-Tucker）条件[⊖]，则按照对偶性定理，式 (6-92) 的等号成立，则原问题变为

$$\begin{cases}\max\limits_{\alpha_i \geqslant 0}\min\limits_{w,b}\Gamma(w,b,\alpha)\\ \Gamma(w,b,\alpha)=\dfrac{1}{2}\|w\|^2-\sum\limits_{i=1}^{N}\alpha_i[c_i(w^{\mathrm{T}}z_i+b)-1]\end{cases} \tag{6-93}$$

3．求解

求解分成两步进行。首先，把式 (6-94) 中的 α_i，当作常数，对 w、b 求偏微分并求最小值，解决式中内层的 min 问题；然后，再利用其他方法，求解式中外层的 max 问题。

（1）把 α_i 当作常数，对 w、b 求偏微分并求最小值。

对 w、b 求偏微分，并令其等于 0，有

$$\frac{\partial \Gamma}{\partial w}=w-\sum_{i=1}^{N}\alpha_i c_i z_i=0 \quad \Rightarrow \quad w=\sum_{i=1}^{N}\alpha_i c_i z_i$$
$$\frac{\partial \Gamma}{\partial b}=-\sum_{i=1}^{N}\alpha_i c_i=0 \quad \Rightarrow \quad \sum_{i=1}^{N}\alpha_i c_i=0 \tag{6-94}$$

将上述结果代回式 (6-93)，得到

⊖　设 $\chi \subset \Re^n$ 为一凸集，$f:\chi \to \Re$ 为一凸函数。凸优化就是要找出一点 $x^* \in \chi$，使得每一 $x \in \chi$ 满足 $f(x^*) \leqslant f(x)$。凸集：如果集合中任意两个元素连线上的点也在集合中，那么这个集合就是凸集。

⊖　KKT 条件：一个最优化模型能够表示成下列标准形式：

$$\begin{cases}\min f(x)\\ \text{s.t. } h_j(x)=0, j=1,2,\cdots,p\\ \quad g_k(x) \leqslant 0, k=1,2,\cdots,q\\ \quad x \in \chi \in \Re^n\end{cases}$$

最优值条件必须满足以下条件。

（1）条件一：经过拉格朗日函数处理之后的新目标函数 $L(w,b,\alpha)$ 对 α 求导为零；

（2）条件二：$h(x)=0$；

（3）条件三：$\alpha \cdot g(x)=0$。

$$\begin{aligned}
\min \Gamma(w,b,\alpha) &= \frac{1}{2}\|w\|^2 - \sum_{i=1}^{N}\alpha_i[c_i(w^\mathrm{T}z_i+b)-1] \\
&= \frac{1}{2}w^\mathrm{T}w - w^\mathrm{T}\sum_{i=1}^{N}\alpha_i c_i z_i - b\sum_{i=1}^{N}\alpha_i c_i + \sum_{i=1}^{N}\alpha_i \\
&= \frac{1}{2}w^\mathrm{T}\sum_{i=1}^{N}\alpha_i c_i z_i - w^\mathrm{T}\sum_{i=1}^{N}\alpha_i c_i z_i - b\cdot 0 + \sum_{i=1}^{N}\alpha_i \\
&= \sum_{i=1}^{N}\alpha_i - \frac{1}{2}\left(\sum_{i=1}^{N}\alpha_i c_i z_i\right)^\mathrm{T}\sum_{i=1}^{N}\alpha_i c_i z_i \\
&= \sum_{i=1}^{N}\alpha_i - \frac{1}{2}\sum_{i,j=1}^{N}\alpha_i \alpha_j c_i c_j z_i^\mathrm{T} z_j
\end{aligned} \tag{6-95}$$

可以看出，此时的 $\Gamma(w,b,\alpha)$ 函数只含有一个变量，即 α_i。

（2）求解外层的 max 问题。

求解外层的 max 问题也就是求解：

$$\max_{\alpha} \sum_{i=1}^{N}\alpha_i - \frac{1}{2}\sum_{i,j=1}^{N}\alpha_i\alpha_j c_i c_j z_i^\mathrm{T} z_j$$

$$\text{s.t.}\begin{cases}\alpha_i \geqslant 0, i=1,2,\cdots,N \\ \sum_{i=1}^{N}\alpha_i c_i = 0\end{cases} \tag{6-96}$$

求解式（6-96）问题的方法有多种，包括二次规划法、SMO 和 Kernel 函数等方法。关于这些方法的详细内容，超出了本书的范畴，故不做详细介绍，感兴趣的读者可以查阅相关论著或文献进行学习。

6.7 模型评估

一个好的分类算法不仅要能够很好地拟合训练数据，而且对未知样本也要能准确分类。模型建立之后，需要对其性能进行评估，这包括对准确性进行评估，评价模型在一定的程度上是否能够满足准确性的标准；以及对模型的有效性进行评估，评价模型是否能够处理实际的问题（数据）。分类算法的准确性评估主要采用混淆矩阵、ROC 曲线、提升度等方法和指标。

6.7.1 混淆矩阵及二元分类评估

考虑一个二分问题，实例有正（positive）和负（negative）两个类别。进行分类预测分析时，会出现四种情况：

1）实例是正且被预测为正，记为 TP（true positive 的缩写），称为真阳性；

2）实例为正而被预测为负，记为 FN（false negative 的缩写），称为假阴性；

3）实例为负而被预测为正，记为 FP（false positive 的缩写），称为假阳性；

4）实例为负且被预测为负，记为 TN（true negative 的缩写），称为真阴性；

对各种预测情况的实例数进行统计，并填入如表 6-27 所示的混淆矩阵，则可以根据这组数据，计算分类预测的几项评价指标。

表 6-27　混淆矩阵

混 淆 矩 阵		预 测 结 果		合　　计
		positive	negative	
实例类别	positive	f_{++} TP	f_{+-} FN	真正 TP+FN
	negative	f_{-+} FP	f_{--} TN	真负 FP+TN
合　计		预测正 TP+FP	预测负 FN+TN	样本总数 TP+FP+TN+FN

评价模型性能的指标有很多，目前应用较为广泛的有准确度、精确度、灵敏度、召回率、特异性等。表 6-28 中，给出了这些指标的计算公式和相应的说明。

表 6-28　分类算法评价指标

名　　称	评价指标	计 算 公 式	说　　明
准确度	accuracy	$\dfrac{TP+TN}{TP+FP+TN+FN}$	对于整个数据集(包括阳性和阴性数据)，预测总共的准确比例，表示算法对真阳性和真阴性样本分类的正确性 准确度是一个较为简明和直观的评价指标，但在正负分类样本不平衡的情况下，仍有较大的缺陷
错误率	error rate	$\dfrac{FP+FN}{TP+FP+TN+FN}$	描述被分类器错分的比例： $\text{error rate}=1-\text{accuracy}$
精确度	precision	$\dfrac{TP}{TP+FP}$	表示被分为正例的示例中实际为正例的比例
灵敏度	sensitivity	$\dfrac{TP}{TP+FN}$	表示分类为阳性的实例占所有真阳性实例的比例，反映了分类算法对真阳性样本分类的准确度。灵敏度越大，表示分类算法对真阳性样本的分类越准确
真阳性率	TPR(true positive rate)		
召回率	recall		
假阳性率	FPR(false positive rate)	$\dfrac{FP}{TN+FP}$	也称为虚警率(false alarm rate)，反映了分类算法错分为阳性的阴实例占所有阴实例的比例： $FPR=\dfrac{FP}{TN+FP}=1-\dfrac{TN}{TN+FP}=1-\text{specificity}$
特异性	specificity	$\dfrac{TN}{TN+FP}$	表示在分类为阴性的数据中，算法对阴性样本分类的准确度。特异性越大，表示分类算法对真阴性样本的分类越准确： $\text{specificity}=TNR=\dfrac{TN}{TN+FP}=1-FPR$
真阴率	TNR(true negative rate)		

除了表 6-28 中给出的较为偏向于非对称二元分类算法评估指标，还有评估基于对称属性分类(如分类属性为对称的 Nominal 属性)的准确性的综合评价指标，如马修相关系数和 F 度量等。

6.7.2　马修相关系数(Mathew Correlation Coefficient，MCC)

马修相关系数(即 MCC)表征实际与预测分类结果的关联程度，即算法结果的可靠性。该系数的计算公式为

$$MCC=\frac{TP\cdot TN-FP\cdot FN}{\sqrt{(TN+FN)(TN+FP)(TP+FN)(TP+FP)}}$$

其值域范围为[-1，1]。当 FP 和 FN 均为 0 时，MCC=1，表示分类结果完全正确；当 TP 和 TN 均为 0 时，MCC=-1，表示分类结果完全错误。

当两个类别的样本数量相差较大时，用 MCC 来衡量预测效果会比用准确度(即 accuracy)更为合理。

6.7.3　F 度量(F-Measure)

当精确度(precision)和召回率(recall)指标得出的结论有时出现背离时，需要对二者进行综合考虑，最常见的方法就是 F-度量(又称为 F-Score)。F-度量是精确度(precision)和召回率(recall)的加权调和平均：

$$F_\beta = \frac{(1+\beta^2)}{\beta^2} \cdot \frac{\text{recall} \cdot \text{precision}}{\text{recall} + \text{precision}}$$

$$= \frac{(1+\beta^2)}{\beta^2} \cdot \frac{\dfrac{TP}{TP+FN} \cdot \dfrac{TP}{TP+FP}}{\dfrac{TP}{TP+FN} + \dfrac{TP}{TP+FP}} = \frac{(1+\beta^2)}{\beta^2} \cdot \frac{TP}{TP+FP+TP+FN}$$

式中，β 为参数值，当 $\beta=1$ 时，即为最常见的 F_1-度量：

$$F_1 = 2 \cdot \frac{\text{recall} \cdot \text{precision}}{\text{recall} + \text{precision}} = 2 \cdot \frac{TP}{2 \cdot TP + FP + FN}$$

F_1 综合了精确度(precision)和召回率(recall)的评估结果，当 F_1 较高时则能说明试验方法比较有效。

【例 6-24】　对于例 6-4 中表 6-5 中的数据，将其 70%的实例(如表 6-29 所示)作为训练样本建立分类模型，得到如图 6-41 所示的决策树分类模型。

表 6-29　分类模型训练数据

outlook	temperature	humidity	windy	play
sunny	hot	high	TRUE	no
overcast	hot	high	FALSE	yes
rainy	mild	high	FALSE	yes
rainy	cool	normal	FALSE	yes
rainy	cool	normal	TRUE	no
overcast	cool	normal	TRUE	no
rainy	mild	normal	FALSE	yes
sunny	mild	normal	TRUE	yes
overcast	hot	normal	FALSE	yes
rainy	mild	high	TRUE	no

用 30%的样本进行测试，得到表 6-30 所示的测试结果：

在对分类模型进行评估时，分为两种情况：一种情况是定义"class=no"为"positive"，则"class=yes"为"negative"，根据测试结果，可以得到如表 6-31 左侧所示的预测分类数据，因而有 $TPR(=\text{recall})=1.0$，$FPR=1/3$，precision=1/2，F_1-度量=2/3，$MCC=1/\sqrt{3}$。另一种情况是定义"class=yes"为"positive"，则

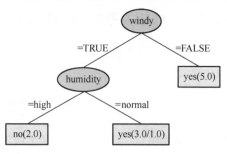

图 6-41　决策树分类模型

"class=no" 为 "negative"，根据测试结果，可以得到如表 6-31 右侧所示的预测分类数据，因而有 $TPR(=recall)=2/3$，$FPR=0$，precision=1，F_1-度量=4/5，$MCC=1/\sqrt{3}$。

表 6-30　分类结果对照表

outlook	temperature	humidity	windy	actual	predicted
rainy	mild	high	TRUE	no	no
overcast	mild	high	TRUE	yes	no
sunny	mild	normal	TRUE	yes	yes
overcast	hot	normal	FALSE	yes	yes

表 6-31　混淆矩阵数据表

类　别	"class=no" 为 "positive"				"class=yes" 为 "positive"			
示　例	混淆矩阵		预测分类		混淆矩阵		预测分类	
			positive (class=no)	negative (class=yes)			positive (class=yes)	negative (class=no)
	真正分类	positive (class=no)	TP=1	FN=0	真正分类	positive (class=yes)	TP=2	FN=1
		negative (class=yes)	FP=1	TN=2		negative (class=no)	FP=0	TN=1

分类算法的测试评估的综合结果，还可按测试数据中 "class=no" 和 "class=yes" 的实例数量进行加权平均求得，本例可得 $(TPR_{wa}, FPR_{wa})=(0.750, 0.083)$。用上述数据建立的分类模型经过测试评估，结果良好。　　　　　　　　　　　　　　　　　　　　　　　　　◇

6.7.4　ROC

ROC（Receiver Operating Characteristic，ROC）曲线也称为受试者工作特性曲线或接受者操作特性曲线，是一条绘制在以真阳性率 TPR（即灵敏度）为纵坐标，假阳性率 FPR（即 $1-specificity$）为横坐标的二维空间——ROC 空间——中的曲线。通过 ROC 曲线的位置和变化情况，可以对分类预测结果的真阳性率 TPR/假阳性率 FPR 的对应变化进行掌握和评价。

对于离散型的分类器，例如决策树分类器，每一组测试数据集将产生一组 (TPR, FPR) 坐标数据点，可对应地标注在 ROC 空间坐标上，如图 6-42 所示。图中，P_A 点位于图形的左上角有 $(TPR=1, FPR=0)$，是理想的分类预测特性；位于图中虚线对角线上的 P_C 点有 $(TPR=0.7, FPR=0.7)$ 表示分类预测结果完全随机；位于图中虚线对角线下方的 P_D 点则具有较大的 FPR 和较小的 TPR，结果难以接受。图中点 $P_{例}$ 为按例 6-24 所得到的测试结果数据点，相对具有较好的指标；P_B 点也具有较好的 TPR 但其 FPR 也较高，从某种意义而言，点 $P_{例}$ 较为 "保险"。

对于以连续值表征分类结果的二分类算法，可以设定一个阈值，如 0.5，大于该值的实例可划归为正类（阳类），小于这个值可划到负类（阴性），则可计算得到一组

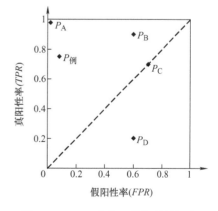

图 6-42　ROC 曲线及其相关的比率

（$TPR_{0.5}$，$FPR_{0.5}$）；调整阈值到 0.4，则可以得到更多的正类即更大的 TPR 值，但同时也会将更多的负实例划分为了正实例，使得 FPR 增大，得到数据（$TPR_{0.4}$，$FPR_{0.4}$）。通过设定不同的阈值，就可以得到多组（TPR_{th}，FPR_{th}）数据，绘制在如图 6-43 所示的 ROC 空间中，构成一条 ROC 曲线图。

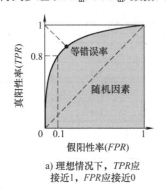

a) 理想情况下，TPR 应接近 1，FPR 应接近 0

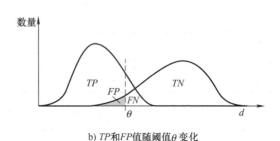

b) TP 和 FP 值随阈值 θ 变化

图 6-43 ROC 曲线及其相关的比率

通过 ROC 曲线图，可以对分类模型的性能进行评价。ROC 曲线上的每一个点对应于一个阈值，对于一个分类器，每个阈值下都有一个 TPR 和 FPR。例如，当阈值最大时，所有样本都被预测为负的，没有样本被预测为正的，$TP=FP=0$，有 $TPR=FPR=0$，对应于图中坐标左下角的点（0，0）；而当阈值最小时，所有样本都被预测为正的，没有样本被预测为负的，$TN=FN=0$，$TPR=FPR=1$，对应于右上角的点（1，1）。如图 6-43b 所示，随着阈值 θ 减小，即坐标图中 θ 向右移动，TP 和 FP 都增加，所以 TPR 和 FPR 都随着阈值的减小而增加，在图 6-43a 中坐标点沿曲线从（0，0）向（1，1）点移动。

在 ROC 曲线上，最靠近坐标图左上方的点为灵敏度和特异性均较高的临界值，说明位于该附近区域的样本点，临界值的微小变化都会导致预测结果的改变。因此，ROC 曲线下方的面积（Area Under Curve，AUC）越大，预测的准确性越高。

【例 6-25】 分类器的实例类别真实值以及输出的预测概率值如表 6-32 所示：

表 6-32 分类器预测结果对照表

真　实　值	0	0	1	0	0	1	0	1	1
预测概率值	0.1	0.3	0.3	0.45	0.45	0.55	0.6	0.85	0.95

对于给定的阈值，当预测概率值大于阈值时，判定为类别 1（positive），否则为 0（negative）。设置不同的阈值，对预测类别进行判定，并根据所得到的 TP、FN、FP、TN 数值，可以计算得到 7 组（TPR，FPR）值，如表 6-33 所示：

表 6-33 TPR、FPR 值计算表

阈　值	0.09	0.24	0.39	0.54	0.69	0.84	0.99
TP	4	4	3	3	2	2	0
FN	0	0	1	1	2	2	4
FP	5	4	3	1	0	0	0
TN	0	1	2	4	5	5	5
TPR	1	1	0.75	0.75	0.5	0.5	0
FPR	1	0.8	0.6	0.2	0	0	0

由此绘制 ROC 曲线如图 6-44 所示。

ROC 曲线所覆盖的面积即为 AUC,通过它可以直观地判断分类器的性能，AUC 越大则性能越好。对于该例，其 AUC 值为 0.8。 ◇

ROC 曲线还可以用来计算均值平均精度(mean average precision)，这是通过改变阈值来选择最好的结果时所得到的平均精度。

ROC 曲线的评估方法将灵敏度与特异性以图示方法结合在一起，可直观地观察和判别分类算法的特异性和敏感性之间的关系，是算法准确性的综合代表，具有简单、直观的特点。ROC 曲线不固定分类界值，允许中间状态存在，

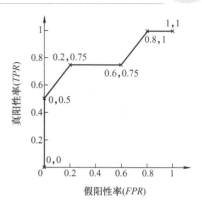

图 6-44 ROC 曲线示例

利用使用者结合专业知识,权衡漏判与误判的影响,选择最符合实际应用要求的参数值。借助 ROC 曲线，也可在共同标尺下直观地比较不同的分类算法的效果(ROC 曲线越凸、越接近左上角就表明价值越大，曲线下方的面积可评价算法准确性)。

6.7.5 PR 曲线

PR(Precision-Recall) 曲线是以召回率(recall)为横坐标，精确度(precision)为纵坐标的曲线图形。对于某些情况，例如，在类别为 Negative 的实例数量远远大于类别为 Positive 的实例数量的情况下，若 FP 很大，即有很多 Negative 被预测为 Positive，则由 $FPR = \dfrac{FP}{TN+FP}$ 所得到的 FPR 值仍会很小，则根据 ROC 曲线则会得出性能较好的判断，但实际上并非如此。而对于 PR 曲线，因其中精确率(precision)综合考虑了 TP 和 FP 的值，所以在极度不平衡的数据下(Positive 的样本较少)，PR 曲线可能比 ROC 曲线得出更为准确的结论。

本章小结

本章介绍了分类的基本概念和原理，并对较为典型的决策树分类、基于规则的分类、贝叶斯分类、人工神经网络分类和支持向量机分类等算法进行了介绍。各种分类算法各有其特点，适合应用于不同的数据挖掘需求，在应用时应根据对需求和数据的理解，选择最为有效的分类算法。分类模型的检验和评估，也同样是一个重要的步骤。只有经过检验和评估后有效的模型，才能够得到有意义的结果。

思考与练习

1. 试根据素材文件"素材_weather.norminal.csv"中所给出的数据(数据中包含 Outlook、Temperature、Humidity、Windy 和 Play 共 5 项数据域。该数据为 WEKA 软件所附带的 "weather.norminal.arff"文件，经格式转换后得到)，基于 CART 算法建立决策树分类模型。要求: (1)确定测试数据集; (2)对模型进行测试和评估。

2. 试根据素材文件"素材_weather.numeric.csv"中所给出的数据(数据中包含 Outlook、Temperature、Humidity、Windy 和 Play 共 5 项数据域。其中，Humidity 和 Temperature 为连续型数据，该数据为 WEKA 软件所附带的"weather.numeric.arff"文件，经格式转换后得到)，基于 CART 算法建立决策树分类模型。要求: (1)确定测试数据集; (2)对模型进行测试和评估。

3. 在目标识别中，假定有农田车和装甲车两种类型，类型 ω_1 和类型 ω_2 分别代表农田车和装

甲车，它们的先验概率分别为 0.8 和 0.2。现在做了三次试验，获得三个样本的类概率密度如下：

$$p(x \mid \omega_1)：0.3,\ 0.1,\ 0.6$$
$$p(x \mid \omega_2)：0.7,\ 0.8,\ 0.3$$

试用贝叶斯最小误判概率准则判断这三个样本各属于哪一个类型。

4．试根据素材文件"素材_购买计算机.csv"中所给出的是否购买计算机的调查表数据（数据中包含计数、年龄、收入、学生、信誉和购买计算机共 6 项数据域），试根据 ID3 算法构建是否购买计算机的决策树分类模型。

5．试根据素材文件"素材_BuyPDA.csv"中所给出的数据（数据中包含 CustomerID、Student、CreditRating 和 Class：Buy PDA 共 4 项数据域），以信息增益最大作为分裂目标，计算确定应以哪个变量作为决策树分类模型的根结点。

6．试根据素材文件"素材_顾客类型.csv"中所给出的数据（数据中包含顾客 ID、性别、车型、衬衣尺码和类别共 5 项数据域），完成以下内容：

（1）计算整个数据集的 Gini 指标值。

（2）计算属性性别的 Gini 指标值。

（3）计算使用多路划分属性车型的 Gini 指标值。

（4）计算使用多路划分属性衬衣尺码的 Gini 指标值。

（5）使用下面哪个属性作为建立决策树分类模型的根结点更好，性别、车型还是衬衣尺码？为什么？

7．试根据素材文件"素材_水源判定.csv"所给出的数据（数据中包含样本、Ca^+浓度、Mg^+浓度、Na^+浓度、Cl^-浓度和类型共 6 项数据域），使用 ID3 决策树算法对其中标注"？"的两个未知样本判定类型。

8．对于上一题中所给出的关于冰川水还是湖泊水的检验数据，试使用朴素贝叶斯算法对两个未知类型的样本进行分类。

参 考 文 献

[1]　孔祥玉，冯晓伟，胡昌华．广义主成分分析算法及应用[M]．北京：国防工业出版社，2018.

[2]　潘华，项同德．数据仓库与数据挖掘原理工具及应用[M]．2 版．北京：中国电力出版社，2016.

[3]　TAN P N，STEINBACH M．数据挖掘导论[M]．范明，范宏建，译．北京：人民邮电出版社，2006.

[4]　胡可云，田凤占，黄厚宽．数据挖掘理论与应用[M]．北京：清华大学出版社，2008.

[5]　WITTEN I H，FRANK E．数据挖掘实用机器学习技术[M]．北京：机械工业出版社，2006.

[6]　HAND D，MANNILA H．数据挖掘原理[M]．张银奎，廖丽，宋俊，译．北京：机械工业出版社，2003.

[7]　HAN J W，KAMBER M，PEI J．数据挖掘：概念与技术[M]．3 版．范明，孟小峰，译．北京：机械工业出版社，2012.

[8]　许明旺，施润身．维规约技术综述[J]．计算机应用，2006（10）：2401-2404.

[9]　邓维斌．维规约对朴素贝叶斯分类性能的影响研究[J]．计算机应用与软件，2010，27（6）：89-91.

[10]　MEHTA M，et al．MDL-based decision tree pruning[C]．International Conference on Knowledge Discovery in Databases and Data Mining，1995：216-221.

[11]　ESPOSITO F，et al．A Comparative Analysis of Methods for Pruning Decision Trees[C]．IEEE Transactions on Pattern Analysis，1997（19）：476-491.

[12]　FAWCETT T．An introduction to ROC analysis [J]．Pattern Recognition Letters，2005，27（8）：861-874.

第 7 章

聚类分析

聚类是将物理或抽象对象的集合划分成为由类似的对象组成的多个属类的过程。聚类分析按照一定的算法规则，将判定为较为相近和相似的对象，或具有相互依赖和关联关系的数据聚集为自相似的组群，构成不同的簇。由聚类所生成的簇是一组数据对象的集合，这些对象与同一个簇中的对象彼此相似，与其他簇中的对象相异。在各种应用中，一个簇中的数据对象可以被作为一个整体来对待。

聚类分析起源于分类学。在古老的分类学中，人们主要依靠经验和专业知识来实现分类，很少利用数学工具进行定量的分类。随着人类科学技术的发展，对分类的要求越来越高，仅凭经验和专业知识难以确切地进行分类，于是人们逐渐地把数学工具应用到了分类学中，形成了数值分类学，之后又将多元分析的技术引入到数值分类学形成了聚类分析。

聚类在社会各个方面都有着广泛的应用。例如，在商务上，聚类能帮助市场分析人员从客户信息库中发现不同的客户群，并以购买模式来刻画不同客户群的特征，从而进行有针对性的精准营销；在生物学上，聚类能用于推导动植物的分类，通过对基因进行类别划分，获得对种群中固有结构的认识。另外，聚类还可以用于从地球观测数据库中的数据确定地理上相似的地区，对汽车保险投保人进行分组，根据房屋的类型、价值和地理位置对城市中的商品房进行分组等处理。聚类也能用于对 Web 上的文档进行分类，以便于进行分类检索和发现信息。

虽然聚类分析与前面所介绍的分类分析听起来有相似之处，但二者完全不同。

分类是根据数据所具有的特征或属性及其已知的类别，通过学习和训练建立起分类模型，再对未分类的数据进行分类。因此，通俗地说，分类就是为数据打标签。由于具有已知的分类信息，因此称其为监督型数据分类（Supervised Classification）。

聚类分析根据在数据中发现的描述对象及其关系的信息，将数据对象按照邻近性和相似性进行分组，将数据划分成有意义的组（簇），使得同组内的对象相互之间是相似的，不同组间的对象是相异的。聚类所要划分的类是未知的，没有事先预知的分类信息，因此是非监督分类（Unsupervised Classification）。通俗地说，聚类就将相似的数据归拢在一起。

从统计学的观点看，聚类分析是通过数据建模简化数据的一种方法；从机器学习的角度看，簇相当于隐藏模式。聚类是观察式学习，而非示例式的学习。

聚类分析是一种探索性的分析，是搜索簇的无监督学习过程，不依赖预先定义的类或带类标记的训练实例，而是由聚类学习算法自动确定标记。在聚类的过程中，不必事先给定一个标准，聚类分析能够从样本数据出发，自动进行分类。聚类分析所使用方法的不同，常常会得到不同的结论，对同一组数据进行聚类分析，所得到的聚类数未必一致。

从实际应用的角度看，聚类分析是数据挖掘的主要任务之一。而且聚类能够作为一个独立的工具获得数据的分布状况，观察每一簇数据的特征，集中对特定的聚簇集合做进一步的分析。聚类分析还可以作为其他算法(如分类和定性归纳算法)的预处理步骤。

7.1　聚类的基本概念

数据集所呈现的特性不同，决定了聚类所采用的方法也会有所不同。

例如，如图 7-1 所示的数据(这里只是示意，实际的数据大多是多维的)。在图 7-1a 中，直观地可以看出，各元素点很明显地被分为了三个簇，而且每个元素点到同簇中任一点的距离比到不同簇中任意点的距离更近。对于这种各元素明显分离的数据，可以通过其中元素之间的"距离"("距离"的定义和讨论，在后文会涉及)进行分类。

对于如图 7-1b 所示的数据，每个对象到定义该簇的原型(可以为簇的质心)的距离比到其他簇的原型的距离更近，则可以通过各元素点到原型(点)的"距离"进行分类，这种聚类方法被称为基于原型的聚类。对于具有连续属性的数据，簇的原型通常是质心，即簇中所有点的平均值。质心没有意义时，原型通常是中心点(这时，它是簇中最有代表性的点)，即按照每个点到其簇中心的距离比到任何其他簇中心的距离更近的方法进行聚类。

a) 明显分离型：各元素相距较远　　　　　　　b) 基于原型的：每个对象到簇原型的距离更近

图 7-1　数据特性决定聚类方法

对于如图 7-2 所示的数据，数据点的分布有密度上的差异。密度高的区域，对象间的距离较小；密度低的区域，对象间的距离较大，因此可以通过数据点的稠密程度来进行划分。

图 7-2a 中的数据点的整体密度不高，可以将满足一定密度的相邻的点定义为一个簇；而在图 7-2b 中，数据点的整体密度较高，这时，就需要定义一个更高的密度阈值来有效地进行聚类。利用基于密度的方法，可以有效地聚类某些互相纠缠在一起的数据，如图 7-2c 所示。

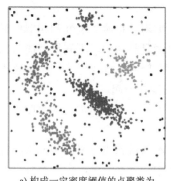 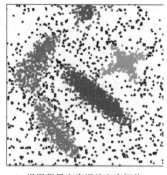 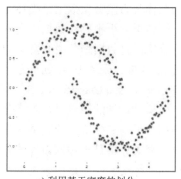

a) 构成一定密度阈值的点聚类为　　b) 根据背景密度调整密度阈值，　　c) 利用基于密度的划分，
　　同一个簇　　　　　　　　　　　以有效地聚类簇　　　　　　　　可以有效聚类某些数据

图 7-2　基于密度的簇

可以看出，在聚类过程中，都免不了要对各个数据点之间的"距离"（严格地说，是各个数据的相似程度）进行计算和评估。距离较为接近或相似性比较高的数据点，才会聚为一类。

正如前文所述的针对不同数据特性的多种聚类方法，也有多种适合不同数据特点的相似性度量方法。

7.1.1　相似性的度量方法

聚类算法要求同一个簇中的对象要尽可能相似，而分属于不同簇的对象要尽可能相异，这就需要对对象的相似性和相异性进行度量，通常使用距离、相似系数和误差平方和等度量方法。

1. 距离

距离的度量有很多方法，如欧几里得距离、曼哈顿距离和明可夫斯基距离等，均通过定义不同的距离函数来实现相似性度量。所定义的距离函数应满足三个条件。

1）非负性：对于任意 x、y，两者之间的距离 $d(x,\ y) \geq 0$，当 $x=y$ 时，等号成立。

2）对称性：对于任意 x、y，两者之间的距离 $d(x,\ y)=d(y,\ x)$，即距离是标量而不是矢量。

3）三角不等式：对于任意 x、y、z，有 $d(x,\ y) \leqslant d(x,\ z)+d(z,\ y)$，即对象 x 到对象 y 的距离小于等于途经其他任何对象 z 的距离之和。

（1）欧几里得距离（Euclidean Distance）。

欧几里得距离（也称欧氏距离）较为常用，指在 n 维空间中两个点之间的真实距离。对于 n 维数据 $X=\{x_1,\ x_2,\ \cdots,\ x_n\}$，$Y=\{y_1,\ y_2,\ \cdots,\ y_n\}$，其欧几里得距离为

$$d(X,Y) = \sqrt{\sum_{k=1}^{n}(x_k - y_k)^2} \tag{7-1}$$

特殊地，二维空间中的欧几里得距离就是平面中两点之间的实际距离。而三维空间中的欧几里得距离就是立体（三维）空间中两点之间的实际距离。

（2）曼哈顿距离。

对于 n 维数据 $X=\{x_1,\ x_2,\ \cdots,\ x_n\}$，$Y=\{y_1,\ y_2,\ \cdots,\ y_n\}$，其曼哈顿距离为

$$d(X,Y) = \sum_{k=1}^{n}|x_k - y_k| \tag{7-2}$$

特殊地，二维空间中的曼哈顿距离就是平面中两点之间在标准坐标系上的绝对轴距总和。

曼哈顿距离也被称为城市块距离或出租车距离，其命名是从规划为方形建筑区块的美国纽约市曼哈顿地区计算最短的（出租车）行车路径而来。任何往东三区块、往北六区块的路径一定最少要走九区块，没有其他捷径。曼哈顿距离与欧几里得距离之间的关系，如图 7-3 所示。

（3）明可夫斯基距离（Minkowski Distance）。

明可夫斯基距离也称为明氏距离。对于 n 维数据 $X=\{x_1,\ x_2,\ \cdots,\ x_n\}$，$Y=\{y_1,\ y_2,\ \cdots,\ y_n\}$，其明可夫斯基距离定义为

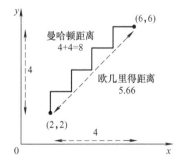

图 7-3　曼哈顿距离与欧几里得距离

$$d(X,Y) = \left(\sum_{k=1}^{n}|x_k - y_k|^r\right)^{\frac{1}{r}} \tag{7-3}$$

当 $r=1$ 时，则明可夫斯基距离变为前面所介绍的曼哈顿距离（L_1 范数）。当 $r=2$ 时，该函数即为欧氏距离（L_2 范数）。当 $r \to \infty$ 时，称为上确界（L_{max} 或 L_∞ 范数）距离，也称为切比雪夫距离。

（4）马氏距离（Mahalanobis distance）。

对于 n 维数据 $X=\{x_1,\ x_2,\ \cdots,\ x_n\}$，$Y=\{y_1,\ y_2,\ \cdots,\ y_n\}$，其马氏距离定义为

$$d(X,Y) = \sqrt{(X-Y)^{\mathrm{T}} C^{-1}(X-Y)} \tag{7-4}$$

式中，上标 T 表示转置；C 为 X、Y 所在的数据空间的协方差矩阵；C^{-1} 为 C 的逆矩阵。

马氏距离的思想就是对不同标称、不同分布的两个样本，以两者之间方差的平方根为单位进行度量。适合度量两个服从同一分布并且其协方差矩阵为 C 的随机变量 X 与 Y 的差异程度，或度量 X 与某一类的均值向量的差异程度，判别样本的归属。此时，Y 为该数据空间的均值向量。

马氏距离的优点是可以独立于分量量纲进行度量，还可以排除样本之间的相关性影响。缺点是不同的特征不能差别对待，可能夸大弱特征。

2. 相似系数

相似系数包括余弦相似度、相关系数和 Jaccard 相似系数等。

（1）余弦相似度。

也称为余弦相似性，该算法通过计算两个向量的夹角余弦值来评估它们的相似度。设向量 $A = (A_1,\ A_2,\ \cdots,\ A_n)$，$B = (B_1,\ B_2,\ \cdots,\ B_n)$，则

$$\cos\theta = \frac{\sum\limits_{i=1}^{n}(A_i \cdot B_i)}{\sqrt{\sum\limits_{i=1}^{n} A_i^2 \cdot \sum\limits_{1}^{n} B_i^2}} \tag{7-5}$$

为这两个向量的余弦相似度。如果用向量的形式来表示上式，则式（7-5）可以写为

$$\cos\theta = \frac{A \times B}{\|A\| \cdot \|B\|} \tag{7-6}$$

余弦相似度的取值范围是 [-1, 1]。值越趋近于 1，表示两个向量的方向越接近；值越趋近于 -1，其方向越相反；值接近于 0，表示两个向量正交。

距离的度量方法，对于坐标系的旋转和位移变换处理，其结果是不变的，而对于坐标系的放大、缩小则不具有不变性的性质。余弦相似性的度量方法对于坐标系的旋转、放大、缩小是不变的，但对于位移不具有不变性的性质。在进行数据的预处理时，有时需要对数据进行变换处理，以降低数据的复杂度或使其更便于处理，在选择变换方法时就需要考虑到将会使用的不同的度量方法的特性。

用余弦相似性函数进行相似性测度时应当注意，要考虑数据的各维度所表征的实际含义是否适合采用余弦相似度这个指标。例如，进行聚类时，对于如图 7-4 所示的情况，属于不同簇的向量 w 与向量 z，在模式空间中处于一条直线上，余弦相似度函数值为 1，在处理时会被认为二者相等，因而被归为一类，以致造成错误。从图 7-4 还可以看出，直观上点 x 与点 y 较为相似（相距较

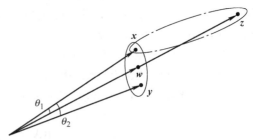

图 7-4　余弦相似度度量方法的适用性

近），而与点 z 不甚相似（相距较远）。而用余弦相似度进行度量时，则是向量 x 与向量 z 较为相似（向量夹角 θ_1 较小），而向量 x 与向量 y 不甚相似（夹角 θ_2 较大）。

余弦相似度度量方法的一个典型应用就是计算文本相似度。通常是根据两个文本中的词汇，建立起两个向量，计算这两个向量的余弦值，以表征这两个文本在统计学方法中的相似度情况。实践证明，这是一种非常有效的方法。

【例 7-1】 分析以下两个句子的相似性。

句子 A：我喜欢看电视，不喜欢看电影。

句子 B：我不喜欢看电视，也不喜欢看电影。

首先可以将两个句子进行分词。

句子 A：我/喜欢/看电视/不/喜欢/看/电影

句子 B：我/不/喜欢/看/电视/也/不/喜欢/看/电影

对所出现的各个词汇（我 喜欢 看 电视 电影 不 也），计算其词频。

句子 A：我 1，喜欢 2，看 2，电视 1，电影 1，不 1，也 0

句子 B：我 1，喜欢 2，看 2，电视 1，电影 1，不 2，也 1

并将词频转换为向量。

句子 A：x=(1, 2, 2, 1, 1, 1, 0)

句子 B：y=(1, 2, 2, 1, 1, 2, 1)

计算其余弦相似度，有

$$x \cdot y = (1, 2, 2, 1, 1, 1, 0) \cdot (1, 2, 2, 1, 1, 2, 1)^{\mathrm{T}}=13$$

$$\|x\| = \sqrt{(1\ 2\ 2\ 1\ 1\ 1\ 0)\cdot(1\ 2\ 2\ 1\ 1\ 1\ 0)^{\mathrm{T}}} = \sqrt{12}$$

$$\|y\| = \sqrt{(1\ 2\ 2\ 1\ 1\ 2\ 1)\cdot(1\ 2\ 2\ 1\ 1\ 2\ 1)^{\mathrm{T}}} = \sqrt{16}$$

$$\cos\theta = \frac{x \cdot y}{\|x\|\cdot\|y\|} = \frac{13}{\sqrt{12}\times\sqrt{16}} = 0.938$$

余弦值越接近 1，就表明夹角越接近 0°，也就是说两个向量越相似，其“余弦相似性”较高。所以，上面的句子 A 和句子 B 是很相似的，实际上它们的夹角大约为 20.3°[⊖]。 ◇

【例 7-2】 A、B 二人用 5 分制对四项内容（如四台表演的优劣）进行评分，得到的结果为

$$A: \{1,\ 1,\ 2,\ 2\}, \qquad B: \{4,\ 4,\ 5,\ 5\}$$

可以计算出，其余弦相似度值为 0.98，说明 A、B 对四项内容优劣的评价极为相似，即均评价第 1、2 项较差，第 3、4 项较好。可以看出，余弦相似度度量方法具有对向量的方向较为敏感而对绝对的数值不敏感的特性，在根据用户对内容的评分来区分用户兴趣的相似度和差异度的情况时，可以修正用户间可能存在的度量标准不统一的问题。

从具体的评分分值来看，A 的评分较低，反映出 A 的评分较为严苛，或对所评价的四项内容总体不太认同。如果是后者造成的，那么从计算得出的余弦相似度数值中是无法得到体现的。因此，余弦相似度对个体间存在的偏见可以进行一定的修正，但是只能分辨个体在维之间的差异，无法衡量每个维数值的差异。对于这样的问题，可以借助调整余弦相似度（Adjusted Cosine Similarity）来进行修正，即在所有维度上的数值均减去一个均值，再进行余弦相似度的计算。对于

⊖ 注意这里只是表明句子 A 和句子 B 仅仅是在结构和用词上相似，其语义的相似度则需要采用向量空间模型等方法进行测算。

这个例子，5 分制的均分为 3，调整后有 A′: {-2，-2，-1，-1}，B′: {1，1，2，2}。这时，余弦相似度的值为-0.8，相似度为负值且差异不小，反映了 A、B 二人对整体评价的差异。　　　◇

（2）相关系数。

相关系数是用来反映变量之间相关关系密切程度的统计指标。相关系数按积差的方法计算，以两变量与各自平均值的离差为基础，通过两个离差相乘来反映两变量之间的相关程度。

$$\rho_{XY} = \frac{\mathrm{Cov}(x, y)}{\sigma_x \sigma_y} = \frac{\sum_i [(x_i - \bar{x})(y_i - \bar{y})]}{\sqrt{\sum_i (x_i - \bar{x})^2} \cdot \sqrt{\sum_i (y_i - \bar{y})^2}} \tag{7-7}$$

式中，$\mathrm{Cov}(x, y)$ 为 x 与 y 之间的协方差；σ_x、σ_y 分别为 x、y 的均方差。

协方差是一个反映两个随机变量相关程度的指标，如果一个变量跟随着另一个变量同时变大或者变小，那么这两个变量的协方差就是正值，反之相反。如果随机变量较为离散，则协方差值也会较大，因此仅凭协方差值并不能较好地反映两个随机变量的相关程度。而均方差是反映数据样本本身离散程度的指标，二者相除，即可有效地表示两个随机变量的相关性。

相关系数的值介于-1 与+1 之间，即 $-1 \leqslant \rho_{XY} \leqslant +1$。当 $\rho_{XY} > 0$ 时，表示两变量正相关，当 $\rho_{XY} < 0$ 时，两变量为负相关。当 $|\rho_{XY}| = 1$ 时，表示两变量为完全线性相关，即为函数关系。当 $\rho_{XY} = 0$ 时，表示两变量间无线性相关关系。当 $0 < |\rho_{XY}| < 1$ 时，表示两变量存在一定程度的线性相关。且 $|\rho_{XY}|$ 越接近 1，两变量间线性关系越密切；$|\rho_{XY}|$ 越接近于 0，表示两变量的线性关系越弱。一般可按三级划分：$|\rho_{XY}| < 0.4$ 为低度线性相关；$0.4 \leqslant |\rho_{XY}| < 0.7$ 为显著性相关；$0.7 \leqslant |\rho_{XY}| \leqslant 1$ 为高度线性相关。如图 7-5 所示。

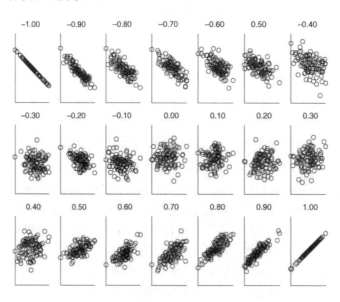

图 7-5　相关系数可以表示数据的关联程度

（3）Jaccard 相似系数（Jaccard Similarity Coefficient）。

Jaccard 相似系数用于比较有限样本集之间的相似性与差异性。其在数学上的描述为：给定两个集合 A、B，Jaccard 系数定义为 A 与 B 交集的大小与 A 与 B 并集的大小的比值，定义如下。

$$J(A,B) = \frac{|A \cap B|}{|A \cup B|} \tag{7-8}$$

Jaccard 系数的取值范围为 $[0, 1]$，值越大，样本相似度越高。

在进行数值处理时，Jaccard 系数主要用于计算由布尔值或符号进行度量的个体之间具有某种特征的相似度，因此无法衡量差异具体值的大小，只能获得"是否共同具有某特征"这个结果。

与 Jaccard 相似系数相关的指标叫作 Jaccard 距离，用于描述集合之间的不相似度。Jaccard 距离越大，样本相似度越低，其公式定义如下：

$$d_j(A,B) = 1 - J(A,B) = \frac{|A \cup B| - |A \cap B|}{|A \cup B|} \tag{7-9}$$

在数据挖掘领域，常常用 Jaccard 距离比较两个具有布尔值属性的对象之间的距离。例如，给定两个比较对象 A、B，如表 7-1 所示，A、B 均有 n 个二元属性，即每个属性取值为 $\{0, 1\}$。定义 f_{00} 为 A、B 属性值同时为 0 的属性个数；f_{01} 为 A 属性值为 0 且 B 属性值为 1 的属性个数；f_{10} 为 A 属性值为 1 且 B 属性值为 0 的属性个数；f_{11} 为 A、B 属性值同时为 1 的属性个数。

表 7-1　非对称二元属性数据的表示

二 元 属 性		B	
		0	1
A	0	f_{00}	f_{01}
	1	f_{10}	f_{11}

如果 1 和 0 所表示的二元属性是非对称性的⊖，那么对象 A、B 的相似性可以由 Jaccard 系数来表征，由下式计算：

$$J(A,B) = \frac{f_{11}}{f_{01} + f_{10} + f_{11}} \tag{7-10}$$

对应地，由下列公式计算出 Jaccard 距离：

$$d_j(A,B) = 1 - J(A,B) = \frac{f_{01} + f_{10}}{f_{01} + f_{10} + f_{11}} \tag{7-11}$$

再次强调，仅当表 7-1 中的 1 表示属性具有某种特征，而 0 表示不具有某种特征时，才可以使用 Jaccard 系数或 Jaccard 距离来计算 A、B 两个对象以某种特征为测度的相似性和距离。

对于对称的二元属性数据，即表 7-1 中的 1 和 0 表示的是特征的差异（如 1 表示男，0 表示女）时，则使用简单匹配系数（Simple Matching Coefficient, SMC）来计算，它是一种常用的相似性系数，其定义为

$$SMC = \frac{\text{值相匹配的属性的个数}}{\text{属性个数}} = \frac{f_{11} + f_{00}}{f_{00} + f_{01} + f_{10} + f_{11}} \tag{7-12}$$

例如，假定每个非对称的二元属性对应于商店中的一种商品，则 1 表示该商品被购买，而 0 则表示该商品未被购买。由于未被顾客购买的商品数远大于被其购买的商品数，那么 SMC 这样的相似性度量将会判定所有的事务都是类似的。这时，只能通过 Jaccard 系数来表征 A、B 两个对象购买商品的情况是否相似。

⊖ 如果两个状态有相同的权重，那么称该二元变量是对称的，也就是两个取值 0 或 1 没有优先权。例如，属性"性别"就是这样的一个例子，它有两个值："女性"和"男性"。非对称是指二元变量所代表的分别是具有某种特性和不具有某种特性的属性。例如，购物篮清单中 1 表示购买了某种商品，而 0 表示没有购买，两者的意义是有或无，而不是甲或乙的区别。

3. 误差平方和(Sum of the Squares of Errors，SSE)

在对两组数据的误差情况进行估计的时候，如原始数据和拟合数据之间的误差，或者是理论数据和观测数据之间的误差，会用其误差值取平方后求和来衡量误差的大小。计算公式为

$$SSE = \sum_{i=1}^{n} (y_i - \hat{y}_i)^2 \tag{7-13}$$

式中，y_i 为原始数据值或理论数据值；$\hat{y}_i$ 为拟合数据值或观测数据值；n 为数据量。误差平方和也称为和方差。

后面会提到，在进行聚类分析时，需要评估某一聚类结果中各数据项的聚合程度。例如，对于将数据分成 k 个簇，C_i 为第 i 个簇，c_i 为簇 C_i 的原型(质心)的情况，就可以利用式(7-14)来对这一聚类结果进行评估：

$$SSE = \sum_{i=0}^{k} \sum_{x \in C_i} \text{dist}(c_i, x)^2 \tag{7-14}$$

误差平方和越小，意味着质心作为簇中心点的代表性越好。

7.1.2　聚类分析的分类

聚类的方法，按照所采用的算法、处理的范围以及衡量的方式不同，也有多种不同的方法。而其最终的结果是要将数据以一定的规则聚集成不同的簇，从而发现数据中的隐含模式。其效果的好坏，取决于聚类方法所采用的相似性评价方法及其具体的实现，这基于聚类所得到的簇，具有高度的簇内相似性，以及较低的簇间相似性。

1. 按算法分类

按照结构分类，聚类分析可以分为划分聚类(Partitional Clustering)、层次聚类(Hierarchical Clustering)和基于密度的聚类(Density-based methods)等，如图 7-6 所示。

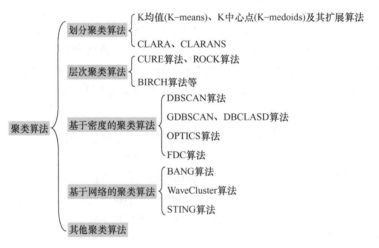

图 7-6　聚类算法的分类

划分聚类简单地将数据对象集划分成不重叠的子集，使得每个数据对象恰在一个子集中。例如，将图 7-7a 所示的数据划分为图 7-7b 所示的两个簇，两个簇之间互不重叠。

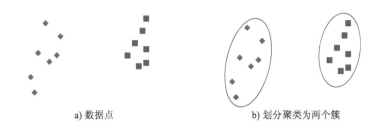

a) 数据点   b) 划分聚类为两个簇

图 7-7 划分聚类

层次聚类将最为临近的数据逐步、分层地进行聚集，分层建立簇，形成一棵以簇为结点的树，构成嵌套簇的集族，称为聚类图，如图 7-8 所示。图 7-8a 为传统的层次聚类的聚类过程，聚类时，每个数据点自成一簇，然后这些簇根据某种准则逐渐合并。在图 7-8b 中给出了非传统的层次聚类的聚类过程，聚类时，结合划分聚类的方法，提高了聚类的效率。

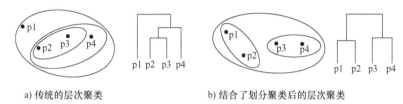

a) 传统的层次聚类   b) 结合了划分聚类后的层次聚类

图 7-8 层次聚类

基于密度的聚类是，在整个样本空间中将样本按照其聚集的稠密程度进行聚类的方法。这种聚类方法可以过滤掉低密度的样本，发现出稠密样本点，弥补层次聚类和划分聚类只能处理凸形样本的不足。如图 7-9 所示，对于这样的样本就可以将左侧的 S 形和右侧的 O 形样本分离出来，并聚为一类。

图 7-9 基于密度的聚类

2. 按划分方法分类

如果按照划分的方法进行分类，聚类分析可以分为互斥聚类（Exclusive Clustering）、非互斥聚类（Non-exclusive Clustering）和模糊聚类（Fuzzy Clustering）。

互斥聚类是指将每个对象都指派到单个簇，如图 7-10a 所示。

非互斥聚类，也称为重叠聚类（Overlapping Clustering），是指一个数据对象可能同时属于不同的簇，如图 7-10b 所示。例如：在大学里，一个人可能既是学生，又是雇员。

模糊聚类是指每个对象通过一个 0（绝对不属于）和 1（绝对属于）之间的隶属权值属于每个簇，如图 7-10c 所示。换言之，簇被视为模糊集。

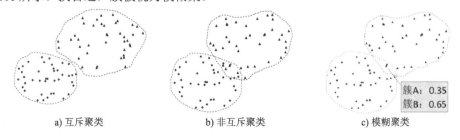

a) 互斥聚类   b) 非互斥聚类   c) 模糊聚类

图 7-10 按划分方法分类

3. 按划分范围分类

如果按照划分的范围进行分类，聚类分析可以分为完全聚类(Complete Clustering)和部分聚类(Partial Clustering)。

完全聚类将每个对象指派到一个簇。

部分聚类是指数据集某些对象可能不属于明确定义的簇。例如：一些对象可能是离群点或噪声点。

7.1.3 典型聚类算法

本章将详细介绍 K 均值(K-means)、层次聚类(Hierarchical Clustering)和 DBSCAN(Density-Based Spatial Clustering of Applications with Noise)三种典型聚类算法的原理和处理过程，并在第 10 章中介绍利用 Weka3.8.0 进行聚类处理的方法和过程。为了让读者能够对其原理和过程有一个更加生动和直观的认识，这里还给出了利用 Excel 来计算完成这几种聚类算法的示例。

7.2 K 均值(K-means)聚类方法

7.2.1 K-means 算法

K-means 聚类算法属于划分聚类分割方法。其基本思想是：给定一个具有 n 个数据元素的数据集，通过分割的方法对其进行划分，构造 k 个分组($k < n$)，每一个分组即为一个聚类。这 k 个分组满足下列条件：①每一个分组至少包含一个数据元素；②每一个数据元素属于且仅属于一个分组。对于给定的 k，根据算法先确定一个初始的分组方法，然后通过反复迭代的方法调整分组，使得每次调整之后的分组方案都比前一次要好。(所谓"好"，是指簇的内聚性大、簇间的耦合性小。通常会用设置一个指标来进行衡量，后面将会进行介绍。)

根据以上 K 均值聚类算法的原理，可以得出如下的算法：

【算法 7-1】 K-means 聚类算法

1: 　选择 k 个点作为初始的质心
2: 　repeat
3: 　　将每个点指派到最近的质心，形成 k 个簇
4: 　　重新计算每个簇的质心
5: 　until 质心不发生变化

【例 7-3】 在二维情况下，利用欧几里得距离衡量其相似性，对于图 7-11a 所示的数据集(见素材文件"素材_Kmeans.csv")，完成 K-means 聚类分析。

首先，在图 7-11a 中选择了三个点作为初始质心。(随机选择。这里，选择数据点较为集中的一群点的近似中心点作为初始质心。)

其次，将靠近各初始质心的点分别指派到由这三个质心点构成的簇，形成三个簇(分别用◆、■、▲表示)，如图 7-11b 所示。

随后，根据指派到各质心的数据点，对各个簇的质心进行重新计算，并为各个质心重新指派数据点，构成新的簇。

重复以上各步，对各个簇的质心进行计算，并重新指派。

最后，多次迭代后(见图 7-11c～e)，直到质心点不再变动，达到稳定的状态，此时聚类也得到了稳定的最终结果，如图 7-11f 所示。

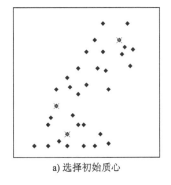

a) 选择初始质心

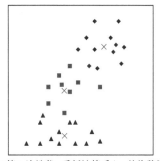

b) 将数据点指派到初始质心(*SSE*=3490)

c) 第 1 次迭代，重新计算质心，并将数据点指派到质心(*SSE*=2476)

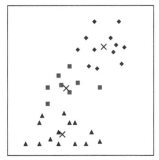

d) 第 2 次迭代，重新计算质心，并将数据点指派到质心(*SSE*=2413)

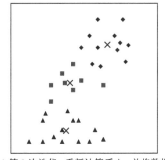

e) 第 3 次迭代，重新计算质心，并将数据点指派到质心(*SSE*=2393)

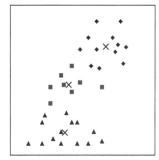

f) 第 4 次迭代，质心不再变化，得到最终结果(*SSE*=2393)

图 7-11　K 均值的迭代处理过程

通常，会用一个目标函数值来表征聚类的目标，该函数以点之间或点到簇的质心的邻近性(如每个点到最近质心的距离的平方)为基础。不断迭代调整的目标，从而使整个点集的聚类目标(即目标函数)达到最优(最小或最大)。在本例中，用 7.1.1 节所介绍的误差平方和(*SSE*)为聚类目标[见式(7-14)]，通过迭代运算，使 *SSE* 达到最小。在图 7-11 所示的处理过程中，可以看到作为聚类目标的误差平方和的值 *SSE* 正在逐渐减小。　　　　　　　　　　　　　　　　　◇

例 7-3 是在二维平面中进行展示和说明的，以便对算法和过程能有一个直观的认识。因此，在进行质心运算时，采用的是对指派到同一个簇的数据点 *x*、*y* 坐标值求平均来计算质心点的坐标的。而在处理实际的数据挖掘项目时，数据往往是多维的，且各属性在计算相似性时所占的权重也不尽相同，对相似性定义也有多种表达，有时需要不断地调整和评估，并结合行业领域知识，才能最为有效地完成聚类。在考虑这些因素的情况下，K-means 聚类算法往往会非常复杂且运算开销巨大。

1. 选择初始质心

选择适当的初始质心是基本 K-means 算法的关键步骤。选择不同的质心，聚类的结果也会有所不同。

【例 7-4】　选择初始质心决定了 K-means 聚类的过程和结果。对于例 7-3 中的数据集，随机选择了图中下部相邻较近的三个数据点作为初始质心。采用与例 7-3 中相同的处理方法(见图 7-12a、b)，在最后达到稳定状态时，得到如图 7-12c 所示的聚类结果。

可以看出，初始质心的选择会导致不同的最终迭代结果，而且其趋于稳定的收敛过程也有所差异。从作为聚类目标的误差平方和的数值 *SSE* 来看，与例 7-3 的迭代结果相比，仍有较大的调整余地。　　　　　　　　　　　　　　　　　◇

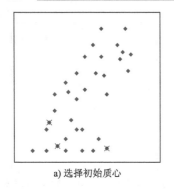 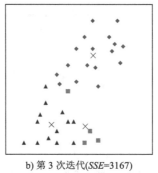 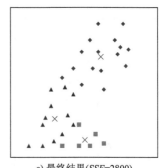

a) 选择初始质心　　　　b) 第 3 次迭代(*SSE*=3167)　　　　c) 最终结果(*SSE*=2800)

图 7-12　初始质心的选择会影响聚类的结果

初始质心的选择方法多种多样，需要根据数据的特性和要求来选择，通常的方法有以下几种。

1）随机选择质心：随机地指定 k 个点作为初始质心点。但是用这种方法所得到的簇的质量常常很差。从例 7-3 和例 7-4 的结果可以看到不同的初始质心点的选择对聚类结果的影响。

对于非监督的聚类，初始质心的个数 k 也是决定聚类结果的关键因素。

【例 7-5】　初始质心的个数也会影响聚类的结果。对例 7-3 中的数据集，指定 4 个初始质心进行聚类分析。

在图 7-13a 中，随机指定 4 个数据点作为初始质心点。图 7-13b 中给出的是根据算法 7-1 进行迭代处理的第 2 次迭代结果。再经过数次迭代，得到如图 7-13c 所示的最终结果。

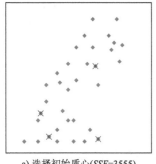 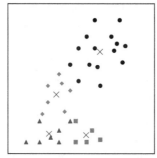 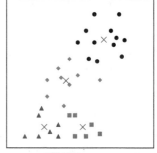

a) 选择初始质心(*SSE*=3555)　　　b) 第 2 次迭代(*SSE*=2154)　　　c) 最终结果(*SSE*=1828)

图 7-13　随机定义 4 个初始质心的迭代处理过程

可以看到，达到稳定状态后，数据集被聚类成了 4 个簇。　　　　　　　　　　◇

2）最小误差平方和法：在质心个数不变的前提下，改变质心的位置多次运行，每次使用一组不同的随机初始质心，然后选取具有最小 *SSE*(误差平方和)的簇集。

比较例 7-3 和例 7-4 所示的聚类的例子，可以看出前者的 *SSE*(稳定时 *SSE*=2393)较后者(稳定时 *SSE*=2800)要好些。二者相较，可以选择例 7-3 的结果。

这种策略相对简单，但是聚类效果取决于数据集的特性和所寻找的簇的个数，效果可能还是不够理想。

3）层次聚类法：使用层次聚类(将在第 7.4 节进行介绍)技术对样本进行聚类，从聚类结果中提取 k 个簇，并将这些簇的质心作为初始质心。该方法通常很有效，但仅限于样本相对较小(例如数百到数千的情况，因为层次聚类开销较大)而且 k 相对于样本大小较小的情况。

4）离散质心法：随机地选择一个样本点或选取样本中所有点的质心作为第一个初始质心。然后，对于每个后继初始质心，选择离已经选取过的初始质心最远的点。使用这种方法，确保了选择的初始质心不仅是随机的，而且是散开的。但是，这种方法可能会选中离群点，且求离当前初始质心集最远的点的开销也是非常大的。

【例 7-6】　对于例 7-3 中的数据，用离散质心法确定初始质心。运算的过程如图 7-14a～f 所示。

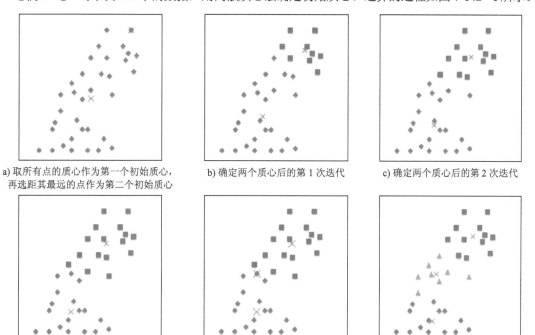

a) 取所有点的质心作为第一个初始质心，　　b) 确定两个质心后的第 1 次迭代　　c) 确定两个质心后的第 2 次迭代
再选距其最远的点作为第二个初始质心

d) 确定两个质心后的第 4 次迭代　　e) 确定第三个质心，取距原有两个质心　　f) 最终结果(SSE=2397)，较上一步骤，
　　　　　　　　　　　　　　　　　最远且距离差最小　　　　　　　质心调整较小

图 7-14　离散质心法确定初始质心的迭代处理过程

◇

2．指派点到最近的质心

为了将点指派到最近的质心，需要度量点到各个质心的距离，以保证点能够被指派到最近的质心。可使用邻近性度量指标来量化所考虑的数据的"最近"概念。邻近性度量也称为相似性度量。对于指定的数据类型，可能存在多种适合的邻近性度量，可根据数据的特性，选取 7.1.1 节中所介绍的不同度量方法。例如，对欧氏空间中的点使用欧几里得距离，对文档用余弦相似性来度量数据间的邻近性。

通常，K-means 使用的相似性度量相对简单，因为该算法要重复地计算每个点与质心的邻近度，复杂的相似性度量会导致处理算法的时间复杂度和空间复杂度的成倍增加。

3．调整质心

根据指派到质心的点的变化，重新计算质心。质心可能随数据邻近性的度量方法和聚类目标的不同而改变。

【例 7-7】　对于例 7-3 中给出的数据，通过"指定质心→指派数据点→调整簇质心"的迭代过程，完成聚类分析。

假定要将该组数据聚类为 3 个簇，则聚类的过程如下。

1）随机指定数据集中的 3 个点(37，48)、(14，20)、(18，8)作为初始质心，即图 7-15a 中"×"所表示的 3 个数据点；

2）计算出各数据点距 3 个初始点的邻近度(这里采用欧几里得距离)，如表 7-2 中的第 2 组数据所示；将其中邻近度最小的点指派到对应的初始质心，得到簇 C1、簇 C2 和簇 C3，在图 7-15b 中分别用◆、■和▲表示，如表 7-2 中的第 3 组数据所示；

3）根据指派得出的 3 个簇，计算簇 C1、簇 C2 和簇 C3 的质心(对各数据点坐标取平均)，如表 7-2 中的第 4 组数据的标题所示；

4）重复进行步骤2)和3)，完成"邻近度计算→指派数据点→计算簇质心"的迭代过程。

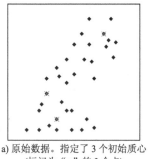 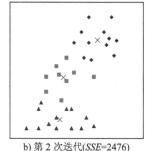 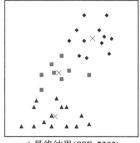

a) 原始数据。指定了 3 个初始质心　　　b) 第 2 次迭代(*SSE*=2476)　　　c) 最终结果(*SSE*=2393)
（标记为"×"的 3 个点）

图 7-15　随机初始质心的迭代处理过程

经过数次迭代，簇的指派和质心的调整达到稳定(如表 7-2 中 7～10 组数据所示)，得到如图 7-15c 所示的最终结果。

上述过程可以简单地用 Excel 来完成。计算时，在表 7-2 中给出了聚类迭代的计算过程。其中最左侧的一组数据为原始数据，从中随机选择 3 个数据点，作为聚类的初始质心，列在第 2 组数据的标题，并计算出各数据点分别距 3 个初始质心的欧几里得距离，列在第 2 组数据中；再选择第 2 组数据每一行中距离的最小值，将其指派到 C1、C2 或 C3 簇，并在第 3 组数据中用"✓"来表示各数据点的归属情况；对于不同的簇，对其中的数据点的坐标值取平均，并以此计算新的质心的坐标，列在第 4 组数据的标题，再分别计算各点距质心的距离，循环完成上述过程，直至质心不再发生改变，如第 8、10 组数据(的标题)所示。

在图 7-15 和表 7-2 中，也根据式(7-14)计算出了每一步迭代的误差平方和 *SSE* 的值。可以看出，随着迭代的进行，*SSE* 的值也在逐步减小，并且最终在迭代完成时质心不再变化，*SSE* 的值也不再变化。因此，也可以将 *SSE* 作为聚类的目标函数，使其随着聚类的调整过程达到最优。　　　　　　　◇

7.2.2　K-means 算法的特点

1. 对 k 值敏感

聚类簇的个数 k 决定了聚类的结果(从例 7-3～例 7-5 可以看出)，且需要事先判定并给出，而正确且有意义地确定一个 k 值是非常困难的，因而具有很大的随意性。在实际处理时，可以尝试多个 k 值，并从中取优。

2. 对离散点较敏感

算法在调整质心点时，要对簇中包括噪声点在内的所有样本点的各维度值进行计算，得出新的质心点的数据，则在计算中会受到噪声点异常维度数据的干扰，造成所得质心点位置偏差过大，从而使类簇发生畸变。下面给出的例 7-8，说明了这一点。

表 7-2　设定 3 个初始质心，进行数次迭代后聚类为 3 个簇的过程

原始数据		随机指定的初始质心及其邻近度 (SSE=3490)			3 个簇的归属			第 1 次迭代后的质心坐标及邻近度 (SSE=2476)			3 个簇的归属			第 2 次迭代后的质心坐标及邻近度 (SSE=2413)			3 个簇的归属			第 3 次迭代后的质心坐标及邻近度 (SSE=2393)			3 个簇的归属			最终的质心坐标及邻近度 (SSE=2393)		
x	y	(37,48)	(14,20)	(18,8)	C1	C2	C3	(34,44)	(20,26)	(20,6)	C1	C2	C3	(34,44)	(21,27)	(19,7)	C1	C2	C3	(34,44)	(21,28)	(19,8)	C1	C2	C3	(34,44)	(21,28)	(19,8)
6	3	55	19	13			✓	50	26	14			✓	50	28	14			✓	50	29	14			✓	50	29	14
11	12	44	8	9		✓		40	16	11			✓	40	18	10			✓	40	19	9			✓	40	19	9
11	3	52	17	8			✓	47	16	10			✓	47	26	9			✓	47	27	10			✓	47	27	10
12	15	41	5	9		✓		37	13	12			✓	37	15	11			✓	37	16	10			✓	37	16	10
14	20	36	0	13		✓		32	8	15		✓		32	10	14		✓		32	11	13		✓		32	11	13
14	27	31	7	19		✓		27	6	22		✓		27	7	21		✓		27	7	20		✓		27	7	20
15	5	48	15	4			✓	44	21	5			✓	44	22	5			✓	44	24	5			✓	44	24	5
18	32	25	13	24		✓		20	7	26		✓		20	6	25		✓		20	5	24		✓		20	5	24
18	8	44	13	0			✓	40	18	3			✓	40	19	2			✓	40	20	1			✓	40	20	1
18	3	49	17	5			✓	44	23	4			✓	44	24	4			✓	44	25	5			✓	44	25	5
19	28	27	9	20		✓		22	3	22		✓		22	2	21		✓		22	2	20		✓		22	2	20
20	16	36	7	8		✓		32	10	10		✓		32	11	9			✓	32	12	8			✓	32	12	8
22	25	27	9	17		✓		23	2	19		✓		23	2	18		✓		23	3	18		✓		23	3	18
22	12	39	11	6			✓	35	14	6			✓	35	15	6			✓	35	16	5			✓	35	16	5
22	36	19	18	28		✓		15	11	30		✓		15	9	29		✓		15	8	28		✓		15	8	28
24	12	38	13	7			✓	34	14	7			✓	34	15	7			✓	34	16	6			✓	34	16	6
24	3	47	20	8			✓	43	23	5			✓	43	24	6			✓	43	25	7			✓	43	25	7
25	29	22	14	22		✓		18	6	23		✓		18	5	23		✓		18	4	22		✓		18	4	22
25	43	13	25	36	✓			9	18	37	✓			9	17	36	✓			9	16	36	✓			9	16	36
28	3	46	22	11			✓	42	24	9			✓	42	25	9			✓	42	26	10			✓	42	26	10
28	48	9	31	41	✓			7	24	42	✓			7	23	42	✓			7	21	41	✓			7	21	41
29	36	14	22	30	✓			10	14	31	✓			10	12	31	✓			10	11	30	✓			10	11	30
30	8	41	20	12			✓	37	20	10			✓	37	21	11			✓	37	22	11			✓	37	22	11
31	43	8	29	37	✓			4	21	38	✓			4	19	38	✓			4	18	37	✓			4	18	37
31	55	9	39	49	✓			11	32	50	✓			11	30	49	✓			11	29	49	✓			11	29	49
32	35	14	23	30	✓			10	15	31	✓			10	14	31	✓			10	13	30	✓			10	13	30
33	27	21	20	24		✓		17	13	24		✓		17	12	24		✓		17	12	24		✓		17	12	24
33	4	44	25	16			✓	40	25	13			✓	40	26	14			✓	40	27	14			✓	40	27	14
37	48	0	36	44	✓			5	28	45	✓			5	27	45	✓			5	26	44	✓			5	26	44
38	42	6	33	39	✓			4	24	40	✓			4	23	40	✓			4	22	39	✓			4	22	39
39	45	4	35	43	✓			5	27	43	✓			5	26	43	✓			5	25	42	✓			5	25	42
40	55	8	44	52	✓			12	36	53	✓			12	34	52	✓			12	33	52	✓			12	33	52
41	37	12	32	37	✓			10	24	37	✓			10	23	37	✓			10	22	36	✓			10	22	36
42	44	6	37	43	✓			8	29	44	✓			8	27	43	✓			8	27	43	✓			8	27	43

注：表格第 1 组为原始数据；第 2、4、6、8、10 组（浅灰色区域）为根据各 (x, y) 点的坐标及其邻近各 (x, y) 点的距离（邻近度）；第 3、5、7、9 组为根据距质心最近的原则确定出的 3 个簇的归属。可以看出，簇中各数据点，随着更新和指派的进行，归属也在发生变化。最后，质心不再变化，达到稳定。

【例 7-8】 K-means 聚类对离散点较为敏感。对于图 7-16 所示的数据（见素材文件"素材_离散点影响_带离散点.csv"和"素材_离散点影响_无离散点.csv"），指定 3 个初始质心点，进行聚类迭代后，得到了不同的聚类结果。

其中，图 7-16a 为无离散点的聚类结果，标注圆圈的点与上方的数据点聚类为一簇；图 7-16b 为有离散点（见图中左上角的数据点）的聚类结果，标注圆圈的点与右下方的数据点聚类为了一簇。 ◇

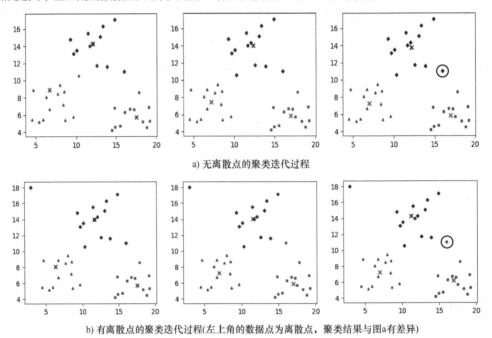

a) 无离散点的聚类迭代过程

b) 有离散点的聚类迭代过程(左上角的数据点为离散点，聚类结果与图a有差异)

图 7-16 离散点对聚类结果所产生的影响

3. 不能处理非球形簇、不同尺寸和以数据密度区分的簇

K-means 聚类算法采用的是用各数据点到质心的邻近度来衡量是否指派为一个簇的方法，该方法适于处理球形簇，且簇的尺寸较为均衡的情况。

【例 7-9】 K-means 聚类算法不能处理非球形的簇。图 7-17a 所示数据（见素材文件"素材_非球形簇.csv"），分成了明显的两个非球形簇。

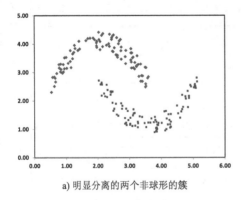

a) 明显分离的两个非球形的簇

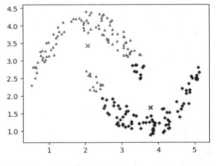

b) 由 K-means 聚类得到的两个簇，不能有效区分

图 7-17 K-means 聚类算法不能处理非球形的簇

用 K-means 算法进行聚类后，选择两个初始质心，得到如图 7-17b 所示的聚类结果，可以看出，该方法未能将数据有效聚类。　　　　　　　　　　　　　　　　　　　　　　　　◇

【例 7-10】　K-means 聚类算法不能处理不同尺寸和以数据密度区分的簇。图 7-18a 所示数据（见素材文件"素材_不同大小簇.csv"），分成了明显的两个大小不同的簇。

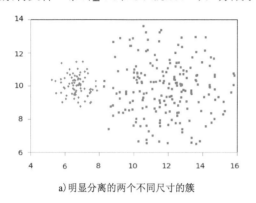 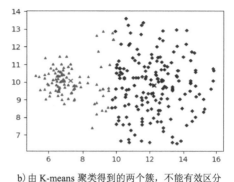

a) 明显分离的两个不同尺寸的簇　　　　　　　　　b) 由 K-means 聚类得到的两个簇，不能有效区分

图 7-18　不能处理不同尺寸和以数据密度区分的簇

用 K-means 算法进行聚类后，选择两个初始质心，得到如图 7-18b 所示的聚类结果，可以看出，该方法未能将数据有效聚类。　　　　　　　　　　　　　　　　　　　　　　　◇

4. 计算开销大

需要迭代进行数据点之间的邻近度计算，从而调整质心并指派到簇。当数据量较大时，算法的时间开销会非常大。

7.3　K 中心点(K-medoids)算法

K-means 算法对噪声数据点较为敏感，例 7-9 中的结果说明了这一点。包含离散点数据的质心由于存在较大偏差，所以会造成簇的质心点的偏移，在下一轮迭代重新划分样本点的时候，便会纳入一定量不属于该簇的样本点，从而得到不准确的聚类结果。

为了解决该问题，K-medoids 算法在计算新质心点时，并非像 K-means 算法那样简单地采用均值计算法，而是在每次迭代后，均从聚类的样本点中选取质心点，而选取的标准就是当该样本点成为新的质心点后能提高该簇的聚类质量，使得簇更加紧凑。该算法使用绝对误差和来定义一个类簇的紧凑程度，如式(7-15)所示：

$$E = \sum_{i=0}^{k} \sum_{x \in C_i} |c_i - x|　　　　　　　　　(7\text{-}15)$$

式中，数据为 k 个簇；C_i 为第 i 个簇；c_i 为簇 C_i 的质心。

如果某样本点成为质心点后，绝对误差和小于原质心点的绝对误差和，则认为该样本点可取代原质心点，在迭代并重新计算类簇的质心点时，选择绝对误差和最小的那个样本点作为新的质心点。

与 K-means 算法一样，K-medoids 也采用欧几里得距离来衡量样本点到质心点的距离。终止条件是，当所有簇的质心点都不再发生变化时，即认为聚类结束。

该算法改善了 K-means 算法对噪声点敏感的问题，但由于新质心点在计算规则上的改变，算法的时间复杂度也会有所上升。

【例 7-11】 对于例 7-8 中的带有噪声点和无噪声点的数据，分别使用 K-medoids 聚类算法进行处理。

得到的结果如图 7-19a、b 所示，二者的结果相同。可以看出 K-medoids 聚类算法可以在一定程度上消除噪声点带来的影响。　　　◇

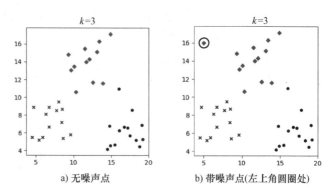

a) 无噪声点　　　　b) 带噪声点(左上角圆圈处)

图 7-19　K-medoids 聚类算法可以在
一定程度上消除噪声点带来的影响

7.4　层次聚类

层次聚类(Hierarchical Clustering)，即按照一定的规则，对给定的数据集进行层次上的分解，直到满足某种事先设定的条件。

例如，在图 7-20 中给出的 a、b、c、d、e 几个数据元素中，数据元素 a、b 较为相似，可聚类为一个簇$\{a, b\}$；数据元素 d、e 较为相似，也可聚类为一个簇$\{d, e\}$。进一步地，数据项 c 与簇$\{d, e\}$较为相似(比 c 与簇$\{a, b\}$更为相似)，可聚类为一个簇$\{c, d, e\}$。而簇$\{c, d, e\}$与簇$\{a, b\}$也有一定的相似性，可以聚类为簇$\{a, b, c, d, e\}$。

反过来，包含所有数据元素的簇$\{a, b, c, d, e\}$可以分裂为簇$\{a, b\}$与簇$\{c, d, e\}$，进而簇$\{a, b\}$可以分裂为簇$\{a\}$和簇$\{b\}$；簇$\{c, d, e\}$可以进一步分裂为簇$\{c\}$和簇$\{d, e\}$，簇$\{d, e\}$可分裂为簇$\{d\}$和簇$\{e\}$。

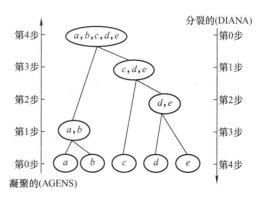

图 7-20　层次聚类的过程和结果

可以看出，层次聚类是将所有的样本点自底向上进行聚类形成一棵树，或是自顶向下分裂成一棵树的过程。按照这两种方式划分，层次聚类分为凝聚的层次聚类和分裂的层次聚类。其中，凝聚的层次聚类较为常见。

1) 凝聚的层次聚类：采用自底向上的聚类策略，首先将每个对象作为一个簇，然后将这些原子簇合并为越来越大的簇，直到所有对象都在一个簇中，或者某个终结条件达到要求。

2) 分裂的层次聚类：采用自顶向下的策略，首先将所有对象放在一个簇中，然后逐步细分为越来越小的簇，直到每个对象自行形成一簇，或者直到满足其他的终结条件(例如满足了某个期望的簇数目，或两个最近的簇之间的距离达到了某个阈值)为止。

因此，层次聚类就是通过计算不同类别数据点间的相似度(邻近度)来创建一棵有层次的嵌套聚类树。在聚类树中，不同类别的原始数据点是树的最底层，树的顶层是一个聚类的根结点。

聚类的应用场景是多种多样的，其目的是寻找数据集中的有意义的模式，帮助用户更好地理解数据，挖掘出数据隐藏的真实含义。聚类技术是一种无监督学习的技术，其结果有可能得不到确定的、一致的或正确的结果；得到的可能是数量较多的簇，也可能是数量较少的簇。在极端的情况下，所有的对象自成一簇，而这样的聚类并没有实际意义，因此聚类结果很重要的一点就是应该得到比原数据的数目更少的簇，而到底要形成多少个聚类数目则要根据对实际业务的理解，以及能够对实际的项目进行合理的解释。

层次聚类算法的好处是它可以让用户从这些簇中选择所感兴趣的簇，具有一定的灵活性。

7.4.1 层次聚类的算法

凝聚的层次聚类过程如算法 7-2 所示。

【算法 7-2】 层次聚类的算法

1:　　让每个点作为一个簇
2:　　计算各个簇之间的相似度，构成相似度矩阵
3:　　repeat
4:　　　　合并最邻近的两个簇
5:　　　　重新计算簇之间的相似度并构建相似度矩阵
6:　　until 仅剩下一个簇

在算法 7-2 所示的过程中，每合并一个簇，都要重新计算相似度矩阵，是一种传统的聚类方式。为了提高聚类的效率并减少计算量，计算相似度矩阵后，可以将较为邻近的多组簇两两合并为新簇，即一次计算中，合并多个簇。

算法的关键是计算两个簇之间的相似度。不同的相似度的定义区分了各种不同的凝聚层次聚类技术。

【例 7-12】 通过实例说明各簇之间的相似度度量方法。有 12 个数据点 p1～p12，其 (x, y) 坐标数据依次为：（18，22）、（21，22）、（18，17）、（36，22）、（34，20）、（35，15）、（14，11）、（13，10）、（16，5）、（19，4）、（30，7）、（31，4）（见素材文件"素材_12Points.csv"）。通过图 7-21a 所示的散点图，可直观地看到各点之间的相似度（距离）的差异。

这里，使用 7.1.1 节中所介绍的欧几里得距离来衡量两个数据点之间的相似度，则可以在二维平面上直观地表示出数据点之间相似度的差异，以帮助理解。对于较为复杂的数据，例如当不同属性的数据值之间的差异具有不同程度的意义时，可以在欧几里得距离或明可夫斯基距离的计算公式中进行加权运算。

层次聚类的第一步，是将每单个数据点设为一个簇，如图 7-21a 所示。层次聚类的过程，也可以用**层次树图**或称**谱系图**（dendrogram）来表示，如图 7-21b 所示（这时，尚未建立起表示数据点聚类的"树枝"）。

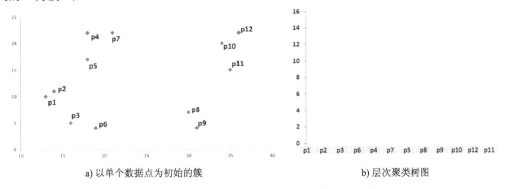

a) 以单个数据点为初始的簇　　　　　　　　　　　　b) 层次聚类树图

图 7-21　层次聚类的过程——第 1 步，每单个数据点各成一簇

第二步是合并最近的两个簇。首先，计算出各个簇两两之间的相似性（距离），计算的数据如表 7-3 所示。

表 7-3　计算各数据点的相似度（距离），根据就近原则进行聚类

	p1	p2	p3	p4	p5	p6	p7	p8	p9	p10	p11	p12
p1												
p2	1.4											
p3	5.8	6.3										
p4	13.0	11.7	17.1									
p5	8.6	7.2	12.2	5.0								
p6	8.5	8.6	3.2	18.0	13.0							
p7	14.4	13.0	17.7	3.0	5.8	18.1						
p8	17.3	16.5	14.1	19.2	15.6	11.4	17.5					
p9	19.0	18.4	15.0	22.2	18.4	12.0	20.6	3.2				
p10	23.3	21.9	23.4	16.1	16.3	21.9	13.2	13.6	16.3			
p11	22.6	21.4	21.5	18.4	17.1	19.4	15.7	9.4	11.7	5.1		
p12	25.9	24.6	26.2	18.0	18.7	24.8	15.0	16.2	18.7	2.8	7.1	

7.1.2 节的图 7-8 中给出了不同的聚类方法，如果按照传统的层次聚类方法，表 7-3 中最为相似（距离最近）的点为 p1 和 p2 点，则须将这两个（单点）簇聚类为一个簇 $C_{1,2}$ 后，再一次计算各个簇之间的相似性，依次进行直到最终聚类为一个簇，相似度的计算量为 $\sum_{k=1}^{n-1} \dfrac{k(k-1)}{2}$，算法的时间复杂度为 $O(n^2 \log_2 n)$；如果按照改良的层次聚类算法，可知数据点 p1 和 p2、p3 和 p6、p4 和 p7、p8 和 p9、p10 和 p12 之间的距离较近，可以一次聚类为一簇，分别得到 $C_{1,2}$、$C_{3,6}$、$C_{4,7}$、$C_{8,9}$、$C_{10,12}$，与 p5、p11 按照相似度衡量规则再次计算如表 7-3 的相似度矩阵，依此进行，直到最终聚类为一个簇。

由此，可以确定层次聚类的过程如算法 7-3 所示。

【算法 7-3】　根据相似度进行聚类的算法	
1：	确定相似度阈值 T
2：	repeat
3：	在相似度表中找最小值，如果最小值不小于阈值 T，则结束；
4：	将最小值对应的所在横行（第 i 行）和纵列（第 j 列）的两个簇进行聚类 $\{p_i, p_j\} \rightarrow C_{ij}$；
5：	划去相似度表中第 i 行和第 j 列的数据
6：	end

表 7-3 计算数据聚类的结果如图 7-22 所示，p1 和 p2 聚集成 $C_{1,2}$ 簇，在图 7-22a 中，用曲线将 p1 和 p2 围起来，表示这两个簇（或点）聚合为一个更大的簇；在图 7-22b 所示的层次聚类树图中，用曲线将 p1 和 p2 连起来，连线的高度为 p1 和 p2 的相似度度量值（从表 7-3 中可以读出，为 1.4）。同样处理，p3 和 p6 聚集成 $C_{3,6}$ 簇、p4 和 p7 聚集成 $C_{4,7}$ 簇、p10 和 p12 聚集成 $C_{10,12}$ 簇。

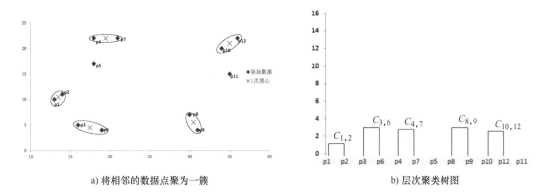

a) 将相邻的数据点聚为一簇   b) 层次聚类树图

图 7-22　层次聚类的过程——第 2 步

按照层次聚类算法的步骤，重新计算各个簇两两之间的相似度矩阵。对于图 7-22 中的 $C_{1,2}$ 簇和 $C_{3,6}$ 簇，如何计算它们之间的相似度，有很多种方法，常用的有：Min、Max、组平均、质心距、目标函数等，详细内容将在 7.4.2 节中介绍。这里，用两个簇的质心间的距离来表示两个簇的相似度，而簇的质心由组成该簇的各点的横坐标和纵坐标的算术平均值来求得。这种方法称作质心距方法。

计算结果如图 7-23a 所示，由此，可以将 $C_{1,2}$ 和 $C_{3,6}$ 聚合成簇 $C_{1,2,3,6}$，将 $C_{4,7}$ 和 p_5 聚合成簇 $C_{4,7,5}$，将 $C_{10,12}$ 和 p_{11} 聚合成簇 $C_{10,12,11}$，如图 7-23b、c 所示。

	$C_{1,2}$	$C_{3,6}$	$C_{4,7}$	p5	$C_{8,9}$	$C_{10,12}$	p11
$C_{1,2}$							
$C_{3,6}$	7.2						
$C_{4,7}$	13.0	17.6					
p5	7.9	12.5	5.2				
$C_{8,9}$	17.7	13.0	19.8	17.0			
$C_{10,12}$	23.9	24.1	15.5	17.5	16.1		
p11	22.0	20.4	17.0	17.1	10.5	6.0	

a) 相似度计算值

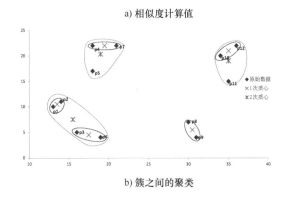

b) 簇之间的聚类

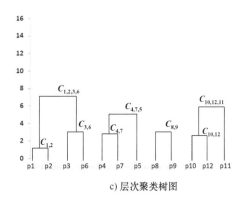

c) 层次聚类树图

图 7-23　层次聚类的过程——第 3 步

如图 7-24a～c 所示，$C_{1,2,3,6}$ 与 $C_{4,7,5}$ 聚合成簇 $C_{1,2,3,6,4,7,5}$；$C_{8,9}$ 与 $C_{10,12,11}$ 聚合成簇 $C_{8,9,10,12,11}$。层次聚类树图也相应向上生长。

再次计算两个簇之间的相似度，并进行聚类。经过以上步骤，完成了给出数据的凝聚聚类过程（见图 7-25a～c）。　　　　　　　　　　　　　　　　　　　　　　　　　　　　　　◇

	$C_{1,2,3,6}$	$C_{4,7,5}$	$C_{8,9}$	$C_{10,12,11}$
$C_{1,2,3,6}$				
$C_{4,7,5}$	13.3			
$C_{8,9}$	15.1	18.8		
$C_{10,12,11}$	22.6	16.1	14.2	

a) 相似度计算值

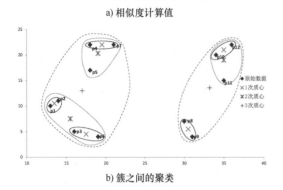

b) 簇之间的聚类

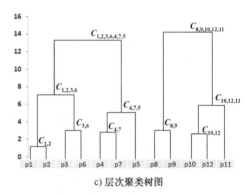

c) 层次聚类树图

图 7-24　层次聚类的过程——第 4 步

	$C_{1,2,3,6,4,7,5}$	$C_{8,9,10,12,11}$
$C_{1,2,3,6,4,7,5}$		
$C_{8,9,10,12,11}$	16.2	

a) 相似度计算值

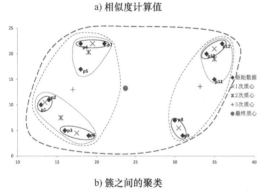

b) 簇之间的聚类

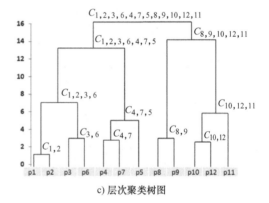

c) 层次聚类树图

图 7-25　层次聚类的过程——第 5 步

7.4.2　簇的相似度衡量方法

合并成簇后，簇与簇之间的相似度度量的方式有很多种，其中较为常用的有以下几种。

1) Min：即单链（Single Link）算法，是以两个簇中相距最近的两个点的距离作为这两个簇的相似度度量值。优点是可以处理非类椭圆形状的簇，但是对噪声点和离群点非常敏感，如图 7-26a 所示。

2) Max：即全链（Complete Link）算法，是以两个簇中相距最远的两个点的距离作为这两个簇的相似度度量值。优点是对噪声点和离群点不敏感，而不足之处是可能使大的簇被割裂而较适用于球型簇，如图 7-26b 所示。

3) 组平均：以两个簇中的所有点到另一个簇中所有点的距离的平均值作为这两个簇的相似度度量值，如图 7-26c 所示。

4) 质心距：以两个簇的质心的距离作为这两个簇的相似度度量值，如图 7-26d 所示。

5) 目标函数：用一个目标函数的值作为簇间相似度的度量值。例如，在 Ward 方法[☉]中，选用的就是非常典型的目标函数——离差平方和。

采用的相似度计算方法不同，聚类的过程和结果也会有所不同，如图 7-27 所示。

一般来讲，层次聚类树图的

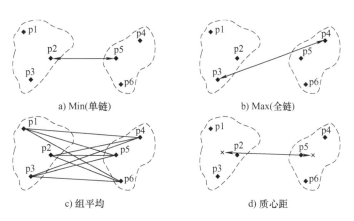

a) Min(单链)　　　　b) Max(全链)

c) 组平均　　　　d) 质心距

图 7-26　簇的相似度计算方法

高度(表示距离)会随着聚类的进展而增大，表示簇间的相似度越来越弱，这就是聚类相似度的单调性。前面介绍的计算聚类的相似度的算法中，质心距方法不具有单调性，用这种方法进行聚类运算时，会出现后聚类的树图的高度反倒会降低的情况，画出的图形会有些扭曲，勿以为怪。在图 7-28 中，给出了一个这样的示例。

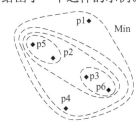

a) Min方法：簇$C_{2,5}$中的点p2与簇$C_{3,6}$中的点p3距离最近(小于点p3到点p4或点p2到点p1的距离)，所以簇$C_{2,5}$和簇$C_{3,6}$聚类为$C_{2,5,3,6}$

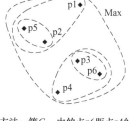

b) Max方法：簇$C_{3,6}$中的点p6距点p4的距离较其距点p1或点p5的距离均较近(也近于簇$C_{2,5}$中的点p5距p4的距离)，所以簇$C_{3,6}$和点p4聚类为簇$C_{3,6,4}$

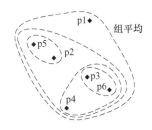

c) 组平均方法：簇$C_{3,6}$中的点p3和点p6距点p4的距离较其距簇$C_{2,5}$或点p1的距离均近

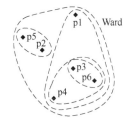

d) Ward方法：采用均方误差作为相似度的度量值，即目标函数

图 7-27　簇的相似度计算方法不同，聚类的过程和方法也会有所不同

对于图 7-28a 中的数据，点 p1 和 p2 之间的欧几里得距离较近(为 17.5)，首先将它们聚类得到簇 $C_{1,2}$，其质心为 c1,2[坐标为(11.5，17)]，进而计算 p3 点与簇 $C_{1,2}$(质心 c1,2 代表该簇)之间的距离(质心距)为 16.4，因而得到如图 7-28b 所示的层次聚类树。

☉ Ward 方法也称为最小方差法(minimum variance method)。该算法选取一个能够反映数据离散程度的目标函数作为聚类效果的衡量指标。聚类过程中，计算并比较所有簇两两合并的情况下目标函数的最优值，以决定应聚合的簇，并使整个系统的方差达到最小。

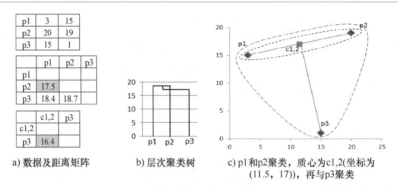

a) 数据及距离矩阵   b) 层次聚类树   c) p1和p2聚类，质心为c1,2(坐标为 (11.5，17))，再与p3聚类

图 7-28 一些簇相似度计算方法(如质心距)，可能会导致下一凝聚层距离变小

7.4.3 层次聚类的特点

研究表明，层次聚类能够产生质量较高的聚类结果，因此在众多领域，如使用系统发生树原理构建模型和基因芯片的生成与分析方面，得到了广泛的应用。

层次聚类对计算量和存储量的需求都较大，尤其是在数据维数较高的情况下。算法对噪声点和离群点数据也较为敏感，对于噪声数据比较多的数据集，较宜采用基于密度的聚类方法。

7.5 DBSCAN 聚类

具有噪声点的基于密度的聚类方法(Density-Based Spatial Clustering of Application with Noise，DBSCAN)，是一种典型的基于密度的空间聚类算法。该算法将具有足够密度的区域划分为簇，并在具有噪声点的空间数据中发现任意形状的簇，它将簇定义为以一定密度相连的点的最大集合。

该算法利用基于密度的聚类的概念，即要求聚类空间中一定区域内所包含对象(点或其他空间对象)的数目不小于某一给定的阈值。基于密度的聚类算法，涉及以下基本概念。

1) 邻域：与某被考察点的距离小于给定的阈值 Eps(Eps 是用户指定的一个参数)的空间范围。在图 7-29 中，圆周所围出的空间即为 A 点的邻域。

2) 核心点：若某点在给定邻域内的点的个数超过给定的阈值 minPts(minPts 是用户指定的一个参数)，则称其为核心点(core point)。

3) 边界点：落在某一核心点的邻域内(也可能落在多个核心点的邻域内)，但因其邻域内的点数未达到阈值 minPts 而不能成为核心点，称这样的点为边界点(border point)。

4) 噪声点：既非核心点也非边界点的点，称为噪声点(noise point)。

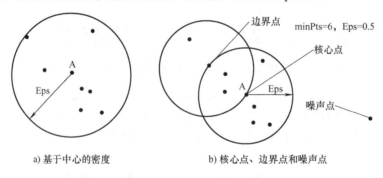

a) 基于中心的密度   b) 核心点、边界点和噪声点

图 7-29 DBSCAN 聚类概念

7.5.1　DBSCAN 算法

DBSCAN 算法的原理如下：

1）任意两个足够靠近（互相之间的距离在 Eps 之内）的核心点将放在同一个簇中；

2）任何与核心点足够靠近的边界点也放到该核心点的簇中（如果一个边界点靠近不同簇的核心点，则还要解决平局问题）；

3）噪声点被丢弃。

DBSCAN 算法的步骤如算法 7-4 所示。

【算法 7-4】　DBSCAN 算法

1：	给定邻域阈值 Eps 和核心点的个数阈值 minPts
2：	计算两两点间距离
3：	标记"核心点"（将距离在 Eps 范围内的、邻域点个数满足 minPts 的点标记为"核心点"）
4：	标记"边界点"（对于任一非"核心点"，若 Eps 范围内有"核心点"，则标记为"边界点"）
5：	标记"噪声点"（其余点标记为"噪声点"）
6：	删除噪声点
7：	为距离在 Eps 之内的所有核心点之间赋予一条边进行相连。
8：	每组连通的核心点形成一个簇。
9：	将每个边界点指派到一个与之关联的核心点的簇中。

其中，如果两个核心点的距离在 Eps 之内，则可以用一条边将它们相连，这样的两个核心点被称为是密度相连的。如果两个核心点通过密度相连的核心点可以相互连接，则称这两个核心点是密度连通的。

在算法 7-4 中，也可以通过递归的方式来遍历处理密度连通的核心点（包括边界点），如图 7-30 所示。图中从 p1 点开始，按顺时针方向，连通 Eps 距离内的点，如 p2；再从 p2 出发，连通该点 Eps 距离内的点，依此类推。如果某核心点在 Eps 距离内不再有未连通的核心点，或者为边界点（如点 p11），则向上一步回归，直至回归到 p1 点。

在图 7-30 的示例中，左、右两组数据相距较远，不存在密度相连的点，在处理上则会形成两个独立的簇。

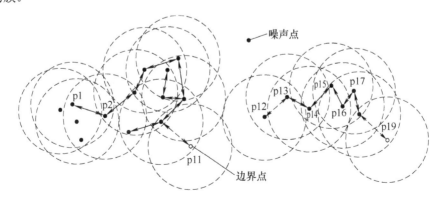

图 7-30　通过递归的方法连通各核心点

7.5.2 选择 Eps 和 minPts

对于如图 7-31a 所示的未知数据点，关键是为数据算法设置合理且有意义的 Eps 和 minPts 参数值。基本方法是观察点到它的 k 个最邻近的距离(称为 k-距离)的特性，具体步骤如下：

1) 计算所有两两数据点之间的距离，并对每一个数据点按与其他数据点的距离递增的次序进行排列，可以得到各点的第 k 个最邻近数据点的距离变化趋势，如图 7-31b 所示。

2) 对某一 k 值的邻近数据点距离进行排序，可以得到该 k 值下各数据点的变化趋势，如图 7-31c 所示。

3) 观察绘制的图形，如果存在图 7-31b 中 k-距离的跃升变化的临界点，或存在图 7-31c 中折线簇分离的情况，即可以参考此临界点的 k 值作为 minPts 参数值，其对应距离则作为 Eps 参数值。

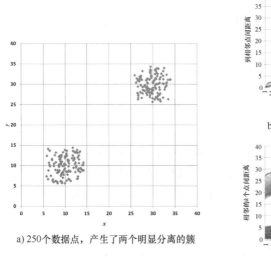

a) 250 个数据点，产生了两个明显分离的簇

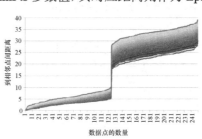

b) 各数据点与其他点的距离变化情况

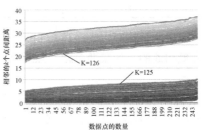

c) 各数据点与第 k 个邻近数据点的距离

图 7-31 根据 k-距离的变化情况确定 Eps 和 minPts 的值

在图 7-31a 中，产生了两个明显分离的簇，每个簇有 125 个数据点。这里，为了能够展示问题，数据点的设定较为极端。在图 7-31b 中，绘制了任一数据点与由近至远的其他数据点的距离变化情况。可以看出，各点与第 125 远点的距离以及与第 126 远点的距离，有一个很大的跃升变化。在临界点上，数据点间距离大约为 9.0，即如果仅考虑合适的 125 个数据点，这些点之间的距离不超过 9.0，而如果再多考虑若干个数据点，则这些点之间的距离就会立即达到 20.0 以上。说明存在 125 个较为紧密的(距离小于 9.0)数据点，因此将 Eps 定为 9.0，minPts 定为 4、6 或 10(甚至可以是 125)来进行聚类的尝试。在图 7-31c 中，给出了各数据点与第 k 个邻近数据点的距离，随所考虑的数据点个数的变化情况。从这个图中可以看出，当 k 值为 1~125 时，对于所有的数据点，距最相邻的 k 个数据点的最大距离(横坐标最右端的值)不超过 10.0；而当 k 值超 126 时，则距离会产生一个跃变，达到 20.0 左右，这和图 7-31b 所展示的现象相一致。据此也可以确定 Eps 和 minPts 的参数值。

【例 7-13】 使用 Excel 实现 DBSCAN 算法的计算和生成簇的过程。为了相对简单，且能展现

DBSCAN 算法聚类的过程以及核心和要点，这里还专门对所用的数据进行了设计。数据中有 3 组较为临近的数据，每组中有 6～7 个数据点，另外还有 4 个点散布在周围，以形成点密度的对比，如表 7-4 中所列。数据点的分布如图 7-32 所示，可以看出较为密集的 3 个数据组和几个散落点。通过设置合理的阈值，应该能够将密度较高的点分别合成一个簇。

表 7-4　DBSCAN 聚类分析数据表

数据点	p1	p2	p3	p4	p5	p6	p7	p8	p9	p10	p11	p12
x	2.04	2.74	3.15	3.46	3.67	4.12	6.35	7.00	6.61	7.17	7.44	8.01
y	3.73	2.65	3.96	4.85	2.93	4.27	7.89	8.00	6.89	8.66	7.36	7.01

数据点	p13	p14	p15	p16	p17	p18	p19	p20	p21	p22	p23	
x	8.39	8.43	8.71	9.53	9.60	9.72	10.63	1.00	6.00	15.00	14.00	
y	8.35	2.26	3.74	2.12	3.94	2.86	2.31	9.00	1.00	9.00	8.00	

　　计算每个数据点与其他各点的邻近度（欧几里得距离），得到如表 7-5 所示的距离矩阵。表中使用 Excel 的条件格式功能，对距离数值进行了标记，数值较小的颜色较浅，数值较大的则颜色较深，以直观地表示数据点间距离的远近。

　　按照前面选取 Eps 和 minPts 的方法，将每一点到其他点之间的距离排序，再从小到大排序，并绘制成如图 7-33a、b 所示的折线图。从图 7-33a 可以看出，大多数的数据点的 k-距离在从 $k=5$ 变为 $k=6$ 时，有一个很大的

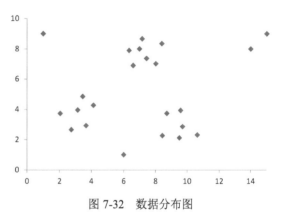

图 7-32　数据分布图

提升，并产生了一个拐点。据此，可以确定 minPts=5。从图 7-33b 中的 k-距离曲线可以看出，当 $k=5$ 时，间距最小的 19 个数据点间的距离值均较小（小于 2.4），即有 19 个点（83%的点），符合 Eps=2.4、minPts=5 这样的阈值条件，则可设置 Eps=2.4。

表 7-5　数据点之间的相似度计算（欧几里得距离）

	p1	p2	p3	p4	p5	p6	p7	p8	p9	p10	p11	p12	p13	p14	p15	p16	p17	p18	p19	p20	p21	p22	p23
p1																							
p2	1.29																						
p3	1.13	1.38																					
p4	1.80	2.32	0.94																				
p5	1.82	0.98	1.16	1.94																			
p6	2.15	2.13	1.02	0.88	1.42																		
p7	5.99	6.37	5.07	4.20	5.65	4.26																	
p8	6.54	6.84	5.58	4.74	6.07	4.71	0.66																
p9	5.55	5.75	4.54	3.75	4.94	3.61	1.04	1.18															
p10	7.11	7.47	6.19	5.32	6.72	5.34	1.12	0.68	1.85														
p11	6.50	6.66	5.48	4.70	5.82	4.53	1.21	0.78	0.95	1.33													

（续）

	p1	p2	p3	p4	p5	p6	p7	p8	p9	p10	p11	p12	p13	p14	p15	p16	p17	p18	p19	p20	p21	p22	p23
p12	6.81	6.85	5.74	5.04	5.96	4.76	1.88	1.42	1.41	1.86	0.67												
p13	7.85	8.03	6.84	6.05	7.19	5.91	2.09	1.43	2.30	1.26	1.37	1.39											
p14	6.55	5.71	5.55	5.60	4.81	4.76	6.01	5.92	4.98	6.52	5.20	4.77	6.09										
p15	6.67	6.07	5.57	5.37	5.11	4.62	4.78	4.59	3.79	5.16	3.84	3.34	4.62	1.50									
p16	7.65	6.81	6.64	6.65	5.91	5.82	6.59	6.40	5.59	6.96	5.64	5.12	6.34	1.10	1.81								
p17	7.56	6.99	6.45	6.21	6.02	5.49	5.12	4.82	4.21	5.31	4.05	3.46	4.58	2.04	0.91	1.82							
p18	7.72	6.99	6.66	6.57	6.05	5.77	6.05	5.81	5.09	6.33	5.04	4.48	5.64	1.42	1.34	0.77	1.08						
p19	8.70	7.90	7.66	7.61	6.99	6.80	7.04	6.75	6.10	7.23	5.97	5.38	6.44	2.20	2.39	1.12	1.93	1.07					
p20	5.37	6.59	5.48	4.82	6.64	5.67	5.46	6.08	5.99	6.18	6.64	7.29	7.42	10.03	9.33	10.96	9.98	10.66	11.73				
p21	4.81	3.66	4.11	4.61	3.02	3.77	6.90	7.07	5.92	7.75	6.52	6.34	7.73	2.74	3.85	3.70	4.65	4.16	4.81	9.43			
p22	13.99	13.81	12.88	12.26	12.86	11.86	8.72	8.06	8.65	7.84	7.74	7.27	6.64	9.41	8.20	8.79	7.40	8.10	7.99	14.00	12.04		
p23	12.70	12.47	11.58	11.00	11.51	10.56	7.65	7.00	7.47	6.87	6.59	6.07	5.62	8.00	6.79	7.39	5.99	6.69	6.61	13.04	10.63	1.41	

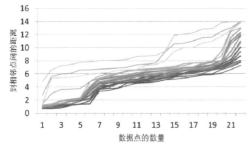

a) 各点距其他数据点的距离变化情况(当 $k=5$ 时，大多数距离会有一个跃升)

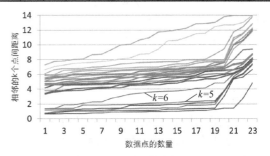

b) 各数据点的 k-距离变化情况(很多数据点在 $k=5$ 到 $k=6$ 处会有一个分离)

图 7-33　通过数据点密度分析来确定 Eps 和 minPts

设 Eps=2.4，minPts=5，则可以在表 7-5 上标记出符合 Eps 条件的数据(表中为加灰色底纹的数值)。如果某一数据点的邻近点数量满足 minPts=5 的条件(即表 7-6 的同一行中有 minPts+1 个这样的点)，则为核心点，如 p1～p19；而对于 p20、p21 点，最邻近的点也不满足 Eps，为噪声点；而 p22、p23 点，不满足 minPts 条件，且与任一核心点的距离也不满足 Eps，所以也是噪声点。可在 Excel 中编写公式，甄别出表 7-6 中的核心点、边界点和噪声点(见表 7-6)，并绘制成分类的散点图(见图 7-34)。

表 7-6　甄别出的核心点和噪声点

核心点	p1	p2	p3	p4	p5	p6	p7	p8	p9	p10
x	2.04	2.74	3.15	3.46	3.67	4.12	6.35	7.00	6.61	7.17
y	3.73	2.65	3.96	4.85	2.93	4.27	7.89	8.00	6.89	8.66
核心点	p11	p12	p13	p14	p15	p16	p17	p18	p19	
x	7.44	8.01	8.39	8.43	8.71	9.53	9.60	9.72	10.63	
y	7.36	7.01	8.35	2.26	3.74	2.12	3.94	2.86	2.31	
噪声点	p20	p21	p22	p23						
x	1.00	6.00	15.00	14.00						
y	9.00	1.00	9.00	8.00						

为各核心点建立连通的边，可以采用递归的方式，通过编写程序来实现。从表 7-5 也能明显看出，数据点 p1～p6 距其他核心点 p7～p13 和 p14～p19 的距离均超过 Eps 值，p7～p13 和 p14～p19 之间也是如此，因此将 p1～p6 聚类为一个簇，p7～p13 聚类为一个簇，p14～p19 聚类为一个簇。

调整参数，将阈值设为 Eps=2.75，minPts=5，则可以在表 7-5 上标记出符合 Eps 条件的点，如表中加粗边框线的数值。与表 7-5 中的情况相同，可将 p1～p19 标记为核心点、将 p20、p22 和 p23 标记为噪声点。而 p21 点，不是核心点，但距核心点 p14 的距离（为 2.74）满足 Eps 条件，按照规则定为边界点。此时，核心点、边界点和噪声点的甄别和分类显示如表 7-7 和图 7-35 所示。

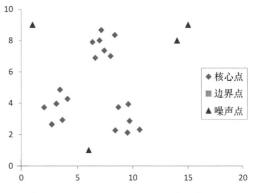

图 7-34　Eps=2.4，minPts=5 的聚类结果

表 7-7　甄别出的核心点、边界点和噪声点

核心点	p1	p2	p3	p4	p5	p6	p7	p8	p9	p10
x	2.04	2.74	3.15	3.46	3.67	4.12	6.35	7.00	6.61	7.17
y	3.73	2.65	3.96	4.85	2.93	4.27	7.89	8.00	6.89	8.66
核心点	p11	p12	p13	p14	p15	p16	p17	p18	p19	
x	7.44	8.01	8.39	8.43	8.71	9.53	9.60	9.72	10.63	
y	7.36	7.01	8.35	2.26	3.74	2.12	3.94	2.86	2.31	
边界点	p21									
x	6.00									
y	1.00									
噪声点	p20	p22	p23							
x	1.00	15.00	14.00							
y	9.00	9.00	8.00							

按照图 7-30 所示的建立连通边的方法，可以将 p1～p6、p7～p13 和 p14～p19 各自形成一个簇，而 p20、p22 和 p23 确定为噪声点，p21 确定为边界点。从表 7-5 中的距离数据也可以看出，p1～p6 点距离足够近且不与其他点密度相连，因此可以确定为一个簇；p7～p13 点和 p14～p19 点亦是如此，因此各自成簇。而 p21 点与且仅与 p14 点是密度相连的，而 p14 为 p14～p19 簇中的核心点，因此 p21 为边界点。　　　　　　◇

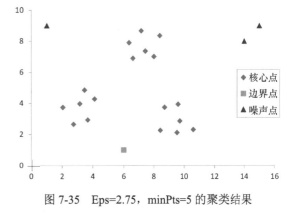

图 7-35　Eps=2.75，minPts=5 的聚类结果

7.5.3　DBSCAN 算法的特点

DBSCAN 算法的显著优点是可以发现任意形状的空间聚类，速度快且能够有效处理噪声点。

与传统的基于层次的聚类和划分聚类的凸形聚类簇有本质不同,DBSCAN 算法的目的在于过滤低密度区域,发现稠密度样本点。相比之下它还具有如下优点:

1) 算法只有 Eps 和 minPts 两个参数,较为简单;

2) 可以对任意形状的簇进行聚类处理;

3) 对噪声点不敏感,并且可以通过设置参数对不同程度的噪声点进行过滤和甄别;

4) 聚类的结果与数据集中样本点的(遍历)处理顺序无关;

5) 与 K-means 比较起来,不需要指定要划分的聚类个数(这是一个难题)。

DBSCAN 算法直接对整个数据空间进行操作,而且聚类时使用了一个全局性的、表征密度的参数,因此也具有两个比较明显的弱点:

1) 当数据量增大时,要求较大的内存支持,I/O 消耗也很大;

2) 当样本的空间密度不均匀、聚类间距差相差很大时,聚类质量较差。例如,对于图 7-36 中的数据,如果 Eps 过大,则会将右侧的数据和噪声点聚类到同一个簇;而如果 Eps 较小,则只能对左侧的数据进行聚类,右边的数据则都被处理成噪声点。

图 7-36　样本空间的密度不均匀导致聚类困难

DBSCAN 算法需要访问数据集中所有的样本,有些样本还可能需要多次访问(如确定边界点时),因此算法的时间复杂度主要取决于空间查询(即获取某个样本点的 Eps 邻域)时的运算次数。这种情况下,对于包含 n 个数据元素的数据集,算法的时间复杂度为 $O(n^2)$。同时,为了避免重复计算样本点的邻近度,通常会生成一个 n 阶的邻近度矩阵(如例 7-13 中的示例所示的矩阵),则其空间复杂度为 $O(n^2)$。如果用 K-D 树结构来组织数据集中的样本点并进行最近点查找,复杂度可降为 $O(n\log_2 n)$。

7.6　聚类算法评估

7.6.1　聚类算法的要求

数据挖掘对聚类算法的典型要求如下。

1) 可伸缩性:指算法对小数据集或大数据集都同样有效。一般的聚类算法适用于规模较小的数据集合,而现在大型数据库的数据量动辄百万,这就要求聚类算法具有良好的可伸缩性。

2) 处理不同数据类型的能力:应用的多元化,要求聚类算法能够处理多种数据类型。不仅要能够处理数值型数据,还要有处理其他类型数据的能力,包括分类/标称类型(categorical/nominal)、序数型(ordinal)、二元型(binary),或者各数据类型的混合。

3) 处理任意形状的聚类:对于一些形状规则的簇,可以选择基于距离的聚类算法,以发现相近尺寸和密度的类似球形的簇。但一般情况下,簇可能具有任意形状,所以要求聚类能够处理这一类的数据集。

4) 最小化用于决定输入参数的领域知识:聚类算法要求用户输入一定的参数,如期望的簇的数目或邻近度的阈值等。聚类结果对于输入参数非常敏感,而通常参数又较难确定,尤其是对于含有高维属性的数据集,需要用户掌握分析领域的专门知识并且具有一定的经验,加重了用户的负担。

5）处理高维数据的能力：要求算法既能够处理属性较少的低维数据，也能够处理高维数据。部分聚类算法仅在处理低维数据时才能够得到较好的聚类结果，而高维数据则可能由于较为稀疏或具有较高的偏斜度，因而对聚类算法提出了一定的挑战性。

6）处理噪声点数据的能力：某些聚类算法对含有孤立点、空缺、未知数据或错误值的数据较为敏感，会导致聚类结果的质量降低，这就要求算法可以在聚类过程中检测、甄别并剔除噪声点和离群点，或消除它们带来的影响。

7）对聚类数据顺序的不敏感性：一些聚类算法对于输入数据的顺序较为敏感，对于同一个数据集合，以不同的顺序对输入记录进行处理时，会得到差别较大的聚类结果。

8）可解释性和可用性：用户希望聚类结果是可解释的、可理解的和可用的，即聚类结果要与最后的应用相联系。

基于以上的要求，对聚类算法进行比较和研究时，应考察以下几方面问题：

1）算法是否适用于大数据量，算法的效率是否满足大数据量、高复杂性的要求。

2）是否能够应付不同的数据类型，能否处理符号属性。

3）是否能发现不同类型的聚类。

4）是否能处理脏数据或异常数据。

5）是否对数据的输入顺序不敏感。

聚类算法是否能满足上述要求，处理效能如何，可以通过对簇的评估来进行评价。

7.6.2　簇评估

对聚类算法的结果（也就是簇）进行评估，是对聚类算法进行评估的一种必然手段。用于评估簇的各方面的评估度量或指标一般分成如下三类。

1）非监督的：对聚类结果在结构上的优良性进行度量，而不考虑外部信息（例如，*SSE* 指标）。进一步可以分为两项：簇的凝聚性（紧凑性、紧致性）度量确定簇中对象密切相关的程度；簇的分离性（孤立性）度量确定一个簇相异于其他簇的程度。

非监督度量通常称为内部指标，因为它们仅使用出现在数据集中的信息。

2）监督的：对聚类算法发现的聚类结构与某种外部结构的匹配程度进行度量。例如，计算某监督指标的熵，并将其作为评估度量，或者度量簇标号与外部提供的标号的匹配程度。监督度量通常称为外部指标，因为它们使用了数据集中出现的信息以外的信息。

3）相对的：对不同的聚类算法及所得到的聚类结构进行比较性度量。相对度量是对监督或非监督评估度量进行比较，是度量的一种具体使用，而不是一种单独的簇评估度量类型。例如，两个 K-means 聚类可以使用 *SSE* 或熵进行比较。

1．内聚度与分离度

内聚度和分离度的概念如图 7-37 所示。

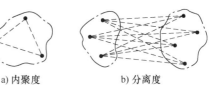

对于一个簇，希望其中元素具有最大的相似度。簇相似度通常以簇中两两数据元素的邻近度之和来衡量，称之为内聚度。内聚度可以定义为

a）内聚度　　　　b）分离度

图 7-37　基于图的内聚度和分离度

$$\text{cohesion}(C_i) = \sum_{x \in C_i, y \in C_i} \text{proximity}(x, y) \tag{7-16}$$

而在两个簇之间，则希望能够将它们最大限度地分离。衡量分离程度的指标是分离度，定义

为分属于不同簇中的数据元素的两两邻近度之和，即：

$$separation(C_i, C_j) = \sum_{x \in C_i, y \in C_j} proximity(x, y) \tag{7-17}$$

如果簇具有原型，则基于原型的内聚度可定义为簇内各数据元素与原型(如质心点)的邻近度之和，如图 7-38a 所示；基于原型的簇间的分离度可定义为两个簇的原型的邻近度，或者是簇的原型与总体原型的邻近度，如图 7-38b 所示。

设 c_i 是簇 C_i 的原型(质心)，c 是总体原型(质心)，则基于原型的内聚度和分离度分别为

$$cohesion(C_i) = \sum_{x \in C_i} proximity(x, c_i) \tag{7-18}$$

$$separation(C_i, C_j) = proximity(c_i, c_j) \tag{7-19}$$

$$separation(C_i) = proximity(c_i, c) \tag{7-20}$$

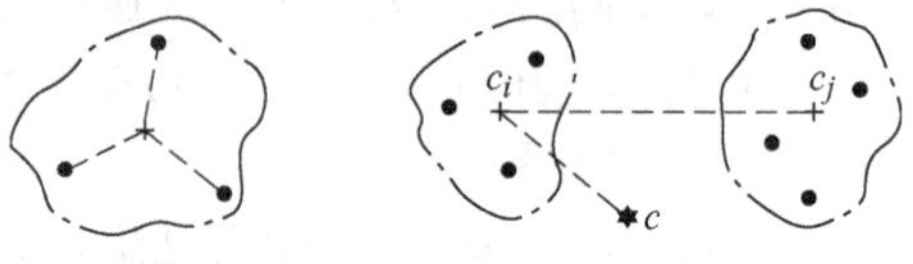

a) 内聚度　　　　　b) 分离度

图 7-38　基于原型的内聚度和分离度

对于聚类结构，希望能够具有最大的内聚度和最大的分离度。在应用时，可以针对不同的聚类结果分别计算其内聚度和分离度指标，从而评估其聚类结果的优劣。

2. 轮廓系数

如果将内聚度和分离度两种度量指标进行综合，则可以用轮廓系数(Silhouette Coefficient)来评估聚类结果。

假设按照一定的算法完成了聚类，得到了 k 个簇，则轮廓系数通过下列步骤计算(其中，设第 i 个对象 p_i 所在的簇为 C_i，$|C_i|$ 为簇 C_i 中的数据对象的数量)：

1) 计算第 i 个对象 p_i 距所在簇所有其他点的平均距离 a_i，即：

$$a_i = \frac{1}{|C_i| - 1} \sum_{p_j \in C_i} proximity(p_i, p_j) \tag{7-21}$$

2) 计算第 i 个对象 p_i 到其他各簇中对象的平均距离的最小值 b_i，即：

$$b_i = \min \left\{ \frac{1}{|C_j| - 1} \sum_{p_j \in C_j} proximity(p_i, p_j), j = 1, 2, \cdots, k; i \neq j \right\} \tag{7-22}$$

3) 计算第 i 个对象 p_i 的轮廓系数：

$$s_i = \frac{b_i - a_i}{\max\{a_i, b_i\}} \tag{7-23}$$

当簇内只有一个数据元素时，$s_i = 0$。

4) 计算总轮廓系数，它是所有数据元素轮廓系数的平均值：

$$S = \frac{1}{|C_j|} \sum_{i \in \{C_j\}} s_i (j = 1, 2, \cdots, k) \tag{7-24}$$

轮廓系数的范围是[-1, 1]，越趋近于 1 代表内聚度和分离度都相对较优。

【例 7-14】 对于前面所列举的几个聚类结果，分别计算出其轮廓系数来进行进一步评估。

图 7-39 给出了不同聚类结果的轮廓系数值。

图 7-39a 是以例 7-3 中聚类所得到的簇，即图 7-11f 所示的聚类结果来计算的，轮廓系数值 $S = 0.5$。

图 7-39b 是以例 7-4 中聚类所得到的簇，即图 7-12c 所示的聚类结果来计算的，轮廓系数值 $S=0.38$，聚类结果较图 7-39a 的较差，这一点在前面的基于两者的 SSE 指标的分析中也得到了同样的结论。

图 7-39c 是以例 7-5 中聚类所得到的簇，即图 7-13c 所示的聚类结果来计算的，轮廓系数值 $S=0.26$。其初始质心的设定变成了 4 个，导致对于所给的数据，簇间的分离度不够大，某些点甚至会出现式 (7-23) 中的 b_i 小于 a_i 的情况。

图 7-39d 是以例 7-13 中聚类所得到的簇，即图 7-35 所示的聚类结果来计算的，轮廓系数值

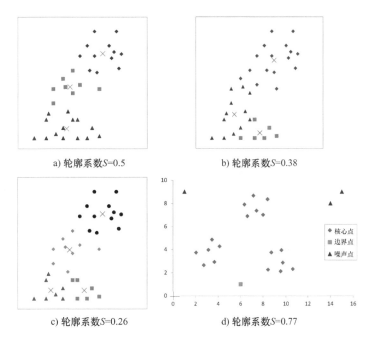

a) 轮廓系数 $S=0.5$　　　　b) 轮廓系数 $S=0.38$

c) 轮廓系数 $S=0.26$　　　　d) 轮廓系数 $S=0.77$

图 7-39　不同聚类结果的轮廓系数

$S=0.77$。这是因为这组数据被有意设计成了较高的簇内聚度和簇间的分离度，因此在轮廓系数上也能够得出较好的结果。　　　　　　　　　　　　　　　　　　　　　　　　◇

3. 相似性矩阵

相似性矩阵体现了数据的邻近关系，通过其图示的方法，可以直观地展示数据的内聚度和分离度情况。图形一方面可以对聚类结果进行视觉上的评价，另一方面也可以在聚类前对数据的聚集情况建立基本的认知，以便选择更为有效的聚类算法和参数。

【例 7-15】　对于图 7-40a 所示的数据，散点图直观地显示出数据可以聚类为 3 个簇。将数据按簇进行排列后，计算数据两两之间的相似性，可以得到其相似性矩阵。将其绘制成如图 7-40b 所示的相似性矩阵图。

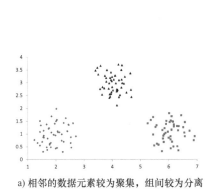

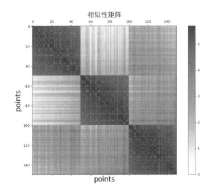

a) 相邻的数据元素较为聚集，组间较为分离　　　b) 相似性矩阵显示数据可分为 3 组，组间分离度较好

图 7-40　簇分离明显，邻近矩阵也较明显

　　从图中可以看出,簇内数据元素的相似性较强(图 7-40b 中左上、中间、右下颜色较深的区块),簇间数据元素的相似性较弱(图中颜色较浅的区块),而这也与图 7-40a 所展现的特性相同。　◇

本章小结

　　本章介绍了关于聚类的基本概念以及按照不同的方面进行的类别划分,对在不同的聚类类别中具有代表性的三种聚类算法(K-means 算法、层次聚类算法以及基于密度的聚类算法)进行了详细介绍,并通过示例深入地展示了其聚类计算和建立聚类结构的过程。

　　不同的聚类算法,在方法和过程上有很大差异,在实际应用时需要根据实际业务和领域的不同,以及所采集的数据特性的差异,选择适合的算法来进行处理,或者结合运用不同的算法,以得到能够解释和具有实际意义的结果。

　　本章为了能够以直观的方法展示出算法的核心,仅选取了具有代表性的实验数据进行演算和示例,但实际应用中的数据千奇百怪,如可能是高维的,可能是稀疏的,也可能是不完整的或不准确的,这需要在运用聚类算法之前对数据进行研判、认知和整理。在运用算法的过程中,注意处理高维数据的各个属性数据的特性(如离散程度)和代表性的差异性,从而使聚类结果有效和有用。

思考与练习

　　1. 给定两个对象,分别表示为(22,1,42,10),(20,0,36,8)。

　　(1) 计算两个对象之间的欧几里得距离;

　　(2) 计算两个对象之间的曼哈顿距离;

　　(3) 计算两个对象之间的明可夫斯基距离,取 $r=3$。

　　2. 利用数据文件“素材_Kmeans.csv”中给出的 (x, y) 数据对,利用 K-means 算法,进行聚类分析。要求:(1)随机指定 3 个质心,迭代处理;(2)用离散质心法指定质心(最多 3 个),迭代处理。

　　3. 使用素材文件“素材_cars.csv”中的汽车统计数据,根据具体数据的情况,选择合适的聚类算法,进行聚类分析,并对结果进行说明。数据中列举了 38 款 1978 年至 1979 年所生产的汽车的多项参数指标,包括生产国家(Country)、车型(Car)、油耗(MPG)、汽车传动比(Drive_Ratio)、输出功率(Horsepower,单位:马力)、排量(Displacement)和气缸数(Cylinder)。

　　注:数据来自 The Data and Story Library。

　　(https://dasl.datadescription.com/datafile/cars/?_sf_s=cars&_sfm_cases=4+59943)。

　　4. 根据素材文件“素材_Protein Consumption in Europe.csv”是从欧洲 25 个国家采集的 9 类食物的蛋白质消耗量数据,选择合适的聚类算法,完成聚类分析,并对结果进行说明。

　　数据中给出的 9 类食物包括红肉(RedMeat)、白肉(WhiteMeat)、鸡蛋(Eggs)、牛奶(Milk)、鱼(Fish)、谷类(Cereals)、淀粉类(Starch)、坚果(Nuts)和新鲜蔬菜(Fr & Veg)。

　　注:数据来自 The Data and Story Library。

　　5. 有如表 7-8 所列的 6 个样本,选择 x_1 和 x_2 为初始聚类中心,用 K-means 算法将其聚成两类,问一次迭代后两类的聚类中心分别为多少?

表 7-8　样本数据

样 本 序 号	x_1	x_2	x_3	x_4	x_5	x_6
特　征 1	1	2	5	3	3	4
特　征 2	1	2	2	5	4	5

6. 假设数据挖掘的任务是将如下的 8 个点[用 (x, y) 代表位置]聚类为三个类：A1(2，10)，A2(2，5)，A3(8，4)，B1(5，8)，B2(7，5)，B3(6，4)，C1(1，2)，C2(4，9)。距离函数选用的是欧几里得(Euclidean)函数。假设初始选择 A1、B1、C1 为每个簇的中心，用 K-means 算法得到：

(1) 第一次循环执行后的三个簇中心；

(2) 最后的三个簇。

参 考 文 献

[1] WITTEN I H，FRANK E. 数据挖掘实用机器学习技术[M]. 北京：机械工业出版社，2006.

[2] HAND D，MANNILA H. 数据挖掘原理[M]. 张银奎，廖丽，宋俊，译. 北京：机械工业出版社，2003.

[3] 胡可云，田凤占，黄厚宽. 数据挖掘理论与应用[M]. 北京：清华大学出版社，2008.

[4] ZAKI M J. 数据挖掘与分析：概念与算法[M]. 吴诚堃，译. 北京：人民邮电出版社，2017.

[5] TAN P N，STEINBACH M. 数据挖掘导论[M]. 范明，范宏建，译. 北京：人民邮电出版社，2006.

[6] HAN J W，KAMBER M，PEI J. 数据挖掘：概念与技术[M]. 3 版. 范明，孟小峰，译. 北京：机械工业出版社，2012.

[7] 乔端瑞. 基于 K-means 算法及层次聚类算法的研究与应用[D]. 长春：吉林大学，2016.

[8] 黄韬，刘胜辉，谭艳娜. 基于 K-means 聚类算法的研究[J]. 计算机技术与发展，2011，21(7)：54-57.

第 **8** 章

回归分析

8.1 回归分析的概念

回归分析(Regression Analysis)是确定两种或两种以上变量间相互依赖的定量关系的一种统计分析方法。它通过建立统计预测模型，来描述和评估因变量与一个或多个自变量之间的关系。回归分析是处理多变量间相关关系的一种数学方法，应用非常广泛。

具有相关关系的两个变量 ξ 和 η，它们之间既存在着密切的关系，又不能由一个变量的数值精确地求出另一个变量的值。通常选定 $\xi = x$ 时 η 的数学期望作为对应 $\xi = x$ 时 η 的代表值，因为它反映 $\xi = x$ 条件下 η 取值的平均水平。具有相关关系的变量之间虽然具有某种不确定性，但是通过对现象的不断观察却可以探索出它们之间的统计规律，这类统计规律称为回归关系。有关回归关系的理论、计算和分析就称为回归分析。

根据回归分析可以建立变量间的数学表达式，称为回归方程。回归方程能够反映自变量在固定条件下因变量的平均状态变化情况。

按照自变量和因变量之间的关系类型，可分为线性回归分析和非线性回归分析；按照回归分析所涉及的自变量的多少，可分为一元回归分析和多元回归分析。如果在回归分析中，只包括一个自变量和一个因变量，且二者的关系可用一条直线近似表示，这种回归分析称为一元线性回归分析。如果回归分析中包括两个或两个以上的自变量，且因变量和自变量之间是线性关系，则称为多元线性回归分析。

回归分析的应用非常广泛，可用于确定各领域中多个因素(数据)之间的关系，并进行预测及数据分析。例如，在商业领域应用上根据经验数据，预测某新产品的广告费用所能够带来的销售数量；气象预报上根据温度、湿度和气压等预测风速；在金融领域应用上对股票指数进行时间序列的预测等。

回归分析是一种非常有用且灵活的分析方法，把两个或两个以上定距或定比例的数量关系用函数形式表示出来，通过回归分析，可以解决以下问题：

1) 可建立变量间的数学表达式——通常称为经验公式；

2) 利用概率统计的基础知识进行分析，从而可以判断所建立的经验公式的有效性；

3) 进行因素分析，确定影响某一变量的若干变量(因素)中的主要成分，以及变量之间的关系。

回归分析的作用主要表现在以下几个方面：

1) 判别自变量是否能解释因变量的显著变化，以及自变量能够在多大程度上解释因变量；

2) 判别自变量与因变量之间关系的结构或形式，并根据自变量的变化对因变量进行预测；

3) 当评价一个特殊变量或一组变量对因变量的贡献时，对其自变量进行控制。

在研究变量间的相关关系时，也可以运用相关分析(Correlation Analysis)中的相关理论和方法。广义上说，相关分析包括回归分析，但严格地说，两者是有区别的。当自变量为非随机变量而因变量为随机变量时，可使用回归分析来分析二者之间的关系；当两者均为随机变量时，则使用相关分析来分析二者之间的关联关系。

相关分析以某一指标来度量各个变量间关系的密切程度。若通过相关分析显示出变量间关系非常密切，则通过所建立的回归方程可获得相当准确的取值。两者相辅相成，相关分析常用回归分析来补充。

相关分析研究的是现象之间是否相关、相关的方向和密切程度，一般不区别自变量或因变量。而回归分析则要分析现象之间相关的具体形式，确定其因果关系，并用数学模型来表现其具体关系。例如，从相关分析中，我们可以得知产品质量和产品用户满意度这两个变量之间关系密切，但是这两个变量到底是哪个变量受哪个变量的影响，影响程度如何，则需要通过回归分析的方法来确定。

8.2　回归算法

对于一组给定的统计数据，进行回归分析时，需要规定因变量和自变量，建立回归模型，并根据实测数据来求解模型的各个参数，来确定变量之间的因果关系，并对回归模型与实测数据的拟合程度进行评价。符合评价标准的回归模型，则可以根据自变量做进一步预测。

回归分析的主要内容和过程包括：

1) 从一组数据出发，确定某些变量之间的定量关系式，即建立数学模型并估计其中的未知参数。估计参数的常用方法是最小二乘法。

2) 对这些关系式的可信程度进行检验。

3) 在许多自变量共同影响着一个因变量的关系中，判断哪个(或哪些)自变量的影响是显著的，哪些自变量的影响是不显著的，将影响显著的自变量选入模型中，剔除影响不显著的变量，从而使模型反映最主要的控制因素。在确定影响显著性水平时，通常采用逐步回归、向前回归和向后回归等方法。

4) 利用所求出的回归模型关系式对某一过程进行预测或控制。

回归分析可以分为简单线性回归分析、多元线性回归分析和非线性回归数据分析。

8.2.1　一元线性回归分析

一元线性回归问题仅有一个自变量与一个因变量，如果发现因变量 y 和自变量 x 之间存在高度的正相关，且其关系大致上可用一条直线表示，则可以确定一条直线的方程，使得所有的数据点尽可能接近这条拟合的直线。

设 y 是一个可观测的随机变量，它受到一个非随机变量因素 x 和随机误差 ε 的影响。若 y 与 x 有如下线性关系：

$$y = \beta_0 + \beta_1 x + \varepsilon \tag{8-1}$$

则定义 y 为因变量，x 为自变量，称此 y 与 x 之间的函数关系表达式为一元线性回归模型。其中，随机误差 ε 的均值 $E(\varepsilon) = 0$，方差 $\mathrm{Var}(\varepsilon) = \sigma^2 (\sigma > 0)$；$\beta_0$、$\beta_1$ 是固定的未知系数，称为回归系数，有时，β_0 也会被称为回归直线的截距，β_1 称为回归直线的斜率。

建立的一元线性回归经验模型如下式所示：

$$\hat{y} = \hat{\beta}_0 + \hat{\beta}_1 x \tag{8-2}$$

其中，系数值可以根据数据用最小二乘法计算得出：

$$
\begin{cases}
\hat{\beta}_0 = \bar{y} - \bar{x}\hat{\beta}_1 \\
\hat{\beta}_1 = \dfrac{\displaystyle\sum_{i=1}^{n}(x_i - \bar{x})(y_i - \bar{y})}{\displaystyle\sum_{i=1}^{n}(x_i - \bar{x})^2}
\end{cases}
\tag{8-3}
$$

式中，$\bar{x} = \dfrac{1}{n}\displaystyle\sum_{i=1}^{n}x_i$ 为自变量样本的平均值；$\bar{y} = \dfrac{1}{n}\displaystyle\sum_{i=1}^{n}y_i$ 为因变量样本的平均值。

该模型在用于预测之前，先要对该模型进行评估，以判定其是否能够良好地体现训练数据所蕴含的关联关系。

【例 8-1】 对于表 8-1 给出的收入-支出的统计数据，建立一元回归分析，并进行预测。

可通过绘制数据散点图(见图 8-1)对数据进行一个直观的判定。可以看出点的分布呈现出大致的直线形态，因此，可尝试利用一元线性回归方法建立回归模型。

表 8-1 收入-支出数据

序号	收入 x	支出 y
1	180	165
2	200	171
3	220	190
4	240	195
5	260	210
6	280	215
7	300	220
8	320	240
9	340	244
10	360	250

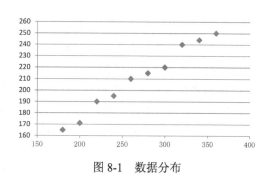

图 8-1 数据分布

可利用 Excel 来完成回归模型的参数计算，如表 8-2 所示。

先求出自变量 x 和因变量 y 的均值，有 $\bar{x} = 270$，$\bar{y} = 210$；再求回归系数，计算出 $\displaystyle\sum_{i=1}^{n}(x_i - \bar{x})(y_i - \bar{y}) = 16060$，$\displaystyle\sum_{i=1}^{n}(x_i - \bar{x})^2 = 33000$，代入式(8-3)，计算出 $\hat{\beta}_0 = 78.6$，$\hat{\beta}_1 = 0.4867$。

可以得到一元线性回归方程为

$$\hat{y} = 78.6 + 0.4867x$$

利用该回归方程对自变量 x 的数据进行预测，可以得到如图 8-2 中所示 $\hat{y}$ 列的数据项，在图中用折线图表示，直观上看，回归预测数据与自变量的样本数据拟合得较好。　　　　　　◇

【例 8-2】 利用 Excel 的数据分析功能，对例 8-1 中给出的数据进行一元回归分析。

用 Excel 进行一元回归分析，需要添加"分析工具库"加载项，具体方法见 4.4 节的内容。如图 8-3a 所示，运行数据分析工具，选择"回归"分析工具，并设置相应的参数(见图 8-3b)，单击"确定"按钮，可以得到如图 8-4 所示的运行结果。

表 8-2　计算过程

x	y	$x_i - \bar{x}$	$y_i - \bar{y}$
180	165	−90	−45
200	171	−70	−39
220	190	−50	−20
240	195	−30	−15
260	210	−10	0
280	215	10	5
300	220	30	10
320	240	50	30
340	244	70	34
360	250	90	40
$\bar{x} = 270$	$\bar{y} = 210$	$\sum_{i=1}^{n}(x_i - \bar{x})(y_i - \bar{y}) = 16060$	$\sum_{i=1}^{n}(x_i - \bar{x})^2 = 33000$

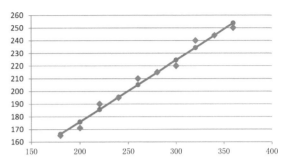

图 8-2　回归模型拟合

a)选择回归分析

b)设置回归分析的参数

图 8-3　选取分析数据并设置分析参数

```
SUMMARY OUTPUT

        回归统计
Multiple R      0.991403357
R Square        0.982880617
Adjusted R Square  0.980740694
标准误差         4.125126261
观测值           10

方差分析
          df        SS         MS         F       Significance F
回归分析    1    7815.866667  7815.866667  459.306562   2.36486E-08
残差        8    136.1333333  17.01666667
总计        9    7952

          Coefficients  标准误差   t Stat    P-value    Lower 95%    Upper 95%
Intercept     78.6     6.268415294  12.53905434  1.5328E-06  64.14500841  93.05499159
X Variable 1  0.486666667  0.022708073  21.43143864  2.3649E-08  0.434301757  0.539031576
```

图 8-4　一元线性回归分析结果

注：本图为软件运行结果截屏图。

从计算结果的系数（Coefficients）列中，可以得出截距（Intercept）为 78.6，斜率（X Variable 1，X 变量系数）为 0.486667，同时还可以得出误差数据。

如果用 SPSS 进行分析，则将数据导入后，执行"分析"→"回归"→"线性"命令（见图 8-5a），并设置相应参数（见图 8-5b）来进行分析。

a) 执行线性回归分析　　　　　　　　　b) 设置参数

图 8-5　用 SPSS 进行线性回归分析

得到如图 8-6a 所示的数据结果以及如图 8-6b 所示的回归标准化残差图。

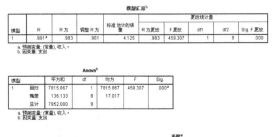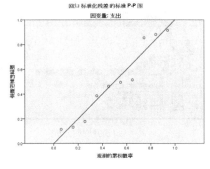

a) 数据结果　　　　　　　　　　　　b) 回归标准化残差图

图 8-6　用 SPSS 进行线性回归分析的结果

注：本图为软件运行结果截屏图。

◇

　　虽然直观上就可以对回归方程的拟合度进行判定，但这样的回归方程是否能够代表样本数据的特征，是否适合将其用于数据的预测处理，还需要定量地进行评估和检验。对回归的评估和检验的几种常用方法及其统计学含义，将在 8.3 节进行介绍。

8.2.2　多元线性回归分析

　　多元线性回归是简单线性回归的推广，指的是多个因变量对多个自变量的回归。其中最常用的是一个因变量、多个自变量的情况，称为多重回归。多重回归的一般形式如下：

$$y = \beta_0 + \beta_1 x_1 + \beta_2 x_2 + \cdots + \beta_m x_m + \varepsilon \tag{8-4}$$

式中，β_0 代表截距；$\beta_1, \beta_2, \cdots, \beta_m$ 为回归系数。建立的多元线性回归经验模型如下式所示：

$$\hat{y} = \hat{\beta}_0 + \hat{\beta}_1 x_1 + \hat{\beta}_2 x_2 + \cdots + \hat{\beta}_m x_m \tag{8-5}$$

　　【例 8-3】　利用 SPSS 软件，对表 8-3 所列出的数据（见素材文件"素材_多元线性回归.csv"）进行多元回归分析。

表 8-3 多元回归分析数据

y	157.06	172.85	175.64	165.57	231.28	227.43	190.37	159.5	199.23	189.72	193.82	201.57	239.37
x_1	1.57	2.74	3.44	1.16	8.54	8.91	5.03	2.77	6.82	3.08	4.68	7.09	8.55
x_2	18.34	18.38	14.6	16.5	15.23	18.94	18.81	15.29	17.75	18.27	19.05	19.23	14.48
x_3	10.95	10.89	12.76	13.74	14.06	10.88	11.35	10.83	9.99	13.13	11.47	10.06	14.42
y	190.59	201.41	149.39	111.13	207.51	205.71	104.76	227.71	158.65	239.93	179.35	129.82	
x_1	4.26	9.24	4.15	2.62	5.05	9	2.26	9.12	3.16	8.61	4.72	3.09	
x_2	17.99	12.89	12.12	11.19	17.25	15.56	10.14	18.65	12.02	17.2	15.45	11.35	
x_3	11.49	8.68	8.53	5.64	13.64	10.11	5.19	10.3	11.09	14.34	10.44	7.21	

为了进行验证和比较，表 8-3 中的数据是利用公式 $y = 14 + 9x_1 + 3x_2 + 7x_3$ 计算并加上白噪声 [Excel 中的 Rand() 函数] 产生的。

在 SPSS 软件中，导入表 8-3 中数据，依次单击"分析"→"回归"→"线性"菜单项，并将 y 设为因变量，x_1、x_2、x_3 设为自变量，得到图 8-7 所示的运算结果：

模型汇总^b

模型	R	R 方	调整 R 方	标准 估计的误差	更改统计量				
					R 方更改	F 更改	df1	df2	Sig. F 更改
1	1.000^a	1.000	1.000	.49679	1.000	46582.864	3	21	.000

a. 预测变量: (常量), x3, x1, x2。
b. 因变量: y

Anova^b

模型		平方和	df	均方	F	Sig.
1	回归	34490.481	3	11496.827	46582.864	.000^a
	残差	5.183	21	.247		
	总计	34495.664	24			

a. 预测变量: (常量), x3, x1, x2。
b. 因变量: y

系数^a

模型		非标准化系数		标准系数	t	Sig.	B 的 95.0% 置信区间		相关性			共线性统计量	
		B	标准 误差	试用版			下限	上限	零阶	偏	部分	容差	VIF
1	(常量)	13.073	.597		21.910	.000	11.832	14.314					
	x1	9.086	.039	.648	233.971	.000	9.005	9.167	.805	1.000	.626	.932	1.073
	x2	2.964	.043	.223	68.685	.000	2.874	3.054	.630	.998	.184	.680	1.471
	x3	7.088	.050	.461	142.494	.000	6.985	7.192	.732	.999	.381	.682	1.466

a. 因变量: y

图 8-7 多元线性回归 SPSS 运算结果

注：本图为软件运行结果截屏图。

由图 8-7 可以得出多元线性回归模型的参数：x_1 的系数为 9.086，x_2 的系数为 2.964，x_3 的系数为 7.088，常数项为 13.073，即模型为 $\hat{y} = 13.073 + 9.086x_1 + 2.964x_2 + 7.088x_3$。从运算结果中，借助"模型汇总"中的指标和"Anova"中的数据，可对自变量对因变量影响的显著性进行检验和评估，也可对模型整体的拟合度进行检验和评估，即检验参数的显著性和检验模型的显著性。

在对模型进行整体描述和评估的基础上，还可以对自变量做进一步分析。确定变量间的相互关系，以便在应用中能够更加准确地分析变量间的关系。图 8-8 给出了进行共线性诊断的结果。

共线性诊断[a]

模型	维数	特征值	条件索引	方差比例			
				(常量)	x1	x2	x3
1	1	3.812	1.000	.00	.01	.00	.00
	2	.150	5.037	.02	.99	.01	.02
	3	.024	12.553	.46	.00	.01	.78
	4	.014	16.671	.52	.00	.98	.20

a. 因变量: y

残差统计量[a]

	极小值	极大值	均值	标准 偏差	N
预测值	100.4514	243.9320	184.1192	37.90915	25
残差	-1.09151	.92235	.00000	.46471	25
标准 预测值	-2.207	1.578	.000	1.000	25
标准 残差	-2.197	1.857	.000	.935	25

a. 因变量: y

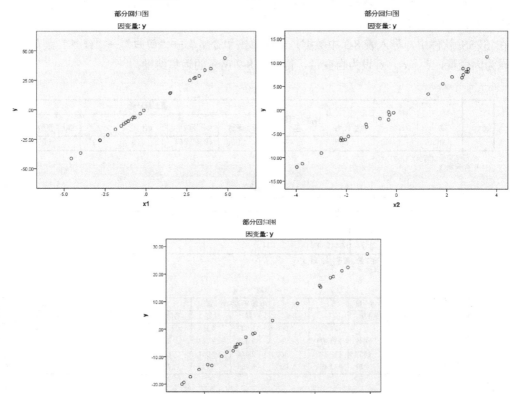

图 8-8 多元线性回归共线性分析

注: 本图为软件运行结果截屏图。

8.2.3 非线性回归数据分析

在线性回归问题中，样本点落在空间中的一条直线上或该直线的附近，因此可以使用一个线性函数来表示自变量和因变量间的对应关系。然而在一些应用中，变量间的关系呈曲线形式，因此无法用线性函数表示自变量和因变量间的对应关系，而需要使用非线性函数来表示。

下面，给出一些数据挖掘中常用的非线性回归模型。

1. 渐近回归模型

设 y 是一个可观测的随机变量，它受到一个非随机变量因素 x 和随机误差 ε 的影响。若 y 与 x 有如下非线性关系：

$$y = a + be^{-rx} + \varepsilon \qquad (8\text{-}6)$$

则 y 定义为因变量，x 定义为自变量，称此 y 与 x 之间的函数关系表达式为渐近回归模型。建立的渐近回归经验模型如下式所示：

$$\hat{y} = \hat{a} + \hat{b}e^{-\hat{r}x} \qquad (8\text{-}7)$$

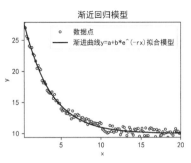

图 8-9　渐近回归模型

在图 8-9 中，给出了根据数据的相关关系，建立渐近回归模型的示意图。

【例 8-4】　利用 SPSS 软件，对图 8-9 中圆点所示的样本数据（见素材文件"素材_渐近回归数据.csv"）进行渐近回归分析。打开 SPSS Statistics，载入数据，执行"分析"→"回归"→"非线性"命令，按照式(8-7)设置参数 a、b、r 及公式，运算得到图 8-10a 中给出的参数估计值。

参数估计值

参数	估算	标准错误	95% 置信区间 下限值	95% 置信区间 上限
a	10.06	.059	9.941	10.17
b	20.40	.218	19.97	20.83
r	.313	.006	.302	.324

ANOVA^a

源	平方和	自由度	均方
回归	23565.528	3	7855.176
残差	19.413	122	.159
未修正总体	23584.940	125	
校正后的总变异	2350.962	124	

因变量：y

a. R 方 = 1 −（残差平方和）/（已更正的平方和）= .992。

a) 参数估计值　　　　　　　b) 损失函数值和 R 方值

图 8-10　渐近回归模型参数估算

注：本图为软件运行结果截屏图。

使用参数估计值可构建式(8-7)的回归模型。对模型进行检验，由图 8-10b 中给出的残差平方和的大小和 R 方值（R 方评估方法，见参考 8.3.1 节内容），以及图 8-9 中曲线拟合的良好程度来看，模型拟合优度较高。　　　　　　　　　　　　　　　　　　　　◇

2. 二次曲线回归模型

设 y 是一个可观测的随机变量，它受到一个非随机变量因素 x 和随机误差 ε 的影响。若 y 与 x 有如下非线性关系：

$$y = a + b_1 x + b_2 x^2 + \varepsilon \qquad (8\text{-}8)$$

则 y 定义为因变量，x 定义为自变量，称此 y 与 x 之间的函数关系表达式为二次曲线回归模型。建立的二次曲线回归经验模型如下式所示：

$$\hat{y} = \hat{a} + \hat{b}_1 x + \hat{b}_2 x^2 \qquad (8\text{-}9)$$

在图 8-11 中，给出了根据数据的相关关系，建立二次曲线回归模型的示意图。

【例 8-5】　利用 SPSS 软件，对图 8-11 中圆点所示的样本数据（见素材文件"素材_二次曲线回归数据.csv"）进行二次曲线回归分析。打开 SPSS Statistics 软件，载入数据，执行"分析"→

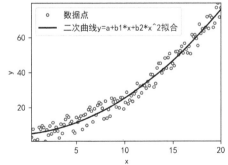

图 8-11　二次曲线回归模型

"回归"→"非线性",按照式(8-9)设置参数 a、b_1、b_2 及公式,运算得到图 8-12a 中给出的参数估计值。

参数估计值

参数	估算	标准错误	95% 置信区间	
			下限值	上限
a	5.310	1.471	2.369	8.252
$b1$	.324	.332	-.341	.989
$b2$	.165	.016	.134	.197

a) 参数估计值

ANOVA[a]

源	平方和	自由度	均方
回归	93025.801	3	31008.6
残差	850.346	61	13.940
未修正总体	93876.148	64	
校正后的总变异	31265.153	63	

因变量:y
a. R 方 = 1 - (残差平方和)/(已更正的平方和) = .973。

b) 损失函数值和 R 方值

图 8-12　二次曲线回归模型参数估算
注:本图为软件运行结果截屏图。

使用参数估计值可构建式(8-9)的回归模型。对模型进行检验,由图 8-12b 中给出的残差平方和的大小和 R 方值(R 方评估方法,见参考 8.3.1 节内容),以及图 8-11 中曲线拟合的良好程度来看,模型拟合优度较高。　　　　　　　　　　　　　　　　　　　　◇

3. 双曲线回归模型

设 y 是一个可观测的随机变量,它受到一个非随机变量因素 x 和随机误差 ε 的影响。若 y 与 x 有如下非线性关系:

$$y = a + \frac{b}{x} + \varepsilon \tag{8-10}$$

则称 y 为因变量,x 为自变量,称此 y 与 x 之间的函数关系表达式为双曲线回归模型。建立的双曲线回归经验模型如下式所示:

$$\hat{y} = \hat{a} + \frac{\hat{b}}{x} \tag{8-11}$$

在图 8-13 中,给出了根据数据的相关关系,建立双曲线回归模型的示意图。

由于许多非线性模型是等价的,所以模型的参数化并不是唯一的,这就使非线性模型的拟合和解释比与线性模型复杂得多。在非线性回归分析中估算回归参数的最通用的方法依然是最小二乘法。

【例 8-6】 利用 SPSS 软件,对图 8-13 中圆点所示的样本数据(见素材文件"素材_双曲线回归数据.csv")

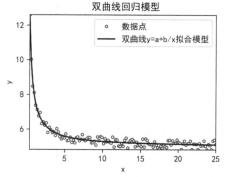

图 8-13　双曲线回归模型

进行双曲线回归分析。打开 SPSS Statistics 软件,载入数据,执行"分析"→"回归"→"非线性",按照式(8-11)设置参数 a、b 及公式,运算得到图 8-14a 中给出的参数估计值。

参数估计值

参数	估算	标准错误	95% 置信区间	
			下限值	上限
a	4.985	.018	4.950	5.021
b	3.088	.050	2.989	3.188

a) 参数估计值

ANOVA[a]

源	平方和	自由度	均方
回归	3943.441	2	1971.721
残差	3.735	123	.030
未修正总体	3947.177	125	
校正后的总变异	118.880	124	

因变量:y
a. R 方 = 1 - (残差平方和)/(已更正的平方和) = .969。

b) 损失函数值和 R 方值

图 8-14　双曲线模型参数估算
注:本图为软件运行结果截屏图。

使用参数估计值可构建式(8-11)的回归模型。对模型进行检验，由图 8-14 b 中给出的残差平方和的大小和 R 方值（R 方评估方法，见参考 8.3.1 节内容），以及图 8-13 中曲线拟合的良好程度来看，模型拟合优度较高。 ◇

8.2.4 Logistic 回归

对于因变量 y 为分类型变量的问题，从数学角度很难找到一个函数 $y = f(x)$，当自变量 x 变化时，对应的函数值 y 仅取两个或有限的几个值，且分类型因变量也不符合线性回归分析的假设条件，因此需要转换思路，分析因变量 y 的取值出现的概率 p 与自变量 x 之间的关系，即寻找一个连续函数 $p = p(x)$，使得当 x 变化时，其对应的函数值 p 不超出区间[0, 1]的范围。从数学来上说，这样的函数存在且不唯一，Logistic 回归模型就是满足这种要求的函数之一，它非常巧妙地解决了分类型变量的建模问题，补充完善了线性回归模型，或者说是广义线性回归分析的缺陷。

Logistic 回归分析属于概率型非线性回归。定义为，假设在自变量 x 的作用下，因变量 y 是取值为 1 或 0 的二值变量，其发生概率为 p，则可以表示成

$$p = p(y = 1 \mid x) = \frac{e^{\alpha + \beta x}}{1 + e^{\alpha + \beta x}} \tag{8-12}$$

则该事件不发生的概率为

$$1 - p = \frac{1}{1 + e^{\alpha + \beta x}} \tag{8-13}$$

对于多元的情况，即假设在自变量 x_1, x_2, $\cdots$, x_m 作用下，因变量 y 是取值为 1 或 0 的二值变量，其发生概率为 p，则可以表示成

$$p = p(y = 1 \mid x_1, x_2, \cdots, x_m) = \frac{e^{\beta_0 + \beta_1 x_1 + \beta_2 x_2 + \cdots + \beta_m x_m}}{1 + e^{\beta_0 + \beta_1 x_1 + \beta_2 x_2 + \cdots + \beta_m x_m}} \tag{8-14}$$

则该事件不发生的概率为

$$1 - p = \frac{1}{1 + e^{\beta_0 + \beta_1 x_1 + \beta_2 x_2 + \cdots + \beta_m x_m}} \tag{8-15}$$

对发生概率与不发生概率的比值 $\frac{p}{1-p}$ 取自然对数，即得到 Logistic 函数为

$$\text{Logit}(p) = \ln\left(\frac{p}{1-p}\right) \tag{8-16}$$

称为 p 的 Logit 变换。通过变换，可以将 Logistic 回归问题转化为线性回归问题，即可按照多元线性回归的方法求解回归参数。因此，Logistic 回归模型为

$$\text{Logit}(p) = \ln\frac{p}{1-p} = \beta_0 + \beta_1 x_1 + \beta_2 x_2 + \cdots + \beta_m x_m + \varepsilon \tag{8-17}$$

式中，β_0 为常数项，β_0, β_1, $\cdots$, β_m 称为回归系数，误差项 ε 是均值为 0，方差为 σ^2 的随机变量。可以看出，当 p 在区间(0, 1)内变化时，对应的 $\text{Logit}(p)$ 在区间$(-\infty, +\infty)$内变化，这样，自变量 x_1, x_2, $\cdots$, x_m 可以在任意范围内取值。模型中回归系数采用最大似然估计方法来确定，因而要求要有足够的样本数量，以保证参数估计的准确性。

【例 8-7】 需要根据教师考察的定量指标 x_1, x_2, $\cdots$, x_m 来对教师的教学水平确定等级，所确定等级有多个，即等级 $y = 1$, 2, $\cdots$, k。

与前面所说的因变量只有 1 和 0 两个类别的情况不同，这是一个多分类值的回归分析问题。分析

时首先将评判对象划分为若干等级，即等级 y 是有向属性变量，等级越高，对教师的评价就越好。

令 $p_i = p(y \geq i|x_1, x_2, \cdots, x_m)(i = 1, 2, \cdots, k)$，表示 y 取前 i 个值的累计概率。建立多等级的 Logistic 回归模型：

$$\ln\frac{p_i}{1-p_i} = \beta_{i0} + \beta_1 x_1 + \beta_2 x_2 + \cdots + \beta_m x_m + \varepsilon_i \quad (i = 1, 2, \cdots, k) \tag{8-18}$$

由所获得的数据得到回归系数 β_{i0}，β_1，$\cdots$，β_m 的估计值 $\hat{\beta}_{i0}$，$\hat{\beta}_1$，$\cdots$，$\hat{\beta}_m$。对每一个待评教师，由 x_1，x_2，$\cdots$，x_m 值，通过 $\ln\frac{p_i}{1-p_i} = \hat{\beta}_{i0} + \hat{\beta}_1 x_1 + \hat{\beta}_2 x_2 + \cdots + \hat{\beta}_m x_m(i = 1, 2, \cdots, k)$ 算出所达到每一等级的概率，判其为概率最大的等级。 ◇

8.3 回归的评估与检验

不论采用哪种回归算法，建立起回归模型，确定回归方程后，都需要进行回归效果的评价。如果有多种回归结果，则可以通过评价结果选出符合需求的方程。

常用的评价方法有决定系数 R 方、F 检验法、剩余标准差法、T 检验值法等。

8.3.1 R 方

R 方也称为决定系数（coefficient of determination），用 R^2 表示，其定义为

$$R^2 = 1 - \frac{SS_{\text{Error}}}{SS_{\text{Total}}} \tag{8-19}$$

其中，

$$SS_{\text{Error}} = \sum_{i=1}^{n}(y_i - \hat{y}_i)^2 \tag{8-20}$$

$$SS_{\text{Total}} = \sum_{i=1}^{n}(y_i - \overline{y})^2 \tag{8-21}$$

式中，y_i 为真实测定值；$\overline{y}$ 为其均值；$\hat{y}_i$ 为根据回归模型得到的预测值；SS_{Error} 为回归方程的残差[○]平方和（Sum of Squares for Error）；SS_{Total} 为总离差平方和（Sum of Squares for Total）。另外，还有 $SS_{\text{Regression}}$ 为回归平方和（Sum of Squares for Regression），其定义为

$$SS_{\text{Regression}} = \sum_{i=1}^{n}(\hat{y}_i - \overline{y})^2 \tag{8-22}$$

可以证明，有：

$$\sum_{i=1}^{n}(y_i - \overline{y})^2 = \sum_{i=1}^{n}(y_i - \hat{y}_i)^2 + \sum_{i=1}^{n}(\hat{y}_i - \overline{y})^2 \tag{8-23}$$

即

$$SS_{\text{Total}} = SS_{\text{Error}} + SS_{\text{Regression}} \tag{8-24}$$

因此式（8-19）也可写为

○ 在回归分析中，测定值与按回归方程预测的值之差称为残差，用 δ 来表示。残差 δ 遵从正态分布 $N(0, \sigma^2)$。标准化残差 δ^*（$\delta^* = \frac{\delta - \overline{\delta}}{\sigma}$）服从标准正态分布 $N(0,1)$。在处理时，实验点的标准化残差落在区间 $(-2, 2)$ 以外的概率 ≤ 0.05。若某一实验点的标准化残差落在区间 $(-2, 2)$ 以外，可按 95%置信度将其判为异常实验点，不参与回归方程的拟合。

$$R^2 = \frac{SS_{\text{Regression}}}{SS_{\text{Total}}} \tag{8-25}$$

决定系数表征因变量 y 的变异中，有多少百分比可由控制的自变量 x 来解释，即在 y 的总平方和中，由 x 引起的平方和所占的比例。拟合优度越大，自变量对因变量的解释程度越高，自变量引起的变动占总变动的百分比也就越高。例如，在一元回归分析中，决定系数的取值范围在 0 到 1 之间，当 R^2 越接近 1 时，表示方程中 x 对 y 的解释能力越强，相关的方程式参考价值越高，从图形上看，观察点越聚集在回归直线附近；相反，R^2 越接近 0 时，表示参考价值越低，从图形上看，观察点偏离回归直线。

【例 8-8】　对于例 8-1 中的建模与回归的结果，可以计算得到表 8-4 所示的计算值。

可以看到其中 R^2 的值为 0.9829，表明回归的效果较好。读者可以通过手动修改表中的数据，使个别数据加大背离，可以看出 R^2 的值会迅速下降。因此，R^2 指标能够很好地反映出回归的拟合程度。　◇

表 8-4　回归模型的 R^2 计算

SS_{Total}	7952.0000
SS_{Error}	136.1333
$SS_{\text{Regression}}$	7815.8667
R^2	0.9829

8.3.2　F 检验

前面提到，回归模型的通式可以写成如下形式：

$$y = \hat{y} + \varepsilon \tag{8-26}$$

式中，y 为真值；$\hat{y}$ 为回归模型对真值的拟合，亦即对因变量的解释；ε 为回归模型与被解释变量之间的误差，即上文中所提到的残差，这部分无法纳入到回归关系中来进行解释，是一个均值为 0、具有一定方差的且与 $\hat{y}$ 相互独立的随机变量。

一个拟合优度显著的回归关系，其回归模型应该尽可能地解释和代表真值变量，模型中的各解释变量联合起来应对被解释变量有显著的线性关系，其方差应与随机变量 ε 的方差有显著区别。因此，可以利用 F 检验来对回归模型与随机变量 ε 的方差的差异性进行检验，从而检验整个回归关系的显著性。

F 检验法是英国统计学家 Fisher 提出的，主要通过比较两组数据的方差 σ^2，以确定它们的精密度是否有显著性差异，因此，F 检验也称为方差齐性检验。对于两组随机样本数据 x_1 和 x_2，其对应的方差分别为 σ_1^2 和 σ_2^2，则 F 检验公式的定义为

$$F = \frac{\sigma_1^2}{\sigma_2^2} \tag{8-27}$$

$$\sigma_k^2 = \frac{\sum_i^{n_i}(x_i - \overline{x}_i)^2}{n_i - 1} \quad (k = 1, 2) \tag{8-28}$$

式中，n_i 分别为两组随机样本数据的数量。如果 F 值为 1，则表明两组随机样本数据的方差相同，从统计学上来说，说明这两组数据来自同一组总体样本的显著性较强；如果 F 值远大于 1 或远小于 1，则表明这两组随机样本数据的方差具有显著性差异。

在对回归关系进行检验时，利用 F 检验公式，对回归模型拟合值 $\hat{y}$ 和残差 ε 的方差进行检验，结合式 (8-23)，则回归关系的 F 检验公式即为

$$F = \frac{\dfrac{\displaystyle\sum_{i=1}^{n}(\hat{y}_i - \overline{y})^2}{m}}{\dfrac{\displaystyle\sum_{i=1}^{n}(y_i - \hat{y}_i)^2}{n-m-1}} = \frac{\dfrac{SS_{\text{Regreesion}}}{m}}{\dfrac{SS_{\text{Error}}}{n-m-1}} \sim F(m, n-m-1) \tag{8-29}$$

服从 $F(m, n-m-1)$ 分布。其中，m 为回归模型自变量的个数，n 为样本的个数。结合 8.3.1 节中关于 R 方的定义，可以得出 F 值和 R^2 值之间的关系为

$$F = \frac{\dfrac{SS_{\text{Regreesion}}}{m}}{\dfrac{SS_{\text{Error}}}{n-m-1}} = \frac{\dfrac{R^2}{m}}{\dfrac{1-R^2}{n-m-1}} \tag{8-30}$$

查表比较 F 值与一定显著性水平（如 0.05）下的 F 临界值，若大于查表值则可确定两组数据存在显著差异，进而确定回归模型的解释性和代表性。

【例 8-9】 对于例 8-1 中的数据及例 8-2 的回归分析数据，计算 F 值并判定所建立的一元线性回归模型是否满足检验要求。

从例 8-2 的图 8-4 中的分析结果可以得出 $SS_{\text{Regression}} = 7815.8667$，$SS_{\text{Error}} = 136.1333$；由于是一元回归，所以有回归模型自变量个数 $m=1$，样本个数 $n=10$。代入式（8-29），得

$$F = \frac{SS_{\text{Regression}} / m}{(SS_{\text{Error}})/(n-m-1)} = \frac{7815.8667/1}{(136.1333)/(10-1-1)} = 459.3066 \sim F(1, 8)$$

设显著性水平为 0.05，即检验 95% 的置信度。根据回归模型的自由度 m、n 的值，查表（见表 8-5）得 $F_{\text{表}} = 5.318$，将计算的 F 值与查到的 $F_{\text{表}}$ 值比较。有 $F \geqslant F_{\text{表}}$，表明两组数据存在显著差异，即回归模型有较好的解释性和代表性，模型有效。如果 $F < F_{\text{表}}$，则表明两组数据没有显著差异，回归模型的解释性和代表性不足，模型不能成立。一般来说，显著性水平在 0.05 以下，均有意义。

表 8-5　置信度为 95% 时的 F 值（单边）

显著性水平：$\alpha = 0.05$

$n-m-1$ ＼ m	1	2	3	4	5	6	7	8	9	10
1	161.448	199.500	215.707	224.583	230.162	233.986	236.768	238.883	240.543	241.882
2	18.513	19.000	19.164	19.247	19.296	19.330	19.353	19.371	19.385	19.396
3	10.128	9.552	9.277	9.117	9.013	8.941	8.887	8.845	8.812	8.786
4	7.709	6.944	6.591	6.388	6.256	6.163	6.094	6.041	5.999	5.964
5	6.608	5.786	5.409	5.192	5.050	4.950	4.876	4.818	4.772	4.735
6	5.987	5.143	4.757	4.534	4.387	4.284	4.207	4.147	4.099	4.060
7	5.591	4.737	4.347	4.120	3.972	3.866	3.787	3.726	3.677	3.637
8	5.318	4.459	4.066	3.838	3.687	3.581	3.500	3.438	3.388	3.347
9	5.117	4.256	3.863	3.633	3.482	3.374	3.293	3.230	3.179	3.137
10	4.965	4.103	3.708	3.478	3.326	3.217	3.135	3.072	3.020	2.978

另外，也可以使用公式

$$F = \frac{R^2 / m}{(1 - R^2) / (n - m - 1)} = \frac{0.98288 / 1}{(1 - 0.98288) / (10 - 1 - 1)} = 459.3066$$

计算出 F 值。　　　　　　　　　　　　　　　　　　　　　　　　　　　　　　　　◇

当 F 检验通过时，意味着方程中至少有一个回归系数是显著的，但是并不一定所有的回归系数都是显著的，这样就需要通过 T 检验来验证回归系数的显著性。

8.3.3　T 检验

通过 F 检验可以确定回归方程是否能够较为完全地提取出样本的确定性信息，表明了回归方程的必然性。进一步地，如前面在回归分析的应用中提到的，还要对各个自变量在回归方程中所起到的作用的显著性进行检验，也就是检验回归方程中各个自变量系数为 0 的 H_0 假设的显著性。这一检验，可以通过 T 检验来完成。

T 检验是对两个总体的均值差异是否显著进行检验。分为单总体 T 检验和双总体 T 检验。单总体 T 检验用于检验一个样本平均数与一个已知的总体平均数差异是否显著，要求总体服从正态分布；双总体 T 检验则用于检验两个样本各自所代表的总体的均值差异是否显著，分为独立样本 T 检验(检验两个独立样本所代表的总体均值差异是否显著)和配对样本 T 检验(检验两组对照样本所代表的总体均值差异是否显著或检验同质对象接受不同处理时所导致的总体均值差异是否明显)。

对于单总体 T 检验，t 值计算公式为

$$t = \frac{\bar{x} - \mu}{S_E / \sqrt{n}} \sim t(n - 1) \tag{8-31}$$

式中，$\bar{x}$ 为样本均值；μ 为已知均值；S_E 为标准误差；n 为样本数。

对于一元线性回归，t 值计算公式为

$$t = \frac{\hat{\beta}_1 - 0}{\hat{\sigma} / L_{xx}} = \frac{\hat{\beta}_1}{S_x} = \frac{\hat{\beta}_1}{S_E \left/ \sqrt{\sum_{i=1}^{n}(x_i - \bar{x})^2}\right.} = \frac{\hat{\beta}_1}{\sqrt{\frac{1}{df} \cdot \sum_{i=1}^{n}(y_i - \hat{y})^2 \left/ \sum_{i=1}^{n}(x_i - \bar{x})^2\right.}} \sim t(n - 2) \tag{8-32}$$

式中，$\hat{\beta}_1$ 为一元线性回归方程 x 变量的系数；S_x 为 x 变量的标准误差；S_E 为回归模型的标准误差，有 $S_E = \sqrt{\dfrac{SS_{Error}}{df}}$；$df$ 为 x 变量的自由度。

【例 8-10】　计算根据例 8-1 中给出的数据进行一元线性回归所构建的模型的 T 检验值。

根据定义，有 $S_E = \sqrt{SS_{Error} / df} = \sqrt{SS_{Error} / (n - m - 1)} = \sqrt{136.133333 / (10 - 1 - 1)} = 4.1251$，则

$S_x = S_E \sqrt{1 \left/ \sum_{i=1}^{n}(x_i - \bar{x})^2\right.} = \dfrac{4.1251}{\sqrt{33000}} = 0.0227$。由例 8-1，有 $\hat{\beta}_1 = 0.4867$，因而，对于自变量 x，T

检验值为 $t = \dfrac{\hat{\beta}_1}{S_x} = \dfrac{0.4867}{0.0227} = 21.4314$，而这也与例 8-2 的图 8-4 中所给出的分析结果一致。

对于给定的显著性水平 α，进行 t 分布双侧检查，查表计算出临界值 $t_{\alpha/2}(n - 2)$，得出拒绝域。例如，如果给定 $\alpha = 0.05$，查表 8-6，有 $t_{\alpha/2}(n - m - 1) = t_{0.025}(10 - 1 - 1) = 2.306$，即拒绝域为 $\{t \mid t \geq 2.306\}$。而所计算出的 t 值 21.4314，得出拒绝原假设，表示 y 与 x 之间存在显著的线性关系。

表8-6 t分布临界值表

双侧	$\alpha=0.5$	0.2	0.1	0.05	0.02	0.01	0.005	0.002
单侧	$\alpha=0.25$	0.1	0.05	0.025	0.01	0.005	0.0025	0.001
$df=1$	1.000	3.078	6.314	12.706	31.821	63.657	127.321	318.309
2	0.816	1.886	2.920	4.303	6.965	9.925	14.089	22.327
3	0.765	1.638	2.353	3.182	4.541	5.841	7.453	10.215
4	0.741	1.533	2.132	2.776	3.747	4.604	5.598	7.173
5	0.727	1.476	2.015	2.571	3.365	4.032	4.773	5.893
6	0.718	1.440	1.943	2.447	3.143	3.707	4.317	5.208
7	0.711	1.415	1.895	2.365	2.998	3.499	4.029	4.785
8	0.706	1.397	1.860	2.306	2.896	3.355	3.833	4.501
9	0.703	1.383	1.833	2.262	2.821	3.250	3.690	4.297
10	0.700	1.372	1.812	2.228	2.764	3.169	3.581	4.144
11	0.697	1.363	1.796	2.201	2.718	3.106	3.497	4.025
12	0.695	1.356	1.782	2.179	2.681	3.055	3.428	3.930
13	0.694	1.350	1.771	2.160	2.650	3.012	3.372	3.852
14	0.692	1.345	1.761	2.145	2.624	2.977	3.326	3.787
15	0.691	1.341	1.753	2.131	2.602	2.947	3.286	3.733

$\diamondsuit$

对于多元线性回归分析，可以利用 T 检验所得到的数据(见图 8-7 中所给出的数据)，对各个自变量与因变量的线性影响的显著性进行评价。如果式(8-5)中的某一 $\beta_i(i=1,2,\cdots,k)$ 统计意义上接近 0，则说明其对应的 x_i 对 y 的影响很小，甚至可以将其从回归方程中去掉，从而得到更为简单的回归方程。

【例 8-11】 手机用户满意度与相关变量线性回归分析。以手机的用户满意度与相关变量的线性回归分析为例，进一步说明线性回归的应用。从实践中发现，手机的用户满意度与产品的质量、价格和形象有关，但这些因素中，哪些对用户满意度的影响较大，哪些又没有太大的影响，利用回归分析的方法就可以进行分析。

设用户满意度为因变量，而质量、形象和价格为自变量，进行线性回归分析。通过计算，得到回归方程如下：

$$用户满意度＝0.008×形象＋0.645×质量＋0.221×价格$$

对于手机来说，质量对其用户满意度的贡献比较大，质量每提高 1 分，用户满意度将提高 0.645 分；其次是价格，用户对价格的评价每提高 1 分，其用户满意度将提高 0.221 分；而形象对产品用户满意度的贡献则相对较小，形象每提高 1 分，用户满意度仅提高 0.008 分。

利用软件对回归方程进行评估和检验，得到各检验指标及含义，如表 8-7 所示。

表8-7 回归模型变量分析

指 标		显著性水平	意 义
R^2	0.89		"质量"和"形象"解释了 89% 的"用户满意度"的变化程度
F	248.53	0.001	回归方程的线性关系显著

（续）

指　　标	显著性水平		意　　义
T（形象）	0.00	1.000	"形象"对回归方程几乎没有贡献
T（质量）	13.93	0.001	"质量"对回归方程有很大贡献
T（价格）	5.00	0.001	"价格"对回归方程有很大贡献

　　从回归方程的检验指标来看，形象对整个回归方程的贡献不大，应予以删除。所以用户满意度与质量、价格的回归方程变为：

$$用户满意度 = 0.645 × 质量 + 0.221 × 价格$$

　　可以看出，手机质量对其用户满意度的贡献比较大，质量每提高 1 分，用户满意度将提高 0.645 分；用户对价格的评价每提高 1 分，用户满意度将提高 0.221 分（在本例中，因为形象对方程几乎没有贡献，所以得到的方程与前面的回归方程系数差不多）。

　　再次检验，得到回归方程各检验指标及含义，如表 8-8 所示。

表 8-8　回归模型变量分析（调整后）

指　　标	显著性水平		意　　义
R^2	0.89		"质量""形象"和"价格"解释了 89% 的"用户满意度"的变化程度
F	374.69	0.001	回归方程的线性关系显著
T（质量）	15.15	0.001	"质量"对回归方程有很大贡献
T（价格）	5.06	0.001	"价格"对回归方程有很大贡献

◇

本章小结

　　回归分析是利用数据统计原理，对数据进行数学处理，并确定因变量与自变量的相关关系，建立一个相关性良好的回归方程（函数表达式），并加以外推，用于预测今后的因变量的变化的分析方法。回归分析也是进行信息分析与预测的过程，也就是对统计数据（信息）进行数学处理（分析），在承认该回归方程在扩大的定义域内成立的前提下，适当扩大已有自变量取值范围进行外推（预测）。

　　回归分析中，线性回归分析是回归分析中最基本的方法，而非线性回归分析，则可以借助数学手段转化为线性回归来处理。因此，线性回归问题是研究的重点。掌握了线性回归分析问题，非线性回归分析问题也就较容易处理了。

　　在社会和经济现象中，有时因变量和自变量有较强的随机性，往往很难确定它们之间的关系，需要通过大量统计观察，并结合相关行业和领域的专业知识与经验找出其中的规律。

思考与练习

　　1. 表 8-9 中给出某门课程若干学生的期中和期末考试成绩。

表 8-9　课程成绩

期　　中	72	50	81	74	94	86	59	83	65	33	88	81
期　　末	84	63	77	78	90	75	49	79	77	52	74	90

请绘制数据散点图，并判断期中成绩和期末成绩是否具有线性联系，计算说明。

2. 对一地区人均工资 x（单位：千元）与该地区人均消费 y（单位：千元）进行统计调查，发现 y 与 x 存在相关关系，并得到回归直线方程 $\hat{y} = 0.66x + 1.562$。若该地区的人均消费水平为 7.675（单位：千元），试估计该地区的人均消费额占人均工资收入的百分比。

3. 现有 1981～1993 年全国人均消费额度和人均国民收入的数据，如表 8-10（见素材文件"素材_人均消费和人均收入数据.csv"）。试研究人均国民收入对人均消费额产生的影响。

表 8-10　人均国民收入和人均消费额度数据

年　份	人均国民收入（元）	人均消费金额（元）
1981	393.30	249
1982	419.14	267
1983	460.86	289
1984	544.11	329
1985	668.29	406
1986	737.73	451
1987	859.97	513
1988	1068.80	643
1989	1169.20	699
1990	1250.70	713
1991	1249.50	803
1992	1725.90	947
1993	2099.50	1148

4. 有一对夫妇用所拥有的一套面积为 1800ft^2（$\approx 167.2\text{m}^2$），每年房屋税为 1500 美元且配有游泳池的住房，向银行提出抵押 19 万美元的申请，该银行搜集的房屋销售资料如表 8-11 所示。试以此判断该银行是否能接受这对夫妇的申请。

表 8-11　住房销售数据

居住面积（ft^2）	1500	3800	2300	1600	1600	1300	2000	2400	1900	2100	1700
房屋税（美元）	190	240	140	140	150	180	240	400	230	260	210
游泳池（1=有，0=无）	1	0	0	0	1	0	0	0	0	1	0
销售价格（美元）	145000	228000	150000	130000	160000	114000	142000	265000	140000	149000	135000

5. 表 8-12 为 1997 年《中国统计年鉴》所提供的 1984～1996 年中国城镇居民家庭人均收入和城镇储蓄的数据（见素材文件"素材_人均收入和储蓄数据.csv"），试分析数据并建立预测模型。

表 8-12　人均收入和城镇储蓄的数据

年　份	城镇居民家庭人均收入（元）	城镇储蓄（亿元）
1984	685.3	1057.2
1985	827.9	1471.5
1986	916	2067.6
1987	1119.4	2659.2
1988	1260.7	3734.8
1989	1387.3	5192.6
1990	1544.3	6790.9
1991	1826.1	8678.1
1992	2336.5	11627.3
1993	3179.2	16702.8
1994	3892.9	23466.7
1995	4377.2	30850.2

提示：可以利用可视化的方法，来帮助确定回归模型的曲线类型等。

6. 为研究某市家庭平均收入与月平均生活支出的关系,该市统计部门随机调查了 10 个家庭,得数据如表 8-13 所示。

表 8-13　家庭平均收入与支出数据

家 庭 编 号	1	2	3	4	5	6	7	8	9	10
收入/千元	0.8	1.1	1.3	1.5	1.5	1.8	2.0	2.2	2.4	2.8
支出/千元	0.7	1.0	1.2	1.0	1.3	1.5	1.3	1.7	2.0	2.5

(1) 试判断家庭平均收入与月平均生活支出是否相关。

(2) 若二者线性相关,求回归直线方程。

参 考 文 献

[1] 马立平. 回归分析[M]. 北京：电子工业出版社，2014.

[2] WEISBERG S. Applied Linear Regression [M]. 4th ed. New Jersey：John Wiley & Sons Inc.，2005.

[3] 何晓群，刘文卿. 应用回归分析方法[M]. 2 版. 北京：中国人民大学出版社，2015.

[4] LINOFF G S. 数据分析技术[M]. 2 版. 陶佰明，译. 北京：清华大学出版社，2017.

[5] SEBER G A F，LEE A J. Linear Regression Analysis[M]. New Jersey：John Wiley & Sons Inc.，2003.

[6] 游士兵，严研. 逐步回归分析法及其应用[J]. 统计与决策，2017(14)：31-35.

[7] 冷建飞，高旭，朱嘉平. 多元线性回归统计预测模型的应用[J]. 统计与决策，2016(7)：82-85.

第 **9** 章

数据挖掘的工具

目前国际上广泛应用的数据挖掘工具有很多，如 SAS 公司的 Enterprise Miner，SPSS 公司的 Clementine，怀卡托大学开发的 Weka 平台，SQL Sever 的数据挖掘模块，IBM 公司的 DB Miner 等。

9.1 MATLAB

MATLAB 是 Matrix Laboratory 的简称，它是一种广泛应用于工程计算及数值分析领域的新型高级语言，自 1984 年由美国 MathWorks 公司推出以来，历经发展与竞争，现已成为国际公认的、最优秀的工程应用开发环境和科技应用软件之一。MATLAB 被广泛用于数据分析、数值与符号计算、工程与科学计算、绘图、控制系统设计、航天工业、汽车工业、生物医学工程、语言处理、图像与数字信号处理、财务、金融分析、建模、仿真及样机开发、算法研究开发、图形图像处理等领域。MATLAB 具有强大的科学计算与可视化功能，简单易用、开放式的可扩展环境，尤其是还附带多种面向不同领域的工具箱支持，使其在许多科学领域中成为计算机辅助设计和分析、算法研究和应用开发的基本工具和首选平台。

MATLAB 具有其独特的优势，它提供了丰富齐全的命令和多个接口，能够非常方便地与其他平台进行交互或融合，集成了丰富的数学模型库，能够灵活方便和高效地进行数据处理，同时具有强大的绘图功能，便于数据与结果的可视化处理（见图 9-1）。

该软件已经在国外的许多大学普及，在国内大学中的应用也日趋普遍，近年来 MATLAB 的应用领域已经扩展到很多行业，在各大公司、科研机构和高校里日益普及，得到了广泛应用，其自身也因此得到了迅速发展，功能不断扩充，现已发展至 MATLAB R2018a 版本。最新版本除新增了实时编辑器、App Designer、

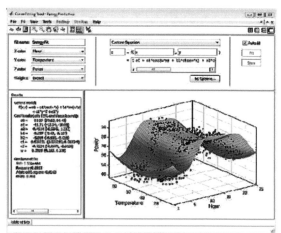

图 9-1 用 MATLAB 进行可视化处理

图形、团队开发和硬件支持等新功能，在性能上较以往版本也有了较大的提升，还强化了数据分析方面的数据导入、数据清理、数据筛选和数据分组等功能，让使用 MATLAB 来进行数据挖掘变得更加方便快捷。而新增的大数据模块，使得在处理海量数据时，虽然数据量过大无法装入内存，但借助其 tall 数组，开发人员可以使用习惯的开发模式，在已有的存储系统上（包括传统文件系统、SQL/NoSQL 数据库或 Hadoop/HDFS）完成数据的分析和挖掘工作。

经过 30 多年的发展，MATLAB 已经开发和集成了大量的专业工具箱。能够在工具箱的各模块的基础上，经过配置或修改后，非常便利地进行数据挖掘。

9.2　SPSS Modeler

SPSS（Statistical Package for the Social Science，即社会科学统计软件包）软件是世界上著名的统计分析软件之一，2000 年 SPSS 公司由于产品升级及业务拓展的需要，将其产品正式更名为 SPSS（Statistical Product and Service Solutions），即统计产品与服务解决方案。它与 SAS 和 BMDP 并称为国际上最有影响的 3 大统计软件。2009 年，SPSS 公司被 IBM 公司收购，SPSS 产品也成为 IBM 公司众多软件产品中最为耀眼的一员。

SPSS 功能强大、应用广泛，在社会科学与自然科学的各个领域都能发挥巨大作用。SPSS 易学易用，通过具有丰富菜单和对话框的图形用户界面（Graphical User Interface，GUI）引导用户进行操作和设置各类分析选项，提供了非常友好的用户界面（见图 9-2）。

SPSS 的数据挖掘产品是 SPSS Modeler（其 12.0 版本以前称为 SPSS Clementine）。SPSS Modeler 拥有直观的操作界面、自动化的数据准备和成熟的预测分析模型，完全支持

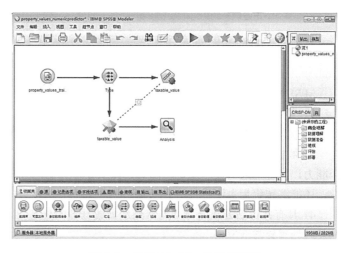

图 9-2　SPSS Modeler 的运行界面

SPSS 所推出的 CRISP-DM 标准，针对 CRISP-DM 的各个阶段都开发了与之相对应的节点。

SPSS Modeler 是一个业界领先的数据挖掘平台（见图 9-3），其强大的数据挖掘功能可以将复杂的统计方法和机器学习技术应用到数据当中，帮助客户揭示隐藏在交易系统或企业资源计划（Enterprise Resource Planning，ERP）、结构数据库和普通文件中的模式和趋势，让客户始终站在行业发展的前端，显著的投资回报率也使得 SPSS Modeler 在业界久负盛誉。

SPSS Modeler 拥有能强大的数据挖掘算法，从而使数据挖掘贯穿业务流程的始终，在缩短投资回报周期的同时也极大提高了投资回报率。

2017 年 6 月，IBM 公司正式推出了 IBM SPSS Modeler 18.1。该产品较以前版本在与开源技术的集成上得到了进一步的增强和扩展，融入了 Python 和 R 语言的编写、接入和运行节点，同时还集成了 Spark⊖2.0，直接利用其技术优势加速计算运行效率。此外，最新版本的 Modeler 产品为与 Hadoop 系统集成，在处理算法性能和分布式系统数据源连接上都进行了加强。

⊖ Spark 是 Apache 公司发布的，专为大规模数据处理而设计的快速通用的计算引擎。此外，Spark 也是由加州大学伯克利分校 AMP 实验室（UC Berkeley AMP lab）所开源的类 Hadoop MapReduce 的通用并行计算框架，它基于 MapReduce 算法实现分布式计算，拥有其所具有的优点；但不同的是，Job 的中间输出和结果可以保存在内存中，从而不再需要读写 HDFS，因此 Spark 能更好地适用于数据挖掘与机器学习等需要迭代的 MapReduce 的算法。

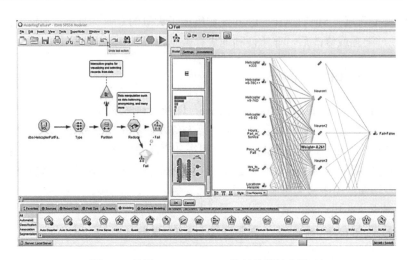

图 9-3　使用 SPSS Modeler 进行数据挖掘处理

SPSS Modeler 具有以下特点：

1）支持图形化界面，可进行菜单驱动，支持拖拽式操作。提供丰富的接口函数，便于二次开发。

2）提供了丰富的数据挖掘模型和灵活多变的数据挖掘算法。

3）数据挖掘流程易于管理、可再利用、可充分共享。支持访问异构数据库，具有多模型的整合能力，使得生成的模型稳定和高效。提供模型评估的方法，且挖掘结果可以集成于其他的应用中，还能够转化为主流格式的适当图形。

4）具有并行的处理能力，能够满足大数据量的处理要求。能够对数据挖掘的过程进行监控，并及时处理异常情况。

9.3　SAS Enterprise Miner

SAS（Statistical Analysis System）是由美国北卡罗来纳州立大学在 1966 年开发的统计分析软件。

SAS 是一个模块化、集成化的大型应用软件系统。它由数十个专用模块构成，功能包括数据访问、数据储存及管理、应用开发、图形处理、数据分析、报告编制、运筹学方法、计量经济学与预测，等等。

SAS 系统基本上可以分为四大部分：SAS 数据库部分、SAS 分析核心、SAS 开发呈现工具、SAS 对分布处理模式的支持及数据仓库设计。SAS 系统主要完成以数据为中心的四大任务：数据访问、数据管理、数据呈现、数据分析。

SAS Enterprise Miner 是 SAS 软件系统中的一个集成的数据挖掘系统，允许使用和比较不同的技术，同时还集成了复杂的数据库管理软件（见图 9-4）。SAS Enterprise Miner 把统计分析系统和图形用户界面（GUI）集成在一起，并与 SAS 协会定义的数据挖掘方法——SEMMA[即抽样（Sample）、探索（Explore）、修改（Modify）、建模（Model）、评价（Assess）]紧密结合，对用户友好、直观、灵活、使用方便，使那些对统计学毫无经验的用户也可以理解和使用。

Enterprise Miner 的运行方式是通过在一个工作空间（workspace）中按照一定的顺序添加各种可以实现不同功能的节点，然后对不同节点进行相应的设置，最后运行整个工作流程（workflow），便可以得到相应的结果。

Enterprise Miner 中的工具分为七类。

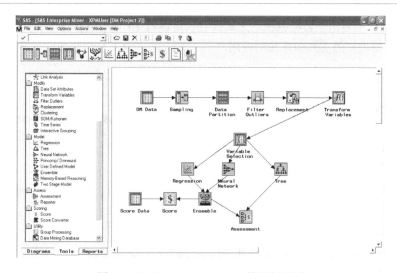

图 9-4 SAS Enterprise Miner 的运行界面

1）Sample：Input Data Source、Sampling、Data Partition。

2）Explore：Distribution Explorer、Multiplot、Insight、Association、Variable Selection、Link Analysis。

3）Modify：Data Set Attribute、Transform Variable、Filter Outliers、Replacement、Clustering、SOM/Kohonen、Time Series。

4）Model：Regression、Tree、Neural Network、Princomp/Dmneural、User Defined Model、Ensemble、Memory-Based Reasoning、Two Stage Model。

5）Assess：Assessment、Reporter。

6）Scoring：Score、C*Score。

7）Utility：Group Processing、Data Mining Database、SAS Code、Control point、Sub-diagram。

每个节点的具体使用方法可以通过打开 Enterprise Miner 界面，选择 SAS 主菜单中"帮助"子菜单下的"EM 参考资料"选项，进一步查看各个节点的具体使用方法。使用 SAS Enterprise Miner 进行数据挖掘的可视化处理，如图 9-5 所示。

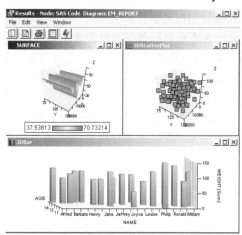

图 9-5 使用 SAS Enterprise Miner 进行
数据挖掘的可视化处理

9.4 WEKA

WEKA 的全名是怀卡托智能分析环境（Waikato Environment for Knowledge Analysis），是新西兰怀卡托大学 WEKA 小组用 Java 开发的机器学习/数据挖掘开源软件。

WEKA 是一个公开的数据挖掘工作平台，集合了大量能承担数据挖掘任务的机器学习算法，包括对数据进行预处理、分类、回归、聚类、关联分析，以及在新的交互式界面下的可视化。

其主要特点是集数据预处理、学习算法（分类、回归、聚类、关联分析）和评估方法等为一体，是一个综合性数据挖掘工具，且具有交互式可视化界面，还能够提供算法学习比较环境，通过其接口可实现自己的数据挖掘算法。

WEKA 也是本书要用于数据挖掘的工具，我们将在第 10 章中进行详细介绍，并利用这个工具来展示几个数据挖掘的实例和算法的应用。

9.5 R

R 是用于统计分析和图形化的计算机语言和操作环境。

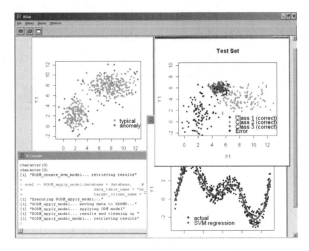

一方面，R 定义了一种脚本语言，即 R语言。用户可以利用 R 语言，结合 R 软件提供的大量功能齐全的数学和统计计算函数，通过自由灵活地编写脚本程序来进行统计计算、数据分析和数据挖掘（见图9-6），或者创建符合特定需要的数学计算和统计计算的新方法和新函数。

另一方面，R 也是属于 GNU 系统的一个自由、免费、源代码开放的软件，是一套完整的数据处理、数值计算、统计分析和统计制图的软件系统。

图 9-6　使用 R 进行数据挖掘

R 系统包括数据存储和处理系统，数组运算工具（其向量、矩阵运算方面功能尤其强大），完整连贯的统计分析工具，优秀的统计制图工具，简便而强大的编程语言，这些能够完成操纵数据的输入和输入、统计检验、预测建模、数据可视化，等等。

R 软件的首选界面是命令行界面，通过编写脚本来调用分析功能。如果缺乏编程技能，也可使用图形界面，比如使用 R Studio（见图 9-7）、R Commander 或 Rattle。

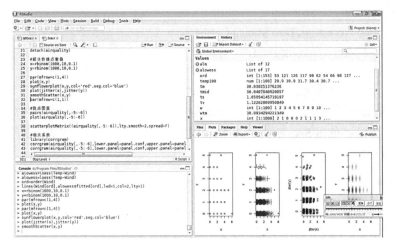

图 9-7　使用 R Studio 进行数据挖掘

本章小结

本章介绍了各种数据挖掘产品和工具的特点，有的注重算法的优化，有的注重过程的体现，在软件获取和使用的便利性上也各有差异，如有的产品是开源的，有的则是商业产品。有的产品和数据挖掘的过程紧密结合（如 IBM 的 SPSS Modeler 就与其推出的 CRISP-DM 相契合），有的产品在支持目前的大数据开发应用方面进行了加强。因此，在工具的选用上应根据实际情况来选择所需的功能，使用最适合业务逻辑与特点的数据挖掘产品。

参 考 文 献

[1]　许国根，贾瑛. 实战大数据：MATLAB 数据挖掘详解与实践[M]. 北京：清华大学出版社，2017.

[2]　谢龙汉，尚涛. SPSS 统计分析与数据挖掘[M]. 北京：电子工业出版社，2014.

[3]　李洪成，姜宏华. SPSS 数据分析教程[M]. 北京：人民邮电出版社，2012.

[4]　袁梅宇. 数控挖掘与机器学习：WEKA 应用技术与实践[M]. 2 版. 北京：清华大学出版社，2016.

[5]　李御玺，等. SPSS Modeler+Weka 数据挖掘从入门到实战[M]. 北京：电子工业出版社，2019.

[6]　王国平. 数据可视化与数据挖掘：基于 Tableau 和 SPSS Modeler 图形界面[M]. 北京：电子工业出版社，2017.

[7]　SHEARER C. IBM SPSS Modeler Cookbook [M]. Birmingham：Packt Publishing，2013.

[8]　SAS Institute. Data Mining using SAS Enterprise Miner [M]. 2nd ed. Raleigh：SAS Institute Inc，2003.

[9]　SAS Institute. Getting Started with SAS Enterprise Miner 14. 1 [M]. Raleigh：SAS Institute Inc，2003.

第 10 章
WEKA数据挖掘应用

10.1 WEKA 简介

WEKA[⊖]的全名是怀卡托智能分析环境(Waikato Environment for Knowledge Analysis)。
WEKA 软件是新西兰怀卡托大学(http://www.waikato.ac.nz)的计算机科学系的机器学习小组[⊖]用
Java 开发的机器学习/数据挖掘开源软件。2005 年 8 月,在第 11 届 ACM SIGKDD 国际会议上,
怀卡托大学的 WEKA 小组荣获了数据挖掘和知识探索领域的最高服务奖,WEKA 系统得到了广
泛的认可,被誉为数据挖掘和机器学习历史上的里程碑,是现今最完备的数据挖掘工具之一。目
前,WEKA 的每月下载次数已超过万次。

WEKA 限制在 GNU 通用公众证书的条件下发布,它几乎可以运行在所有操作系统平台上,
包括 Linux、Windows、Macintosh 等。WEKA 是一个集数据预处理、学习算法(分类、回归、聚
类、关联分析)和评估方法等为一体的综合性数据挖掘工具,具有交互式可视化界面,提供算法学
习比较环境,通过其提供的接口可实现自定义的数据挖掘算法。

10.1.1 WEKA 安装与运行

目前(截至 2018 年),WEKA 的最新稳定版本为 3.8.3,可以进入 WEKA 开发小组的下载页
面[⊜],根据操作系统和使用情况,选择合适的安装包进行下载和安装。WEKA 项目小组也在进行
3.9 版本的开发和调试工作,网站也提供 WEKA version 3.9 的下载。

WEKA 需要 Java 虚拟机的支持,需事先安装所需版本的 Java 虚拟机。为了用户方便,WEKA
也提供集成了 Java 虚拟机安装程序的安装包,例
如,在网站中找到名为 "WEKA-3-8-0jre.exe" 的
安装包下载下来,进行安装即可运行 Java 虚拟机
和 WEKA 软件。

WEKA 软件的代码是开源的,其源代码可以
从 http://www.cs.waikato.ac.nz/ml/weka/上获取。

安装完成后,单击图标即可运行WEKA软件,
其主界面如图 10-1 所示。

从图 10-1 中所示的 WEKA 运行主界面可以看

图 10-1　WEKA 的主界面

⊖ WEKA 也是新西兰的一种鸟名。

⊖ 机器学习小组的网址为http://www.cs.waikato.ac.nz/ml/index.html,其主要项目即为 WEKA。

⊜ https://www.cs.waikato.ac.nz/ml/weka/downloading.html。

出，WEKA 的主要模块包括探索环境(Explorer)、算法试验环境(Experimenter)、知识流环境
(KnowledgeFlow)、命令行环境(Simple CLI)等。

10.1.2　Arff 数据格式

WEKA 存储数据的格式是 ARFF(Attribute-Relation File Format)文件，这是一种 ASCII 文本文
件。WEKA 自带的"weather.arff"文件(在 WEKA 安装目录的"data"子目录下)的内容如下⊖：

```
% ARFF file for the weather data with some numric features
%
@relation weather

@attribute outlook {sunny, overcast, rainy}
@attribute temperature real
@attribute humidity real
@attribute windy {TRUE, FALSE}
@attribute play {yes, no}

@data
%
% 14 instances
%
sunny,85,85,FALSE,no
sunny,80,90,TRUE,no
overcast,83,86,FALSE,yes
rainy,70,96,FALSE,yes
rainy,68,80,FALSE,yes
rainy,65,70,TRUE,no
overcast,64,65,TRUE,yes
sunny,72,95,FALSE,no
sunny,69,70,FALSE,yes
rainy,75,80,FALSE,yes
sunny,75,70,TRUE,yes
overcast,72,90,TRUE,yes
overcast,81,75,FALSE,yes
rainy,71,91,TRUE,no
```

ARFF 文件主要由表 10-1 所示的几个部分组成。

表 10-1　ARFF 文件的组成

注　　释	以"%"开始的行是注释，WEKA 将忽略这些行
关系声明	关系名称由 ARFF 文件的第一个有效行来定义，格式为 　　　@relation <relation-name> 其中，<relation-name>是一个字符串。如果这个字符串包含空格，则必须加上引号(英文单引号或双引号)

⊖ 使用 Windows 的常规编辑器(如记事本)打开 ARFF 文件时，会因换行符定义不一致而导致无法正常分行。推荐使用如
UltraEdit 这样的字符编辑软件来查看 ARFF 文件中的内容。

（续）

	数据集中的每一个属性都必须进行声明，并定义它的属性名称和数据类型。属性声明用一系列以"@attribute"开头的语句来表示。属性声明的顺序应与后面的数据的顺序一致。属性声明的格式为
属性声明	@attribute <attribute-name> <datatype> 其中<attribute-name>是必须以字母开头的字符串。 WEKA 支持的<datatype>有四种，分别如下。 数值型（numeric）：数值型属性可以是整数或者实数。 名义型（nominal）：列出一系列可能的类别名称并放在花括号中。例如，@attribute outlook {sunny, overcast, rainy} 字符串型（string）：字符串属性中可以包含任意的文本。例如， @attribute ID string 日期和时间型（date）：日期和时间属性统一用 date 类型表示，它的格式是 @attribute <name> date [<date-format>]
数据信息	数据信息中"@data"标记独占一行，随后为各实例的数据。实例的各属性值用逗号"，"隔开。如果某个属性的值是缺失值（missing value），则用问号"?"表示，且这个问号不能省略

ARFF 文件还支持稀疏数据的紧凑表示。稀疏数据表示方法与标准数据表示方法的唯一不同之处就是"@data"后的数据记录，"basket.arff"文件的示例如下：

```
@relation 'basket'
@attribute fruitveg {F, T}
@attribute freshmeat {F, T}
@attribute dairy {F, T}
@attribute cannedveg {F, T}
@attribute cannedmeat {F, T}
@attribute frozenmeal {F, T}
@attribute beer {F, T}
@attribute wine {F, T}
@attribute softdrink {F, T}
@attribute fish {F, T}
@attribute confectionery {F, T}
@data
{1 T, 2 T, 10 T}
{1 T, 10 T}
{3 T, 5 T, 6 T, 9 T}
{2 T, 7 T}
{1 T, 7 T, 9 T}
{0 T, 8 T}
{6 T}
{0 T, 5 T}
{0 T, 9 T}
{0 T, 1 T, 2 T, 3 T, 7 T, 9 T}
{0 T, 9 T}
{2 T, 4 T, 5 T, 9 T}
```

这里，数据项

```
freshmeat dairy confectionery
freshmeat confectionery
```

分别被紧凑地表示为

```
{1 T, 2 T, 10 T}
{1 T, 10 T}
```

稀疏数据的表示格式为

{<属性列号><空格><值>，…，<属性列号><空格><值>}

注意，每条记录用大括号定界；这里属性列号是从 0 开始编号，即第 1 个“@attribute”所指明的属性是第 0 个属性；T 表示数据存在。

10.2　Explorer

Explorer 是 WEKA 进行数据挖掘最主要的功能模块，它包括以下几项功能。

1）Preprocess（数据预处理）：载入将要进行处理的数据，可进行适当选择和修改；

2）Classify（分类）：建立分类或回归模型，并进行测试；

3）Cluster（聚类分析）：从数据中建立聚类模型和结果；

4）Associate（关联分析）：从数据中学习关联规则；

5）Select Attributes（选择属性）：通过对数据属性的评估来选择数据中最相关的属性；

6）Visualize（可视化）：查看数据的二维散布图。

以上功能，可以通过如图 10-2 所示的 Explorer 主界面顶端的几个选项卡来进行切换，从而进入不同的挖掘任务面板。

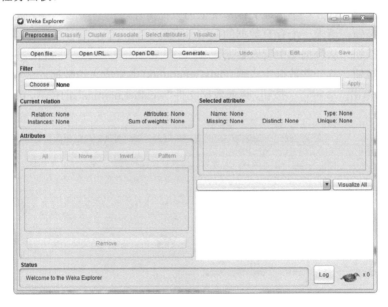

图 10-2　WEKA 的 Explorer 主界面

10.2.1　Preprocess（数据预处理）

Preprocess（选项卡）是 Explorer 中的数据预处理界面，它可以完成数据的准备和载入、数据格式转换、数据筛选、数据属性选择和数据可视化等操作。

1. 数据准备与载入

在 WEKA 的 Explorer 中，进行数据探索和数据处理所使用的数据可以来自以下几个方面：

1）直接使用 ARFF 文件数据。ARFF 格式是 WEKA 支持得最好的文件格式。

2）从 CSV、C4.5、binary 等多种格式文件中导入。利用 WEKA 进行数据挖掘时，面临的第一个问题往往是数据不是 ARFF 格式的。WEKA 也支持被很多其他软件（比如 Excel）所支持的 CSV 文件。可以利用 WEKA 将 CSV 文件格式转化成 ARFF 文件格式。

3）通过 JDBC 从 SQL 数据库中读取数据。

4）通过统一资源定位符（Uniform Resource Locator，URL）获取网络资源的数据。

WEKA 软件安装好后，会提供一些以 ARFF 格式存放的实验数据，可以在安装目录的"data"文件夹下找到（如"C:\Program Files\WEKA-3-8\data"），内容包括：

airline.arff	breast-cancer.arff	contact-lenses.arff	
cpu.arff	cpu.with.vendor.arff	credit-g.arff	
diabetes.arff	glass.arff	hypothyroid.arff	ionosphere.arff
iris.2D.arff	iris.arff	labor.arff	
ReutersCorn-test.arff	ReutersCorn-train.arff	ReutersGrain-test.arff	
ReutersGrain-train.arff	segment-challenge.arff	segment-test.arff	soybean.arff
supermarket.arff	unbalanced.arff	vote.arff	
weather.nominal.arff	weather.numeric.arff		

使用图 10-2 中 Explorer 主界面上部的按钮，可以打开并载入数据：

Open file...	按钮 打开一个本地文件系统上的数据文件。
Open URL...	按钮 请求一个存有数据的 URL 地址。
Open DB...	按钮 从数据库中读取数据。
Generate...	按钮 从一些数据生成器（DataGenerators）中生成人造数据。

【例 10-1】 单击 Open file... 按钮，载入数据文件"weather.nominal.arff"后，可以看到如图 10-3 所示的界面。

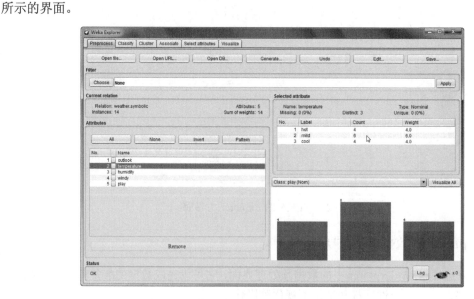

图 10-3　载入数据后可以进行属性选择和可视化

在 Attributes 功能区，列出了数据集的各个属性，可以勾选其中若干，并单击"Remove"按钮将其删除，以便保留感兴趣的属性进行后续分析。在 Attributes 功能区中，被选中的数据属性也会在右下角的可视化区进行可视化显示，该属性不同的取值会以不同的颜色被显示出来，便于观察其数值的分布情况。　　　　　　　　　　　　　　　　　　　　　　　　　　　　　　◇

2. 数据的载入与格式转换

ARFF 格式是 WEKA 支持得最好的文件格式。如果数据不是 ARFF 格式的，可以利用 WEKA 将 Excel 或 CSV 文件格式转化成 ARFF 文件格式。如果 Excel 文档中存有多个数据工作表(Sheet)，则需要把每个工作表存成不同的 CSV 文件。

【例 10-2】 将含有多个工作表的 Excel 文档保存为单数据表的 CSV 文档时，打开一个 Excel 文件，并切换到需要转换的工作表，另存为 CSV 类型，系统弹出如图 10-4 的提示时，依次单击"确定""是"，并忽略提示即可完成操作。

图 10-4　将含多个工作表的 Excel 文档保存为单数据表的 CSV 文档

随后，可在 WEKA 中打开一个 CSV 类型文件，再单击 Save... 按钮将其另存为 ARFF 类型文件即可。　　　　　　　　　　　　　　　　　　　　　　　　　　◇

从不同途径载入的数据，也可以通过单击 Save... 按钮，选择所需的格式，保存为 WEKA 所支持的其他格式文档，如图 10-5 所示。

3. 生成数据

单击 Explorer 主界面上的 Generate... 按钮，可以让 WEKA 生成满足一定要求的实验数据。

【例 10-3】 利用 WEKA 的生成数据功能，产生用于聚类分析的数据。单击 Explorer 主界面上的 Generate... 按钮，得到如图 10-6a 所示的数据生成窗口。

单击 Choose 按钮，弹出如图 10-6b 所示的界面，选择数据生成算法后，单击图 10-6a Choose 按钮右方的参数区用来为算法设置参

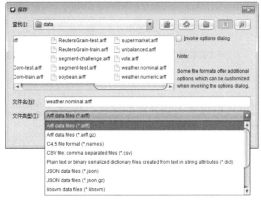

图 10-5　将数据保存为其他格式的文档

数，可以弹出如图 10-6c 所示的算法参数设置界面。完成参数设置后，单击图 10-6a 中 Explorer 主界面上的 Generate... 按钮，即可得到如图 10-6d 所示的数据。　　　　　　　　　　　　◇

4. 数据的筛选

在 WEKA 中数据预处理工具称作筛选器(Filters)。可以通过定义筛选器来以各种方式对数据进行变换。在图 10-2 中 Explorer 主界面的上部，有一个 Filter 功能区，用于对各种筛选器进行必要的设置。单击 Choose 按钮，就可选择 WEKA 中的某个筛选器，选定后的筛选器的名称就显示在按钮右侧的文本框中。

10.2.2　Associate(关联分析)

Associate(关联分析)选项卡如图 10-7a 所示。载入数据后，在 Associate 主界面上单击 Choose

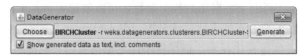

a) 数据生成的界面

b) 选择数据生成算法

c) 配置数据生成的参数

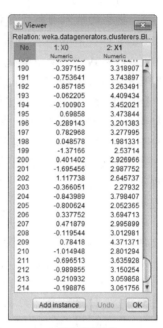

d) 所生成的数据

图 10-6　生成数据

按钮,可以选择关联分析的算法。WEKA 默认支持的关联分析算法有 Apriori、FilteredAssociator 和 FPGrowth(见图 10-7b)。

a) Associate 选项卡

b) 所支持的关联算法

图 10-7　WEKA 的 Associate(关联分析)

【例 10-4】　借助网络论坛中分享的用于测试和学习的购物篮数据（素材文件"素材_ NormalBasket.arff"），运用 Apriori 算法和 FPGrowth 算法进行关联分析。

1）加载购物篮数据。数据有 11 个属性变量，1000 条记录。加载后可以通过单击 Preprocess 选项卡中的 Edit... 按钮来查看数据，如图 10-8 所示。

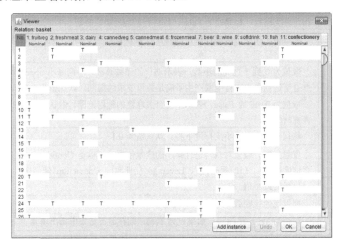

图 10-8　购物篮数据（适用于关联分析）

2）对数据进行预处理。从图 10-8 中可以看出数据质量较好，因此不需要额外处理。

3）选择算法。在 Explorer 工作界面中，单击 Associate 选项卡，切换到 Associator 功能区。单击 Choose 按钮选择 Apriori 算法或 FPGrowth 算法，再单击右方的参数条来设置算法参数，两种算法的参数分别如图 10-9a、b 所示。

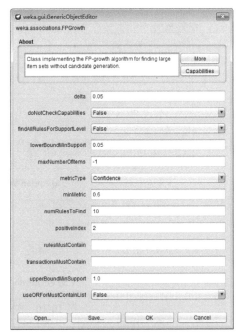

a) Apriori 算法参数　　　　　　　　　　b) FPGrowth 算法参数

图 10-9　算法的参数

算法参数的含义如表 10-2 所示。

表 10-2　关联分析算法参数含义

参　　数	含　　义
car	取值为 True 或 False。如果设为 True，则进行基于指定分类属性的关联分析，这时需由 classindex 指定分类属性；如果设为 False，则进行常规的关联分析
classindex	整数值，指明分类属性所在的列，如果分类属性为最后一列，则设为-1。仅当 car 设为 True 时生效
delta	取值为 0 到 1 之间的小数，表示迭代的递减数量。不断减小 upperBoundMinSupport 最小支持度直至达到最小支持度或产生了满足数量要求的规则。默认值为 0.05
doNotCheckCapabilities	取值为 True 或 False，表示不检查关联器的适用范围。默认值为 False。应谨慎设置，以节省计算时间
lowerBoundMinSupport	迭代过程中，最小支持度下界。默认值为 0.1
metricType	度量类型。设置对规则进行排序的度量依据。可以是 Confidence（置信度）（类关联规则只能用置信度挖掘）、Lift（提升度）、Leverage（杠杆率）、Conviction（确信度）
minMtric	度量的最小值
numRules	要发现的规则数
outputItemSets	取值为 True 或 False。如果设为 True，则在运行结果中输出项集
removeAllMissingCols	取值为 True 或 False，表示是否移除所有值都为缺失值的列
significanceLevel	显著性水平，重要性测试（仅用于置信度）
upperBoundMinSupport	最小支持度上界，从这个值开始迭代减小最小支持度
verbose	如果设置为 True，则算法会以冗余模式运行

4）运行程序。单击 Start 按钮开始运行。运行结果的主要内容如图 10-10a、b 所示。

```
Apriori
=======

Minimum support: 0.05 (50 instances)
Minimum metric <confidence>: 0.6
Number of cycles performed: 317

Generated sets of large itemsets:

Size of set of large itemsets L(1): 11

Size of set of large itemsets L(2): 42

Size of set of large itemsets L(3): 3

Best rules found:

 1. cannedveg=T beer=T 167 ==> frozenmeal=T 146    <conf:(0.87)> lift:(2.89) lev:(0.1) [95] conv:(5.3)
 2. frozenmeal=T beer=T 170 ==> cannedveg=T 146    <conf:(0.86)> lift:(2.83) lev:(0.09) [94] conv:(4.74)
 3. cannedveg=T frozenmeal=T 173 ==> beer=T 146    <conf:(0.84)> lift:(2.88) lev:(0.1) [95] conv:(4.37)
```

a) Apriori 算法分析结果

```
=== Associator model (full training set) ===

FPGrowth found 3 rules (displaying top 3)

 1. [cannedveg=T, beer=T]: 167 ==> [frozenmeal=T]: 146    <conf:(0.87)> lift:(2.89) lev:(0.1) conv:(5.3)
 2. [frozenmeal=T, beer=T]: 170 ==> [cannedveg=T]: 146    <conf:(0.86)> lift:(2.83) lev:(0.09) conv:(4.74)
 3. [cannedveg=T, frozenmeal=T]: 173 ==> [beer=T]: 146    <conf:(0.84)> lift:(2.88) lev:(0.1) conv:(4.37)
```

b) FPGrowth 算法分析结果

图 10-10　关联分析的结果

通过图 10-10 所示的关联分析结果可以看出，在 Apriori 算法和 FPGrowth 算法在关键参数设置相同的情况下，两种算法得到了相同的运行结果：发现了符合算法参数条件的 3 条关联关系。

其中第 1 条关联关系是：购买了 cannedveg 和 beer 的购物单中（共有 167 个这样的购物单），有 146 个购买了 frozenmeal。计算下来其置信度（confidence）为 0.87，提升度（lift）为 2.89，杠杆率（leverage）为 0.1，确信度（conviction）为 5.3。　　　　　　　　　　　　　　　　　　　　　　◇

10.2.3　Classify（分类分析）

在 WEKA 中，分类算法被分为 bayes、functions、lazy、meta、misc、rules、trees 这几个类别。

1. Test options

在 Classify 选项卡的 Test options 功能区（见图 10-11a），可以选择对所生成模型的测试和评估方法，共有四种模型测试和评估方法，如表 10-3 所示。

表 10-3　Test options 中的四种模型测试和评估方法

名　　称	含　　义
Use training set	使用训练集进行测试、检验和评估
Supplied test set	使用所提供的额外测试数据集进行测试、检验和评估
Cross-validation	交叉验证，这里为 k 折交叉验证，即将原始数据集分成 k 份（一般为均分），用其中的一份作为测试数据，其余的作为训练数据来建立模型并进行测试和检验；将测试数据和训练数据进行轮换，选择最优结果。需要设置折数 Folds
Percentage split	使用一定比例的原始数据作为训练数据来对模型进行测试和评估，需要设置测试数据集占原始数据集的百分比

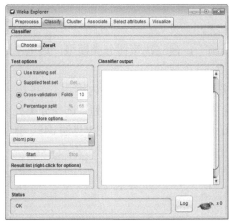

a) Classify 选项卡的 Test options 功能区

b) 对输出内容进行设置

图 10-11　选择模型评估方法

单击下方的 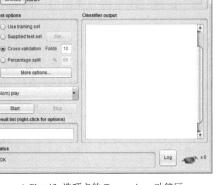 按钮，可以对运行结果所输出的内容进行设置，如图 10-11b 所示。选项内容如表 10-4 所示。

表 10-4　分析运行选项

名　　称	含　　义
Output model	输出基于整个训练集的分类模型，从而使模型可以被查看、可视化等。该选项默认选中
Output per-class stats	输出每个 class 的准确度/反馈率（precision/recall）和正确/错误（true/false）的统计量。该选项默认选中

（续）

名　　称	含　　义
Output entropy evaluation measures	输出熵估计度量。该选项默认没有选中
Output confusion matrix	输出分类器预测结果的混淆矩阵。该选项默认选中
Store predictions for visualization	记录分类器的预测结果使得它们能被可视化表示
Output predictions	输出测试数据的预测结果。注意在交叉验证时，实例的编号并不代表它在数据集中的位置
Cost-sensitive evaluation	误差将根据一个价值矩阵来估计。 Set 按钮用来指定价值矩阵
Random seed for XVal / % Split	进行模型评价需要分割数据集时指定的随机化数据的种子

2. 决策树分类

WEKA 支持以下决策树算法。

1）DecisionStump：单层决策树算法，常被作为 boosting 的基本学习器。

2）HoeffdingTree：建立 Hoeffding 树分类模型。

3）J48：C4.5 决策树学习算法（第 8 版本）。

4）LMT：以 Logistic 回归模型为叶结点的树形结构模型，其准确性优于决策树和 Logistic 回归模型。

5）M5P：M5 模型树算法，组合了树结构和线性回归模型，每个叶子结点都是一个线性回归模型，因而可用于连续数据的回归。

6）RandomForest：建立随机森林分类模型进行分类和回归。

7）RandomTree：基于决策树的组合方法。

8）REPTree：使用降低错误剪枝的决策树学习算法。

【例 10-5】 根据 WEKA 自带的实验数据"iris.arff"，建立决策树分类模型。这里，通过以下步骤，完成基于 C4.5 算法的决策树分类模型的建立。

1）载入数据：载入数据文件"iris.arff"，具体方法见 10.2.1 节的相关内容。

2）选择算法并设置算法参数：切换到 Classify 选项卡，单击 Choose 按钮，选择分类处理的算法。在如图 10-12a 所示的算法选择树状列表中，在 trees 类别下，选择决策树算法 J48。算法选定

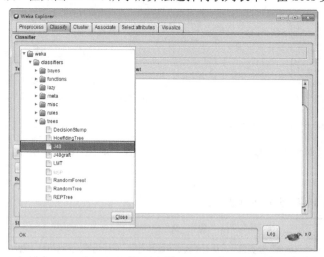

a) 选择决策树算法J48　　　　　　　　　b) 算法默认参数为"J48-C 0.25-M 2"

图 10-12　选择分类任务中的 J48 决策树算法

后，在 Choose 按钮旁的编辑栏列出了该算法的名称和默认参数。单击 Choose 按钮右侧的算法参数行，对参数进行详细设置，如图 10-12b 所示。

图 10-12b 中所列决策树算法参数⊖的含义如表 10-5 所示。

表 10-5　决策树算法参数

名　　称	含　　义
binarySplits	是否对 Nominal 类型的属性进行二叉分裂，默认值为 False
confidenceFactor	用于修剪的置信因子(小于该值导致修剪)，默认值为 0.25
debug	设置为 true，则分类器可能在控制台输出另外的信息，默认值为 False
minNumObj	每个叶的最小实例数量，默认值为 2
numFolds	决定用于 reduced-error(减少-误差)修剪的数据量；一折用于修剪，另外的用于建树；默认值为 3
reducedErrorPruning	是否使用减少-误差修剪，而不是 C4.5 修剪；默认值为 False
saveInstanceData	是否展示保存的训练数据；默认值为 False
seed	减少-误差修剪时，用于随机化数据的种子；默认值为 1
subtreeRaising	修剪树的时候是否考虑子树上升操作，默认值为 True
unpruned	修剪是否需要，默认值为 False
useLaplace	是否叶结点基于拉普拉斯平滑，默认值为 False
useMDLcorrection	是否在确定连续属性划分时使用 MDL(Minimum Description Length)方法修正，默认值为 True

这里，采用算法的默认值，直接单击"OK"按钮。如果参数有所变化，则会将变化了的参数更新到图 10-12b 中 Choose 按钮右侧的算法参数行中的内容。

3) 选择测试的模式及输出内容：在 Test options 功能区，选择测试的模式。这里我们选择"Percentage split"选项，并将百分比设为 66%，就是将 66%的数据用于测试检验和评估。单击 Test options 功能区的 More options... 按钮，进行如图 10-13 所示的进一步设置。

这里共默认勾选了五个复选项，为"Output model""Output per-class

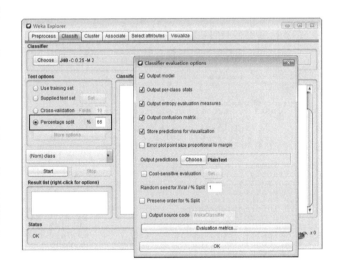

图 10-13　设置输出内容

stats""Output entropy evaluation measures""Output confusion matrix"和"Output predictions"，它们所代表的具体意义见表 10-4 中的相关说明。这些默认选项无须修改，直接单击"OK"按钮完成设置。

4) 运行算法：单击 Classifier 选项卡的 Start 按钮，进行分类分析(运行界面，见图 10-14a)，得到如图 10-14b 所示的运行结果。

⊖ 图 10-12b 中只显示了一部分参数，其他参数可通过拖动界面右侧的滚动条来查看。

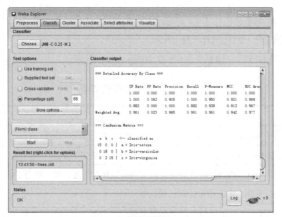

a) 运行界面

```
=== Run information ===
Scheme:       WEKA.classifiers.trees.J48 -C 0.25 -M 2
Relation:     iris
Instances:    150
Attributes:   5
              sepallength
              sepalwidth
              petallength
              petalwidth
              class
Test mode:    split 66.0% train, remainder test

=== Classifier model (full training set)===
J48 pruned tree
------------------
petalwidth <= 0.6: Iris-setosa (50.0)
petalwidth > 0.6
|   petalwidth <= 1.7
|   |   petallength <= 4.9: Iris-versicolor (48.0/1.0)
|   |   petallength > 4.9
|   |   |   petalwidth <= 1.5: Iris-virginica (3.0)
|   |   |   petalwidth > 1.5: Iris-versicolor (3.0/1.0)
|   petalwidth > 1.7: Iris-virginica (46.0/1.0)

Number of Leaves  :    5
Size of the tree  :    9

=== Predictions on test split ===
    inst#     actual   predicted error prediction
        1 2:Iris-versicolor 2:Iris-versicolor          0.968
        2 3:Iris-virginica 3:Iris-virginica            0.968
        3 2:Iris-versicolor 2:Iris-versicolor          0.968
        4 1:Iris-setosa 1:Iris-setosa                  1
        ⋮
=== Summary ===
Correctly Classified Instances        49              96.0784 %
Incorrectly Classified Instances       2               3.9216 %
Kappa statistic                        0.9408
K&B Relative Info Score             4762.4856 %
K&B Information Score                  75.4043 bits      1.4785 bits/instance
Class complexity | order 0             81.2579 bits      1.5933 bits/instance
Class complexity | scheme              11.5168 bits      0.2258 bits/instance
Complexity improvement       (Sf)      69.7412 bits      1.3675 bits/instance
Mean absolute error                     0.0396
Root mean squared error                 0.1579
Relative absolute error                 8.8979 %
Root relative squared error            33.4091 %
Total Number of Instances              51

=== Detailed Accuracy By Class ===
           TP Rate FP Rate Precision Recall F-Measure MCC    ROC Area PRC Area Class
           1.000   0.000   1.000     1.000  1.000     1.000  1.000    1.000    Iris-setosa
           1.000   0.063   0.905     1.000  0.950     0.921  0.969    0.905    Iris-versicolor
           0.882   0.000   1.000     0.882  0.938     0.913  0.967    0.938    Iris-virginica
Weighted Avg.0.961 0.023   0.965     0.961  0.961     0.942  0.977    0.944

=== Confusion Matrix ===
  a  b  c   <-- classified as
 15  0  0 |  a = Iris-setosa
  0 19  0 |  b = Iris-versicolor
  0  2 15 |  c = Iris-virginica
```

b)运行输出结果截屏图(主要内容)

图 10-14 分类算法的运行结果

在 Classifier output 窗口，WEKA 给出如图 10-14b 所示的分类结果。分类结果给出了以下几个方面的内容。

1）"=== Run information ==="部分：给出运行信息，包括训练数据的基本信息，如数据的名称、实例数量、属性的数量和名称等。

2）"=== Classifier model ==="部分：给出决策树的结构，包括属性的层次关系和被指定到某属性的实例数量。

3）"=== Summary ==="部分：给出决策树分类结果的误差统计数据。如本例中给出了被正确和未能被正确分类的实例数量和比例、Kappa 统计量、平均绝对误差、均方根误差、相对误差绝对值和相对平方根误差。

4）"=== Detailed Accuracy By Class ==="部分：对每个类的预测准确度的详细描述，给出各个分类结果下，TP Rate、FP Rate、Precision、Recall、F-Measure、MCC、ROC Area 和 PRC Area 各数值，以及这些数值的加权平均值，以帮助使用者对分类模型的质量进行评估。

5）"=== Confusion Matrix ==="部分：给出混淆矩阵，其中矩阵的行是实际的类，矩阵的列是预测得到的类，矩阵元素就是相应测试样本的个数。

在运行结果中的关于分类模型评估的指标主要有：Correctly Classified Instances（正确分类率）、Incorrectly Classified Instances（错误分类率）、Kappa statistic（Kappa 统计数据）、Mean absolute error（平均绝对误差）、Root mean squared error（根均方差）、Relative absolute error（相对绝对误差）、Root relative squared error（相对平方根误差）、TP Rate（正确肯定率）、FP Rate（错误肯定率）、Precision（精确率）、Recall（反馈率）和 F-Measure（F 测量）。

运行完成后，在 Result list 功能区中会产生一条内容，用鼠标右键单击该内容，系统会弹出包括运行结果保存、可视化、模型评估等选项的快捷菜单，如图 10-15 所示。

选择其中的"Visualize tree"命令，可以查看可视化决策树。在任意窗口区域单击鼠标右键，就可以通过弹出的菜单命令重新绘制模型树的结构，如图 10-16 所示。

图 10-16 给出了决策树分类模型的可视化树状结构，与图 10-14b 中的描述相对应。从图 10-16 中可以看出，本例的分类过程如下。

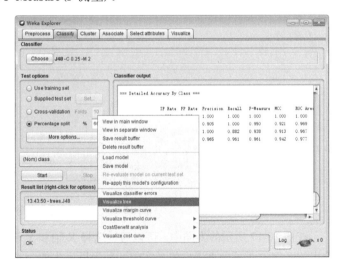

图 10-15　查看可视化结果

① 以 petalwidth 属性为根结点进行分类：

对于 petalwidth≤0.6 的实例，指定类标号 Iris-setosa，有 50 个实例。

② 对于 petalwidth＞0.6 的实例，以 petalwidth 属性为子结点进行第二层分类：

petalwidth＞1.7，指定类标号 Iris-virginica，正确指定类标号的有 46 个实例，未正确指定类标号的有 1 个实例。

③ 对于 petalwidth ≤1.7 的实例，以 petallength 属性为子结点进行第三层分类：

petallength≤4.9，指定类标号 Iris-versicolor，正确指定类标号的有 48 个实例，未正确指定类标号的有 1 个实例。

④ 对于 petallength > 4.9 的实例，再以 petalwidth 属性为子结点进行第四层分类：

petalwidth ≤ 1.5，指定类标号 Iris-virginica，有 3 个实例；

petalwidth > 1.5，指定类标号 Iris-versicolor，正确指定类标号的有 3 个实例，未正确指定类标号的有 1 个实例。

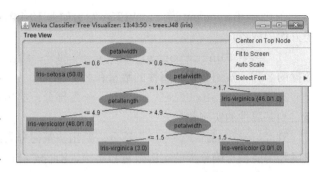

图 10-16　可视化决策树

选择图 10-15 所示的快捷菜单中的"Visualize classifier errors"命令，可以查看分类器对数据分类误差的情况，如图 10-17 所示。

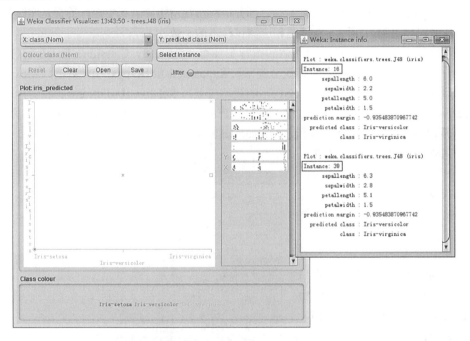

图 10-17　查看可视化的分类误差

在图 10-17 所示的界面中，可以通过选择 X 轴和 Y 轴的属性，来从不同维度浏览数据。图中给出的示例说明了分类属性的真实值和利用所产生的分类模型得到的预测值之间的误差关系。绘图功能区中从左下角到右上角的"×"表示分类正确的属性的情况；非对角线上的小正方形则表示分类错误的实例情况。鼠标左键单击图中右侧的小正方形，可以弹出右侧的"Instance Info"信息窗，表明第 16 条和第 39 条实例被错误预测。

选择图 10-15 所示的快捷菜单中的"Re-evaluate model on current test set"命令，对当前测试集进行重新评估，即通过已建立的模式，并利用"Supplied test set"（提供的测试集）选项下的"Set"按钮来测试指定的数据集。

选择图 10-15 所示的快捷菜单中的"Visualize margin curve"命令，查看通过散点图描绘的边界曲线所描述的预测边界的情况。边界被定义为预测为真实值的概率和预测为真实值之外的其他某类的最高概率之差。例如，加速算法通过增加训练数据集的边界来更好地完成测试数据集的任务。如图 10-18a 所示该边界曲线具有四个变量：Margin（预测边界值）、Instance_number（检验实例的序号）、Current（具有当前预测边界值的实例个数）、Cumulative[小于或等于预测边界值的实例个数（与 Instance_number 一致）]。用鼠标左键单击图中某实例点，可以在弹出的菜单中看到该实例点的信息，如图 10-18b 所示。

a) 边界曲线　　　　　　　　　　　　　b) 边界曲线中某个实例点的具体信息

图 10-18　查看可视化的边界曲线

选择图 10-15 所示的快捷菜单中的 "Visualize cost curve" 命令，查看同样是用散点图构成的期望成本曲线（详见 Drummond 与 Holte 的有关论著）。

选择图 10-15 所示的快捷菜单中的 "Visualize threshold curve" 命令，查看由散点图描述的预测权衡问题，其中权衡是通过改变类之间的阈值来获取的。阈值是将检验实例归为当前类的最小概率，使用点的颜色表示阈值，曲线上的每个点通过改变阈值的大小生成。例如，默认阈值为 0.5，一个实例预测为 positive 的概率必须要大于 0.5，因为 0.5 时该实例正好被预测为 positive。而且图表可以用来对精确率/反馈率权衡进行可视化，如 ROC 曲线分析（正确的正比率和错误的正比率）和其他的曲线。利用阈值曲线，还可以进行 ROC 分析（X 轴选假正率，Y 轴选真正率），如图 10-19 所示。

另外，选择图 10-15 所示的快捷菜单中的 "Save result buffer" 和 "Load model" 命令，还可以将运行结果缓冲区中的内容保存到文件中或从文件中装载到运行结果缓冲区。选择快捷菜单中的 "Save model" 和 "Load model" 命令，则可以将分类模型对象保存到二进制文件中，也就是保存在 Java 的串行对象格式中，或者将

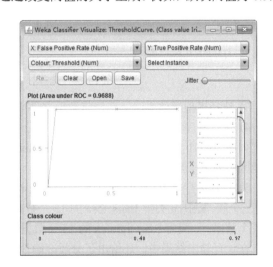

图 10-19　查看可视化的 ROC 曲线（Iris-versicolor）

由"Save model"所保存的分类模型对象载入到系统中来。　　　　　　　　　　　　　◇

3. 贝叶斯分类

WEKA 支持以下贝叶斯算法。

1）BayesNet：贝叶斯信念网络。

2）NaiveBayes：朴素贝叶斯网络。

3）NaiveBayesUpdateable：可更新朴素贝叶斯。

4）NaiveBayesMultinominal：多项式朴素贝叶斯网络。

5）NaiveBayesMultinominalText：多项式文本朴素贝叶斯。

6）NaiveBayesMultinominalUpdateable：可更新多项式朴素贝叶斯。

【例 10-6】 根据 WEKA 自带的实验数据"iris.arff"，利用贝叶斯算法进行分类模型的建立和分析。通过以下步骤，完成贝叶斯分类分析。

1）载入数据：同例 10-5，载入 WEKA 自带的数据"iris.arff"。

2）选择算法：切换到 Classify 选项卡，单击 Choose 按钮，在弹出的算法选择界面选择朴素贝叶斯算法 NaiveBayes，参数取默认值，如图 10-20 所示。

a) 选择算法 NaiveBayes

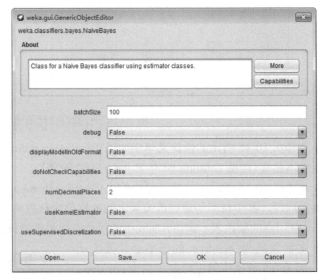

b) 设置算法参数

图 10-20　选择朴素贝叶斯算法并设置参数

3）选择模型评估方法：选择将数据文件中 66% 的实例项用于进行模型的测试检验和评估。

4）运行程序：单击 Start 按钮，执行分类算法，建立贝叶斯模型(运行界面，图 10-21a)。得到如图 10-21b 所示的执行结果(在 Result list 功能区中新增了一条处理记录，在 Classifier ouput 功能区中列出了当前的执行结果)。

5）查看运行输出：从图 10-21b 所示的文本输出结果的最后几行可以看到，数据点被分类为 a、b、c 三个簇。其中，a 类为 Iris-setosa 的 15 个数据；b 类为 Iris-versicolor 的 18 个数据和 Iris-virginica 的 1 个数据；c 类为 Iris-virginica 的 15 个数据和 Iris-versicolor 的 2 个数据。

在运行输出结果中，还给出了分类准确性的统计计算数据。

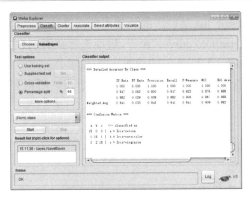

a) 运行界面

```
=== Run information ===
Scheme:        WEKA.classifiers.bayes.NaiveBayes
Test mode:     split 66.0% train, remainder test

=== Classifier model (full training set)===
Naive Bayes Classifier

                       Class
Attribute       Iris-setosa Iris-versicolor Iris-virginica
                   (0.33)       (0.33)          (0.33)
=================================================================
sepallength
  mean             4.9913       5.9379          6.5795
  std. dev.        0.355        0.5042          0.6353
  weight sum       50           50              50
  precision        0.1059       0.1059          0.1059

sepalwidth
  mean             3.4015       2.7687          2.9629
  std. dev.        0.3925       0.3038          0.3088
  weight sum       50           50              50
  precision        0.1091       0.1091          0.1091

petallength
  mean             1.4694       4.2452          5.5516
  std. dev.        0.1782       0.4712          0.5529
  weight sum       50           50              50
  precision        0.1405       0.1405          0.1405

petalwidth
  mean             0.2743       1.3097          2.0343
  std. dev.        0.1096       0.1915          0.2646
  weight sum       50           50              50
  precision        0.1143       0.1143          0.1143

=== Predictions on test split ===
  inst#     actual  predicted error prediction
     1 2:Iris-versicolor 3:Iris-virginica   +   0.769
     2 3:Iris-virginica 3:Iris-virginica        1
     :

=== Summary ===
Correctly Classified Instances          48          94.1176 %
Incorrectly Classified Instances         3           5.8824 %
Kappa statistic                          0.9113
K&B Relative Info Score               4673.8135 %
K&B Information Score                    74.0004 bits    1.451  bits/instance
Class complexity | order 0               81.2579 bits    1.5933 bits/instance
Class complexity | scheme                11.0333 bits    0.2163 bits/instance
Complexity improvement     (Sf)          70.2246 bits    1.377  bits/instance
Mean absolute error                       0.0447
Root mean squared error                   0.1722
Relative absolute error                  10.0365 %
Root relative squared error              36.4196 %
Total Number of Instances                51

=== Detailed Accuracy By Class ===
            TP Rate FP Rate Precision Recall  F-Measure MCC    ROC Area PRC Area Class
             1.000  0.000   1.000     1.000   1.000     1.000  1.000    1.000    Iris-setosa
             1.000  0.063   0.905     1.000   0.950     0.921  0.969    0.905    Iris-versicolor
             0.882  0.000   1.000     0.882   0.938     0.913  0.967    0.938    Iris-virginica
Weighted Avg.0.961  0.023   0.965     0.961   0.961     0.942  0.977    0.944

=== Confusion Matrix ===
  a  b  c   <-- classified as
 15  0  0 |  a = Iris-setosa
  0 18  1 |  b = Iris-versicolor
  0  2 15 |  c = Iris-virginica
```

b) 运行结果截屏图(主要内容)

图 10-21　用朴素贝叶斯算法进行分类分析的结果

6）分类结果分析：在 Result list 功能区的朴素贝叶斯算法处理结果条目上单击鼠标右键，弹出查看菜单，选择"Visualize threshold curves"命令，进而选择某类别（这里选择的是 Iris-versicolor），查看 ROC 曲线，可以看到如图 10-22 所示的曲线。

由 ROC 曲线下的面积值（图中显示为 0.9885）可以看出，所得到的模型的分类性能较优，再结合其他模型评估指标，可以确认模型有效。   ◇

4．基于规则的分类

WEKA 支持以下基于规则的分类器算法。

1）DecisionTable：决策表。

2）JRip：直接方法（Ripper 算法）。

3）M5Rules：用 M5 方法产生回归问题的决策规则。

4）OneR：简单的 1-R 分类法。

5）PART：间接方法（从 J48 产生的决策树抽取规则）。

6）ZeroR：简单的 0-R 分类法。

【例 10-7】 根据 WEKA 自带的实验数据"weather.nominal.arff"，建立基于规则的分类模型。建立模型时，载入数据，然后切换到 Classify 选项卡，单击 [Choose] 按钮，在算法选择树状列表的 rules 类别下选择 JRip 算法，使用默认的算法参数，单击 [Start] 按钮开始运行，得到如图 10-23 所示的运行结果。

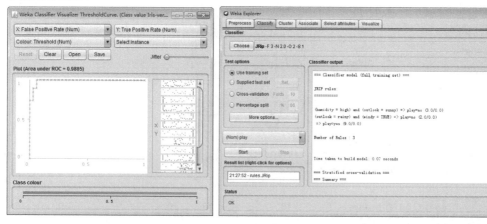

图 10-22　查看 ROC 曲线　　　　　　　图 10-23　JRip 算法的运行结果

在图 10-23 所示的运行结果的 Classifier output 功能区中，给出了基于规则的分类模型。模型表明：当（humidity=high）且（outlook=sunny），或当（outlook=rainy）且（windy=TRUE）则分类为 no；否则分类为 yes。

同样，运行结果中还给出了模型的评估结果：

```
=== Summary ===

Correctly Classified Instances        2         40  %
Incorrectly Classified Instances      3         60  %
Kappa statistic                      -0.3636
K&B Relative Info Score             -29.9365 %
K&B Information Score                -1.4594 bits     -0.2919 bits/instance
```

```
Class complexity | order 0        4.8751 bits      0.975  bits/instance
Class complexity | scheme      1080.0595 bits    216.0119 bits/instance
Complexity improvement (Sf)   -1075.1844 bits   -215.0369 bits/instance
Mean absolute error                0.6
Root mean squared error            0.7085
Relative absolute error          126.9231 %
Root relative squared error      144.235  %
Total Number of Instances          5

=== Detailed Accuracy By Class ===

              TP Rate FP Rate Precision Recall F-Measure MCC   ROC Area PRC Area Class
              0.667   1.000   0.500     0.667  0.571    -0.408 0.333   0.533    yes
              0.000   0.333   0.000     0.000  0.000    -0.408 0.333   0.400    no
Weighted Avg.0.400    0.733   0.300     0.400  0.343    -0.408 0.333   0.480

=== Confusion Matrix ===

  a b   <-- classified as
  2 1 | a = yes
  2 0 | b = no
```

◇

5. 人工神经网络分类

WEKA 支持多层前馈人工神经网络的 Multi-layerPerceptron 算法，即通过多层感知器实现的 BP（Back Propagation）神经网络，它被定义在 WEKA.classifiers.functions.MultilayerPerceptron 模块中。可以由 MultilayerPerceptron 算法产生神经网络的拓扑结构，也可以手动构造或在算法产生的结构的基础上进行修改。MultilayerPerceptron 算法的处理结点的激活函数为 Sigmoid，其特性详见 6.5.1 节的相关内容。当类别属性为数值（numeric）时，则输出结点为 unthresholded linear units。

MultilayerPerceptron 算法的参数配置如图 10-24 所示。

图 10-24 中各参数⊖的具体意义如表 10-6 所示。

【例 10-8】　根据 WEKA 自带的实验数据 "iris.arff"，建立人工神经网络分类模型。Iris（鸢

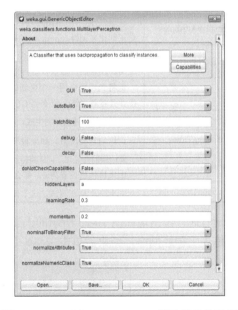

图 10-24　MultilayerPerceptron 算法的参数设置

尾花）数据集的基本情况：包含 150 个数据；包含 sepal length（萼片长）、sepal width（萼片宽）、petal length（花瓣长）和 petal width（花瓣宽）共 4 个独立的属性。花的品种分为 setosa、versicolor、virginica 共 3 个类，每类各 50 个数据。

载入数据后，切换到 Classiy 选项卡，单击 Choose 按钮，在算法选择树状列表的 functions 类别下，选择 MultilayerPerceptron 算法并配置合适的参数。这里，令参数"GUI=TRUE"，以显示图 10-25 所示的窗口，参数"hiddenLayers=2,2"（即设置有 2 个隐藏层，每层各有 2 个隐藏处理单元）。在 Test options 功能区中选择"Use training set"选项。单击 Start 按钮开始运行。

⊖ 图 10-24 中只显示了一部分参数，其他参数可通过拖动界面右侧的滚动条来查看。

表 10-6　人工神经网络分类算法参数

参　数	含　义
GUI	运行时弹出一个图形界面，显示人工神经网络的结构。用红色圆点表示隐藏层的结点，橙色圆点表示输出的结点，并可以进行手动调整和设置
autoBuild	添加网络中的连接和隐层
debug	设置为 True，分类器将输出额外的信息到控制台(console)
decay	这将导致学习的速率降低。其将初始的学习速率除以迭代次数(epoch number)以决定当前的学习速率。这对于停止神经网络背离目标输出会有所帮助，也提高了总体性能。要注意的是衰退的学习速率不会显示在 GUI 中。如果学习速率在 GUI 中被改变，这将被视为初始的学习速率
hiddenLayers	定义神经网络的各隐藏层中神经处理单元的数量。用一个以逗号分隔的正整数序列数来表示各隐藏层中处理单元的个数。例如，"2,5,3" 表示在第 1 隐藏层有 2 个处理单元；在第 2 隐藏层有 5 个处理单元；在第 3 隐藏层有 3 个处理单元 0 表示没有隐层，只适用于 autoBuild 参数设为 True 的情况 可以用通用符来表示，含义如下: 'a' = (attribs + classes) / 2, 'i' = attribs, 'o' = classes , 't' = attribs + classes
learningRate	学习率，即每次迭代学习过程中，权重(weights)被修正的程度
Momentum	更新权重时设置的动量
normalizeAttributes	将属性正则化(normalize)。这样能提高网络的性能。其并不依赖于 class 是不是数值属性的。其也会正则化名词性(nominal)的属性，这样名词性属性是在-1 和 1 之间
normalizeNumericClass	将会正则化 class，如果其是数值属性的。这样也可以提高网络的性能，其将 class 正则化到-1 和 1 之间。注意的是这仅仅是内部的，输出会被转换回原始的范围
Reset	这将允许网络用一个更低的学习速率复位。如果网络偏离了，其将会自动地用更低的学习速率复位并且重新训练。只有当 GUI 没有被设置的时候这个选项才是可用的
seed	用于初始化随机数的生成。随机数被用于设定结点之间连接的初始权重，并用于 shuffling 训练集
trainingTime	训练的迭代次数。如果设置的是非 0，那么这个网络能够终止得比较早
validationSetSize	验证集的百分比，训练将持续直到其观测到在验证集上的误差已经在变差，或者训练的时间已经到了。如果将该值设置为 0，那么网络将一直训练，直到达到迭代的次数
validationThreshold	用于终止验证测试。这个值用于决定在训练终止前，一行内的验证集误差可以变差多少次

运行时，会出现如图 10-25 所示的人工神经网络的拓扑结构图。单击界面上的 Start 按钮开始训练人工神经网络，结束后单击 Accept 按钮结束。

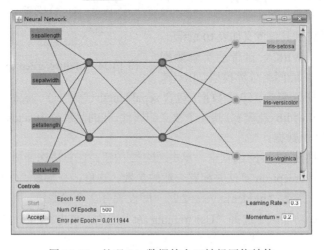

图 10-25　处理 Iris 数据的人工神经网络结构

从图 10-25 中可以看出，所构建的人工神经网络有 4 个输入结点，分别对应 Iris 数据集的 4个属性变量；有 3 个输出结点，分别对应 Iris 数据集的 3 个分类变量；有 2 个隐藏层，每层各有2 个隐藏结点，这由算法的参数 "hiddenLayers" 规定。

运行输出结果(主要部分)如下：

```
=== Classifier model (full training set)===
Sigmoid Node 0
    Inputs    Weights
    Threshold    -6.985857001715475
    Node 5    2.5571185771794207
    Node 6    9.780656914470757
Sigmoid Node 1
    Inputs    Weights
    Threshold    -4.826650946080643
    Node 5    8.48702150837146
    Node 6    -9.085069981334152
Sigmoid Node 2
    Inputs    Weights
    Threshold    4.693172566387317
    Node 5    -8.174927931477592
    Node 6    -5.624774709726461
Sigmoid Node 3
    Inputs    Weights
    Threshold    -0.7765956616056705
    Attrib sepallength    -0.31825287481477865
    Attrib sepalwidth    -4.301398981093497
    Attrib petallength    3.123397528725636
    Attrib petalwidth    2.857212795686033
Sigmoid Node 4
    Inputs    Weights
    Threshold    -8.092055148437938
    Attrib sepallength    -1.1186548900939708
    Attrib sepalwidth    -3.3463058190604604
    Attrib petallength    8.46237092500814
    Attrib petalwidth    10.539665263892585
Sigmoid Node 5
    Inputs    Weights
    Threshold    7.609208545628205
    Node 3    -5.2380461963999245
    Node 4    -8.807658989710102
Sigmoid Node 6
    Inputs    Weights
    Threshold    2.302205329505165
    Node 3    -9.88025030610141
    Node 4    -4.848900188165535
Class Iris-setosa
    Input
    Node 0
Class Iris-versicolor
    Input
```

```
   Node 1
Class Iris-virginica
   Input
   Node 2
```

输出结果中给出了网络中各个神经元的权重(weight)和阈值(threshold)。从文中内容可以看出结点编号与数据变量的对应关系为如图 10-26 所示的关系。

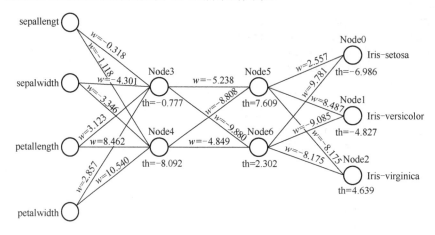

图 10-26　处理 Iris 数据的人工神经网络结构及参数值

输出结果中给出了分类模型的误差评估结果：

```
=== Summary ===
Correctly Classified Instances     148            98.6667 %
Incorrectly Classified Instances     2             1.3333 %
Kappa statistic                    0.98
Mean absolute error                0.0282
Root mean squared error            0.0899
Relative absolute error            6.3442 %
Root relative squared error       19.0612 %
Total Number of Instances          150
```

输出结果还给出了 TP、FP、准确率、召回率、F-Measure 和 ROC Area 等指标：

```
=== Detailed Accuracy By Class ===
        TP Rate FP Rate Precision Recall F-Measure MCC  ROC Area PRC Area Class
        1.000   0.000   1.000     1.000  1.000     1.000 1.000   1.000    Iris-setosa
        0.980   0.010   0.980     0.980  0.980     0.970 0.999   0.997    Iris-versicolor
        0.980   0.010   0.980     0.980  0.980     0.970 0.999   0.997    Iris-virginica
Weighted Avg.0.987 0.007 0.987    0.987  0.987     0.980 0.999   0.998
```

以及混淆矩阵：

```
=== Confusion Matrix ===
  a  b  c   <-- classified as
 50  0  0 |  a = Iris-setosa
  0 49  1 |  b = Iris-versicolor
  0  1 49 |  c = Iris-virginica
```

◇

6. 支持向量机

WEKA 支持以下支持向量机算法。

1) SMO：支持向量机（采用顺序最优化学习方法）。

2) LibSVM：运用 LibSVM⊖开发包建立模型。

（1）SMO。

【例 10-9】　用支持向量机算法，利用 WEKA 自带的数据文件"iris.arff"，完成分类建模。过程如下：

1) 在 WEKA 的 Preprocess 选项卡中加载数据文件"iris.arff"；

2) 切换到 Classify 选项卡，单击 Choose 按钮，在算法选择树状列表的 functions 类别下选择 SMO 作为分类器；

3) 如图 10-27a 所示，使用 SMO 的默认参数；

4) 在 Test options 功能区中选择"Cross-Validation"选项，并设"Folds=10"（10 折交叉验证测试）；

5) 单击 Start 按钮开始处理。

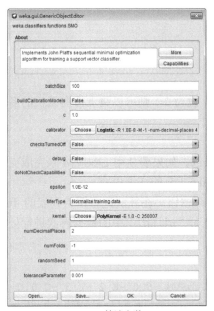

a) SMO 算法参数

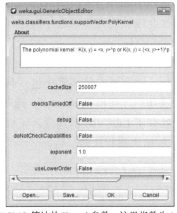

b) SMO 算法的 Kernel 参数，这里指数为 1，则模型为线性支持向量机

图 10-27　支持向量机 SMO 算法参数

运行结束后，Classifier output 窗口中列出模型结果，给出了各个参数的模型（略）和以下检验指标和分类结果：

```
=== Stratified cross-validation ===
=== Summary ===

Correctly Classified Instances        144          96%
```

⊖ LibSVM 是由中国台湾的林智仁（Chih-Jen Lin）教授开发的一套支持向量机的库，支持数据分类或回归分析。LibSVM 程序紧凑，速度快，运用灵活，输入参数少，开源易于扩展，成为目前应用最多的支持向量机（SVM）的库。

```
Incorrectly Classified Instances         6           4%
Kappa statistic                    0.94
Mean absolute error                0.2311
Root mean squared error            0.288
Relative absolute error            52%
Root relative squared error        61.101%
Total Number of Instances   150
```

```
=== Detailed Accuracy By Class ===
          TP Rate FP Rate Precision Recall F-Measure MCC  ROC Area PRC Area Class
          1.000   0.000   1.000     1.000  1.000     1.000 1.000    1.000    Iris-setosa
          0.980   0.050   0.907     0.980  0.942     0.913 0.965    0.896    Iris-versicolor
          0.900   0.010   0.978     0.900  0.938     0.910 0.970    0.930    Iris-virginica
Weighted Avg. 0.960 0.020 0.962     0.960  0.960     0.941 0.978    0.942
```

```
=== Confusion Matrix ===
  a  b  c   <-- classified as
 50  0  0 |  a = Iris-setosa
  0 49  1 |  b = Iris-versicolor
  0  5 45 |  c = Iris-virginica
```

如果将图 10-27b 中的 Kernel 的指数项 "exponent" 设为 2，则可以将支持向量机的多项式核函数以二次非线性的方式来进行构建和处理。

(2) LibSVM。

WEKA 3.8.0 的默认安装中并不包含 LibSVM 算法包。如果要使用 LibSVM 来完成支持向量机分类分析，则需要安装该算法包。具体安装方法见 10.6.2 节的详细内容。

安装成功后，切换到 Classify 选项卡，单击 Choose 按钮，在算法选择树状列表的 functions 类别下，就有了 LibSVM 的选项。可以使用这个算法包对 "iris.arff" 中的数据再次进行处理，并与例 10-9 的结果进行比较。

```
=== Run information ===
Scheme:      WEKA.classifiers.functions.LibSVM -S 0 -K 2 -D 3 -G 0.0 -R 0.0
-N 0.5 -M 40.0 -C 1.0 -E 0.001 -P 0.1 -model "C:\\Program Files\\WEKA-3-8" -seed 1
   Relation:    iris
   Instances:   150
   Attributes:  5
             sepallength
             sepalwidth
             petallength
             petalwidth
             class
Test mode:   10-fold cross-validation
```

```
=== Classifier model (full training set)===
LibSVM wrapper, original code by Yasser EL-Manzalawy (= WLSVM)
=== Stratified cross-validation ===
```

```
=== Summary ===
Correctly Classified Instances          145               96.6667 %
Incorrectly Classified Instances          5                3.3333 %
Kappa statistic                         0.95
Mean absolute error                     0.0222
Root mean squared error                 0.1491
Relative absolute error                 5 %
Root relative squared error             31.6228 %
Total Number of Instances               150

=== Detailed Accuracy By Class ===
         TP Rate FP Rate Precision Recall F-Measure MCC  ROC Area PRC Area Class
         1.000   0.000   1.000     1.000  1.000     1.000 1.000    1.000    Iris-setosa
         0.940   0.020   0.959     0.940  0.949     0.925 0.960    0.922    Iris-versicolor
         0.960   0.030   0.941     0.960  0.950     0.925 0.965    0.917    Iris-virginica
Weighted Avg.0.967 0.017 0.967     0.967  0.967     0.950 0.975    0.946

=== Confusion Matrix ===
  a  b  c   <-- classified as
 50  0  0 |  a = Iris-setosa
  0 47  3 |  b = Iris-versicolor
  0  2 48 |  c = Iris-virginica
```

10.2.4　回归分析

回归算法通常用于数值的预测，但也可用于分类(通过回归计算属于各分类的概率，取其最大者)，所以 WEKA 把回归算法归并于 Classify 选项卡之下。

在 Classify 选项卡的算法选择树状列表的 functions 类别下，WEKA 实现了简单线性回归、线性回归、简单 Logistic 回归、Logistic 回归和支持向量机回归。其中，简单线性回归只能对单自变量建立回归模型，线性回归可以对多自变量建立回归模型，简单 Logistic 回归则可以建立线性 Logistic 模型。

1.　线性回归算法

在 WEKA 中，实现了最基本的回归算法：简单线性回归(SimpleLinearRegression 算法)和线性回归(LinearRegression 算法)。

SimpleLinearRegression 算法实现了一元线性回归模型的建立，即只对单个自变量建立回归模型。建立的一元线性回归经验模型如式(10-1)所示：

$$\hat{y} = \hat{\beta}_0 + \hat{\beta}_1 x \tag{10-1}$$

LinearRegression 实现了多元线性回归模型的建立，即对多自变量建立回归模型。建立的多元线性回归经验模型如式(10-2)所示：

$$\hat{y} = \hat{\beta}_0 + \hat{\beta}_1 x_1 + \hat{\beta}_2 x_2 + \cdots + \hat{\beta}_m x_m \tag{10-2}$$

进行回归分析建模时，操作步骤是：载入数据；选择算法(切换到 Classify 选项卡主界面，单击 Choose 按钮，在算法选择树状列表的 functions 类别下选择 SimpleLinearRegression 算法或 LinearRegression 算法)；设置参数(单击 Choose 按钮右侧的区域配置算法参数)；建立模型(单击

Start 按钮开始建模）；查看模型（在 Classifier output 功能区查看回归模型的各项指标和参数）；评估模型（在 Result list 功能区所生成的对应结果项上单击鼠标右键查看相应输出分析）。

【例 10-10】 表 10-7 给出的是房屋的基本情况与房屋售价表。

表 10-7　房屋的基本情况与售价表

占 地 面 积	使 用 面 积	卧 室 数 量	花岗岩装修	精装卫生间数量	销 售 价 格
3529	9191	6	0	0	$205,000
3247	10061	5	1	1	$224,900
4032	10150	5	0	1	$197,900
2397	14156	4	1	0	$189,900
2200	9600	4	0	1	$195,000
3536	19994	6	1	1	$325,000
2983	9365	5	0	1	$230,000

利用线性回归分析的方法，预测表 10-8 中给出的房屋的售价。

表 10-8　待估房屋情况

占 地 面 积	使 用 面 积	卧 室 数 量	花岗岩装修	精装卫生间数量	销 售 价 格
3198	9669	5	1	1	？

分析时，首先将数据保存为 csv 格式（见素材文件"素材_房屋售价.csv"。为了能使 WEKA 将"销售价格"处理为 Numeric 类型，需要将该列中的美元符号"$"删除，或在 Excel 中将该列的数字格式由"货币"改为"常规"。），载入 WEKA。

在 Classify 选项卡中单击 Choose，在算法选择树状列表中选择"weka"→"classifier"→"functions"→"LinearRegression"。在 Test options 功能区选择"Use training set"选项，其他选项的含义见 10.2.3 节中 Test options 的相关内容。选择因变量"销售价格"。单击 Start 按钮开始处理，如图 10-28 所示。

图 10-28　线性回归分析结果

在 Classifier output 功能区，可得到以下输出结果（主要内容）：

```
=== Run information ===
Scheme:        WEKA.classifiers.functions.LinearRegression  -S  0  -R  1.0E-8
-num-decimal-places 4
Instances:     7
Attributes:    6
Test mode:     evaluate on training data

=== Classifier model (full training set)===
Linear Regression Model
销售价格 =
     -26.6882 * 占地面积 +
       7.0551 * 使用面积 +
   43166.0767 * 卧室数量 +
   42292.0901 * 精装卫生间数量 +
  -21661.1208

=== Summary ===
Correlation coefficient           0.9945
Mean absolute error               4053.821
Root mean squared error           4578.4125
Relative absolute error           13.1339%
Root relative squared error       10.51%
Total Number of Instances         7
```

其中，给出了回归模型的计算公式（上面输出结果中粗体部分）。利用该公式，即可对表 10-2 中所列出的房屋进行估价预测：

销售价格 = (−26.6882)×3198+7.0551×9669+43166.0767×5+42292.0901×1−21661.1208
　　　　 = 219328

即表 10-8 中所列房屋的预测售价为 219328 美元。

查看回归预测误差时，可以在 Result list 功能区中找到对应的条目，单击鼠标右键后选择 "Visualize classifier errors" 命令来查看分类器的误差，如图 10-29 所示。

可以通过选择 X 轴和 Y 轴的属性，从不同维度来浏览数据（图 10-29 中，选择的是房屋的销售价格与模型预测价格之间的误差关系）。各数据项（instance）分别用大小不同的叉线表示，叉线越大说明误差越大。

在图中叉线上单击鼠标左键，可以看到该线叉所代表的是第几个数据项（instance），及其具体数值和误差情况，如图 10-29 中右侧的窗口所示。　　◇

2．简单 Logistic 回归

Logistic 回归分析的基本思想是使用所建立的回归模型对需分类的样本进行该样本属于不同分类的概率计算，从而将样本判定为概率值较高的一个分类。

图 10-29　分类器误差的可视化结果

SimpleLogistic 算法使用 LogitBoost 算法来迭代地拟合回归模型，每一轮迭代将会产生一个模型，利用 k-折叠交叉验证获得该模型的性能指标，从多次迭代中选择最优的迭代次数。

【例 10-11】 表 10-9 中的训练数据集来自 WEKA 所附带的实验数据"weather.numeric.arff"的内容，其中 play 为类别属性。以该数据作为训练数据，利用 WEKA 的 SimpleLogistic 算法回归分析建立模型，并对表 10-9 中的待预测数据进行预测分类。

表 10-9　WEKA 所附 "weather.numeric.arff" 数据

类　　别	示　　例				
训练数据集	outlook	temperature	humidity	windy	play
	sunny	85	85	FALSE	no
	sunny	80	90	TRUE	no
	overcast	83	86	FALSE	yes
	rainy	70	96	FALS	yes
	rainy	68	80	FALSE	yes
	rainy	65	70	TRUE	no
	overcast	64	65	TRUE	yes
	sunny	72	95	FALSE	no
	sunny	69	70	FALS	yes
	rainy	75	80	FALSE	yes
	sunny	75	70	TRUE	yes
	overcast	72	90	TRUE	yes
	overcast	81	75	FALSE	yes
	rainy	71	91	TRUE	no
待预测数据	outlook	temperature	humidity	windy	play
	sunny	67	77	FALSE	？

步骤如下：

1）载入数据。在 Preprocess 选项卡中载入 "weather. numeric.arff" 文件；

2）选择算法。切换到 Classify 选项卡，单击 Choose 按钮，在算法选择树状列表的 functions 类别下选择 SimpleLogistic 算法；

3）设置参数。单击 Choose 按钮右侧的区域配置算法参数，并在 Test options 功能区选择"Use training set"选项，如图 10-30 所示；

4）建立模型。单击 Start 按钮，开始建模。在 Classifier output 区域查看回归模型的各项指标和参数，如图 10-31a 所示，也可以查看对回归模型的初步评估和分析结果，如图 10-31b 所示；

5）评估模型。在 Result list 功能区所生成的对应结果项上单击鼠标右键查看相应输出分析结果。例如，可以选择查看 Cost/Benefit 分析结果，得到如图 10-32 所示的不同分类属性值的分析图表；

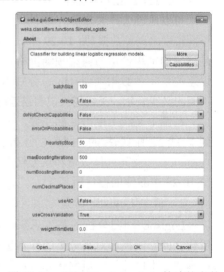

图 10-30　配置 SimpleLogistic 算法的参数

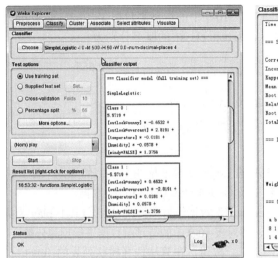
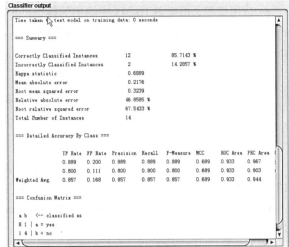

a) 回归模型　　　　　　　　　　　　　b) 模型评估

图 10-31　SimpleLogistic 算法的运行结果

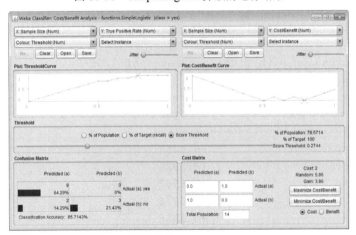

a) class = yes

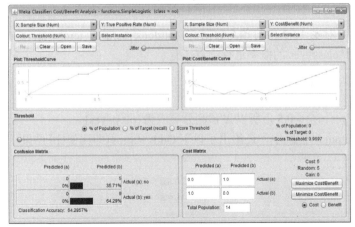

b) class = no

图 10-32　SimpleLogistic 运行结果的 Cost/Benefit 分析

6）应用模型。根据图 10-31a 中给出的模型，计算表 10-9 中的待预测数据 $X=\{outlook=sunny,$ $temperature=67，humidity=77，windy=FALSE\}$ 属于 class0 和 class1 的概率分别为

$$p(\text{class }0\,|\,X)=\frac{1}{1+e^{-WX}}=\frac{1}{1+e^{-[5.5719+(-0.6532)+0+(-1.2127)+(-4.4506)+1.3756]}}=0.653$$

$$p(\text{class }1\,|\,X)=1-p(\text{class }0\,|\,X)=0.347$$

这里，$p(\text{class }0\,|\,X)>p(\text{class }1\,|\,X)$，所以 X 预测分类应为 \{play=yes\}。　　　　　◇

3. Logistic 回归

与前面介绍的 SimpleLogistic 算法不同，WEKA 的 Logistic 算法应用最大似然规则来建立回归模型，在输出结果中给出了模型的各变量的系数以及 Odds Ratios（即比值比）数据。

【例 10-12】 以 WEKA 所附带的"weather.numeric.arff"数据作为实验训练数据（其中 play 为类别属性），利用 WEKA 的 Logistic 回归分析建立模型，并对表 10-9 中的待预测数据进行预测分类。

载入数据后，切换到 Classify 选项卡，单击 [Choose] 按钮，在算法选择树状列表的 functions 类别下选择 Logistic 算法。使用算法默认参数值，选择"Use training set"作为测试选项，运行算法，得到回归模型。在 Classifier output 功能区中，可以看到分类模型为

```
=== Classifier model (full training set)===

Logistic Regression with ridge parameter of 1.0E-8
Coefficients...
                                  Class
Variable                            yes
======================================
outlook=sunny                   -6.4257
outlook=overcast                13.5922
outlook=rainy                   -5.6562
temperature                     -0.0776
humidity                        -0.1556
windy=FALSE                      3.7317
Intercept                        22.234
```

根据该模型，可对表 10-9 中待预测数据 $X=\{outlook=sunny，temperature=67，humidity=77，$ $windy=FALSE\}$ 属于 class=yes 的概率进行计算，有

$$p(\text{class}=\text{yes}\,|\,X)=\frac{1}{1+e^{-WX}}=\frac{1}{1+e^{-[-6.4257+0+0+(-0.0776)0+(-0.1556)+3.7317+22.234]}}=0.914$$

因有 $p(\text{class}=\text{yes}\,|\,X)>0.5$，所以 X 预测分类应为 \{play=yes\}。

在 Classifier output 功能区中，还给出了以下 Odds Ratios（即比值比）结果：

```
Odds Ratios...
                                  Class
Variable                            yes
======================================
outlook=sunny                    0.0016
outlook=overcast           799848.4279
outlook=rainy                    0.0035
```

```
temperature                        0.9254
humidity                           0.8559
windy=FALSE                        41.7508
```

从中可以看出，{outlook=overcast}和{windy=FALSE}对将样本数据分类为class=yes 的影响较大[⊖]。

在 Result list 功能区所生成的对应结果项上单击鼠标右键查看相应输出分析结果。例如，可以选择查看"Visualize classifier errors"结果，得到如图 10-33 所示的分类误差图示结果。

鼠标右键单击图 10-33 图形区中左上角的蓝色小方块，可以弹出图中右侧窗口所示的错误分类样本的详细信息。信息显示第4和第11项样本被错误分类了。　　　◇

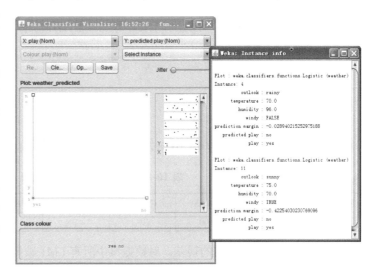

图 10-33　Logistic 算法的分类预测误差的可视化

4. M5P 回归算法

M5P 是基于 M5 模型树算法的分类算法，其分类框架使用决策树结构，叶结点的预测模型为线性回归模型，可用于连续数据的分类回归。

【例 10-13】　利用 M5P 回归算法，使用 WEKA 所附带的"cpu.with.vendor.arff"数据，建立回归模型，对处理器芯片的价格(数据的class 属性值)进行预测。

处理器芯片分为计算机使用的通用芯片(代表是 Intel 和 AMD)和手机、嵌入式设备使用的嵌入式芯片(ARM 芯片)。即使两类芯片的工艺和技术参数较为接近，通用芯片和嵌入式芯片的价格还是会有很大不同。如果在生成回归模型时不对两类芯片进行区分，则利用生成的模型进行价格预测时，必定会有很大的误差。因此，首先考虑利用决策树算法将样本分为两类(通用和嵌入式)，然后分别对这两个类别建立回归模型，这样模型的准确率将会更高。

生成模型时，首先载入"cpu.with. vendor.arff"数据，切换到 Classify 选项卡，单击 Choose 按钮，在算法选择树状列表的 trees 类别下选择 M5P 算法，并配置合适的参数(这里选用默认值)，完成模型的建立。鼠标右键单击 Result list 功能区的结果条目，选择 Visualize tree，可以得到如图 10-34 所示的模型

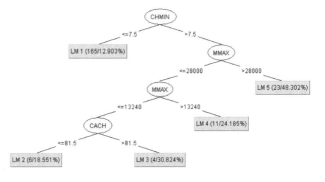

图 10-34　M5P 算法处理结果

[⊖] 在 Logistic 回归中，Odds Ratio=1，表示该因素对预测为特定的分类结果不起作用；Odds Ratio > 1，表示该因素是一个积极因素；Odds Ratio < 1，表示该因素是一个消极因素。

的决策树结构框架。M5P 算法将数据分为了 LM1～LM5 几个叶结点，并在每个叶结点标签上给出了该类别数据实例的数量和占总数据量的百分比。

而对于 LM1～LM5 每个结点，进行预测的模型为线性回归模型，在 Classifier output 功能区给出的运行结果中给出了每个回归模型的参数，例如 LM 1 的模型及其参数为

```
LM num: 1
class =
  -0.0055 * MYCT
  + 0.0013 * MMIN
  + 0.0029 * MMAX
  + 0.8007 * CACH
  + 0.4015 * CHMAX
  + 11.0971
```

利用这组模型，可以对表 10-10 所示的 LM 1 数据(因其 CHMIN≤7.5)进行回归预测。

表 10-10　LM1 数据的预测结果

MYCT	MMIN	MMAX	CACH	CHMIN	CHMAX	class	预 测 值
330	1000	2000	0	1	2	16	17.1851

预测值较 class 值有一定的误差。对数据集中所有 LM1 数据进行预测分析，得到如图 10-35a 所示的拟合结果，其中较为平滑的为预测数据(绘图时对预测数据进行了排序)，拟合效果较好。

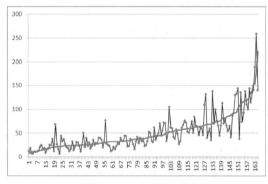
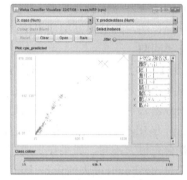

a) 数据集中 LM1 数据的预测误差　　　　　　　b) 模型误差分析视图

图 10-35　预测结果误差分析

鼠标右键单击 Result list 功能区的结果条目，选择"Visualize classifier errors"，可以通过如图 10-35b 所示的误差视图对误差情况进行评估。　　　　　　　　　　　　　　　　　　◇

10.2.5　Cluster(聚类分析)

1. 算法选择和分析模式设置

在 WEKA Explorer 界面中，载入数据后，切换到 Cluster 选项卡，进入聚类分析模块，界面如图 10-36a 所示。

从图 10-36b 中可以看出，WEKA3.8.0 所支持的聚类算法主要包括以下几种。

1) Canopy：Canopy 聚类算法使用一个快速近似距离度量和两个距离阈值 T1>T2 来处理，虽精度低，但速度上有很大优势，可用于对数据进行"粗"聚类，得到 k 值。

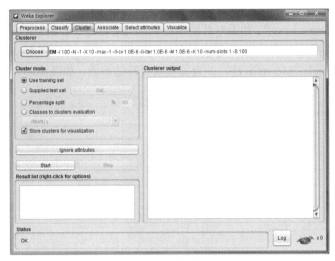

a) Cluster 选项卡　　　　　　　　　　　　　　　　b) 聚类算法

图 10-36　聚类模块界面

2）Cobweb：一种简单增量概念聚类算法。Cobweb 以一个分类树形式创建层次聚类，分类树的每个结点对应一个概念集，以及对被划分于该结点下的数据对象的概率描述。

3）DBSCAN：支持分类属性的基于密度的算法。

4）EM：基于期望最大的混合模型聚类算法。

5）FarthestFirst：K 中心点算法。

6）FilteredClusterer：可选择筛选器进行数据筛选，并进行聚类的综合方法。

7）HierarchicalCluster：层次聚类算法。

8）MakeDensityBasedCluster：基于密度的聚类。

9）OPTICS：基于密度的算法。

10）SimpleKMeans：支持分类属性的 K 均值算法。

在 Cluster 选项卡的 Cluster mode 功能区中，可对聚类处理的模式进行选择和设置，如图 10-36a 所示。其中的"Use training set""Supplied test set"和"Percentage split"选项见 10.2.3 节中 Test options 功能区中介绍的相关内容。与聚类有关的选项及其作用见表 10-11。

表 10-11　与聚类相关的 Cluster mode 选项

名　称	含　义
Classes to clusters evaluation	选择监督聚类时，指定类属性
Store clusters for visualization	生成可视化聚类结果，包括类指派和层次树图

2．SimpleKMeans

SimpleKMeans 算法随机选取 k 个对象作为初始的聚类中心（即质心），计算每个对象与各个聚类中心之间的距离，并将对象指派给距离最近的聚类中心。聚类中心以及分配给它们的对象就代表一个聚类。重新计算每个聚类的聚类中心，并再次指派。重复该过程直到满足某个终止条件。终止条件可以是没有（或最小数目）对象被重新分配给不同的聚类，或没有（或最小数目）聚类中心再发生变化，或误差平方和局部最小。

【例 10-14】 利用 7.2.1 节例 7-7 所使用的实验数据，用 SimpleKMeans 算法进行聚类分析。

载入数据（见素材文件"素材_Kmeans.csv"。如果对其他数据类型的数据进行分析（如 Excel），则需要在 WEKA 载入数据前，将数据转存为 WEKA 所支持的.csv 等格式。），切换到 Cluster 选项卡，在 Clusterer 功能区中选择 SimpleKMeans 算法，并为其设置合适的参数，如图 10-37 所示。

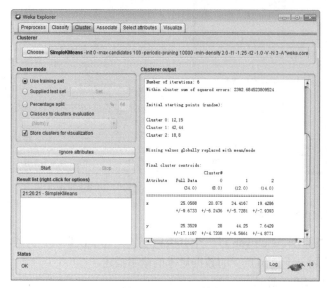
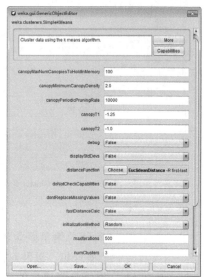

a) 选择 SimpleKMeans 算法　　　　　　　　　　b) 设置算法参数

图 10-37　选择 SimpleKMeans 算法并设置参数进行聚类分析

其中，较为关键的几个参数如表 10-12 所列。

表 10-12　SimpleKMeans 算法参数

名　称	定　义
distanceFunction	计算数据点与聚类中心邻近度的距离函数，默认为 EuclideanDistance（欧几里得距离），这里选择默认值
initializationMethod	确定初始聚类中心的方法，有 Random（随机选择法）、k-mens++（离散质心法）、Canopy、FarthestFirst 几项方法，这里选择 Random（随机选择法）
maxIterations	最大迭代次数，这里选择 500
numClusters	聚类的簇数，这里设置为 3。运行结果将生成 3 个簇

其他参数设置还涉及数据预处理、运行结果中所显示的内容、处理缺失值的方法、兼容性检查等内容。

单击 Start 按钮进行处理，可以在 Clusterer output 功能区得到如下运行结果（主要内容）：

```
=== Run information ===
Scheme: WEKA.clusterers.SimpleKMeans -init 0 -max-candidates 100 -periodic-pruning 10000
-min-density 2.0 -t1 -1.25 -t2 -1.0 -V -M -N 3 -A "WEKA.core.EuclideanDistance -D -R first-last"
-I 500 -num-slots 1 -S 10 -do-not-check-capabilities
Relation:    素材_Kmeans
Instances:   34
Test mode:   evaluate on training data
```

```
=== Clustering model (full training set)===
kMeans
======
Number of iterations: 6
Within cluster sum of squared errors: 2392.684523809524
Initial starting points (random):
Cluster 0: 12,15
Cluster 1: 42,44
Cluster 2: 18,8

Final cluster centroids:
                        Cluster#
Attribute     Full Data      0          1          2
              (34.0)       (8.0)      (12.0)     (14.0)
=================================================================
x             25.0588     20.875     34.4167    19.4286
y             25.3529        28       44.25      7.6429

=== Model and evaluation on training set ===
Clustered    Instances
0            8 (24%)
1            12 (35%)
2            14 (41%)
```

从输出结果可以看出，经过 6 次迭代完成聚类，最终的 SSE 值为 2392.68。数据被聚类为了 3 个簇，分别被指派了 8 个、12 个和 14 个数据，其聚类中心分别为 $(20.88，28)$、$(34.42，44.25)$ 和 $(19.43，7.64)$。这与第 7.2.1 节的例 7-7 的计算与表 7-2 中的结果基本一致。

鼠标右键单击 Result list 中的运行结果条目，选择 "visualize cluster assignments" 选项可以得到如图 10-38 所示的聚类结果，所聚成的 3 个簇分别用不同的颜色标示。　　　　　　　　　　◇

3. 层次聚类

【例 10-15】利用 7.4.1 节例 7-12 所使用的数据（素材文件为 "素材_12Points.csv"，对其中的 x 属性进行了排序，以使运行结果与 7.4.1 节例 7-12 的结果有可比性。），进行层次聚类分析。

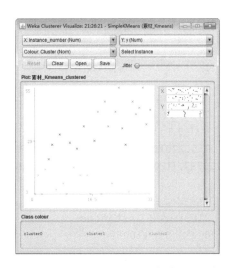

图 10-38　SimpleKMeans 聚类结果可视化

载入数据，切换到 Cluster 选项卡，在 Clusterer 功能区中选择 HierarchicalCluster（层次聚类）算法，并设置算法参数：在如图 10-39a 所示的界面中将 distanceFunction 设置为 "EuclideanDistance"（采用欧几里得距离来衡量邻近度），并为该距离函数设置具体的参数（见图 10-39b）；将 numClusters 设为 "1"（最终聚类为 1 个簇）。

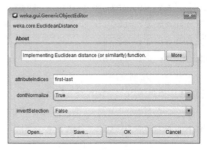

a) HierarchicalCluster 算法的参数设置 b) 距离函数的参数设置

图 10-39 层次聚类参数设置

单击 Start 按钮进行层次聚类，得到如下所示的运行结果：

```
=== Run information ===
Scheme:         WEKA.clusterers.HierarchicalClusterer -N 1 -L CENTROID -P -A
"WEKA.core.EuclideanDistance -D -R first-last"
Relation:    素材_12Points
Instances:   12
Attributes:  2
             x
             y
Test mode:   evaluate on training data

=== Clustering model (full training set)===
Cluster 0
((((10.0:1.41421,11.0:1.41421):5.79689,(5.0:3.16228,4.0:3.16228):4.04882):6.09094,
(17.0:5.22015,(22.0:3,22.0:3):2.22015):8.08189):2.90906,((7.0:3.16228,4.0:3.16228):
11.06797,((20.0:2.82843,22.0:2.82843):3.17157,15.0:6):8.23025):1.98086)

=== Model and evaluation on training set ===
Clustered Instances
0      12 (100%)
```

数据被逐步聚类为一个簇。进一步查看运行结果，可以看到层次聚类可视化的图，如图 10-40 所示。   ◇

4. DBSCAN

WEKA 3.8.0 的默认安装中并不包含 DBSCAN 算法包。如果要使用 DBSCAN 算法来进行层次聚类分析，需要从 http://WEKA.sourceforge.net/package-

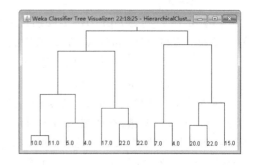

图 10-40 层次聚类可视化层次树图

MetaData/optics_dbScan/或其他网站下载 optics_dbscan 算法包，截至 2019 年 12 月，最新版本为 1.0.6。安装方法见 10.6.2 节的内容。

DBSCAN 算法最主要的参数如表 10-13 所示。

【例 10-16】 用 DBSCAN 算法进行聚类分析。

1）载入数据。这里，所用的数据如表 10-14 所示。

表 10-13　DBSCAN 算法参数

名　　称	定　　义
epsilon	Eps 半径（相对值）
minPoints	MinPts，Eps 半径内点的个数

表 10-14　DBSCAN 聚类数据

x	18	21	27	37	47	54	57	124	133	142	150	161	177	183	186	196	199
y	240	207	245	181	225	150	172	99	93	75	111	88	183	162	142	152	121

将数据存入一个 CSV 文档，以便 WEKA 通过 Open file... 按钮将其载入。利用 WEKA 的可视化功能，可以看到数据的分布如图 10-41 所示。

2）选择算法并设置参数。切换到 Cluster 选项卡，单击 Choose 按钮选择 DBSCAN 算法，并设置算法参数。这里，将 epsilon 设为 "0.3"，将 minPoints 设为 "4"，如图 10-42a 所示。此外，还可以选择数据点的距离函数，可供选择的距离函数如图 10-42b 所示，这里选择 "EuclideanDistance"（欧几里得距离）作为距离函数。

3）聚类分析。单击 Start 按钮进行聚类分析。在 Clusterer output 功能区中可以看到文本输出的主要内容如下：

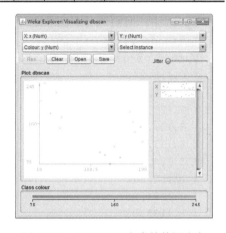

图 10-41　DBSCAN 聚类的数据分布

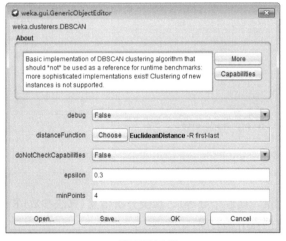

a）设置算法参数

b）选择距离函数

图 10-42　DBSCAN 聚类算法参数设置

```
=== Run information ===
Scheme:     WEKA.clusterers.DBSCAN -E 0.3 -M 4 -A "WEKA.core.EuclideanDistance
-R first-last"
```

```
Relation:    dbscan
Instances:   17
Attributes:  2
             x
             y
Test mode:  evaluate on training data


=== Clustering model (full training set)===
DBSCAN clustering results
==============================================================================
Clustered DataObjects: 17
Number of attributes: 2
Epsilon: 0.3; minPoints: 4
Distance-type:
Number of generated clusters: 2
( 0.)18,240                                          -->  0
( 1.)21,207                                          -->  0
( 2.)27,245                                          -->  0
( 3.)37,181                                          -->  0
( 4.)47,225                                          -->  0
( 5.)54,150                                          -->  0
( 6.)57,172                                          -->  0
( 7.)124,99                                          -->  1
( 8.)133,93                                          -->  1
( 9.)142,75                                          -->  1
(10.)150,111                                         -->  1
(11.)161,88                                          -->  1
(12.)177,183                                         -->  1
(13.)183,162                                         -->  1
(14.)186,142                                         -->  1
(15.)196,152                                         -->  1
(16.)199,121                                         -->  1


=== Model and evaluation on training set ===
Clustered    Instances
0                7 ( 41%)
1               10 ( 59%)
```

其中，给出了数据的基本信息(数据数量、属性个数等)、聚类分析信息(算法参数)和聚类结果(簇个数、各簇所包含的数据个数、各数据点所属的簇)。

4) 聚类结果分析。鼠标右键单击 Result list 功能区中对应的运行结果条目，在弹出的快捷菜单中选择 "Visualize cluster assignments"，即可以在弹出的可视化窗口中看到分类结果，如图 10-43a 所示。可以利用窗口界面上方的下拉框列表来选择图形的 X 和 Y 坐标轴所代表的内容。本例中，X 轴显示数据中的 x 属性，Y 轴显示数据中的 y 属性，从而与图 10-41 所示的数据分布相对照。

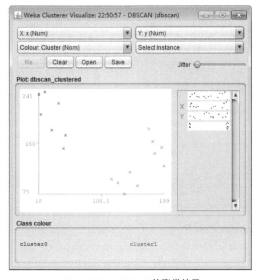

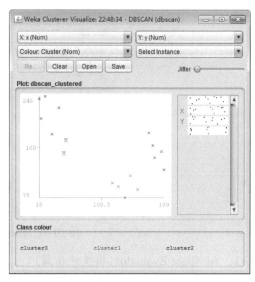

a) Eps=0.3，minPts=4 的聚类结果　　　　　b) Eps=0.2，minPts=4 的聚类结果

图 10-43　DBSCAN 聚类结果的可视化

在图 10-43a 所示的聚类结果中，数据被聚类为 2 个簇，分别用两种颜色的"×"来表示；而对于图 10-43b 所示的 Eps=0.2 的结果，数据被聚类为了 3 个簇，分别用 3 种颜色的×表示，其中，有 2 个数据点被划分为边界点，在图中用符号"M"来表示。

左键单击 Class colour 功能区中带有颜色的文本，可以对颜色进行设置，如图 10-44a 所示。单击坐标图中的"×"，可以查看其所代表的数据，如图 10-44b 所示。　　　　　　　◇

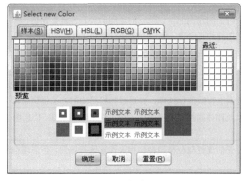

a) 设置颜色　　　　　　　　　　　　b) 查看×所代表的数据

图 10-44　可视化效果配置

10.2.6　Select Attributes（选择属性）

Select Attributes 选项卡由 Attribute Evaluator（属性评估器）、Search Method（搜索策略）和 Attribute Selection Mode（属性模式选择）几个功能区组成，如图 10-45 所示。在对数据集的一组属性通过评估来选择最有代表性的属性时，首先应通过 Attribute Evaluator 来选择合适的评估方法，再通过 Search Method 来规定查找最适合属性的策略，最终通过 Attribute Selection Mode 来选择最适合属性的模式。

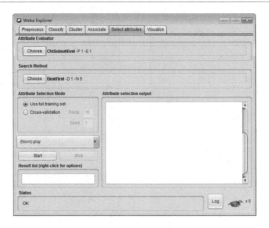

图 10-45　Select Attributes 选项卡

1. Attribute Evaluator（属性评估器）

总的来讲，Attribute Evaluator 可以分为过滤（Filter）和封装（Wrapper）两类，前者注重对单个属性进行评价（如果选用此评价策略，则下面的 Search Method 必须设为"Ranker"），具体的算法有 CorrelationAttributeEval、GainRatioAttributeEval、InfoGainAttributeEval、OneRAttributeEval、PrincipalComponents、ReliefFAttributeEval 和 SymmetricalUncertAttributeEval 等；后者侧重对特征子集进行评价，主要算法有 CfsSubsetEval、WrapperSubsetEval。

Attribute Evaluator 的主要选项如表 10-15 所示。

表 10-15　Attribute Evaluator 主要选项

名　称	含　义
CfsSubsetEval	根据属性子集中每一个特征的预测能力以及它们之间的关联性进行评估。该方法评估每个属性的预测能力以及相互之间的冗余度，倾向于选择与类别属性相关度高，但是相互之间相关度低的属性。选项迭代添加与类别属性相关度最高的属性，前提是子集中不包含与当前属性相关度更高的属性
CorrelationAttributeEval	根据单个属性和类别的(Pearson's)相关性来对该属性的价值进行评估。类型为 Nominal 的属性将按照一定的取值范围进行数值化处理，并通过加权平均的方法得到总相关系数
GainRatioAttributeEval	通过属性信息增益率以及评估属性与分类属性的相关性来选择属性。信息增益率的计算方法，见 6.2.5 节式(6-6)
InfoGainAttributeEval	通过属性信息增益以及评估属性与分类属性的相关性来选择属性。信息增益的计算方法，见 6.2.4 节式(6-5)
OneRAttributeEval	根据 OneR 分类算法来对各个属性进行评估，即使用具有最小误差的属性来进行预测，同时对连续属性离散化
PrincipalComponents	与 Ranker 搜索相结合，完成主成分分析(PCA)并进行数据的转换。通过选取具有代表性的特征向量来表征特定比例(默认值为 95%)原数据变化特性的方法，完成维规约处理。通过将属性值转换到主成分向量空间并消除最差特征向量，再转换回原向量空间的方法，可以滤除属性的噪声值
ReliefFAttributeEval	根据 ReliefF 值评估属性。通过反复测试一个实例和其同类(或不同类)中最近实例上的属性值进行评估。该方法可以处理离散的或连续的分类数据
SymmetricalUncertAttributeEval	根据属性相对类的对称不确定性对其进行评估
WrapperSubsetEval	使用一种学习方案(分类器)来对属性集进行评估。使用交叉验证的方法评价该学习方案针对一组属性的准确性 选择该属性评估器时，必须选取能够探索属性集空间的 Search Method(如 GreedyStepwise)

在如图 10-46a 所示的 Attribute Evaluator（属性评估器）的设定中，单击下拉选项窗口下方的 Filter... 按钮，可以在如图 10-46b 所示的窗口中设置对特定属性进行过滤。

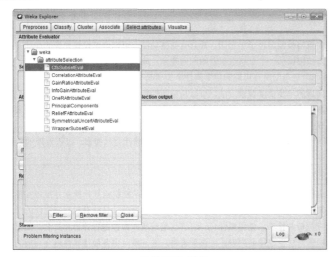

a) 选择属性评估器　　　　　　　　　　b) 设置过滤器

图 10-46　Select attributes 中的 Attribute Evaluator 选项

2.　Search Method（搜索策略）

在 Search Method 功能区单击 Choose 按钮，可以对搜索策略进行选择，如图 10-47 所示。搜索策略主要选项如表 10-16 所示。

图 10-47　Select attributes 中的 Search Method 的选项

3.　Attribute Selection Mode（属性模式选择）

主要包括"Use full training set"和"Cross-validation"两个选项。

一般，根据算法的说明，可以判断出是否需要"Cross-validation"。有一个小技巧，如果算法的参数设置中有交叉验证的折数（numFolds）和随机选取的种子（seed），则不需要"Cross-validation"；否则，需要"Cross-validation"。

在选择"Cross-validation"之前，最好对数据进行随机排序。

表 10-16　搜索策略主要选项

名　称	含　义
BestFirst	最佳优先的搜索策略。用贪婪策略搜索属性子集空间，并具有回溯功能。可以通过设置允许的连续非改进结点数来控制回溯级别。该方法可以从一个空属性集开始前向搜索，或从一个全子集开始后向搜索，也可以从任意点开始双向搜索(考虑给定点的所有可能的单个属性添加和删除)
GreedyStepwise	在属性的自己空间，向前或向后的单步贪婪搜索方法。可以从空属性集或任意一个属性开始构建，也可以从全属性集中筛减搜索。当增加或删除任一属性导致评估指标下降时，则停止搜索。可以通过横扫属性空间并记录被选择的属性来生成一个属性排序表
ExhaustiveSearch	穷举搜索所有可能的属性子集。从空的属性集开始，对属性子集空间进行穷尽搜索。报告发现的最佳子集
GeneticSearch	基于 Goldberg 在 1989 年提出的简单遗传算法进行的搜索
RandomSearch	随机搜索。在属性子集空间进行随机搜索。如果未给定初始属性集，则从随机点开始搜索并报告发现的最佳子集；如果给定初始属性集，则随机搜索具有与起始点相同或更少属性的，且结果相同或更佳的子集
RankSearch	用一个评估器来计算属性的判据值并排序。使用属性(子集)评估器对所有属性进行评价和排名。如果指定了子集评估器，则使用前向搜索方法生成排名列表。在该列表中，进一步对由各最佳属性组合而成的子集进行评估，报告最佳属性集。如果使用的是较为简单的属性评估器(如 GainRatioTributeVal)，则该方法在属性数量上是线性的
Ranker	对属性的判据值进行排序，和评价策略中的 Filter 方法结合使用。与属性评估器(如 ReliefF、GainRatio 和 Entropy 等)相结合，评估单个属性并对结果进行排序

4. 应用示例

【例 10-17】 由"weather.nominal.arff"数据建立分类模型前，首先对各个属性进行评估和选择。

在 Preprocess 选项卡中载入"weather.nominal.arff"数据，然后切换到 Select attributes 选项卡进入属性选择功能模块。在 Attribute Evaluator 功能区，单击 Choose 按钮选择属性评估算法，这里选择与决策树分类中 C4.5 算法对应的 InfoGainAttributeEval 算法。在 Search Method 功能区，单击 Choose 按钮选择属性搜索策略，这里选择 Ranker 方法，还可以进一步地单击 Choose 按钮右侧的参数区设置合适的参数值。在 Attribute Selection Mode 功能区，选择"Use full training set"运算模式。单击 Start 按钮开始运算，结束后可以在 Attribute selection ouput 功能区得到属性评估选择结果，如图 10-48 所示。

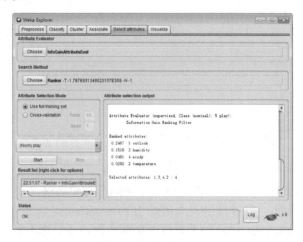

图 10-48　运行界面

在选择结果中，给出了如下的数据属性与分类属性相关性的排列结果。

```
Ranked attributes:
   0.2467  1 outlook
   0.1518  3 humidity
   0.0481  4 windy
   0.0292  2 temperature
```

从结果中可以看出，属性 outlook 的信息增益值为 0.2467，列在相关属性的首位，其后为属性 humidity（信息增益值为 0.1518）、属性 windy（信息增益值为 0.0481）和属性 temperature（信息增益值为 0.0292），与 6.2.4 节中的表 6-6 中的结果相一致。

如果在 Attribute Evaluator 功能区选择 GainRatioAttributeEval 算法进行评估和选择，则可以得到以下结果。

```
Ranked attributes:
   0.1564  1 outlook
   0.1518  3 humidity
   0.0488  4 windy
   0.0188  2 temperature
```

从结果中可以看出，属性 outlook 的信息增益率值为 0.1564，列在相关属性的首位，其后为属性 humidity（信息增益率值为 0.1518）、属性 windy（信息增益率值为 0.0488）和属性 temperature（信息增益率值为 0.0188），与 6.2.5 节中表 6-8 中的结果基本一致。 ◇

10.2.7 Visualize（可视化）

对数据进行可视化的 Visualize 选项卡如图 10-49 所示，这是载入了 WEKA 自带的"weather.numeric.arff"数据后的可视化效果。

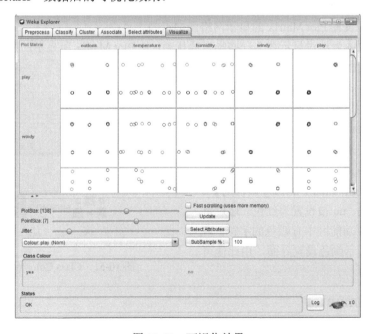

图 10-49 可视化效果

1. Plot Matrix

Visualize 选项卡的上方，是 Plot Matrix 功能区。图中以网格的形式，显示了数据的各属性变量两两之间的数据关系图。单击其中某一网格，可以在新弹出的窗口中显示这两个属性的数据关系，如图 10-50 所示，即为 Play 和 Windy 的数据关系图。

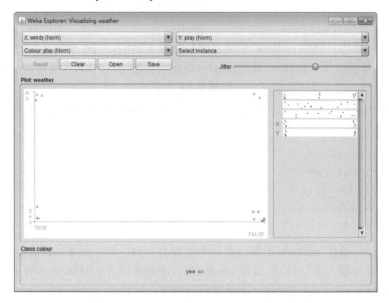

图 10-50　可视化图中 Play 和 Windy 的数据关系图

2. 显示设置

Visualize 选项卡的中部是显示设置区域，图 10-49 中各控件的作用如下。

1）PlotSize：设置 Plot Matrix 的显示网格的大小；

2）PointSize：设置 Plot Matrix 的显示网格图中点的大小；

3）Jitter：设置人为地对显示加入一些噪声或扰动，使 Plot Matrix 所显示的网格图中的点避免重叠，以便能够看出数据点数量的多寡；

4）　Update　：设置改变后，更新显示；

5）　Select Attributes　：选取需要显示的属性。

3. Class Color

在图 10-49 所示界面中，通过设置显示设置区域中的 Colour: play (Nom)，可以设置各个属性变量的显示颜色，如图中的 play 属性的 yes 被默认设置为蓝色，no 被设置为红色。通过鼠标单击 Class Color 功能区中有颜色的字符，可弹出如图 10-51 所示颜色设置界面，由此便可对颜色进行设置。

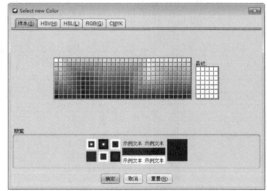

图 10-51　Class Color 设置界面

10.3　Experimenter

Experimenter 为使用者提供了一个进行算法实验的环境，实现对多种算法方案进行管理和统计检验及比较。Experimenter 环境可以让用户创建一个实验空间，配置实验场景(scheme)，对一系列数据集运用多个算法进行处理，分析处理结果并进行比较，由此来判断算法对不同类型数据集的适用性。

　　Experimenter 环境的主界面如图 10-52 所示，主要包括设置模块(Setup)、运行模块(Run)和分析模块(Analyse)。

10.3.1　设置模块

　　在设置模块中，可以创建并定义一项实验，或者将以前保存下来的实验加载进来。设置模块允许用户指定多个数据集(支持 ARFF 文件、CSV 文件和数据库)和多个不同的算法。在图 10-52 所示的设置界面中，就在 Datasets 功能区中，添加了 WEKA 自带的"weather.numeric.arff"和"weather.nominal.arff"两个数据集；在 Algorithms 功能区，设置了 J48 决策树分类算法、Logisitic 回归分类算法、JRip 规则算法和朴素贝叶斯分类算法，并分别为各项算法设置了运行参数；在 Results Destination 功能区，可以指定实验结果的输出文件。该文件可以是 WEKA 定义的 ARFF 格式文件，也可以是 CSV 格式的文件。

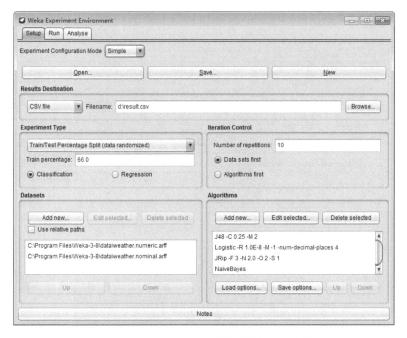

图 10-52　Experimenter 环境的设置(Setup)界面

10.3.2　运行模块

　　在运行模块中，可以运行配置好的实验，运行界面如图 10-53 所示。单击 Start 按钮开始运行，在 Status 功能区会给出运行的状态(包括错误提示等)，在 Log 功能区会给出运行过程的结果。

10.3.3　分析模块

　　在分析模块中，可以完成各种算法的准确性分析，以及运用多种统计方法对结果进行检验比较。如图 10-54 所示，在 Source 功能区，可以通过单击 Experiment 按钮来载入实验运行结果，即在

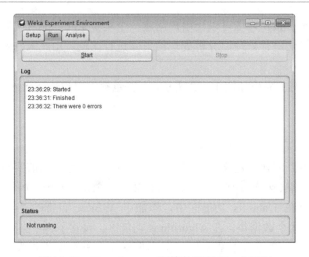

图 10-53　Experimenter 环境的运行(Run)界面

设置模块的 Results Destination 功能区所指定的文件,也可以从其他文件或数据库中载入运行结果进行分析。

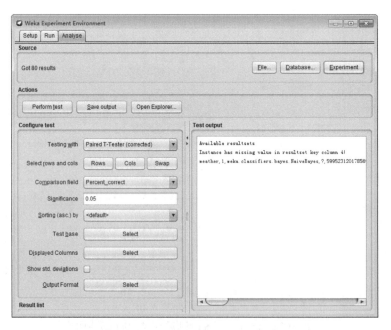

图 10-54　Experimenter 环境的分析(Analyse)界面

　　Experimenter 可以将实验的各种参数,包括算法、数据集的配置等进行保存,方便再次实验。

10.4　KnowledgeFlow

　　KnowledgeFlow 为 WEKA 提供了一个图形化的"知识流"形式的界面。用户可以从一个工具栏中选择组件,把它们放置在面板上并按一定的顺序连接起来,这样就能组成一个 KnowledgeFlow 来处理和分析数据。

　　图 10-55 为 KnowledgeFlow 的主窗口界面,窗口左侧的 Design 树状列表给出了构成一个

KnowledgeFlow 的 13 个类别，其中包括对数据的操作，如数据源配置（DataSources）、保存（DataSinks）、生成（DataGenerators）、过滤（Filters）；运用算法进行数据挖掘处理，如分类（Classifiers）、聚类（Clusterers）、关联分析（Associations）；模型的评估与展现，如评估（Evaluation）、可视化（Visualization）；KnowledgeFlow 过程的控制，如 Flow，等等。

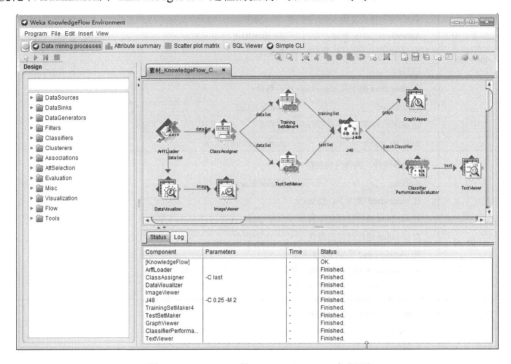

图 10-55　WEKA 的 KnowledgeFlow 主界面

每个类别中都包含了丰富的内容，如表 10-17 所示。

表 10-17　KnowledgeFlow 的部件列表

名　　称	含　　义	
DataSources	数据载入器，组件内容包括： ArffLoader C45Loader CSVLoader DatabaseLoader JSONLoader LibSVMLoader	MatlabLoader SerializedInstancesLoader SVMLightLoader TextDirectoryLoader XRFFLoader DataGrid
DataSinks	数据保存组件，组件内容包括： ArffSaver C45Saver CSVSaver DatabaseSaver DictionarySaver JSONSaver LibSVMSaver	MatlabSaver SerializedInstanceSaver SVMLightSaver XRFFSaver TextSaver ImageSaver SerializedModelSaver

名　称	含　义
DataGenerators	数据生成组件。组件内容分为 classifiers 和 clusterers 两大类，classifiers 类别中又分为 classification 和 regression 两个子类。 在 classifiers 的子类 classification 中，包括： Agrawal　　　　　　　　　　RandomRBF BayesNet　　　　　　　　　　RDG1 LED24 在 classifiers 的子类 regression 中，包括： Expression　　　　　　　　　MexicanHat 在 clusterers 类别中，包括： BIRCHCluster　　　　　　　　SubspaceCluster
Filters	筛选器组件。组件内容包括： AllFilter　　　　　　　　　　MultiFilter 在 supervised 类别下，包括： 对 attribute 进行过滤的组件 对 instance 进行过滤的组件 在 unsupervised 类别下，包括： 对 attribute 进行过滤的组件 对 instance 进行过滤的组件
Classifiers	分类分析组件，组件类别包括： bayes　　　　　　　　　　　　misc functions　　　　　　　　　　rules lazy　　　　　　　　　　　　trees meta 具体内容，参见 10.2.3 节的相关内容
Clusterers	聚类分析组件，组件内容包括： Canopy　　　　　　　　　　　FilteredClusterer Cobweb　　　　　　　　　　　HierarchicalClusterer DBSCAN　　　　　　　　　　MakeDensityBasedClusterer EM　　　　　　　　　　　　　OPTICS FarthestFirst　　　　　　　　SimpleKMeans 具体内容，参见第 10.2.5 节的相关内容
Associations	关联分析组件，组件内容包括： Apriori　　　　　　　　　　　FPGrowth FilteredAssociator　　　　　　SPMFWrapper
AttSelection	特征选择组件，组件内容包括： CfsSubsetEval　　　　　　　　CorrelationAttributeEval GainRatioAttributeEval　　　　InfoGainAttributeEval OneRAttributeEval　　　　　　PrincipalComponents ReliefFAttributeEval　　　　　SymmetricalUncertAttributeEval WrapperSubsetEval　　　　　　BestFirst GreedyStepwise　　　　　　　Ranker

（续）

名　　称	含　　义
Evaluation	评估组件。组件包括以下内容。 TrainingSetMaker：使一个数据集成为训练集 TestSetMaker：使一个数据集成为测试集 CrossValidationFoldMaker：把任意数据集（训练集或测试集）分割成若干折以供交叉验证使用 TrainTestSplitMaker：把任意数据集（训练集或测试集）分割成一个训练集和一个测试集 ClassAssigner：把某一列作为任意数据集（训练集或测试集）的 class 属性 ClassValuePicker：选择某个类别作为"positive"的类。这在为 ROC 形式的曲线生成数据时会有用 ClassifierPerformanceEvaluator：评估批处理模式下训练过或测试过的分类器的表现 IncrementalClassiferEvaluator：评估增量模式下训练过的分类器的表现 ClustererPerformanceEvaluator：评估批处理模式下训练过或测试过的聚类器的表现 PredictionAppender：往测试集中添加分类器的预测值。对于离散的分类问题，可以添加预测的类标志或者概率分布
Visualization	可视化组件。组件包括以下内容。 TextViewer：该组件用来显示文本数据，可用来显示数据集以及衡量分类表现的统计量等 ImageViewer：该组件能弹出一个面板，其中显示滚动的数据散点图（用来观察增量分类器的表现） AttributeSummarizer：该组件可弹出一个面板，其中有一个直方图构成的矩阵，每个直方图对应输入数据里的一个属性 StripChart：带状图 ModelPerformanceChart：该组件能弹出一个面板来对阈值曲线（例如 ROC 曲线）进行可视化 DataVisualizer：该组件可弹出一个面板，使得可以在一个单独的、较大的散点图中对数据进行可视化 BoundaryPlotter：边界绘制 ScatterPlotMatrix：该组件可弹出一个面板，其中有一个由一些小的散点图构成的矩阵（单击各小散点图会弹出一个大的散点图） GraphViewer：该组件能弹出一个面板来对基于树的模型进行可视化 CostBenefitAnalysis：成本效益分析，简记为 CBA
Flow	流程组件。组件包括以下内容。 SetVariables：为变量设置值 MakeResourceIntensive：后续流程步骤是否资源密集 Block：某一处理步骤完成前，停止 Appender：添附多组实例 FlowByExpression：根据逻辑表达式的结果完成不同流程 InstanceStreamToBatchMaker：将输入数据流转换为批量数据集 Join：将两组输入数据集或数据流进行联合（假定两组数据已按键域升序排序）
Tools	工具组件。组件包括以下内容。 Sorter：按属性值对属性域进行升序或降序排序 SubstringReplacer：对字符型属性值中的子串进行替换，可以按文本的方式，也可以按正则表达式匹配进行 SubstringLabeler：根据字符型属性中的子串匹配来标注数据实例。用户可以通过定义"匹配"规则来指定要进行匹配，并创建关联标签的属性

【例 10-18】　利用 KnowledgeFlow，设计处理过程，利用 WEKA 自带的数据"weather.nominal.arff"建立分类模型并进行检验和评估。最终完成后的结果如图 10-55 所示。

1）加载"weather.nominal.arff"数据。单击 Design 树状列表中的 DataSources 类别并选择其

中的 ArffLoader，然后单击右侧绘图区的合适位置进行放置。双击组件图标，打开如图 10-56a 所示窗口进行设置（单击 Filename 下拉列表框右侧的 Browse 按钮，选取文件 "weather.nominal.arff" 并确定）。

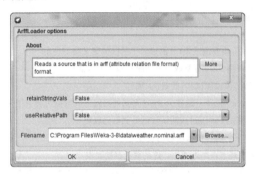

a) 配置 ArffLoader 组件，将文件名设为

"weather.nominal.arff"

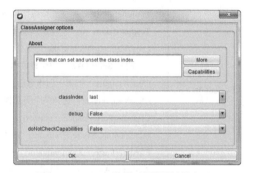

b) 配置 ClassAssigner 组件，将类属性设为 "last"

（最后一个属性）

图 10-56　配置组件参数

2）通过查看数据的取值和分布对数据进行了解。在绘图区加入 Visualization 类别下的 DataVisualizer 和 ImageViewer 组件，并将 ArffLoader 与 DataVisualizer 以 ArffLoader 的 dataSet 输出项进行相连（鼠标右键单击 ArffLoader 组件图标，选中弹出的快捷菜单中的 dataSet 项，将引出的蓝色线条连向 DataVisualizer）；将 DataVisualizer 与 ImageViewer 以 DataVisualizer 的 image 输出项进行相连（鼠标右键单击 DataVisualizer 组件图标，选中快捷菜单中的 image 项，将引出的蓝色线条连向 ImageViewer）。

3）指定原始数据集中类属性所在的列。添加 Filter 类别下的\unsupervised\attribute\ClassAssigner 组件。鼠标双击 ClassAssigner 组件图标进行参数配置，弹出如图 10-56b 所示的窗口，选择 "last" 选项，将最后一个属性设为类属性。

4）将数据集划分为训练数据集和检验数据集。添加 Evaluation 类别下的 TrainingSetMaker 和 TestSetMaker 组件。

5）设置分类算法及参数。添加 Classifier 类别下的\trees\J48 组件，并将 TrainingSetMaker 与 J48 以 Training-SetMaker 的 trainingSet 输出项进行相连，将 TestSetMaker 与 J48 以 TestSetMaker 的 testSet 输出项进行相连，搭建起对决策树分类模型进行训练建模和测试评估的操作。双击 J48 组件弹出如图 10-57 所示的对话框来配置 J48 算法参数。

6）运行。配置完成后，可以单击运行按钮，WEKA 会根据 KnowledgeFlow

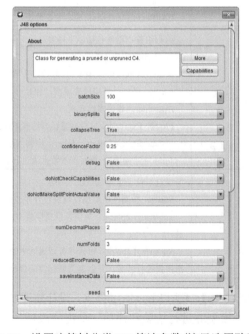

图 10-57　设置决策树分类 J48 算法参数（这里选用默认值）

的设计来载入、分析、评估数据。运行成功后，即可通过鼠标右键单击输出类组件来查看数据源的内容和特性(见图 10-58)。如图 10-59～图 10-61 所示。

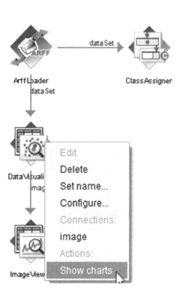

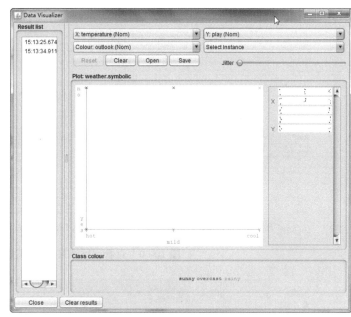

a) 查看 Data Visualizer 的结果

b) 从 Data Visualizer 的 Show charts 看到的图形

图 10-58   查看数据源，掌握数据特性

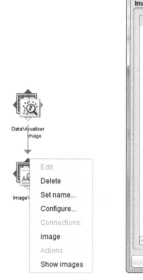

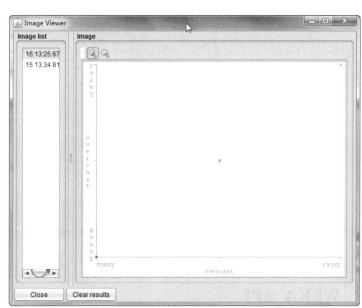

a) 查看 Image Viewer 的结果

b) 从 Image Viewer 的 Show images 看到的图形

图 10-59   查看运行结果-模型评估结果

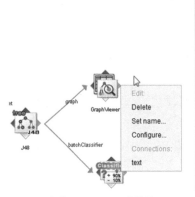

a) 查看 Graph Viewer 的结果

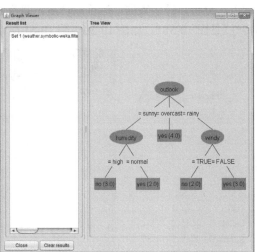

b) 从 Graph Viewer 的 Show plots 看到的绘图

图 10-60　查看运行结果-分类模型

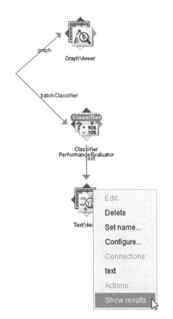

a) 查看 Text Viewer 的结果

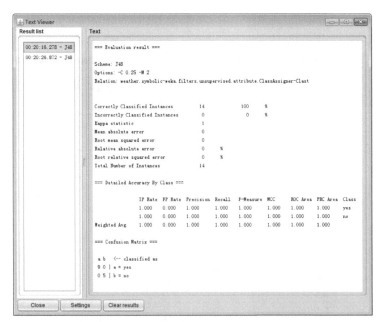

b) 从 Text Viewer 的 Show results 看到的绘图

图 10-61　查看运行结果-文本结果

10.5　WEKA API

　　WEKA 还定义了丰富的应用程序接口（Application Program Interface，API）。用户使用其他开发系统或语言的程序，就可以非常方便地调用这些 API 来完成数据加载（包括从文件进行加载或者从数据库进行加载）、数据的保存、数据的处理和数据的挖掘等各项任务。

　　例如，从 Arff 文件中读取数据的基本读取方式为

```
Instances data=DataSource.read("data\\iris.arff");
```

而从数据库中读取数据的基本方式可以是

```
InstanceQuery query = new InstanceQuery();
query.setDatabaseURL("jdbc:mysql://localhost:3306/new_schema");
query.setUsername("root");
query.setPassword("*******");
query.setQuery("select * from iris");
Instances data = query.retrieveInstances();
```

又例如，数据挖掘的分类算法，在 WEKA 中实现时，为了能够完成对不同数据源的处理，实现了批量分类器和增量分类器两种类型。批量分类其的建立和使用较为简单，即设置选项和建立模型。可以通过下列示例语句完成：

```
Instances data=DataSource.read("data\\iris.arff");   //载入数据
String[] options = new String[1];
Options[0] = "-U";                        //定义参数(未裁剪树)
J48 tree = new J48();                     //J48 分类器对象(即 C4.5 算法)
tree.setOptions(options);                 //设置选项
tree.buildClassifier(data);               //构建分类器模型
```

WEKA 提供的 API 涉及广泛，使用方便，接口开放，能够在所开发的项目中很容易地实现数据挖掘任务。有需要的读者可以参考相关的资料进一步了解和实践，这里不再赘述。

10.6　WEKA 的设置和使用

10.6.1　显示汉字

有时在使用带有中文字符的数据文件时，其中的中文字符会显示为乱码，这是因为 WEKA 默认的字符集编码是 Cp1252，并预先配置在了初始化文件中。显示中文时，需要将字符集编码设置为能够支持中文的 UTF-8，设置步骤如下：

1）关闭 WEKA 软件；

2）打开 WEKA 安装目录下的“RunWEKA.ini”文件，找到“fileEncoding=”配置项，将“Cp1252”编码改为需要的字符集编码，比如“utf-8”“cp936”（简体中文）“cp950”（繁体中文），如下所示：

```
# The file encoding; use "utf-8" instead of "Cp1252" to display UTF-8 characters
in the GUI, e.g., the Explorer
   fileEncoding=utf-8
```

3）重新打开 WEKA 软件，就可以正常显示中文了。

10.6.2　安装算法包

以安装 LibSVM 算法包为例，安装算法包时，在 WEKA GUI Chooser 界面（需要关闭 WEKA 的其他图形界面）选择“Tools”→“Package manager”菜单命令（见图 10-62a），打开 Package Manager 界面（见图 10-62b）。

a) 启动 Package manager(包管理)

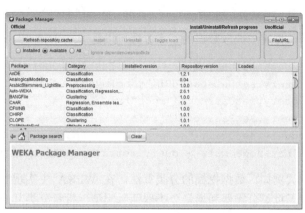

b) Package manager(包管理界面)

图 10-62　安装 LibSVM 算法包

如果已经事先下载了需要安装的 jar 算法包，如"optics_dbScan1.0.5.zip"，则可以单击 Package Manager 界面右上角的 Unofficial 功能区的 [File/URL] 按钮，在弹出的窗口中单击 [Browse...] 按钮（见图 10-63a），选择 jar 算法包"optics_dbScan1.0.5.zip"，单击 [OK] 按钮，则开始安装算法包。安装完成后，单击 Package Manager 界面左上角 Official 功能区的"installed"单选按钮，查看已经安装的算法包，随后就可以在界面下方看到该算法包更为详细的信息。

a) 选择需安装的 jar 算法包

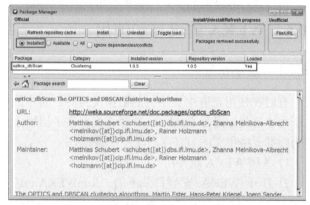

b) 安装完成，给出算法包详细信息

图 10-63　安装 LibSVM 算法包

另一种安装方法是，单击 Package Manager 界面左上角 Official 功能区的"all"单选按钮，查看 WEKA 的所有可安装算法包，选中将要安装的算法包，例如 LibSVM，或者在 Package search 文本框中输入"LibSVM"并通过回车键将其选中，在界面下方可以看到该算法包更为详细的信息，如图 10-64a 所示。这时，可以为该算法包选择将要安装的版本。

安装时，单击 [Install] 按钮开始安装。如果不成功，可以在详细信息中选择合适的版本号，并在后续页面中按照所提供的链接将安装包下载到合适的文件夹（如 WEKA 安装文件夹），再单击 Package Manager 界面右上角的 Unofficial 功能区的 [File/URL] 按钮找到下载的 LibSVM 安装包，单击 [OK] 按钮进行安装，如图 10-64b 所示。

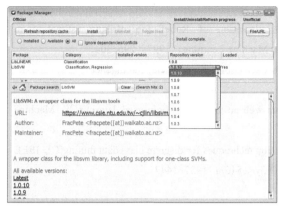 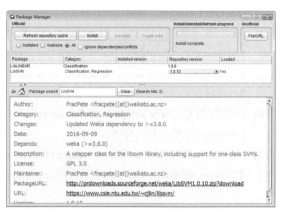

a) 从 WEKA 算法包列表安装　　　　　　　　b) 下载算法包

图 10-64　从列表安装算法包

本章小结

本章对开源数据挖掘软件 WEKA 的各组成部分及其功能进行了介绍，并对其基本数据格式 Arff 的结构、组成部分和关键词进行了说明。同时，也通过示例对前文所涉及的数据挖掘技术和算法进行了说明。

思考与练习

1. 访问怀卡托大学计算机科学系的网站，访问机器学习研究小组的网页，找到 WEKA 相关链接，下载最新稳定版 WEKA 开源软件并安装运行。

2. 安装好 WEKA 软件后，利用其所自带的"iris.2D.arff"数据，完成分类模型的构建，调整参数，观察并分析参数变化对分类模型的影响。

3. 安装好 WEKA 软件后，利用其所自带的"weather.numeric.arff"数据，进行 K-means 聚类分析，调整参数，观察并分析参数变化对聚类结果的影响。

4. 安装好 WEKA 软件后，安装 DBSCAN 或 OPTICS 算法包，利用 WEKA 自带的"iris.2D.arff"数据，进行聚类分析，调整参数，观察并分析参数变化对聚类结果的影响。

5. 安装好 WEKA 软件后，利用其所自带的"supermarket.arff"数据，进行关联分析，调整参数，观察并分析参数变化对关联结果的影响。

参 考 文 献

[1]　袁梅宇. 数控挖掘与机器学习：WEKA 应用技术与实践[M]. 2 版. 北京：清华大学出版社，2016.

[2]　WITTEN I H. 数据挖掘实用机器学习工具与技术[M]. 北京：机械工业出版社，2018.

[3]　HAND D，MANNILA H. 数据挖掘原理[M]. 张银奎，廖丽，宋俊，译. 北京：机械工业出版社，2003.

[4]　WITTEN I H，FRANK E. 数据挖掘实用机器学习技术[M]. 北京：机械工业出版社，2006.

[5]　胡可云，田凤占，黄厚宽. 数据挖掘理论与应用[M]. 北京：清华大学出版社，2008.

[6]　KIRA K，RENDELL L A. A Practical Approach to Feature Selection[C]. Ninth International Workshop on Machine Learning，1992：249-256.

[7]　KONONENKO I. Estimating Attributes-Analysis and Extensions of RELIEF[C]. European Conference on

Machine Learning，1994：171-182.

[8]   ROBNIK-SIKONJA M，KONONENKO I. An adaptation of Relief for attribute estimation in regression[C]. Fourteenth International Conference on Machine Learning，1997：296-304.

[9]   KOHAVI R，JOHN G H. Wrappers for feature subset selection[C]. Artificial Intelligence，1997(1-2)：273-324.

[10]   HOLTE R C. Very simple classification rules perform well on most commonly used datasets[C]. Machine Learning，1993(11)：63-91.

[11]   HALL M，HOLMES G. Benchmarking attribute selection techniques for discrete class data mining[C]. IEEE Transactions on Knowledge and Data Engineering，2003，15(6)：1437-1447.